计算机视觉中的深度学习

姜竹青　门爱东　王海婴　编著

電子工業出版社
Publishing House of Electronics Industry
北京 · BEIJING

内 容 简 介

人工智能相比于人力而言具有低成本、高效率和全天候等巨大优势，但其发展往往不能全面满足实际场景的旺盛需求。近年来人工智能与计算机视觉的结合日益紧密，基于深度学习研究计算机视觉成为一个新方向。深度学习的特点是层次化的特征提取、规模更大、数据更多、计算更复杂。本书从介绍计算机视觉的任务入手，总结从传统手工提取特征方法到深度学习的发展历程。然后，针对不同层次的计算机视觉任务，结合作者团队近年来的研究成果，以及部分学界公认的里程碑式成果，从理论层面论述深度学习在具体计算机视觉任务中的应用。

本书作者来自北京邮电大学长期从事多媒体技术教学和研究的一线教师。本书适合从事图像和视频的处理和理解的研究人员、相关领域软件开发人员或研究生阅读。

图书在版编目（CIP）数据

计算机视觉中的深度学习 / 姜竹青，门爱东，王海婴编著. -- 北京 ：电子工业出版社，2021.6

ISBN 978-7-121-41192-2

I. ①计… II. ①姜… ②门… ③王… III. ①计算机视觉②机器学习 IV. ①TP302.7②TP181

中国版本图书馆 CIP 数据核字(2021)第 093748 号

责任编辑：张瑞喜
印　　刷：中国电影出版社印刷厂
装　　订：中国电影出版社印刷厂
出版发行：电子工业出版社
　　　　　北京市海淀区万寿路 173 信箱　邮编：100036
开　　本：787×1092　1/16　印张：20.5　字数：486 千字
版　　次：2021 年 6 月第 1 版
印　　次：2021 年 6 月第 1 次印刷
定　　价：98.00 元（全彩色）

凡所购买电子工业出版社图书有缺损问题，请向购买书店调换。若书店售缺，请与本社发行部联系，联系及邮购电话：（010）88254888，88258888。

质量投诉请发邮件至 zlts@phei.com.cn，盗版侵权举报请发邮件至 dbqq@phei.com.cn。

本书咨询联系方式：qiyuqin@phei.com.cn。

前　言

计算机视觉，顾名思义，是指利用计算机获取、分析和处理图像和视频中信息的技术，使计算机具有接近人类视觉系统的能力。从学术研究的角度，计算机视觉技术从现实世界中提取高层次的信息，产生特征和语义信息，可理解为人脑将图像（视网膜的输入）转换为可以与其他个体交互并产生影响的信息，可以看作利用几何学、物理学、统计学习理论构建模型，并从视觉数据中提炼符号信息的过程。研究人员希望计算机可以像人类一样，将外界输入的光信号转换为对外界的理解与认知，这将会促进人类科技与社会的发展，创造更高的科研价值。

深度学习作为机器学习的一个分支，以人工神经网络为基本框架，通过数据驱动的方式提取大量的数据规律和特征，它的出现大大提高了诸多机器学习任务的效果。除了在计算机视觉领域，深度学习在语音识别、自然语言处理、控制工程领域中都有广泛应用。

我们利用深度学习这一新工具，结合计算机视觉的具体任务编著此书。我们的研究团队是一线教师，专注图像编码、解码技术30余年，拥有多项课题和研究成果，部分成果曾获国家科技进步二等奖。2013年之后，我们结合自身优势，顺应人工智能研究复兴的趋势，在计算机视觉领域深度耕耘，本团队有成果相继发表在IJCAI、ICME和VCIP等人工智能和多媒体领域的学术会议相关文献上。本书的部分成果，也来自于团队的研究成果。

本书采用图像处理技术和深度学习方法双主线结构，根据不同的计算机视觉任务，针对该领域近年的热点问题和主要解决方案，进行了细致的讲解和深入分析，其内容既可以帮助研究生等科研人员快速熟悉该领域发展脉络和现状，又可以引发资深从业人员的思考，提供新的研究思路。

本书第1章到第4章介绍计算机视觉的发展和基础理论，从5章到第11章介绍计算机视觉的具体任务，让读者进一步理解前文介绍的理论知识，并讨论相关任务的经典工作。

本书主要作者为姜竹青、门爱东、王海婴，参加本书编写的人员及主要分工如下：第1章介绍计算机视觉的发展脉络和主要任务，由梁涛负责编著；第2章介绍图像的基本知识，由周兆京负责编著；第3章介绍深度学习的原型——神经网络的基础理论与基本概念，由潘婷负责编著；第 4 章介绍神经网络结构，由李凯负责编著；第 5 章介绍计算机视觉中的目标分割任务，第 6 章介绍计算机视觉中的目标检测任务，第 8 章介绍计算机视觉中的行人再识别任务，这三章由姜竹青老师负责编著；第 7 章介绍计算机视觉中的目标跟踪任务，由隗立阔负责编著；第 9 章介绍计算机视觉中的图像压缩任务，由王小菘王雅楠和刘超见负责编著；第 10 章介绍计算机视觉中的超分辨率重建任务，由岑桂彬和汪千淞负责编著；第 11 章介绍计算机视觉中的图像去噪技术，由崔晗负责编著。刘畅和李昊天负责整理全书的参考文献。全书由姜竹青老师负责统稿，门爱东老师和王海婴老师参与研讨修订过程，并提出了很多宝贵的意见，纠正了书中的缺漏。

附录 A 的术语与缩略词表提供了单词缩写，英文原文及中文解释。

本书的完成要感谢研究团队成员的倾力参与。感谢本团队业已毕业的同学们——崔圆圆、宋辉、赵怀瑾、娄英欣、郭亚靖、黄守志、韩卓、聂凡杰、何珂、莫博瑞、李宁宁、郭天生、郑苏桐、胡潇，于百忙之中抽出时间为本书的编纂给予了大力支持。

最后，由于作者水平有限，本书难免出现纰漏，欢迎各位读者批评指正。由于图像处理本身具有一定主观特性，深度学习的可解释性弱，其中一些观点未必全面，欢迎各位读者探讨。祝大家阅读愉快！

目 录

第1章　计算机视觉及其任务

计算机视觉旨在研究如何用机器模拟人类视觉。在日常生活中，人类获取信息的途径有70%～80%来源于视觉，计算机技术的不断发展使计算机也能拥有像人类一样的“视觉”感知方式，并可以执行多种任务。本章首先从多个角度归纳、分析计算机视觉的含义并给出其定义，然后回顾其发展历史，最后简要介绍其主要任务。

1.1　计算机视觉的定义

人类视觉系统主要由眼睛、外侧膝状体以及视皮层组成，通过这三部分完成对外界光线的感知并形成视觉的功能。计算机视觉，顾名思义，是指利用计算机进行图像和视频中获取、分析和处理，使其具有接近人类视觉系统能力的学科。

从学术研究角度看，计算机视觉从现实世界中提取高层次的信息，产生特征和语义信息，并将图像（视网膜的输入）转换为可以与其他个体交互并产生影响的信息，其过程可以看作利用几何学、物理学、统计学习理论构建模型，并从视觉数据中提炼符号信息的过程。研究人员希望，计算机可以像人类一样，将外界输入的光信号转换为对外界的理解与认知，这将在一定程度上促进人类科技与社会的发展，创造更高的科研价值。

而对于计算机视觉相关专业的从业者来说，计算机视觉旨在将其理论和模型应用于计算机视觉系统的构建。

由于计算机视觉的主要任务是模拟人类视觉，从而可以代替人类完成某些基于人类视觉的任务，因此计算机视觉的主要任务与人类视觉系统的主要任务是一致的。计算机视觉的主要任务包括场景重建、事件检测、视频跟踪、对象识别、三维姿态估计、运动估计和图像恢复。

1.2　计算机视觉的发展沿革

计算机视觉发展至今已有七十余年的历史。20世纪50年代兴起的统计模式识别被认为是计算机视觉技术的起点，当时的研究方向主要是对二维图像的处理分析，如光学字符识别（Optical Character Recognition，OCR），以及物体表面、显微图像和航拍图像的分析处理。

20世纪60年代，借助计算机程序，Roberts从数字图像中提取出立方体、楔形体、棱柱体等多面体的三维结构，并描述物体形状及其空间关系，三维计算机视觉的研究工作得以开展。Roberts对三维场景的创造性研究给研究人员带来了新的研究方向。研究人员对简单三维场景进行了广泛而深入的研究，研究范围包括边缘检测、角点特征提取、曲线和平面等几何要素分析等，并建立了许多种数据结构和推理规则。

20世纪70年代中期，David Marr提出了一种计算机视觉理论[1]，该理论不同于Roberts的分析方法，而是将计算分析和神经科学联系在一起，尝试使用算法模拟人类的神经结构。该理论在20世纪80年代成为计算机视觉研究领域中非常重要的理论框架。

20世纪80年代，计算机视觉进入了快速发展时期，计算机视觉的全球性研究热潮开始兴起。出现了诸如基于感知特征群的物体识别理论框架、主动视觉理论框架和视觉集成理论框架，无论是对二维信息的处理，还是针对三维图像的模型及算法研究都有了极大的提升。许多关于计算机视觉理论发展的意见和建议相继出现，对David Marr的理论框架做了批评和补充。

20世纪90年代，计算机视觉理论进一步发展，并开始在工业领域中得到应用。在一些人工作业危险系数较大的工作环境，或者人类视觉难以满足需求的场景中，可以借助计算机视觉这种非接触方式，利用机器人替代人类完成任务。同时，在大规模高重复性工业生产场景中，借助计算机视觉，机器人替代人类工作可以大大提高生产效率和自动化程度，节省生产成本。

进入21世纪，计算机视觉技术已广泛应用于生产和生活的许多领域。在生产过程中应用于智能制造的某些环节，如工业探伤和自动焊接；并应用于智能生活之中，如智能医疗、智能交通和智能家居。从2012年ImageNet[2]挑战赛使用AlexNet[3]网络取得出色成绩以后，各种网络结构层出不穷，在很多任务中卷积神经网络（Convolution Neural Network，CNN）已远远超过传统方法。

1.3 计算机视觉的主要任务及其应用

计算机视觉是一个紧密贴近应用的技术领域，包括图像分类（识别图像中的指定对象或人，或输出该对象所属的分类）、图像检测（对每个对象用方框作为边界标注图像）、图像分割（用连续的曲线将对象逐个圈出）、图像生成（通过低分辨率图像生成对应的高分辨率图像的代表物）等。本节将首先介绍四种典型的计算机视觉任务——图像恢复、图像识别、动作分析和场景重建，最后再介绍一种典型应用——行人再识别。

1.3.1 图像恢复

在拍摄图像时可能会遇到拍摄环境不好（如恶劣天气）、拍摄主体的状态不佳（如设备与物体间发生相对运动）、拍摄设备的性能不佳（如成像系统散焦）等问题，拍摄到的图像就会因此产生噪声、模糊等质量下降等现象（称为**退化图像**），从这样的图像中提取细节信息就会变得更加困难，从而影响后续图像处理。要提高图像的质量，就要针对质量下降的原因做出相应的处理，这就是**图像恢复**。图像恢复旨在从拍摄到的图像中去除噪声、模糊，实现提高图像质量的目的，进而解决一些对图像质量有较高要求的问题。

图像恢复首先要从大量“退化图像—原始图像”对中提取出先验知识，在此基础上对新的退化图像进行恢复。图像恢复相当于图像退化的逆过程——首先分析图像退化的整个过程，在此基础上建立图像退化的数学模型，通过对模型进行适当的调整，补偿退化过程中的失真，使复原图像趋近于原始图像。但由于原始图像与退化图像的映射关系不是一一对应的，所以图像恢复蕴含着不确定性。本小节以图像“超分辨率技术”为例阐述图像恢复的具体应用。

图像的分辨率是图像评价标准中的一个重要指标，图像分辨率越高，所呈现的细节就越多，可通过图像得到的信息就越多。如果图像的分辨率过低，则从其中得到图像的细节信息就会十分困难，这将影响后续图像处理的相关操作，所以“超分辨率技术”是计算机视觉领域中的重点研究课题。基于这种技术可以解决一些由低质量图像传感器（如低清/标清摄像拾取设备）带来的分辨率低的问题，可以充分发挥更高分辨率设备的效果。

基于深度学习的超分辨率技术，凭借其优异的重建效果吸引了研究者的注意。此类方法不需要与传统方法一样使用插值或通过多张图像的映射来获得高分辨率图像。它通过卷积神经网络，将更多的图像像素信息作为输入的有效信息，提供更多可供利用的先验信息，以得到更优秀的图像重建效果。

1.3.2　图像识别

图像识别是计算机视觉中的经典问题，图像识别技术用于确定图像中是否包含某些特定的对象、特征或活动。图像识别在许多领域都有重要的应用，如在交通管理行业抓拍车辆、在航空航天领域分析遥感图像或在公共安全领域定位特殊人员。本小节以目标检测和目标分割两个任务为例阐述图像识别的应用。

1. 目标检测

目标检测通过分析待提取目标的特征，对图像中的目标进行识别和定位。随着近些年计算机硬件能力的提升、大容量数据集的诞生和深度学习技术的发展，目标检测的性能得到了极大的提升，从而得以在产业界中被广泛应用。

目标检测性能的好坏将直接影响后续高级任务的性能，如目标跟踪、动作识别和行为理解。然而，目标物体在实际场景中常有多种尺度和多种形态，同时也面临自然环境因素的影响，如光照、遮挡、复杂背景等。因此，目标检测技术仍然是一项具有挑战性的科研课题。当前面对的主要挑战包括：如何提高目标定位的准确度和速度；如何减小目标尺度和形变对检测的影响；如何减少背景干扰等。

深度学习技术与目标检测算法的结合日益成熟，算法的性能有了明显的提高，但为了满足实时的需求，现有的检测算法仍需要精简流程，以便将其推广到更多的应用场景当中。

2. 目标分割

目标分割技术是将图像中的每个像素分为不同的类别，实现从图像低层语法特征到高层语义信息的推理过程，最后得到不同区域的逐像素标注的分割图（如图 1-1 所示）。

图 1-1 目标分割任务示例图

对于视频中的运动目标，目标分割技术会提取视频序列底层的视觉信息并加以整合，形成具有高层语义的视频对象，为后续的目标识别、目标跟踪和视频内容理解提供必要的依据。对视频中的运动目标分割的准确度将直接关系到后续计算机视觉任务（如基于对象的视频编码、基于对象的视频检索和基于对象的多媒体数据库等服务）的质量和效率。

目标分割目前面临的困难主要有如下三个方面。

1）目标分割的效果受实际场景的影响较大

通常，实验场景中的背景图案不复杂，物体的数量和种类也不多，物体易于识别。但是在实际环境中，场景中物体的数量和种类都很多，背景错综复杂，使算法在实际场景中的分割效果往往比实验中要差。

2）目标的大小及图像的质量对分割效果影响较大

对于建筑物、地面和天空等比较大的对象，或者对质量较好的图像，其特征较为明显，容易捕获，因此分割效果较好。但是在面对较小的目标（如人、自行车和小动物）或在面对低质量图像时，特征不容易被捕获，分割效果会受到影响。

3）物体之间的相似性较强

某些物体具有比较强的相似性，例如在图像中面积占比不大的情况下，很难将人行道和路面，或者将牛和羊进行区分。

解决以上困难将提高目标分割在复杂的现实场景中的效果，推广目标分割的应用范围，也能够将目标分割与更多的领域相结合并发挥其效力，对技术的落地会有很大帮助。

1.3.3 动作分析

许多计算机视觉的任务需要进行动作分析，动作分析包括估计图像中每个像素点处的运动速度，估计相机相对于物体的运动速度，还需估计物体与相机的相对位置关系等，进而通过分析识别出被摄物体的三维姿态与动作。动作分析技术主要用于目标跟踪，与人机交互、视频监控、无人驾驶和增强现实等领域相结合，发挥了重大的作用。

目标跟踪任务是在视频序列中找到需要跟踪的目标，为下一步对视频的分析和理解服务。目标跟踪并不是一个孤立的任务，它常常与目标检测、目标识别、显著性分析等众多计算机视觉任务结合在一起，进而实现场景理解。

目标跟踪技术正在不断发展，近年来目标跟踪与深度学习的结合使目标跟踪技术获得了突破性的进展。但目标跟踪技术实际投入使用时面临的挑战依旧十分巨大，仍然存在着许多亟待解决的困难。

1）目标本身在图像中发生变化，可能出现尺寸变化、形状变化、目标缺失或者丢失的情况

目标本身尺寸缩小或变大，或是摄像头的拉近或推远，都会使目标的尺寸发生变化，算法需要估计目标的大小变化，保持对目标的持续跟踪。在跟踪过程中，目标可能发生非刚性的形变。目标的外观发生了变化，算法需要对形变有一定的适应性。在跟踪过程中，目标物体免不了会被障碍物部分遮挡或者完全遮挡，也有可能发生目标逃离了摄像机覆盖的范围从而在画面中消失的情况，算法需要通过残缺的特征来捕捉目标。目标快速运动时，目标的运动范围大，下一帧的目标状态不好预估，同时也会引起图像画面模糊，增大跟踪的难度。以上这些情况，都有可能在目标跟踪过程中发生，目标跟踪算法需要应对这些突发情况，保证跟踪的准确性。

2）跟踪场景对目标跟踪产生影响

在有些场景中，背景的颜色、纹理上有可能与目标非常接近，有可能场景中的光照分布不均匀或者会随时间的推移发生变化，也有可能目标附近存在其他外观形状与目标非常相似的物体。由于相似信息的干扰，这时目标跟踪算法所估计出的结果很有可能会漂移到图像的背景中或者周围相似的物体上。跟踪算法应能够排除嘈杂背景的干扰，也需要能够从多个相似的物体中成功定位真正的目标。

3）目标跟踪算法需满足实时性需求

在人机交互、视频分析和视觉导航等应用中，对目标跟踪算法有较强的实时性需求，因此跟踪算法的高效性也是必不可少的。

当目标跟踪过程中面临上述任何一个问题时，算法的稳定性、准确性和实时性都会受到影响，还有可能导致算法定位到错误的目标物体上，造成跟踪失败。到目前为止，几乎所有主流的目标跟踪算法都是针对某一种或某一些情景下的目标跟踪任务而设计的，并没有一种算法能够同时将上述困难全部解决，即不具有很好的泛化性。所以，目标跟踪算法的研究仍然有十分长远的前景。

1.3.4　场景重建

场景重建任务是指，在已知场景或视频中的若干图像的条件下，使计算机理解该场景并重建出场景的三维模型。用最简单的方法重建出的模型是一组三维模型的点集，更复杂的方法可以生成该对象完整的三维表面模型。最新的算法可以将多个三维图像拼接成点云或三维模型。

1.3.5 行人再识别

随着科技的发展与我国平安城市建设的推进，社会公共安全得到了越来越多的重视，大量的监控摄像头布置在公共道路、学校、居民区、商场、车站和机场等公共场所。据行业信息调查公司 IHS Markit 的统计数据显示，截至 2017 年，中国在公共和私人区域的监控摄像头安装量已达 1.76 亿个，并且预计在 2020 年将达到 6.26 亿个。这些数量众多且监控区域大、跨度大的摄像头为安防系统中的后续模块提供了海量的视频数据。面对如此庞大的数据量，采用传统的人工方法进行处理显得效率低下且不切实际。因此，必须依靠计算机智能算法自动地分析这些视频数据，同时提高数据处理的效率和可靠性，从而提高监控的质量。

行人再识别作为计算机视觉中的一个重要研究方向，其主要目的是匹配非重叠摄像机视角下具有特定身份的行人图像，使监控系统能够自动地从行人图像库中查找出具有特定身份的行人，在节省人力的同时也提高查找速度。

在大型视频监控网络中，不同的摄像头分布式地布置在多个位置，它们拍摄的视域往往是不重叠的，行人再识别就是对不重叠视野下拍摄的图像或视频中的行人进行匹配的技术。当一个行人从一个摄像头的监控区域移动到另一个摄像头的监控区域时，行人再识别技术将建立多个不同摄像头监控人物的对应关系，实现跨多个摄像机的跟踪。

行人再识别技术已在安防领域得到了广泛应用。比如，通过部署在各个场景的大量的监控探头，在锁定犯罪嫌疑人身份的同时，又可以重现嫌疑人轨迹，大大提高了刑侦破案的效率；再如，目前安检方面主要应用的是人脸识别技术，要求来往的行人拍摄相对清晰的正脸照，对拍摄角度和光线等要求较高，而行人再识别技术，可以通过行人的侧脸、局部动作和姿态等进行识别，极大地加快了安检的速度。

除此之外，行人再识别还可以运用于商场中的用户行为分析，例如估计顾客的年龄、性别、感兴趣商品类别和在不同店铺的停留时间，从而帮助商场进行相关的决策和部署等。另外，行人再识别还可以运用于图像的智能聚类，比如用户手机相册的“照片分类”。

除了上述广泛的应用价值，行人再识别在学术领域也具有研究价值。高效的特征提取和特征度量算法，可以得到高可信度的匹配结果，进而促进人脸识别和目标检索等相关技术的研究，从而推动计算机视觉领域的发展。因此，许多学者在行人再识别方向投入了大量精力，并公布了多个相应的公共数据集，提出了性能优异的算法。

行人再识别技术也带来了很多挑战，如时间和空间的多样性造成了检测方向和检测条件的差异。在不同时空位置的监控视频中，当某个行人在一个视野中消失时，可能需要在其他的一个或多个视野中，在一定的时间范围内对他进行关联匹配，并把他和其他相似的行人进行区分。这些视野可能具有不同的角度和拍摄距离，因而有着不同的动态或静态背景、光照条件和遮挡程度。例如在拥挤的环境中，摄像头在未知距离下进行拍摄，并依靠传统的生物识别技术（如人脸识别），但由于缺乏足够的约束条件且图像细节不充分，无法提取可靠的生物特征。再如，多数人在冬季出现在公共场合时会穿着深色衣服，所以大多数颜色像素并不能提供关于身份的信息。这个问题可以进一步复杂化，如同一个人的外表可能因为摄像头拍摄角度、光照、背景和遮挡程度等因素而产生很大差异。这些因素会导致行人再识别效果下降，严重时不同身份的行人可能会比相同身份的行人更加相似。

对于特征提取而言，特征的辨别力、可靠性和可计算性主要取决于摄像机的观察条件和给定视野中捕获的不同人物的独特的外观特征。理想情况下，由图像提取出的特征应该具有良好的普适性，尽量不受光照、视角、背景、图像质量和分辨率等因素的影响。然而，在行人再识别中，目前还不清楚是否存在效果良好的普适性特征，使其可以便捷地应用到不同的摄像机视野和行人数据中。此外，难以得到齐整的行人切割区域、难以精确分割行人和背景，也使得提取可靠的特征来描绘目标这一问题变得更加困难。

行人再识别机制将轨迹或包含行人的图像区域作为输入，这些输入数据是由跟踪或检测算法生成的。行人再识别的算法一般包含以下步骤：提取比原始像素数据更健壮、更可靠和更简洁的图像特征；构造描述符或某种表示方式，如果能够描述和辨别不同个体的特征直方图；通过测量图像之间的相似性，或者使用基于模型的匹配过程，在另一个摄像头视图中匹配指定的探测图像或轨迹。这样的处理步骤对特征表示算法和系统设计提出了一定的要求。

1.4　本章小结

本章主要介绍计算机视觉这一学科产生的原因、发展的过程及实际场景的应用。本章主要于 1.1 节介绍了计算机视觉这一学科产生的原因，并在 1.2 节中阐述了计算机视觉这一学科逐渐形成并不断发展的过程，在 1.3 节讲述了计算机视觉中各个任务的任务目标、应用环境与目前遇到的困难。

本章参考文献

[1] MARR D. Vision: A computational investigation into the human representation and processing of visual information[J]. 1982.

[2] LI F F. Imagenet: crowdsourcing, benchmarking & other cool things[C]. CMU VASC Seminar. 2010, 16: 18-25.

[3] KRIZHEVSKY A, SUTSKEVER I, HINTON G E. Imagenet classification with deep convolutional neural networks[J]. Advances in neural information processing systems, 2012, 25: 1097-1105.

第 2 章　手工特征

许多用于图像分类的计算机视觉算法依赖于图像中局部特征的检测和提取。因此，许多计算机视觉文献都专注于发现、理解、表征和改进从图像中提取的特征[1]。这些通过手工设计并提取的图像特征，称为手工特征（hand-crafted features）。手工特征的目的是解决诸如遮挡、尺度和照明变化等特定问题，其功能设计通常涉及在准确性和计算效率之间进行权衡。例如，SIFT[2]（尺度不变特征变换，Scale-Invariant Feature Transform）因其对物体旋转和尺度变化的健壮性而闻名，但这种健壮性带来了高计算成本。

根据提取难度和性能划分，用于描述图像的手工特征可以分为初级图像特征和中级图像特征。下面具体介绍几类典型的初级图像特征和中级图像特征。

2.1　初级图像特征

初级图像特征是用于描述图像颜色、纹理和形状等信息的基础视觉描述符。

2.1.1　颜色特征

颜色特征，顾名思义，表示图像中各区域或物体表面颜色相关的性质。由于不同物体往往具有不同的颜色特征，且其提取具有原理简单、易于实现等优点，颜色特征是计算机视觉领域中使用最广泛的描述符。在提取颜色特征前，研究者往往通过预处理把图像转化到特定的色彩空间，以得到更好的描述效果。使用较为广泛的色彩空间包括 RGB、YUV 和 HSV 空间。选择不同的色彩空间，会影响到颜色信息的描述效果，因此不同色彩空间的特征通道相集成能够增加颜色信息的多样性，形成分辨力更好的特征描述符。

1. RGB 色彩空间

人的眼睛对于不同颜色的敏感度不同，这是因为人眼内存在若干种可以辨别颜色的锥状细胞。这些锥状细胞对三种光最为敏感：黄绿色（波长为 564nm）、绿色（波长为 534nm）和蓝紫色（也称为紫罗兰色，波长为 420nm）。虽然三种锥状细胞并不是对红色、绿色以及蓝色最为敏感，但这三种颜色的光可以分别对三种锥状感光细胞产生刺激。因此研究者把红色（波长范围是 622～780nm）、绿色（波长范围是 492～577nm）以及蓝色（波长范围是 455～492nm）作为人类视觉系统对颜色感知的基础颜色，并将这三种颜色称为色光三原色。

基于以上所述的人类视觉系统基本原理，将红（Red）、绿（Green）和蓝（Blue）三种颜色设置为RGB色彩空间的基色。使用RGB色彩空间，可以表示人类视觉系统所能感知到的颜色。

RGB色彩空间的相加混色原理是：所有颜色都可以由红、绿和蓝三种色光相加混色而成。这三种色光的比例决定了合成颜色的色度，三者亮度之和决定了合成颜色的亮度。当三种基色光的取值均为0时，叠加的结果呈现黑色；当三种基色光的取值相等（除了0和最大值）时，叠加的结果呈现灰色；当三种基色光的均取最大值时，叠加的结果呈现白色。RGB相加混色效果如图2-1所示。

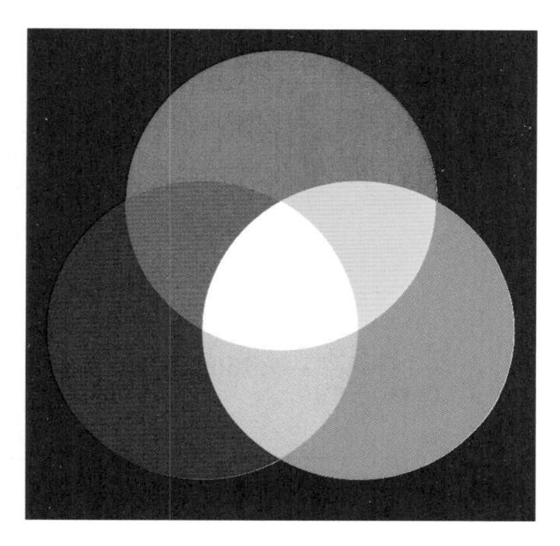

图2-1　RGB相加混色效果

在实际应用中，计算机显示器和电视机等采用RGB相加混色原理去实现彩色还原。例如，目前广泛使用的LED彩色显示屏就是通过控制每个像素对应的RGB半导体发光二极管，使得每个像素呈现不同的颜色，从而产生彩色画面。

RGB色彩空间中三个基色间具有相关性，每个基色既具有亮度特性，又包含色度特性，不便于处理传输。因此产生了以下两种色度与亮度分离的色彩空间。

2. YUV色彩空间

在YUV色彩空间中，Y表示亮度，U和V表示色度差值。YUV是电视系统采用的一种颜色编码方法，通过亮度信号和色度信号相分离的方式，解决了彩色电视和黑白电视兼容的问题。

YUV中的分量是RGB分量线性叠加的结果。将RGB信号的特定部分叠加，可以建立亮度信号Y。其中，输入的RGB信号的红色部分与输入的RGB信号的亮度值之间的差值为U。输入的RGB信号的蓝色部分与输入的RGB信号的亮度值之间的差值为V。RGB色彩空间与YUV色彩空间转换公式见式(2-1)和式(2-2)。

$$\begin{bmatrix} R \\ G \\ B \end{bmatrix} = \begin{bmatrix} 1 & -0.00093 & 1.401687 \\ 1 & -0.3437 & -0.71417 \\ 1 & 1.77216 & 0.00099 \end{bmatrix} \begin{bmatrix} Y \\ U-128 \\ V-128 \end{bmatrix} \tag{2-1}$$

$$\begin{bmatrix} Y \\ U \\ V \end{bmatrix} = \begin{bmatrix} 0.299 & 0.587 & 0.114 \\ -0.169 & -0.331 & 0.5 \\ 0.5 & -0.419 & -0.081 \end{bmatrix} \begin{bmatrix} R \\ G \\ B \end{bmatrix} + \begin{bmatrix} 0 \\ 128 \\ 128 \end{bmatrix} \tag{2-2}$$

3. HSV 色彩空间

HSV 色彩空间由色调（Hue，H）、饱和度（Saturation，S）和明度（Value，V）三个分量构成。H 分量用角度度量，范围为$0^\circ \sim 360^\circ$，从红色开始沿着逆时针方向划分，红色为0°，绿色为120°，蓝色为240°。S 分量表示颜色接近光谱色的程度，取值范围是 0%～100%，其值越高则饱和度越高，颜色越接近光谱色。光谱色的白光成分为 0，饱和度达到 100%。V 分量表示颜色的亮度。与 RGB 空间相比，HSV 空间更接近人眼对颜色的主观感受。

HSV 的计算公式见式(2-3)～式(2-7)。

$$\begin{cases} \max_1 = \max(R,G,B) \\ \min_1 = \min(R,G,B) \end{cases} \tag{2-3}$$

$$H' = \begin{cases} \dfrac{G-B}{\max_1 - \min_1} \times 360^\circ, \text{当} \max_1 = R \\ 120^\circ + \dfrac{B-R}{\max_1 - \min_1} \times 360^\circ, \text{当} \max_1 = G \\ 240^\circ + \dfrac{R-G}{\max_1 - \min_1} \times 360^\circ, \text{当} \max_1 = B \end{cases} \tag{2-4}$$

$$H = H' + 360^\circ, \text{当} H' < 0^\circ \tag{2-5}$$

$$S = \frac{\max_1 - \min_1}{\max_1} \tag{2-6}$$

$$V = \max_1 \tag{2-7}$$

图像的颜色信息可以基于上述色彩空间使用多种方法来表示，例如颜色直方图、颜色集、颜色矩和颜色聚合向量等。用数学统计的方法来提取目标的外观特征，其中对色彩空间中的某个分量的数值进行统计得到的是灰度直方图。相应地，对彩色图像做统计得到的是颜色直方图。颜色直方图可以基于整幅图像进行全局统计，也可以划分区域做局部统计。普通颜色直方图直接统计整个图像的颜色分布情况，而颜色空间二维直方图将图像划分成多个子区域，再分别统计每个子区域的颜色分布情况。在实际匹配中，候选图像与目标图像的所有颜色空间子直方图都匹配成功才算是匹配成功。为了充分保证目标颜色的空间信息，划分的子区域越多，空间分辨率就会越大，但同时也增加了存储开销，并且也会由于空间过于破碎而使得算法性能下降，因此在子区域数目的选择上要综合考虑。直方图作为一种简单有效的基于统计特性的特征描述手段，在计算机视觉领域广泛使用。

2.1.2　纹理特征

纹理特征表示的是物体表面的固有性质，可以理解为颜色或亮度在物体表面的变化规律。从经验可以知道，人类视觉系统能够迅速地判断出具有不同纹理的表面，但是人类视觉系统的处理原理很难获知。通常认为，纹理基元按照一定规律分布形成了纹理，例如斑马或者老虎身上的条纹。这种规律具有一定的均匀性、重复性和方向性等特性，以上特性也是研究和分析纹理的基础。

不同于颜色特征这种以像素为计算单位的特征，纹理特征具有很强的区域特性，因而纹理分析方法需要在包含多个像素点的区域中进行统计分析。纹理分析指通过运用一定的图像处理技术提取出纹理的特征参数，从而对纹理进行定性或定量描述。按照纹理分析的做法，可分为三种方法，即结构法、统计法和频谱法。结构法是指通过对区域的结构规律进行分析，得到区域的纹理基元，然后再利用纹理基元来描述图像中的纹理。统计法是指对区域内的颜色分布的纹理属性进行统计，该类方法主要有随机场模型、随机分形模型和灰度共生矩阵等。频谱法是指先对图像进行某种变换，例如 Garbo 变换、傅里叶变换或者小波变换，再用相应变换的系数来描述纹理。在模式匹配中，这种区域性的特征能够避免由于局部偏差导致匹配失败，具有较大的优势。

T. Ojala 等提出的 LBP（局部二值模式，Local Binary Pattern）特征是常见的纹理特征之一[3]，是一种用来描述图像局部纹理特征的算子。它的主要特点是具有旋转不变性和灰度不变性，因而能够有效地提取图像的局部纹理特征。

LBP 特征值的计算过程是：首先将图像灰度化，并定义一个 3×3 的窗口的中心像素值作为阈值，再用剩余像素灰度值和阈值进行比较；若周围灰度值大于阈值，则将其标记为 1；若灰度值小于阈值，则标记为 0。然后对 3×3 的窗口内标记为 1 的窗口权重求和，从而产生一个 8 位二进制数，即为该中心点的 LBP 特征值。该值反映了该点的纹理特征，即通过与周围像素点的灰度值对比，得到中心点在图像窗口中的前景概率信息。如图 2-2 所示，对于图中的局部像素值，以中心像素的值为阈值对周围像素进行量化，并按照二进制规则进行编码，即可得到中心点的 LBP 特征值。

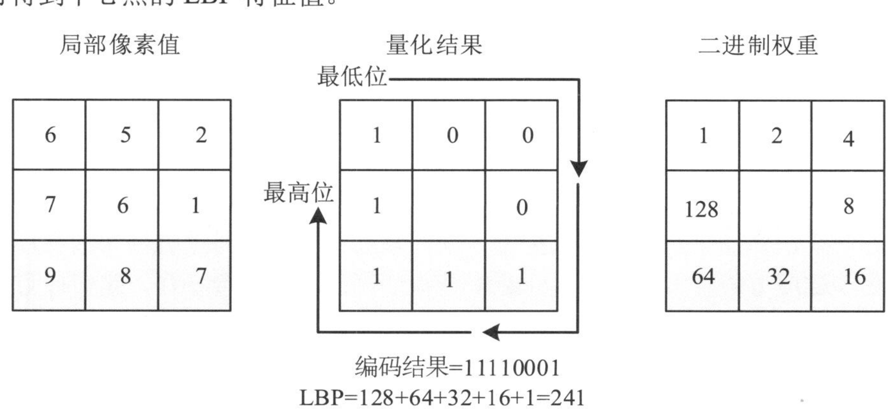

图 2-2　LBP 特征值计算过程示意图

自 LBP 算法问世后，研究人员又对 LBP 特征算法进行了不断的改进，提出了许多改进算法，诸如圆形 LBP 算法、LBP 旋转不变模式、LBP 等价模式。这些方法在一定程度上提高了 LBP 特征算法的计算效率和性能。

LBP 算法在目标检测和人脸识别等领域中都取得了良好的应用效果。但在实际应用中，一般都是采用 LBP 特征的统计直方图作为特征值代替原始 LBP。其用于目标检测的基本原理是：将输入图片划分成若干个图像块，对每一个图像块里面的像素点提取 LBP 特征，再建立 LBP 特征的统计直方图。这样一个统计直方图就可以描述一个图像块，将所有统计直方图串联起来就是整个图片的特征，从而得到图像的 LBP 纹理特征向量。采用 LBP 的相似度量函数就可以比较不同图片之间的相似性了。

但是，纹理特征也有其缺点。同一幅图像在不同分辨率下所计算出来的纹理特征可能会存在较大差异。同时，纹理特征也容易受环境因素的干扰。物体在某些特定光照情况下，其图像反映出来的纹理并不一定是真实的。

在检索具有粗细、疏密等方面较大差别的纹理图像时，利用纹理特征是一种有效的方法。但当纹理之间的粗细、疏密等易于分辨的信息之间相差微乎其微的时候，人类视觉感知到的不同纹理的差异往往难以通过上述纹理特征进行准确表示。

2.1.3　形状特征

形状特征表示的是物体的轮廓性质或区域性质，是对边界敏感的一类特征。通常情况下，形状特征有两类表示方法，一类是轮廓特征，另一类是区域特征。图像的轮廓特征主要针对物体的外边界，而图像的区域特征则关系到整个形状区域。

在众多图像形状特征之中，最具有代表性的是 HOG（方向梯度直方图，Histogram of Oriented Gradient）特征[4]。梯度是函数的一阶差分，包含了幅度和方向信息，梯度信息同样是保证 HOG 特征描述符具有几何不变性的重要前提。HOG 特征是以统计图像中某个局部区域梯度方向直方图的方式来形成特征，被广泛应用到了目标检测和图像处理领域，也是计算机视觉技术中非常重要的特征描述符之一。2005 年，法国研究人员 Dalal 等提出了 HOG 特征，在行人检测与识别领域取得了巨大的成功。其核心思想是：在一幅图像中，局部目标的表象和形状能够借助梯度或边缘的方向密度分布进行描述，利用目标边缘处的梯度信息，统计梯度的分布状况，可以较好地描述图像的形状特征。

HOG 特征的具体实现方法可以概括为：首先利用图像灰度化和伽马校正将颜色空间归一化，再把图像分割成若干个互不重叠、相同大小的子区域（细胞单元）。针对细胞单元内每一个像素值改变的方向和大小（像素的梯度），将每个细胞单元的梯度方向划分为 9 个不同的方向块，并计算每个像素的梯度方向，最后统计落在每个方向块内梯度方向的个数，则得到了梯度方向直方图。针对 HOG 特征的局部特征梯度操作，可以较好地保持图像位置的几何不变性。为了能够对光照、阴影和边缘进行压缩，接下来对梯度强度做了归一化，而归一化后的特征向量被称为 HOG 描述符。将所有图像块的 HOG 特征向量串联起来即得到原始图像的 HOG 特征描述符。具体实现流程如图 2-3 所示。

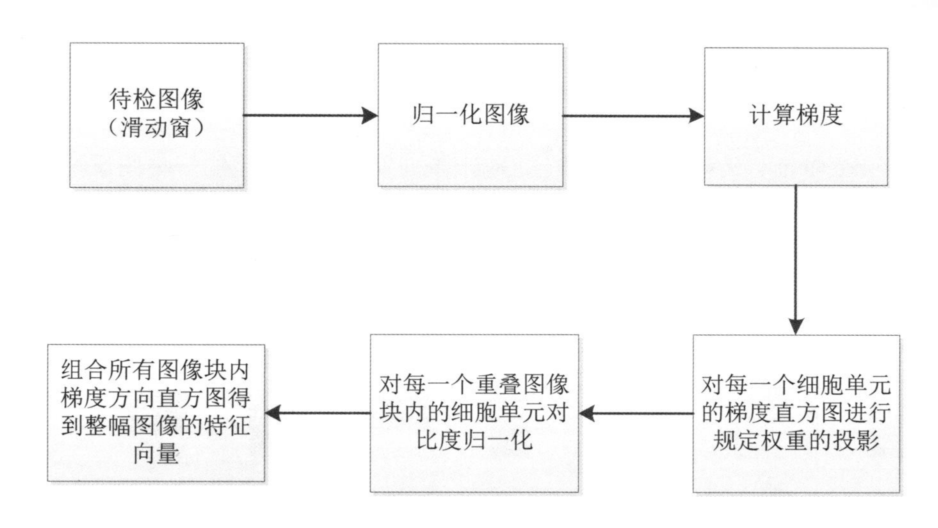

图 2-3　HOG 特征提取流程

下面给出计算每个像素位置的梯度方向值的公式，见式(2-8)。

$$\begin{cases} G_x(x,y) = H(x+1,y) - H(x-1,y) \\ G_y(x,y) = H(x,y+1) - H(x,y-1) \\ G(x,y) = \sqrt{G_x(x,y)^2 + G_y(x,y)^2} \\ \theta(x,y) = \arctan\dfrac{G_y(x,y)}{G_x(x,y)} \end{cases} \tag{2-8}$$

其中，$G_x(x,y)$ 和 $G_y(x,y)$ 分别代表像素点 (x,y) 的水平方向梯度和竖直方向梯度，$H(x,y)$ 代表像素点 (x,y) 的像素值，$G(x,y)$、$\theta(x,y)$ 分别是像素点的梯度大小和梯度方向。

Pedro 在 2008 年提出的 DPM（可变形部件模型，Deformable Parts Model）算法[5]，即在 HOG 特征的基础上加以改进并应用，具体的改进是：在各个连通区域合并时，将相邻的四个连通区域进行合并归一化，最终计算出的特征与 HOG 特征相似。另外，DPM 同时使用有符号梯度和无符号梯度，从而将角度范围的计算扩展到了 180 度。最后对 DPM 算法获取的特征基于主成分分析降维，有效提高了计算效率。DPM 算法在人脸检测、行人检测等图像检测领域取得了良好的效果，但是 DPM 算法检测过程相对复杂，速度也较慢。

2.2　中级图像特征

初级特征通常很难全面地描述图像中的信息，因此经常将多个初级图像特征组合起来作为中级图像特征来更好地表达图像特征。另外，从图像中具有较丰富信息的图像块提取到的滤波器特征也可划分为中级图像特征。

2.2.1 Haar-like 特征

Haar-like 特征，又称为 Haar 特征，是计算机视觉领域常用的一种图像特征描述符，最早由 Papageorgiou 等人提出用于人脸表示[6]，现在常用于目标识别和目标检测领域。常用的 Haar 特征如图 2-4 所示，可分为三大类：边缘特征、线性特征和中心环绕特征。对一幅图像，根据检测目标的不同，可以选用不同的 Haar 特征形式。

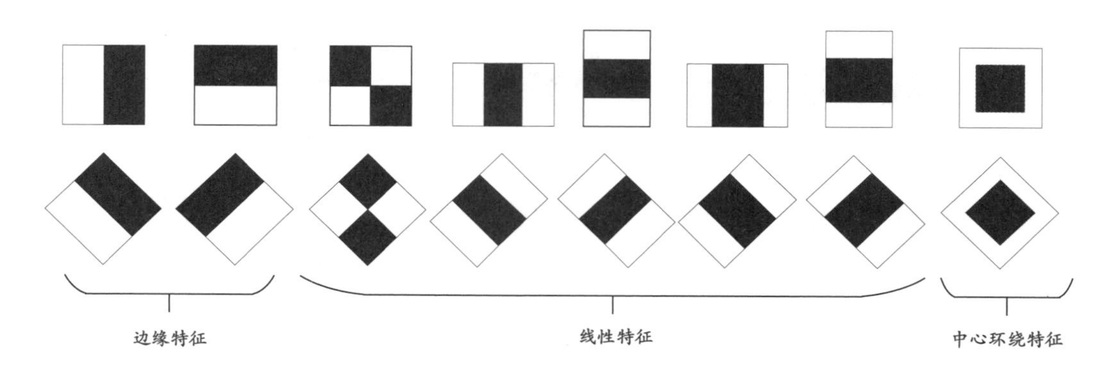

图 2-4　常用的 Haar 特征

Haar 特征模板内有白色和黑色两种矩形，并定义该模板的特征值为白色矩形像素值之和与黑色矩形像素的差值。特征的参数包括模板类型、矩形位置和矩形大小。Harr 特征利用图像区域中灰度值的变化反映物体与周围环境的差异。以人脸为例，人的眼睛比脸颊颜色要深，鼻梁两侧比鼻梁颜色要深，嘴巴比周围颜色要深，这些特性都可以通过上述模板表达出来。然而其缺点在于，只能针对一些简单的图形结构，对水平、垂直、对角这些特定走向之外的结构无能为力，很大程度上限定了特征的使用场景，之后研究人员针对 Harr 特征做了许多改进。

计算 Haar 特征值首先要对矩形块内的像素值进行求和，若选取的特征数量较多，会导致计算量过大。为了加快计算 Haar 特征值，研究人员引入了积分图像（Integral image，又称为 Summed Area Table）这一概念。Summed Area Table 由 Crow 在 1984 年首次提出[7]，后来 Viola 等人将其应用到快速目标检测框架下[8]，并取名为积分图像。

积分图像是指一个与原始图像尺寸一样的矩阵，其任一点 (x,y) 的值是从原始图像左上角至当前坐标点所构成的矩形内所有像素值的和，其描述公式见式(2-9)。

$$I(x,y)=\sum_{\substack{x'\le x\\ y'\le y}} i(x',y') \tag{2-9}$$

其中，$I(x,y)$ 表示积分图像的值，$i(x',y')$ 表示原始图像的像素值。尽管积分图像的定义式需要大量的求和计算，但它有着更高效的计算方法，只需遍历图像一次即可完成。对于任意一点 (x,y) 积分图像值的计算见式(2-10)。

$$I(x,y)=i(x,y)+I(x-1,y)+I(x,y-1)-I(x-1,y-1) \tag{2-10}$$

完成积分图像的计算后，后续图像中任何区域的像素累加值可直接引用该结果，不用重复计算。如计算图 2-5 中矩形区域 $ABCD$ 的像素值之和，可以借用 A、B、C、D 这四个点的积分图像值来完成求解，见式(2-11)。

$$\sum_{\substack{x_0 \le x \le x_1 \\ y_0 \le y \le y_1}} i(x,y)=I(D)+I(A)-I(B)-I(C) \tag{2-11}$$

无论矩形块的尺寸大小为多少，都只需要 4 次访问操作，再进行 3 次加减操作，即可完成矩形块像素值求和，这大大地减小了 Haar 特征值的计算量。

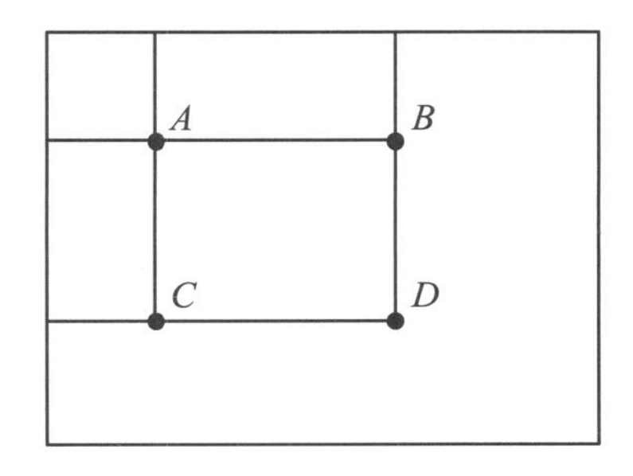

图 2-5　利用积分图像计算矩形块的特征值

通过一次遍历计算得到积分图像，进而快速求得 Haar 特征值。但是此方法只适用于水平或垂直的矩形块，如图 2-4 中第二行经过 45° 角旋转的 Haar 特征便不适用此方法。

对于 45° 倾角的积分图像，积分图像计算方式为计算像素点 (x,y) 正上方的像素值之和。计算范围如图 2-6 所示，$\alpha=\beta=45^\circ$，见式(2-12)。

$$I_{45^\circ}(x,y)=\sum_{y'\le y,|x-x'|\le y-y'} i(x',y') \tag{2-12}$$

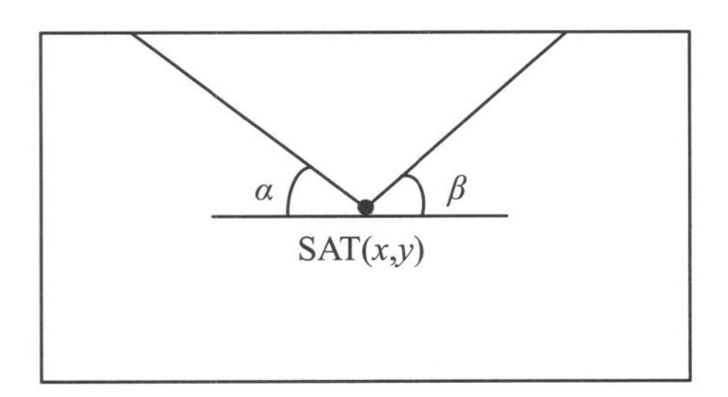

图 2-6　45° 倾角积分图像计算范围

当然，计算 45° 倾角矩形特征的积分图像也可以采用增量方式得到。对于任意一点 (x,y)，计算积分图像的值需要经过两边扫描。第一次从左到右，从上到下进行扫描计算，见式(2-13)。

$$I_{45^\circ}(x,y)=I_{45^\circ}(x-1,y-1)+I_{45^\circ}(x-1,y)-I_{45^\circ}(x-2,y-1)+i(x,y) \tag{2-13}$$

其中，针对边界做如下处理：$I_{45^\circ}(-1,y)=I_{45^\circ}(-2,y)=I_{45^\circ}(x,-1)=0$。扫描完成后，继续第二次从右到左，从下到上进行扫描计算，见式(2-14)。

$$I_{45^\circ}(x,y)=I_{45^\circ}(x,y)+I_{45^\circ}(x-1,y+1)-I_{45^\circ}(x-2,y) \tag{2-14}$$

得到积分图的值后，对于一个 45° 旋转的矩形 $(x,y,w,h,45^\circ)$，那么该矩形块的像素和可以通过公式(2-15)得到。

$$\mathrm{Ressum}(r)=I(x+w,y+w)+I(x-h,y+h)-I(x,y)-I(x+w-h,y+w+h) \tag{2-15}$$

同样地，无论旋转矩形尺寸大小如何，只要查找积分图像四次，加减操作三次就可以求得任意矩形内像素值的和，进一步通过计算可得到 Haar 特征值。

2.2.2 SIFT 特征

SIFT[8]（尺度不变特征变换，Scale-invariant Feature Transform）是一种提取局部特征的点描述符。该算法在不同的尺度空间中寻找局部极值点作为关键点，并综合使用其位置信息、尺度信息以及方向信息来对关键点进行描述，因此特征描述符对旋转、光照、尺度等信息的变化比较不敏感，而且对角度的变化、仿射变换以及噪点噪声等也都能保持一定的不变性。另外，SIFT 特征能很方便地同其他类型特征组合用于图像检测。

SIFT 特征的检测过程主要包含以下四个步骤。

1. 尺度空间的极值检测

首先对目标图像构建尺度空间，所谓尺度空间是一张图像在不同分辨率下的一组结果。构建尺度空间通常包含：对图像进行平滑模糊处理，再将其进行下采样，从而得到一系列不同尺寸的图像。

为了获取图像在多个尺度上的特征信息，SIFT 用不同尺度的高斯核函数对图像进行滤波处理，来构成高斯尺度空间，其表达式见式(2-16)。

$$L(x,y,\sigma)=\mathrm{Gauss}(x,y,\sigma)*I(x,y) \tag{2-16}$$

其中，$I(x,y)$ 是原始图像，$L(x,y,\sigma)$ 为图像的尺度空间，(x,y) 为像素位置，σ 是尺度因子，也就是高斯分布的标准差，其值越大则代表图像被平滑的程度越深。有了不同的尺度空间后，就可以构建 DOG（高斯差分，Difference of Gaussian）空间。DOG 定义由式(2-17)可得，其中 k 为相邻高斯尺度空间的比例因子：

$$\begin{aligned}D(x,y,\sigma)&=[G(x,y,k\sigma)-G(x,y,\sigma)]*I(x,y)\\&=L(x,y,k\sigma)-L(x,y,\sigma)\end{aligned} \tag{2-17}$$

然后通过将 DOG 空间中每一个像素点及其周围所有相邻像素点比较（既包括同一尺度域下的相邻点，也包括相邻尺度域的相邻点），从而获取到尺度空间内像素值的极值点。

2. 关键点定位

关键点是由 DOG 空间的局部极值点组成的，首先要对关键点进行初步探查，这一步是通过同一组内各DOG相邻两层图像之间比较完成的。这些比较检测得到的DOG局部极值点不一定全部都满足条件，因此可以通过尺度空间的DOG函数进行曲线拟合寻找极值点，进而再对这些极值点进行筛选，除去效果不佳的特征极值点，从而提升极值点的健壮性和抗噪性。需要排除的极值点主要是不稳定的边缘响应点或低对比度的极值点。

1）低对比度的极值点

设候选特征点为x，其偏移量定义为Δx，对比度$D(x)$的绝对值为$|D(x)|$，对$D(x)$运用泰勒展开式可得式(2-18)。

$$D(x) = \boldsymbol{D} + \frac{\partial \boldsymbol{D}^{\mathrm{T}}}{\partial x}\Delta \boldsymbol{x} + \frac{1}{2}\Delta \boldsymbol{x}^{\mathrm{T}}\frac{\partial^2 \boldsymbol{D}}{\partial x^2}\Delta \boldsymbol{x} \tag{2-18}$$

由于x为$D(x)$的极值点，所以对上式求导并令其为0，得到式(2-19)。

$$\Delta \boldsymbol{x} = -\frac{\partial^2 \boldsymbol{D}^{-1}}{\partial x^2}\frac{\partial \boldsymbol{D}(x)}{\partial x} \tag{2-19}$$

再将其代入式(2-18)，可得式(2-20)。

$$D(\hat{x}) = D + \frac{1}{2}\frac{\partial \boldsymbol{D}^{T}}{\partial x}\hat{x} \tag{2-20}$$

设对比度的阈值为T，若$|D(x^{\wedge})| \le T$，则排除该特征点。

2）不稳定的边缘响应点

一个定义不好的高斯差分算子在边缘梯度的方向上主曲率值比较大，而沿着边缘方向则主曲率值较小。候选特征点的DOG函数$D(x)$的主曲率与2×2的Hessian矩阵$\boldsymbol{H}$的特征值成正比。2×2的Hessian矩阵见式(2-21)，其中D_{xx}等是候选点领域对应位置的差分求得。

$$\boldsymbol{H} = \begin{bmatrix} D_{xx} & D_{yx} \\ D_{xy} & D_{yy} \end{bmatrix} \tag{2-21}$$

设$\alpha = \lambda_{\max}$是矩阵$\boldsymbol{H}$的最大特征值，$\beta = \lambda_{\min}$是矩阵$\boldsymbol{H}$的最小特征值，则

$$\begin{gathered} \mathrm{tr}(\boldsymbol{H}) = D_{xx} + D_{yy} = \alpha + \beta \\ \det(\boldsymbol{H}) = D_{xx}D_{yy} - D_{xy}^2 = \alpha \cdot \beta \end{gathered} \tag{2-22}$$

其中$\mathrm{tr}(\boldsymbol{H})$是矩阵$\boldsymbol{H}$的迹，$\det(\boldsymbol{H})$为矩阵$\boldsymbol{H}$的行列式。再设$\gamma = \dfrac{\alpha}{\beta}$，则

$$\frac{\mathrm{tr}(\boldsymbol{H})^2}{\det(\boldsymbol{H})} = \frac{(\alpha+\beta)^2}{\alpha\beta} = \frac{(\gamma\beta+\beta)^2}{\gamma\beta^2} = \frac{(\gamma+1)^2}{\gamma} \tag{2-23}$$

上式的结果只和特征值的比值γ有关，而与特征值具体大小无关。因此判断候选特征点的主曲率是否在阈值T_r之下，只需进行下式(2-24)的比较：

$$\frac{\mathrm{tr}(\boldsymbol{H})^2}{\det(\boldsymbol{H})} > \frac{(T_\gamma+1)^2}{T_\gamma} \tag{2-24}$$

若上式成立，则删除该特征点，否则保留之。在SIFT的论文〔8〕中，作者采用阈值$T_r = 10$。

3. 确定特征点的主方向

经过上面的步骤已经找到了在不同尺度下都存在的特征点，为了实现图像旋转不变性，需要给特征点的方向进行赋值。利用特征点邻域像素的梯度分布特性来确定其方向参数，再利用图像的梯度直方图求取关键点局部结构的稳定方向。

计算以特征点为中心，半径为$3\times1.5\sigma$（σ是尺度因子）的区域图像的幅角和幅值，每个点$L(x,y)$的梯度的幅值$m(x,y)$和方向$\theta(x,y)$可由式(2-25)得到：

$$
\begin{gathered}
m(x,y)=\sqrt{[L(x+1,y)-L(x-1,y)]^2+[L(x,y+1)-L(x,y-1)]^2} \\
\theta(x,y)=\arctan\frac{L(x,y+1)-L(x,y-1)}{L(x+1,y)-L(x-1,y)}
\end{gathered}
\tag{2-25}
$$

计算得到梯度方向后，就要使用直方图统计特征点邻域内像素对应的梯度方向和幅值。梯度方向的直方图的横轴是梯度方向的角度，纵轴是梯度方向对应梯度幅值的累加，直方图的峰值就是特征点的主方向。还可以使用高斯函数对直方图进行平滑，以增强特征点附近的邻域点对关键点方向的作用，并减少突变的影响。

为了得到更精确的方向，通常还可以对离散的梯度直方图进行插值拟合。具体而言，关键点的方向可以由和主峰值最近的三个柱值通过抛物线插值得到。在梯度直方图中，当存在一个相当于主峰值80%能量的柱值时，则可以将这个方向认为是该特征点辅助方向。所以，一个特征点可能检测到多个方向（也可以理解为，一个特征点可能产生多个坐标、尺度相同但方向不同的特征点）。得到特征点的主方向后，对于每个特征点可以得到三个信息(x,y,σ,θ)，即位置(x,y)、尺度σ和方向θ。由此可以确定一个 SIFT 特征区域。

4. 生成特征点描述

为了保证特征矢量的旋转不变性，要以特征点为中心，在附近邻域内将坐标轴旋转θ（特征点的主方向）角度，即将坐标轴旋转为特征点的主方向。旋转后邻域内像素的新坐标为：

$$
\begin{bmatrix} x' \\ y' \end{bmatrix}=\begin{bmatrix} \cos\theta & -\sin\theta \\ \sin\theta & \cos\theta \end{bmatrix}\begin{bmatrix} x \\ y \end{bmatrix}
\tag{2-26}
$$

旋转后以主方向为中心取8×8的窗口，然后利用高斯窗口对其进行加权运算。最后在每4×4窗口的小块上绘制 8 个方向的梯度直方图，计算每个梯度方向的累加值，即可形成一个种子点，每个特征点由 4 个种子点组成，每个种子点有 8 个方向的向量信息，而在实际运用中，为了增强匹配度的稳健性，可以采用 16 个种子点进行描述，这样一个特征点就可以产生 128 维的 SIFT 特征向量。这种联合了邻域的方向性信息增强了算法的抗噪声能力，同时对于含有定位误差的特征匹配也提供了比较理性的容错性。最后将特征向量进行归一化处理以排除光照等影响。基于 SIFT 特征的匹配过程如图 2-7 所示。

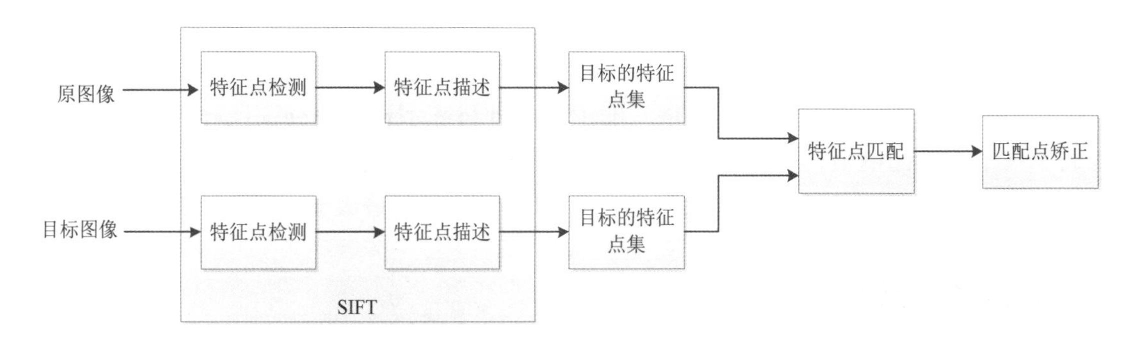

图 2-7　SIFT 特征的匹配过程

2.2.3　SURF 特征

SURF 特征（加速版的具有健壮特性的特征算法，Speed Up Robust Features）是经典的 SIFT 特征的改进算法。SIFT 特征最大的缺点就是计算量大，如果不借助硬件或者专门的图像处理器进行加速的话，SIFT 特征很难达到实时处理的效果。SURF 特征则引入了 Haar 特征以及积分图像的概念，这大大缩短了程序的运行时间。SURF 特征不仅保持了 SIFT 的尺度不变和旋转不变的特性，还对光照变化和放射变化同样具有很强的健壮性。SURF 特征一般应用于计算机视觉中的物体识别、图像拼接、图像配准以及 3D 重建中。

SURF 特征的概念及提取步骤均建立在 SIFT 之上，但详细的流程略有不同。SURF 使用 Hessian 矩阵的行列式值作为特征点响应侦测，并用积分图像加速运算。SURF 特征是基于二维离散小波变换响应与 Harr 小波特征进行描述的。

1. 特征点检测

SIFT 对原图像不断地进行 Gauss 平滑、降采样。在得到金字塔图像后，又进一步得到了 DOG 图像。而高斯核的尺度因子是不同的。SURF 使用了方型滤波器取代 SIFT 中的高斯滤波器，借此达到高斯模糊的近似。图像大小保持不变，改变的是滤波器的大小。其滤波器可表示可见式(2-27)。

$$S(x,y)=\sum_{i=0}^{x}\sum_{j=0}^{y}I(i,j) \tag{2-27}$$

此外使用方型滤波器可利用积分图像大幅提高运算速度，仅需计算位于滤波器方形的四个角落值即可。

SURF 还使用了 Hessian 矩阵来侦测特征点，其行列式值代表像素点周围的变化量，因此特征点需取行列式值为极大、极小值。除此之外，为了达到尺度上的不变，SURF 还使用了尺度 σ 的行列式值进行特征点的侦测，给定图形中的一点 (x,y)，在尺度 σ 下的 Hessian 矩阵为：

$$H(x,y,\sigma)=\begin{bmatrix} L_{xx}(x,x,\sigma) & L_{xy}(x,y,\sigma) \\ L_{xy}(x,y,\sigma) & L_{yy}(y,y,\sigma) \end{bmatrix} \tag{2-28}$$

根据矩阵的行列式值，可以得到曲率的强度。该方法把角点定义为局部变化率高（即在多个方向上的变化幅度都很高）的像素点。这个矩阵由二阶导数构成，因此可以用高斯内核的拉普拉斯算子在不同的尺度（即不同的σ值）下计算得到。这样，Hessian 矩阵就成了三个变量的函数，即 $H(x,y,\sigma)$。如果 Hessian 矩阵的行列式值在普通空间和尺度空间（即需要执行 3×3×3 次非最大值抑制）都达到了局部最大值，那么就认为这是一个尺度不变特征。

2. 构建尺度空间

同 SIFT 一样，SURF 也需要构建尺度空间。不同的是，SIFT 中下一组图像的尺寸是上一组的一半，同一组间图像尺寸一样，但是所使用的高斯模糊系数逐渐增大；而在 SURF 中，不同组间图像的尺寸都是一致的，但不同组间使用的盒式滤波器的模板尺寸逐渐增大，同一组间不同层间使用相同尺寸的滤波器，但是滤波器的模糊系数逐渐增大。

3. 特征点定位

对于特征点的定位过程来说，SURF 和 SIFT 保持一致，将经过 Hessian 矩阵处理的每个像素点与二维图像空间和尺度空间邻域内的 26 个点进行比较，初步定位出关键点，再过滤掉能量较弱的关键点以及错误定位的关键点，筛选出最终的稳定的特征点。

4. 特征点主方向分配

SIFT 特征点方向分配是采用在特征点邻域内统计其梯度直方图，取直方图柱值最大的，以及超过最大柱值 80%的那些方向作为特征点的主方向。而在 SURF 中，采用的是统计特征点圆形邻域内的 Haar 小波特征，即在特征点的圆形邻域内，统计 60 度扇形内所有点的水平、垂直 Haar 小波特征总和，然后扇形以 0.2 弧度大小的间隔进行旋转，并再次统计该区域内 Haar 小波特征值之后，最后将值最大的那个扇形的方向作为该特征点的主方向。

5. 生成特征点描述符

为了使特征点具有旋转不变的特性，需要赋予特征点一个描述符，使其能保有其不变性且能够轻易地被区分。大多数的描述符建立的方法为描述特征点与其相邻的像素点间的变化，因此描述符往往都是区域性的。

同时描述符的维度也是描述符重要的考量之一，一个维度不足的描述符可能会使特征点不易区分，然而维度过大的描述符要耗费的计算也就越复杂。SURF 的描述符使用了 Haar 小波转换的概念，并利用积分图像简化描述符的计算。

6. 特征点匹配

与 SIFT 特征点匹配类似，SURF 也是通过计算两个特征点间的欧式距离来确定匹配度的，欧氏距离越短，代表两个特征点的匹配度越好。

不同的是，SURF 还加入了 Hessian 矩阵迹的判断。如果两个特征点的矩阵迹正负号相同，则代表这两个特征点具有相同方向上的对比度变化；如果不同，则说明这两个特征点的对比度变化方向是相反的，即使欧氏距离为 0，也直接予以排除。

2.3　本章小结

本章主要介绍了传统计算机视觉算法中比较常用的几种特征处理，并描述了其原理和应用场景。手工特征是利用手工设计提取的图像特征，被分为初级图像特征和中级图像特征。初级图像特征是用于描述图像颜色、纹理和形状等信息的基础视觉描述符。由于初级特征往往很难全面地描述图像中的信息，因此常常把多个初级图像特征组合或从图像中具有较为丰富信息的图像块提取出的滤波器特征作为中级图像特征，从而更好地表达图像中的特征。2.1 节介绍三种常见的初级图像特征：颜色特征、纹理特征和形状特征。2.2 节介绍三种典型的中级图像特征：Haar-like 特征、SIFT 特征和 SURF 特征。

本章参考文献

[1] SWAIN M J, BALLARD D H. Color indexing[J]. International Journal of Computer Vision, 1991, 7(1):11-32.

[2] LOWE D G. Object recognition from local scale-invariant features[C]. The Proceedings of the Seventh IEEE International Conference on Computer Vision. IEEE, 2002:1150

[3] OJAlA T, PIETIKAINEN M, MAENPAA T. Multiresolution gray-scale and rotation invariant texture classification with local binary patterns[J]. IEEE Transactions on Pattern Analysis & Machine Intelligence, 2002, 24(7):971-987.

[4] DALAL N, TRIGGS B. Histograms of oriented gradients for human detection[A]. IEEE Computer Society Conference on Computer Vision and Pattern Recognition[C], IEEE, 2005:886-893.

[5] FELZENSZWALB P F, GIRSHICK R B, MCALLESTER D, et al. Object detection with discriminatively trained part-based models[J]. IEEE Transactions on Pattern Analysis & Machine Intelligence, 2014, 47(2):6-7.

[6] OREN, MICHAEL, CONSTANTINE PAPAGEORGIOU, et al. "Pedestrian detection using wavelet templates." In Computer Vision and Pattern Recognition, 1997. Proceedings., 1997 IEEE Computer Society Conference on, pp. 192-199. IEEE, 1997.

[7] CROW F C. Summed-area tables for texture mapping [J]. Acm Siggraph Computer Graphics, 1984, 18(3):207-212.

[8] VIOLA P, JONES M. Rapid object detection using a boosted cascade of simple features[C]. Computer Vision and Pattern Recognition, 2001. CVPR 2001. Proceedings of the 2001 IEEE Computer Society Conference on. IEEE Xplore, 2001:I-511- I-518 vol.

第3章　神经网络基础理论

目前，深度学习主要以统计学为理论基础，采用仿照大脑的由底向上的思路，通过一层层简单神经网络层的搭建，构建一个足够复杂的神经网络。这样搭建的神经网络可以通过统计学方法自动归纳知识，与现在的大数据应用场景完美契合。本章介绍神经网络的基础理论，包括核心原理和常见的神经元模型。

3.1　神经元概述

大脑的基本感知单元是神经元。神经网络仿照了人类大脑的工作方式，也用神经元作为基本学习单元。本节介绍感知器、激活函数和神经元模型。

3.1.1　感知器

感知器也被称为神经认知机，是最简单的神经网络模型，它的灵感基于 Hubel 和 Weisel 等人对单个神经元行为的记录。生物神经元是人体中一种特殊的细胞，通常，研究人员认为它是生物智能的来源，由神经元组成的复杂的脑神经网络使生物更加聪明。神经元细胞由大量树突和一根由胞体发出的轴突组成，轴突末端有突触。当树突接收信息时，树突会向胞体发送冲动，如果胞体接收到的冲动满足阈值，冲动就会沿轴突传到末端的突触，然后由突触传给下一个神经元。也就是说，当神经元突触连接大量其他神经元树突时，可以构成复杂的生物神经网络。基于这种认知，人们建立了感知器的数学模型，用于模仿生物神经元，了解感知器是学习神经网络的第一步。

在深度学习发展历程中，感知器模型占有很特殊的历史地位——它是第一个具有完整算法描述的神经网络模型，其中的算法被称为感知器学习算法。1958 年，心理学家 Rosenblatt[1] 提出了这个算法，因此它也叫作 Rosenblatt 感知器。感知器是用于线性分类的最简单的神经网络模型，它由一个具有可调树突权值和偏置的神经元组成。图 3-1 是感知器的结构图。

从图 3-1 可见一个感知器由三个部分构成，分别是感知器参数、求和单元和激活函数，感知器参数又包括感知器权重和偏置。感知器通常有多个输入，每个输入都有对应的权重，感知器的每一个输入都被权重加权，然后求和单元将所有结果以及相应偏置相加，最后用激活函数激活。感知器的输出结果可以表示为式(3-1)，式(3-2)[2]将向量乘法写成分量的形式。

$$y = \text{sgn}(\boldsymbol{Wx} + b) \tag{3-1}$$

$$y = \text{sgn}\left(\sum_{i=1}^{n} w_i x_i + b\right) \tag{3-2}$$

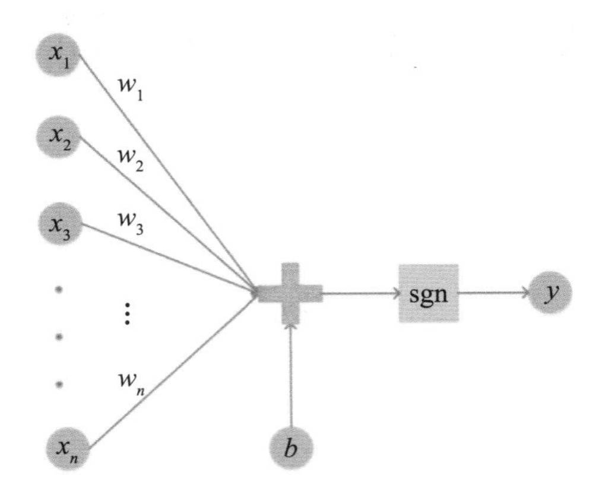

图 3-1 感知器的结构

其中 sgn 表示符号函数，是感知器的激活函数，$\boldsymbol{W}$ 是感知器权重向量，b 是偏置，$\boldsymbol{x}$ 是感知器输入向量，w_i 和 x_i 分别是感知器权重向量和输入向量的分量。根据阶跃函数的特点，当输入小于等于 0 时，输出结果为 0，此时感知器模仿生物神经元的非激活状态，当阶跃函数的输入大于 0 时，阶跃函数的输出结果为 1，此时感知器模仿生物神经元的激活状态。

从逻辑运算上看，感知器具有一定的拟合能力，可以对输入进行二分类，也就是把输入数据分成两种类别，即 0 或 1。单个感知器只能模拟 and 或 or 这样简单的逻辑运算，没办法模仿复杂的逻辑运算，比如 xor，但多个感知器连接在一起可以获得模仿复杂逻辑运算的能力。

3.1.2 激活函数

研究人员设计复杂的神经网络结构不仅仅希望它可以解决简单的线性问题，这些问题不依靠神经网络也可以轻松解决。更加重要的是，研究人员希望神经网络可以解决非常复杂的非线性问题，例如图像压缩、音频检索、增强学习和图像分割。这种情况下，激活函数的作用就非常关键了，它们可以将非线性特性引入神经网络，对神经网络中一个节点的输入信号进行信息变换，从而增强神经网络的非线性表达能力。激活函数为神经元引入了非线性因素，如果不使用激活函数，无论神经网络有多少层，输出结果都会是输入信号的线性组合，而线性组合的复杂度是有限的，从大量数据中学习复杂关系的能力不足。因此在神经网络每层输出时，研究人员会设置激活函数对输出结果进行非线性变换，这个过程叫作激活。常用的激活函数有 Sigmoid、Tanh、ReLU、Maxout、Softmax 等。下面简单介绍这几种激活函数。

1. Sigmoid

Sigmoid 函数是神经网络中最常用的激活函数之一，函数曲线如图 3-2 所示，其函数表达式如式(3-3)所示。

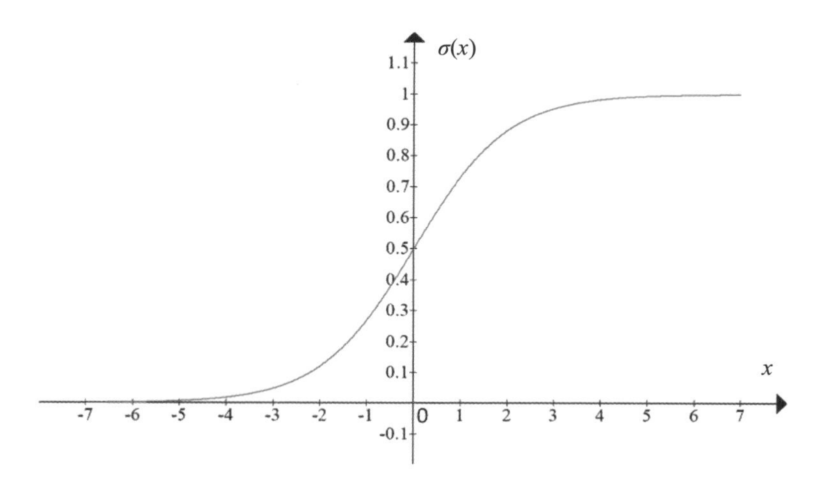

图 3-2　Sigmoid 函数曲线

$$\sigma(x)=\frac{1}{1+\mathrm{e}^{-x}} \tag{3-3}$$

在早期的神经网络中，Sigmoid 函数是最常见的激活函数，因为它的输出在(0,1)这个开区间内，可以由此联想到概率，而神经网络需要解决的很多问题都与概率学相关。Sigmoid 函数的优点是导数形式非常简单，能够极大地减少神经网络训练和测试时的运算量，但这个函数也存在很多缺点。从 Sigmoid 函数图像可以直观地看到，当输入值 $x>5$ 或者 $x<-5$ 的时候，Sigmoid 函数曲线非常平缓，函数梯度非常小甚至接近 0，而函数梯度接近于 0 会导致误差反向传播且更新参数时无法通过梯度传递到上一层，进而导致神经网络训练无法正常进行，这个现象叫作梯度消失，也称梯度弥散，这也是早期的神经网络只能搭建浅层神经网络的主要原因。除此之外，Sigmoid 函数输出结果不是以 0 为中心，这会使参数更新效率降低。

2. Tanh

Tanh 函数又被称为双曲正切函数，其函数表达式如式(3-4)所示，函数曲线如图 3-3 所示。

$$\tanh(x)=\frac{\mathrm{e}^{x}-\mathrm{e}^{-x}}{\mathrm{e}^{x}+\mathrm{e}^{-x}} \tag{3-4}$$

Tanh 函数试图解决 Sigmoid 函数关于原点不对称的问题。由图像可知，将 Sigmoid 函数向下平移再收缩可以得到 Tanh 函数，Tanh 函数的输出区间是(−1,1)，而且整个函数以 0 为对称中心，这一点要优于 Sigmoid 函数，但它仍然存在梯度消失问题。因为 Tanh 函数完全可微分，而且反对称中心和对称中心都在原点，所以在分类任务中，它逐渐取代了原来的标准激活函数 Sigmoid 函数。这个函数有很多更加平缓的变体，例如 Log-log、Softsign 和 Symmetrical Sigmoid，它们可以进一步解决学习缓慢和梯度消失的问题。

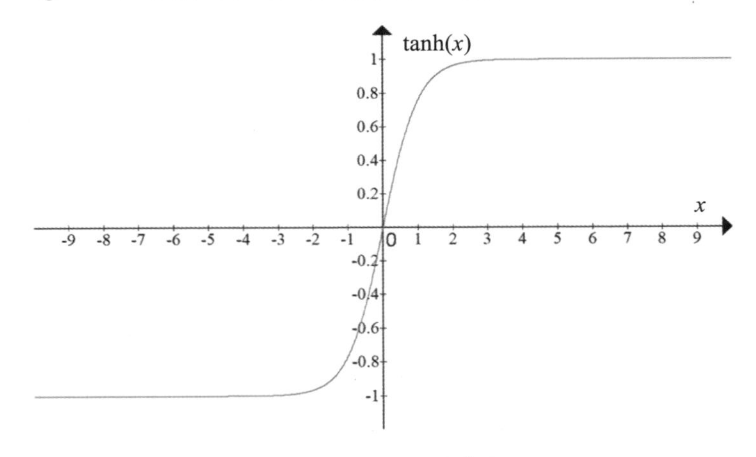

图 3-3　Tanh 函数曲线

3. ReLU

ReLU（Rectified Linear Unit）函数曲线如图 3-4 所示，其函数表达式如式(3-5)[2]所示。

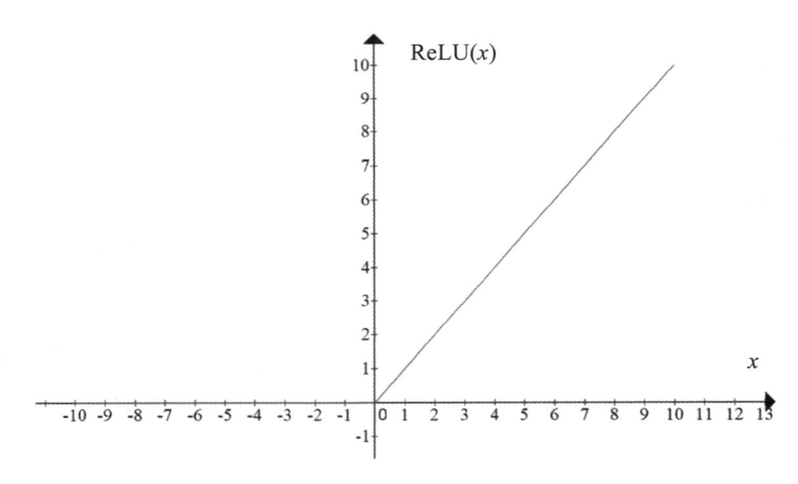

图 3-4　ReLU 函数曲线

$$\mathrm{ReLU}(x) = \max(0, x) \tag{3-5}$$

Krizhevsky 在 2012 年的一篇论文[2]中提出，使用非线性函数 $\max(0,x)$ 而不是 Sigmoid 函数或者 Tanh 函数，可以使神经网络收敛得更快，在试验中达到了之前 6 倍的速度。

相较于 Sigmoid 函数和 Tanh 函数，ReLU 函数可以极大地加快 SGD（随机梯度下降，Stochastic Gradient Descent）收敛的速度，而且输入为正数时，梯度不会饱和，同时 ReLU 函数不含有指数运算，计算更加简单，速度更快。另外 ReLU 函数会使输入小于 0 的神经元输出为 0，导致训练时的神经网络比测试时稀疏，减少了参数的相互依存关系，缓解了过拟合问题的发生。

但是 ReLU 函数也存在缺点，即当输入是负数的时候，ReLU 函数不能被激活，这意味着一旦输入变成负数，ReLU 函数就会导致该神经元死亡。这种现象在前向传播的过程中不会出现问题，神经网络中有的区域敏感，有的区域抑制，这是合理的。但是在反向传播过程中会出现梯度消失现象。同时 ReLU 函数也不是以 0 为对称中心的函数，这会使参数更新效率降低。为了解决这些缺点，ReLU 函数还有很多变体，例如 Leaky ReLU、PReLU 和 ELU。

4. Maxout

Maxout[3]函数是对 ReLU 和 Leaky ReLU 的一般性归纳，它的数学公式如式(3-6)[3]所示。

$$\text{Maxout}(x) = \max\left(\boldsymbol{W}_1^{\text{T}}\boldsymbol{x} + b_1, \boldsymbol{W}_2^{\text{T}}\boldsymbol{x} + b_2\right) \tag{3-6}$$

其中 $\boldsymbol{W}_1$ 和 $\boldsymbol{W}_2$ 是两种不同的神经网络权重矩阵，$\boldsymbol{x}$ 是神经网络输入向量，b_1 和 b_2 是偏置。ReLU 和 Leaky ReLU 都是这个公式的特殊情况，Maxout 函数拥有 ReLU 函数所有的优点而没有它的缺点，但是参数数量增加了一倍，会导致神经网络整体参数数量激增。

5. Softmax

Softmax 函数的表达式如式(3-7)所示，示例图如图 3-5 所示。

$$\sigma_i = \frac{\text{e}^{x_i}}{\sum_{k=1}^{N}\text{e}^{x_k}} \tag{3-7}$$

其中 x_i 表示第 i 个输入，σ_i 表示第 i 个输出，N 表示输入数据和输出数据数目。Softmax 函数是 Sigmoid 函数的扩展，当 $N=2$ 时，Softmax 函数退化为 Sigmoid 函数。Softmax 函数的作用就是，将输出结果映射到(0,1)之间，且所有结果的累和为 1，可以将它理解为概率，但需要强调的一点是，它并不是真正的概率。通常 Softmax 函数都作为最后一层的激活函数，然后选取概率最大的值作为预测目标。此外，Softmax 函数搭配交叉熵损失会使反向传播的计算过程非常简单。

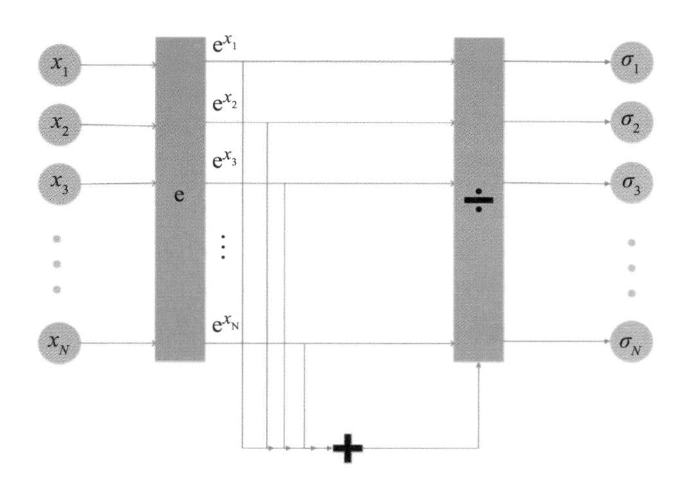

图 3-5　Softmax 函数示例图

3.1.3 神经元模型

将感知器中的 sgn 函数换成各种非线性激活函数，就是常见的神经元模型，例如 Sigmoid、Tanh 和 ReLU。图 3-6 是神经元模型示意图，输入信号经过加权、求和并加偏置，然后再用激活函数激活，引入非线性。神经元是神经网络的基本结构单元。

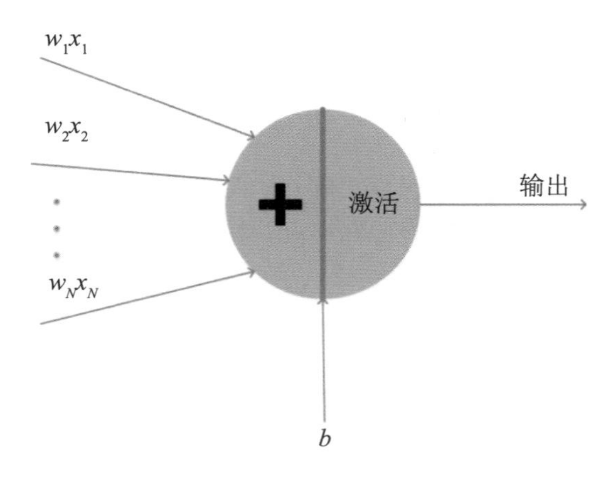

图 3-6 神经元模型示意图

3.2 神经网络基础结构

上一节介绍了神经网络的基本组成单元——神经元，这一节介绍单个神经元是怎么构成复杂的神经网络及其中参数是怎么定义的。

3.2.1 两层神经网络模型

神经网络模型是一种单向的层级连接结构，每一层可能有多个神经元，而不是像生物神经元一样聚合成大小不一的团。一般情况下，同层内的神经元之间是没有连接的。最普通的神经网络层类型是全连接层，全连接层中的神经元与其前后两层的神经元是完全成对连接的，但是在同一个全连接层内的神经元之间没有连接。

输出层是神经网络中比较特殊的层，由于它的输出结果通常是分类问题中对各类别的打分或求概率值，人们通常都不在输出层神经元中加激活函数，也可以认为它们有一个线性相等的激活函数。

图 3-7 是具有三个输入的两层神经网络，它包含一个四个神经元的隐藏层和一个两个神经元的输出层。需要注意的是，相邻层的所有神经元之间都存在连接，这种连接方式称为全连接，但同层的神经元之间不存在连接。

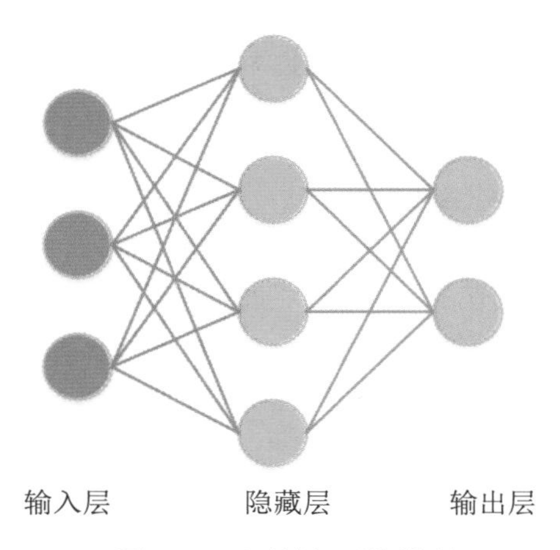

图 3-7　两层神经网络模型

按照惯例，不含有超参数的层结构不计入神经网络的层数，例如图 3-7 中输入层不含超参数，因此整个网络是一个两层的神经网络。

用来度量神经网络大小和复杂度的标准主要有两个：神经元的个数和超参数的个数。图 3-7 中的神经网络包含 6 个神经元（输入层不计），可以学习的参数共有 26 个，计算公式如式(3-8)所示，式中有 6 个偏置超参数。现在实用的 CNN 大多包含很多参数，看起来非常难训练，但可以通过设计神经网络结构来合理地减少参数数目，例如多层共享参数。

$$n_1 \times n_2 + n_2 \times n_3 + n_2 + n_3 = 26 \tag{3-8}$$

其中 n_1 、 n_2 和 n_3 分别是输入层、隐藏层和输出层的神经元数目。

3.2.2　前馈神经网络和循环神经网络

前面介绍了简单的单隐藏层神经网络，接下来研究两种更加复杂的情况。根据信息在神经网络中的传递方向可以将神经网络分为两大类，分别是前馈神经网络和反馈神经网络。

前馈神经网络，简称前馈网络，采用单向多层结构。在前馈神经网络中，每层的神经元可以接收前一层神经元的输出信号，同时其输出作为下一层神经元的输入。第一层叫作输入层，最后一层叫作输出层，其他中间层叫作隐藏层。整个神经网络中不存在反馈，信号从输入层向输出层单向传播，神经网络输出仅由当前的输入和神经网络参数决定。前馈神经网络主要包括 MLP（多层感知器，Multi-Layer Perceptron）和 CNN[4]。

在许多实际应用中，例如自然语言处理、机器翻译和视频压缩，人们希望综合利用前一段时间的所有信息，研究人员设计了 RNN[5]（循环神经网络，Recurrent Neural Network），以保存先前所有信息的状态。RNN 以序列数据作为输入，在序列上递归，且所有循环单元链式连接，每个神经元同时将自身的输出信号作为下层神经元以及自身下一时刻的输入信号，具有记忆性、参数共享和图灵完备等特性。除了普通的 RNN 外，还有一种常见的改进，即 LSTM[6]（长短期记忆网络，Long Short-Term Memory），更多细节会在 3.4.2 节中介绍。

3.2.3 神经网络中的参数

前馈神经网络和循环神经网络往往都有多个神经元和隐藏层，可以用一种通用的方法对各个神经元及相关参数进行定义，以便描述神经网络的训练过程。

如图 3-8 所示，将第 $l-1$ 层第一个神经元的输出结果定义为 a_1^{l-1}，其中下标表示第几个神经元，上标表示第几层。同理，将第 l 层的第一个神经元的输入定义为 z_1^l，偏置定义为 b_1^l。w_{ij}^l 定义为第 $l-1$ 层的第 j 个神经元的输出输入到第 l 层的第 i 个神经元的参数。

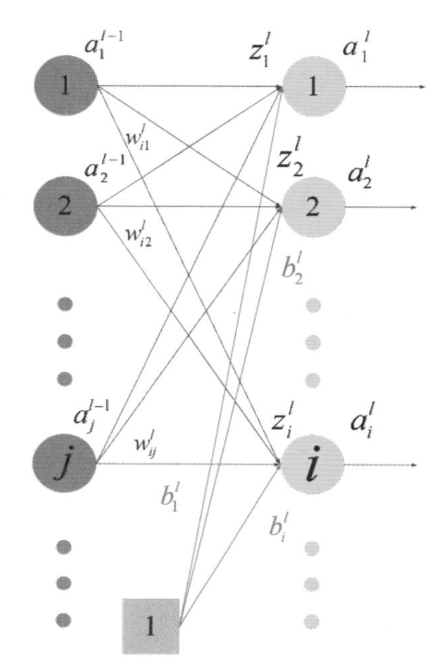

图 3-8 神经网络参数定义

通过上述定义可以写出神经网络前向传播公式，如式(3-9)所示。

$$\begin{pmatrix} z_1^l \\ z_2^l \\ \vdots \\ z_i^l \\ \vdots \end{pmatrix} = \begin{pmatrix} w_{11}^l & w_{12}^l & \cdots \\ w_{21}^l & w_{22}^l & \\ \vdots & \vdots & \end{pmatrix} \begin{pmatrix} a_1^{l-1} \\ a_2^{l-1} \\ \vdots \\ a_i^{l-1} \\ \vdots \end{pmatrix} + \begin{pmatrix} b_1^l \\ b_2^l \\ \vdots \\ b_i^l \\ \vdots \end{pmatrix} \tag{3-9}$$

也可以将其写成向量的形式，如式(3-10)所示。

$$\boldsymbol{z}^l = \boldsymbol{W}^l \boldsymbol{a}^{l-1} + \boldsymbol{b}^l \tag{3-10}$$

其中 $\boldsymbol{a}^{l-1}$ 表示第 $l-1$ 层的输出向量，$\boldsymbol{b}^l$ 表示第 l 层的偏置向量，$\boldsymbol{W}^l$ 表示第 $l-1$ 层和第 l 层之间的权重矩阵，$\boldsymbol{z}^l$ 表示第 l 层的输入向量。

3.3　神经网络训练

上一节介绍了神经网络的基本组成单元（神经元）的数学模型和神经网络中参数的定义，这一节将介绍神经网络训练过程和其中涉及的优化细节。

3.3.1　权重初始化

神经网络的参数包括神经网络权重和神经网络偏置。首先可以考虑一下如果不进行参数初始化会怎样？如果在训练开始时将所有权重和偏置都设置为 0，那么神经网络中所有神经元都是一样的，在反向传播中它们的运算方式相同。因为所有神经元完全对称，进行相同的计算，它们在反向传播中计算的梯度相同，会进行相同的更新，神经网络将不会学到任何有用的东西。

权重初始化应该使各层的激活值既不饱和，也不为 0。为了打破神经元之间的对称性，在神经网络训练之前，应该初始化权重。正确的权重初始化是使神经网络快速收敛的关键，它可以降低反向传播过程中梯度爆炸和梯度消失的风险。

最常见的权重初始化方法是小随机数初始化，它将每个神经元的权重向量初始化为一个随机向量，而这些随机向量又服从一个多变量高斯分布或者多变量均匀分布，这样在输入空间中，所有神经元的指向都是随机的。

一个不合适的初始化会让训练过程变慢，神经网络难以收敛。但这个问题很容易被诊断出来，一个有效的方法是，观察神经网络中所有层的激活值和梯度分布的柱状图。例如，如果某个神经元使用 Tanh 激活函数，应该看到激活值在整个[-1,1]区间中都有分布。如果看到神经元的激活值全部是 0，或者全都饱和了，就可以初步诊断可能是权重初始化出现了问题。此外还可以检查每一层的激活值和梯度的方差。

前面给出了权重初始化的两个必要条件，即各层的激活值不能饱和，且不为 0。但是这两个条件只保证了训练过程中神经网络可以学到有用的信息，即参数梯度不为 0。而 2010 年 Xavier Glorot[7]等人提出了一个观点：优秀的初始化应该使得各层的激活值和梯度的方差在传播过程中保持一致。他们建议，神经元的权重初始化区间应该与每个神经元的输入数据数量二次方根的倒数成正比，如果输入数据很多，那么最终初始化权值便较小。Xavier 初始化在实践中运行良好，获得了更好的收敛速度。但因为 Xavier 的推导过程是基于激活函数线性且关于 0 对称的假设，所以 Xavier 初始化并不适用于 ReLU 函数和 Sigmoid 函数。2015 年 He[8]等人提出了一种针对 ReLU 神经元的特殊初始化方法 ReLU-He，这里不再详细描述。

3.3.2 偏置初始化

因为随机小数值权重矩阵打破了神经元的对称性，因此通常直接将偏置初始化为 0，当然这不是固定要求。对于包含 ReLU 函数的神经网络，有些研究人员喜欢将所有偏置初始化为 0.01 这样的小数值常量，他们认为这样做能让所有的 ReLU 神经元一开始就激活，在反向传播过程中不会死亡，但这样做是不是总能提高神经网络性能并没有明确的科学依据，有时候实验结果反而更差，所以通常还是使用 0 来初始化偏置。

3.3.3 前向传播

3.2.2 节已经介绍了神经网络中参数定义以及前馈神经网络的传播方式，通过逐层运算就可以完成前向传播过程。

3.3.4 损失函数

研究人员通常用损失函数来定量估测预测值和目标值的偏差，损失函数定量评价了当前神经网络的健壮性，同时它指导了神经网络的学习过程，数据集的平均损失函数公式如式(3-11)所示。

$$L(\boldsymbol{W},\boldsymbol{x},\boldsymbol{y})=\frac{1}{N}\sum_{i}L_i\left(f(x_i,\boldsymbol{W}),y_i\right) \tag{3-11}$$

定义数据集为 $\{(x_i,y_i)\}_{i=1}^N$，其中 x_i 是输入图像，y_i 是标签，即目标值，$\boldsymbol{W}$ 表示神经网络参数矩阵。损失函数 L_i 有很多种类型，但没有任何一种损失函数可以适用于所有的神经网络模型。损失函数的选择取决于神经网络结构、寻优方法和解决问题类型等若干方面，下面介绍比较重要的两种。

1. 均方误差

均方误差损失通常用来解决回归问题，回归问题的神经网络一般只有一个输出节点，即预测值，因此均方误差是对具体数值进行预测。均方误差损失函数公式如式(3-12)所示。

$$L=\frac{1}{N}\sum_{i}\left|y_i-s_i\right|^2 \tag{3-12}$$

其中 y_i 是目标值，s_i 是神经网络输出预测值。

2. 交叉熵损失

交叉熵损失用于解决分类问题，它刻画了两个概率分布之间的差异程度，交叉熵损失越小表示两个概率分布越相近，损失越大表示两个概率分布差异越大。要理解交叉熵损失，必须先理解熵和交叉熵的概念。熵可以理解为信息量，是对不确定性的一种对数形式的测量，而交叉熵表示两个分布之间的互信息，反映了它们的相关程度。假设有两个概率分布

$p(x)$ 和 $q(x)$，交叉熵定义如式(3-13)所示。

$$H(p,q) = -\sum_{x} p(x)\log q(x) \tag{3-13}$$

其中 $p(x)$ 是目标分布，$q(x)$ 是预测分布。从公式可以看出 $p(x)$ 与 $q(x)$ 之间的交叉熵和 $q(x)$ 与 $p(x)$ 之间的交叉熵是不等价的。交叉熵的物理意义是使用概率分布 $q(x)$ 来表示概率分布 $p(x)$ 的困难程度。交叉熵损失公式如式(3-14)所示。

$$L = -\sum_{i} y_i \log f(x_i, \boldsymbol{W}) \tag{3-14}$$

其中 y_i 是目标分布，在分类任务中是 0-1 分布，目标类别是 1，其余类别都是 0。$f(x_i,\boldsymbol{W})$ 是神经网络输入样本 x_i 的输出分布，$\boldsymbol{W}$ 表示神经网络参数矩阵。

前面提到过 Softmax 函数可以作为激活函数，但更常见的是将它放在神经网络最后一层作为损失函数，即用 Softmax 函数计算神经网络的预测概率分布，这样交叉熵损失就是我们熟悉的形式，如式(3-16)所示。

$$f(x_i, W) = \frac{e^{s_i}}{\sum_{j} e^{s_j}} \tag{3-15}$$

$$L = -\sum_{i} y_i \log\left(\frac{e^{s_i}}{\sum_{j} e^{s_j}}\right) \tag{3-16}$$

其中 s_i 表示输入样本 x_i 时 Softmax 层之前的神经网络输出得分。

3.3.5　反向传播

在得到神经网络损失具体数值之后，我们要做的是逐层反向求损失函数对神经网络参数矩阵的梯度，这个梯度将用于参数更新。下面介绍感知器法则和 delta 法则。

1. 感知器法则

为了获得使感知器分类效果最佳的参数，从随机参数开始，用感知器对每一个训练数据进行训练，在当前感知器错误分类时，则修改感知器的参数。如此重复训练过程，直到感知器正确分类所有的训练数据。修改参数的法则就是感知器法则[1]，如式(3-17)和式(3-18)[1]所示。

$$w_i \leftarrow w_i + \Delta w_i \tag{3-17}$$

$$\Delta w_i = \eta(t - o)x_i \tag{3-18}$$

其中 x_i 是感知器第 i 个输入，w_i 是每次训练时 x_i 对应的参数，Δw_i 是 w_i 的修正值，t 是当前训练数据的目标标签，o 是感知器的输出，η 是学习速率。学习速率的作用是缓和每次训练调整参数的程度，它通常被设置为一个小的数值，例如 0.1、0.01 或 0.001，有时会使其随着参数调整次数的增加而衰减。

事实证明，经过有限次地使用感知器法则后，上述训练过程可以得到一组感知器参数，使所有训练数据分类正确，这个过程称作感知器收敛，但前提是训练数据集线性可分，并且使用了充分小的η。如果训练数据集不是线性可分的，那么不能保证训练过程收敛。

2. delta 法则

当训练数据集线性可分时，通过感知器法则，可以简单地找到一组参数让神经网络收敛。但如果数据集线性不可分，感知器法则就无法正常工作了。为了解决这个问题，人们设计了另一个训练法则，称为 delta 法则[9]，其关键思想是使用梯度下降来逐步逼近最佳参数。将神经网络输出 $\boldsymbol{O}$ 表示如式(3-19)[9]所示。

$$\boldsymbol{O} = \boldsymbol{W}\boldsymbol{X} \tag{3-19}$$

其中 $\boldsymbol{W}$ 表示参数矩阵，$\boldsymbol{X}$ 表示神经网络输入向量。为了推导神经网络的参数学习法则，先指定一个损失函数，这里使用均方误差损失，如式(3-20)所示。

$$E(\boldsymbol{W}, \boldsymbol{X}) = \frac{1}{2}\sum_{d \in D}(t_d - o_d)^2 \tag{3-20}$$

其中 E 表示均方误差损失，D 表示训练数据集，t_d 表示输入 d 的目标输出，o_d 表示神经网络对输入 d 的输出。目标是确定一个参数矩阵 $\boldsymbol{W}$ 使损失函数 E 最小。梯度下降法从任意的初始参数开始，以很小的步伐每一步都沿误差曲面下降最陡峭的方向修改参数，反复执行这个过程直到得到全局的最小误差点。

在这个过程中，通过计算 E 关于参数矩阵 $\boldsymbol{W}$ 的偏导数来确定误差曲面下降最陡峭的方向，实际上这个下降最陡峭的方向就是使 E 上升最快的反方向。梯度下降的训练法则如式(3-21)和式(3-22)[9]所示。

$$\boldsymbol{W} \leftarrow \boldsymbol{W} + \Delta\boldsymbol{W} \tag{3-21}$$

$$\Delta\boldsymbol{W} = -\eta\nabla E(\boldsymbol{W}) \tag{3-22}$$

这里η是学习率，它是梯度下降中的步长。公式中的负号代表参数向损失函数 E 下降的方向移动。这个训练法则也可以写成它的分量形式，如式(3-23)和式(3-24)[9]所示。

$$w_i \leftarrow w_i + \Delta w_i \tag{3-23}$$

$$\Delta w_i = -\eta\frac{\partial E}{\partial w_i} \tag{3-24}$$

其中 w_i 是参数矩阵 $\boldsymbol{W}$ 的分量，按照 $\frac{\partial E}{\partial w_i}$ 改变 $\boldsymbol{W}$ 中的每一个分量，则 w_i 可以找到最陡峭的误差曲面下降。均方误差损失的梯度下降权值更新公式为式(3-25)[9]。

$$\Delta w_i = \eta\sum_{d \in D}(t_d - o_d)\frac{\partial(o_d - t_d)}{\partial w_i} = \eta\sum_{d \in D}(t_d - o_d)x_{id} \tag{3-25}$$

其中 x_{id} 是神经网络输入的分量。

delta 法则构成了深度学习的核心，它也被称为 BP[9]（反向传播，Backpropagation）算法。BP 算法就是根据输出对最终损失的影响，求解最终损失对每个输入的全局梯度。如果是一个正的梯度，那么意味着损失将会随着输入的增大而增大；如果是一个负的梯度，那么损失将会随着输入的增大而减少，BP 算法需要将链路中所有的局部梯度相乘。

在运算链路中，每一个中间变量都会对最终的损失函数产生影响，其中运算链路的递推过程也被称为链式法则，如图 3-9 所示。链式法则指出，门单元应该将回传到其输出端的梯度乘以它对其输入的局部梯度，从而得到整个神经网络的输出对该门单元的每个输入值的梯度，然后继续往后传。

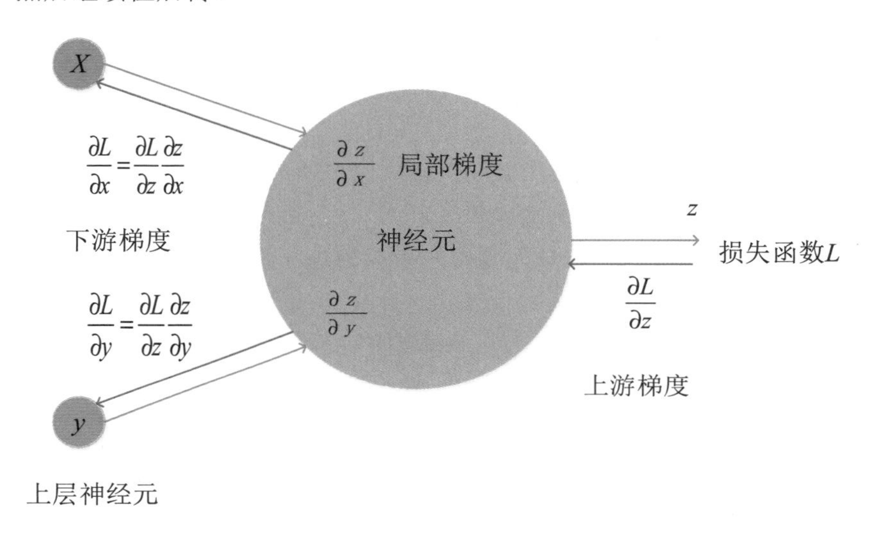

图 3-9　链式法则

3.3.6　参数更新

1. 寻优

寻优是寻找能使得损失函数值最小的参数矩阵 $\boldsymbol{W}$ 的过程。一次性找到最优参数是很困难的，因此寻优的主要思路是迭代优化。从随机参数开始，迭代取优，从而获得更低的损失值，最终得到最优参数。目前比较常见的寻优方法主要有梯度下降、SGD、Momentum[10]、NAG[11]（Nesterov Accelerated Gradient）、AdaGrad[12]、RMSProp、Adam[13]等。

根据寻优算法在优化过程中使用的导数阶数，可以将寻优算法分为两大类，分别是一阶优化算法和二阶优化算法。一阶优化算法是指使用参数梯度值来最小化或者最大化损失函数的优化算法，同理二阶优化算法就是采用二阶导数进行参数优化的算法。下面介绍常见的几种。

SGD 的优化思想是用当前位置的负梯度方向作为搜索方向。它是当前使用非常广泛和相对稳定的神经网络寻优方法，后续的寻优方法都是在它的基础上加以改进的。SGD 更新参数的思想如式(3-36)所示。

$$\boldsymbol{W} \leftarrow \boldsymbol{W} - \eta \Delta \boldsymbol{W} \tag{3-26}$$

其中$\boldsymbol{W}$是神经网络参数矩阵，$\Delta\boldsymbol{W}$表示参数矩阵的梯度，η表示学习率。因为这种寻优方法的梯度来自小批量，所以它们可能是嘈杂的，这会导致参数更新速度很慢，而且容易受到局部最优点或者鞍点的干扰，因为在零梯度时它的梯度下降会被卡住。

为了克服局部最优点和鞍点的干扰，人们考虑为随机梯度下降增加了一个动量项。主要思想是相信之前的速度，将梯度估计值加到原来的速度上，沿着速度的方向走，而不是沿梯度的方向。这种寻优算法叫作 Momentum，描述公式见式(3-27)和式(3-28)[10]。

$$\boldsymbol{v}_t = \rho\boldsymbol{v}_{t-1} + \eta\nabla E(\boldsymbol{W}) \tag{3-27}$$

$$\boldsymbol{W} \leftarrow \boldsymbol{W} - \boldsymbol{v}_t \tag{3-28}$$

其中$\boldsymbol{v}_t$和$\boldsymbol{v}_{t-1}$分别表示本次和上次参数更新的速度，E表示损失函数，ρ为摩擦常数，通过摩擦常数ρ会使当前的速度衰减，通常ρ设为0.9。因此现在神经网络的参数将沿着速度的方向优化，而不是沿着原始梯度的方向，这可以理解为一个球滚动着接近最低点时，它的速度会逐渐变快，能逃出局部最优点和鞍点。

另一种改进的寻优算法是 NAG 动量，它计算的是前瞻梯度，描述公式见式(3-29)和式(3-30)[11]。

$$\boldsymbol{v}_t = \rho\boldsymbol{v}_{t-1} + \eta\nabla E(\boldsymbol{W} - \rho\boldsymbol{v}_{t-1}) \tag{3-29}$$

$$\boldsymbol{W} = \boldsymbol{W} - \boldsymbol{v}_t \tag{3-30}$$

NAG 和 Momentum 的唯一区别是 NAG 计算前瞻点的梯度，并将其与速度混合，以获得实际的更新方向，可以减少无用的迭代。

再介绍另一种很常见的更新方法，叫作 AdaGrad。AdaGrad 是由 Duchi[12]等提出的适应性学习率算法，中心思想是不同参数需要的学习率不同。这种方法的好处是，高梯度值的参数的有效学习率降低了，更新效果将会减弱；同时低梯度值的参数在迭代过程中学习率提升了，更新效果将会增强。但是 AdaGrad 算法也有缺点，在深度学习中单调递减的学习率会使参数更新步伐越来越小，容易过早停止学习。

因为上述缺点，Hinton 对 AdaGrad 做了改进，改进算法是 RMSProp。这个算法没有公开发表的论文，其主要思想是不在每一维度计算平方和，而是变成一个泄漏变量。RMSProp 仍然是基于梯度的大小来对每个参数的学习率进行修改，这同样效果不错，但是和 AdaGrad 不同，其更新不会让学习率单调变小。

Adam 是 Momentum 和 RMSProp 的结合。

2. 学习率

决定了寻优方法就确定了每次参数更新的方向，随后还需要选择调整参数的步长，即学习率。学习率是所有参数中最重要的参数之一，如果设置得太大，参数能很快地从远离最优值的地方回到最优值附近，只是它很容易就在最优值附加徘徊，无法继续优化。但如果设置的太小，收敛速度会非常慢，所以需要一个合适的学习率。目前比较简单但是效果很好的方法是先使用一个大的学习率，等损失不在下降后再减小学习率，重复这个过程。还可以为每个参数选择不同的学习率，或者使用二阶导数，这样一般可以加快神经网络收敛速度。

3. 小批量

在大规模的神经网络训练中，训练数据可以达到百万级量级，如果计算整个训练集来获得仅仅一次参数更新就太浪费了。一个常用的方法是计算训练集中的小批量数据。具体是：

① 选择 n 个训练样本（$n<N$，N 为总训练集样本数）；

② 分别训练 n 个样本得到 n 个梯度；

③ 对这 n 个梯度加权平均求和，作为这一次小批量下降梯度；

④ 不断在训练集中重复以上步骤，直到收敛为止。

因为训练集中的数据都是相关的，小批量的训练方法可以起到很好的效果。小批量数据的梯度可以近似整个数据集的梯度，因此小批量训练方法可以让神经网络快速收敛，有利于更频繁地更新参数。小批量大小（Batch Size）是一个超级参数，但是一般并不需要通过交叉验证来调参。一般而言，储存器大小限制了小批量大小，或者也可以直接将小批量大小设置为存储器大小，例如 32、64 或 128。因为在进行很多向量化实际操作时，输入数据量是 2 的倍数会使运算速度更快，所以一般将小批量大小设置为 2 的指数。需要注意的是，小批量数据太少会在梯度中引入噪声。论文[14]提示我们：短期来看，增加小批量大小对加速神经网络训练有利，但它会到达阈值。

当一个完整的数据集都输入神经网络并且完成反向传播，这个过程称为一个周期（Epoch）。一般需要训练多个周期，但到底需要训练多少个周期如今还没有定论，每个数据集情况不一样。训练周期过少会导致欠拟合，而太多又会导致过拟合。另外迭代（Step）是指一个周期中小批量的数目，小批量大小是指一个小批量中的样本总数。

3.3.7　批归一化

批归一化是 Google[15]在 2015 年提出的，其基本宗旨是，使神经网络的每一部分都有粗略的单位高斯激活，以保证神经网络训练能够使用更高的学习率并能更少关注数据初始化。它是一个深度神经网络训练常用的技巧，不仅可以加快神经网络的收敛速度，而且可以缓解深层神经网络中梯度弥散的问题。目前批归一化几乎已经成为所有 CNN 的标配技巧。

从字面意思就可以看出批归一化就是对每一批数据进行归一化处理，这个操作可以放在神经网络中的任意一层，但通常将它放在激活函数之前。其做法是让数据通过一个模块进行预处理，使其服从标准高斯分布，现在的神经网络寻优通常在小批量数据上进行。在实现层面，应用这个技巧通常意味着在全连接层或者卷积层与激活函数之间添加一个批归一化层，也叫 BN（批归一化，Batch Normalization）层。BN 层的具体计算过程如图 3-10 所示。

输入：小批量输入 $\boldsymbol{x}=\{x_1,x_2,x_3,\cdots,x_n\}$ 输出：BN 层输出 y_i
➢ $\mu=\frac{1}{n}\sum_{i=1}^{n}x_i$ //计算均值 ➢ $\sigma^2=\frac{1}{n}\sum_{i=1}^{n}(x_i-\mu)^2$ //计算方差 ➢ $\widehat{x_i}=\frac{x_i-\mu}{\sqrt{\sigma^2+\varepsilon}}$ //归一化 ➢ $y_i=\gamma\widehat{x_i}+\beta=\mathrm{BN}_{\gamma,\beta}(x_i)$ //尺度变换和偏移

图 3-10　BN 层计算过程

其中ε是为了避免除数为 0 使用的微小正数。γ是尺度因子，β是平移因子，γ和β是神经网络训练时自己学习得到的。

简单地归一化各层的输入，可能会改变各层代表的东西。例如，归一化后 Sigmoid 激活将把下层输入限制在非线性函数的线性区域，神经网络的表达能力会下降。定义 BN 层中的尺度变换和偏移是为了调整归一化的程度，使得新的分布更接近数据的真实分布，保证神经网络的非线性表达能力，使神经网络可以通过反向传播算法决定是否要取消 BN 层的作用。如果神经网络发现它有用，就采用 BN 层，以利用其优势；如果发现效果不佳，就可以利用尺度变换和偏移取消。当$\gamma=\sigma$且$\beta=\mu$时，BN 层将无效。

在训练每一批数据时，会求同一批数据的均值和方差，然后进行归一化处理。但在测试时，BN 层的均值和方差不再基于批量数据进行计算，而是使用训练期间激活数据的单一固定的经验均值。例如，基于整个训练集一次性计算出均值和标准差，或者可以用训练期间的移动均值来估计。即在测试过程中，BN 变成了一个线性运算符，可与前面的全连接或卷积层相融合。

BN 层可以理解为在神经网络的每一层之前都做预处理，它有很多有用的性质。它增强了整个神经网络的梯度流；支持更高的学习率，可以更快地训练神经网络；减少了算法对合理的初始化的依赖性；BN 层实际上还起到了一些正则化的作用，将独立的样本捆绑到一起，减少了对随机失活的需要。

3.3.8　正则化

在线性代数理论中，不适定问题是指解不一定存在、解的条件多或解不唯一，而条件多意味着误差会严重地影响问题的结果。求解不适定问题的普遍方法是，用一组与原不适定问题相“邻近”的适定问题的解去逼近原问题的解，这种方法称为正则化。神经网络中的参数矩阵$\boldsymbol{W}$往往有很多种最优解，即$\boldsymbol{W}$并不是唯一的，这是一个不适定问题，需要通过正则化来解决。

从数学上讲，正则化就是最小化添加约束条件的损失函数。约束条件就是先验知识，正则化就是引入先验分布。先验知识有引导作用，会使神经网络参数矩阵在最小化损失函数的同时倾向于选择满足约束的梯度下降的方向，从而使最终参数倾向于符合先验知识。同时正则化产生的神经网络参数矩阵是唯一的且依赖于数据，它解决了逆问题的不适定性，让神经网络训练不会过拟合。神经网络中常用的正则化手段就是，为损失函数增加正则化惩罚项 $R(\boldsymbol{W})$，正则化之后的损失函数公式如式(3-31)所示。

$$L' = L\left(f(\boldsymbol{X},\boldsymbol{W}),\boldsymbol{Y}\right) + \lambda R(\boldsymbol{W}) \tag{3-31}$$

其中 $\boldsymbol{X}$ 和 $\boldsymbol{Y}$ 分别是神经网络输入和目标标签，$\boldsymbol{W}$ 是神经网络参数矩阵，$f(\boldsymbol{X},\boldsymbol{W})$ 是神经网络输出，L 是损失函数，λ 是正则化强度。由上式可知，正则化惩罚项 $R(\boldsymbol{W})$ 和输入数据 $\boldsymbol{X}$ 无关（不是输入数据的函数），它仅仅与神经网络参数矩阵 $\boldsymbol{W}$ 有关。

除了可以减少神经网络参数矩阵 $\boldsymbol{W}$ 的不确定性，引入正则化惩罚项还有许多其他的好处，例如可以提升神经网络泛化能力，因为正则化意味着没有哪个维度的参数能够独自对整个神经网络的效果产生过大的影响。另外，正则化还可以有效地防止神经网络过拟合。过拟合是指神经网络过于完美地拟合了训练集数据，反而不能有效地预测新样本。造成过拟合的原因可能是，特征量太多或者神经网络模型过于复杂。对此有两种解决思路：保留所有的特征但是减少参数数目或者丢弃无用的特征。

常用的正则化方法是增加惩罚项 $R(\boldsymbol{W})$，来限制神经网络参数矩阵 $\boldsymbol{W}$ 的绝对值大小，来避免神经网络过拟合。最常用的正则化惩罚项是 L2 正则化，L2 正则化通过对所有参数平方来抑制大数值的参数，即对幅度很大的参数给予很高的惩罚。L2 正则化会使参数矩阵矩阵 $\boldsymbol{W}$ 的取值更加平均，获得更相近的参数值，使得每个输入都可以发挥作用，而不是仅让某些输入起主导作用。L2 正则化的数学公式如式(3-32)所示。

$$R(\boldsymbol{W}) = \sum_k \sum_l W_{k,l}^2 \tag{3-32}$$

其中 $W_{k,l}$ 表示神经网络中第 l 层的第 k 个参数。L1 正则化的应用也很多，L1 正则化会使学到的神经网络更加稀疏（$\boldsymbol{W}$ 中一些参数为 0）。这个特性使 L1 正则化成为一种很好的特征选择方法，减少了神经网络的复杂度，可以有效地防止神经网络过拟合。L1 正则化如式(3-33)所示。

$$R(\boldsymbol{W}) = \sum_k \sum_l \left|W_{k,l}\right| \tag{3-33}$$

除了这两种，弹性正则化、数据增强、随机失活、随机失连、批归一化、模型集成、最大范数约束正则化等也是常用的正则化手段，下面简要介绍其中三种。

1. 数据增强

现在常用的神经网络通常包含大量参数，为了让这些参数都能发挥作用，需要大量的数据对它们进行训练。但实际情况中训练数据往往没有那么多，这时候就需要进行数据增强。

有效的数据增强应该可以改变图像的每一个像素值，但标签的属性不变。数据增强增加了训练集数据，使用变换后的数据进行训练，可以有效地防止过拟合。比较常见的数据增强方法有水平翻转、随机选择图像截图、颜色抖动、随机旋转、伸缩变换等。

2. 随机失活

随机失活也可以防止神经网络过拟合，随机失活使神经网络每次训练只有一部分能发挥作用，这样做减少了每次训练过程中涉及的参数数目，降低了训练时的神经网络的表达能力，因此可以减少神经网络过拟合的概率。

下面用图片分类问题来说明随机失活的作用。在随机失活的过程中，不能控制神经网络中哪些神经元会失活，而被失活的神经元目前获得的图片特征对于图片的表示不能起作用，所以如果想让图片分类更准确，就需要让图片分类依赖于更多的特征，而不是完全依赖于某一个特征。这样就能在任何一个决定性特征被失活的情况下也可以进行精确的分类。

从另一个角度看，设置随机失活的神经网络可以视为，由很多子神经网络集成大神经网络，每个子神经网络都是大神经网络的一部分。大神经网络与子神经网络可以共享参数，每次只会用一个小批量数据来训练一个子神经网络，因为每次迭代时失活的神经元不同，会形成新的子神经网络，在多个周期中会用相同的数据来训练不同的有共同参数的神经网络。当一个神经元被失活时，这个神经元的输出值会乘以 0，它对损失函数没有影响，那么在反向传播过程中该神经元的梯度为 0，相关参数不更新。需要注意的是，随机失活只发生在神经网络训练过程中，在测试时所有的神经元都应被激活，这时必须对激活值进行缩放，以便每个神经元测试时的输出等于训练时期望的输出。

从上面的描述可以看出，随机失活是基于这样一种思想，即在训练过程中，向神经网络添加了一些随机性，以防止它完美地适应训练数据；而在测试过程中，平均所有随机性，希望能改善神经网络泛化能力，这也是正则化的一般策略。

3. 模型集成

神经网络模型集成简称模型集成，深度学习中的神经网络模型常常也叫作神经网络，因此模型集成也叫作神经网络集成。分别训练几个独立的神经网络，然后在测试时平均所有神经网络的预测结果，可以将神经网络的准确率提升几个百分点。训练时集成的神经网络数量越多，算法的性能也单调提升，但提升的效果会越来越少。训练时神经网络之间的差异度越大，提升效果可能越好。

模型集成的方法有很多，常见几种包括在训练过程中保持神经网络的多个快照集成、不同的初始化集成、训练过程中不同时间点的神经网络集成等。

3.4 常见的神经元模型

上一节介绍了神经网络完整的训练过程和其中的优化细节，下面介绍常见的神经元模型。

3.4.1 空间信息处理单元

一个完整的 CNN 由各种层堆叠而成，CNN 的结构层主要包括三种：卷积层、池化层和全连接层。这里只介绍 CNN 中最重要的结构层——卷积层，也就是空间信息处理单元，完整的神经网络结构将在下一章详细介绍。

向卷积层输入一个$[h,w,d,n]$的特征图，其中h,w分别代表特征图的长和宽，d代表深度，也是通道数，n代表批量大小。在卷积层中有k个尺寸为$[a,a,d]$的滤波器（卷积核），滤波器的深度和输入特征图一致，但滤波器的尺寸和数目是可选的。用滤波器和输入特征图做卷积运算。卷积运算是滤波器在特征图的空域范围内全部位置滑动，而且在每个位置滤波器和特征图做点乘。卷积运算可看作加权求和的过程，特征图区域中的每个像素分别和卷积核的每个元素对应相乘，所有乘积之和作为区域中心像素的新值。其中滤波器每次滑动的步长是一个可选参数。为了不让输入图像的尺寸收缩太快，可以给输入图像各边填充 0。卷积层输出尺寸计算公式如式(3-34)～式(3-36)所示。

$$w_1 = \frac{w-a+2P}{S}+1 \tag{3-34}$$

$$h_1 = \frac{h-a+2P}{S}+1 \tag{3-35}$$

$$d_1 = k \tag{3-36}$$

其中输入图像尺寸为$[h,w,d,n]$，滤波器个数为k，滤波器尺寸为$[a,a,d]$，滑动步长为S，填充大小为P，滤波器输出尺寸为$[h_1,w_1,d_1,n]$。

3.4.2　时间信息处理单元

在普通的全连接神经网络或 CNN 中，每层神经元的输出只能向下一层传播，只有相邻层的神经元之间可以互相相连，同层的神经元之间不连接，数据处理在各个时刻独立，因此它们被称为前向神经网络。但这种连接方式有一个无法避免的缺点就是，无法对时间序列上的变化进行建模，但是数据的先后变化在很多情况下都非常重要，例如语音识别、视频压缩和翻译。为了适应这种需求，就出现了另一种神经元连接方式，即循环神经元。前面已经介绍过普通全连接神经元和卷积神经元的连接方式，下面将介绍循环神经元的两种经典结构，分别是 RNN 神经元和 LSTM 神经元。

1. RNN 神经元

RNN 神经元的输出可以在下一个时刻直接作用到自身，即第i层神经元在t时刻的输入除了$i-1$层神经元在t时刻的输出外，还包括其自身在$t-1$时刻的输出。也就是说，相比普通神经元，RNN 神经元存在同层的自连接，这样做的好处是，神经网络架构有很高的灵活性。RNN 神经元具有“内部状态”，在处理序列时不断更新，可以用一个数学公式来描述某个 RNN 神经元t时刻的新状态，如式(3-37)所示。

$$h_t = f_W\left(h_{t-1}, x_t\right) \tag{3-37}$$

其中x_t表示t时刻的输入，h_{t-1}表示 RNN 神经元$t-1$时刻的状态，$\boldsymbol{W}$是 RNN 神经元的参数矩阵。f_W 是递归函数，当改变 W 时，RNN 会有不同的表现，可以训练 W 让 RNN 获得指定功能，但是必须强调的一点是，每个时间步中的 f_W 不变，单个神经元模型的 f_W 能在所有序列长度上操作。

将 RNN 神经元在时间上展开，可以得到如图 3-11 所示的结构。从图中可以看出，$t+1$ 时刻 RNN 神经元的输出 h_{t+1} 是 $0\sim t+1$ 时刻所有输入共同作用的结果，输入序列的长度决定了展开图的长度，RNN 用这种方式完成了对时间序列进行建模。

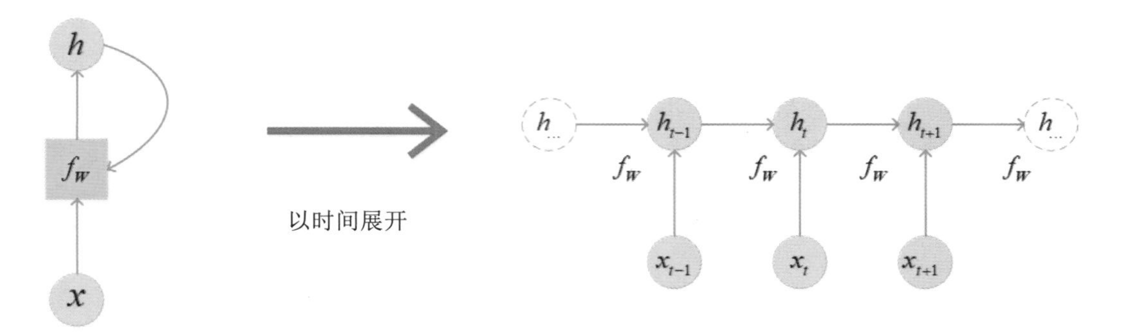

图 3-11　RNN 神经元展开图

从另一个角度看，RNN 也是一个在时间上传递的神经网络，神经网络深度是输入序列（时间）的长度，某时刻的输出是之前所有输入共同作用的结果，但实际上某时刻的输入对后面时刻的影响也只能维持若干个时刻。为了解决这个问题，研究人员设计了 LSTM 神经元，它的门结构可以防止梯度消失。

2. LSTM 神经元

LSTM（Long Short Term Memory）是一种特殊的 RNN，设计的主要目的是解决 RNN 时间上梯度消失的问题。图 3-12 是 LSTM 神经元的结构图，主要包含三个门结构，分别是：

① i：输入门，控制当前时刻的神经元输入有多少保存到 Cell，即 c_t；

② f：遗忘门，控制上一时刻的 Cell 有多少保存到当前 Cell；

③ o：输出门，控制当前时刻的 Cell 有多少输出到神经元输出值 h_t。

如图 3-12 所示，Cell 是 LSTM 神经元的记忆体，通常也被称为“细胞状态”，它的加法功能是 LSTM 神经元比 RNN 神经元效果好的主要原因，虽然看起来非常简单，但它可以帮助 LSTM 神经元在必须进行深度反向传播时维持恒定的误差，很大程度上保证了梯度不会消失。为了便于解释，先将 LSTM 神经元变形为如图 3-13 所示的形式，图中 σ 表示 Sigmoid 激活，Tanh 表示 Tanh 激活。前面指出 RNN 神经元中存在状态向量 h_t，它会通过递推变换随时间不断更新。而 LSTM 神经元中的状态向量就是 c_t，部分 c_t 会进入神经元输出值 h_t。如果忽略遗忘门，LSTM 神经元只对 c_t 进行加法迭代。当上游梯度传过来时，加法只是将上游梯度复制到两个分支中，然后通过逐元素相乘直接传递到下游梯度，即上游梯度最终被遗忘门逐元素相乘。当反向传播通过这个 LSTM 神经元时，上游梯度唯一的改变就是它被遗忘门逐元素相乘。

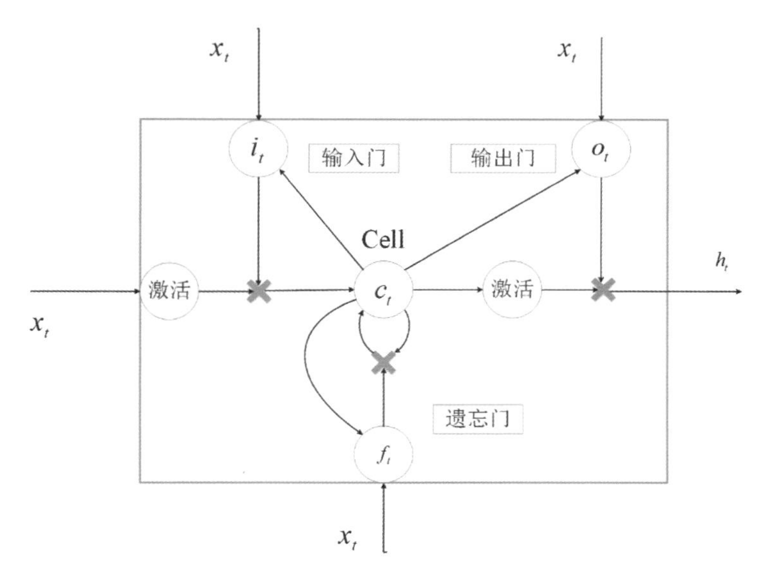

图 3-12　LSTM 结构图

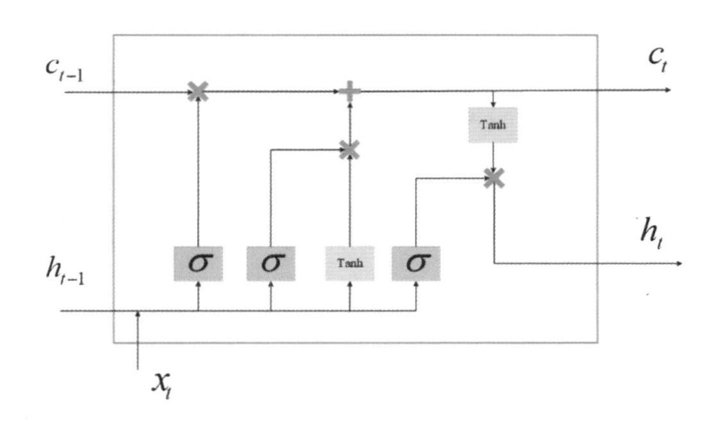

图 3-13　LSTM 结构变形图

总而言之，LSTM 神经元比 RNN 神经元效果更好主要有三个原因。一是遗忘门是逐元素乘法，而不是矩阵乘法。其次，逐元素乘法可能会在不同时刻乘以不同的遗忘门，可以避免梯度消失或爆炸。最后，因为遗忘门通过 Sigmoid 激活，所以逐元素乘法的结果在(0,1)之间，这些数字反复相乘又导致了更好的数字性质。

3.5　本章小结

神经网络起源于最简单的感知器，它只包含一个神经元，只能输出 0 或 1，用来模拟生物神经元的抑制和激活状态，无法完成复杂的任务。为了实现更加复杂的非线性功能，研究人员将非线性激活函数引入神经元，然后通过叠加多层神经元搭建神经网络，根据信息在神经网络中的传递方向又可以将神经网络分为前馈神经网络和循环神经网络。通过搭建合适的神经网络构架，训练神经网络参数矩阵，可以使神经网络完成指定的高级任务。在神经网络训练之前，需要对神经网络进行权重和偏置初始化，在神经网络训练过程中，可以采用合适的损失函数和参数更新方式，通过反向传播来逐渐优化神经网络参数矩阵，得到更好的效果。另外还可以采用批归一化和合适的正则化手段来降低神经网络训练难度，优化神经网络效果。目前常见的神经元模型主要有空间信息处理单元、RNN 神经元和 LSTM 神经元。

本章参考文献

[1] ROSENBLATT F. The perceptron: a probabilistic model for information storage and organization in the brain[J]. Psychological Review, 1958, 65: 386-408.

[2] KRIZHEVSKY A, SUTSKEVER I, HINTON G. Imagenet classification with deep convolutional neural networks[C]. New York: NIPS, 2012, 1097-1105.

[3] GOODFELLOW I, WARDE-FARLEY D, MIRZA M, et al. Maxout networks[J]. International Conference on Machine Learning, 2013, 1319-1327.

[4] LECUN Y, BOSER B, DENKER J S, et al.. Backpropagation applied to handwritten zip code[J]. Neural Computation, 1989.

[5] ELMAN J L. Finding structure in time[J]. Cognitive Science Society Annual Conference, 1990, 14(2):179-211.

[6] HOCHREITER S, SCHMIDHUBER J. Long short-term memory[J]. Neural Computation, 1997, 9(8):1735-1780.

[7] GLOROT X , BENGIO Y . Understanding the difficulty of training deep feedforward neural networks[J]. Journal of Machine Learning Research, 2010, 9:249-256.

[8] HE K , ZHANG X , REN S, et al. Delving deep into rectifiers: surpassing human-level performance on imagenet classification[J]. The IEEE International Conference on Computer Vision, 2015, 1026-1034.

[9] RUMELHART D E , HINTON G E , WILLIAMS R J . Learning representations by back-propagating errors[J]. Nature, 1986, 323(6088):533-536.

[10] POLYAK B T . Some methods of speeding up the convergence of iteration methods[J]. Ussr Computational Mathematics & Mathematical Physics, 1964, 4(5):1-17.

[11] NESTEROV Y . A method of solving a convex programming problem with convergence rate O (1/k2)[C]. Soviet Mathematics Doklady, 1983, 269: 543– 547.

[12] DUCHI J , HAZAN E , SINGER Y. Adaptive subgradient methods for online learning

and stochastic optimization[J]. Journal of Machine Learning Research, 2011, 12(7) : 257-269.

[13] KINGMA D P , BA J. Adam: a method for stochastic optimization[J]. International Conference on Learning Representations, 2015, 1–13.

[14] SHALLUE C J , LEE J , ANTOGNINI J, et al. Measuring the effects of data parallelism on neural network training[J]. Journal of Machine Learning Research, 2018, 20: 1-49.

[15] IOFFE S , SZEGEDY C. Batch normalization: accelerating deep network training by reducing internal covariate shift[J]. International Conference on Machine Learning, 2015.

第 4 章　神经网络结构

1998 年，Yann LeCun 提出了一个 CNN，名为 LeNet5。随着 ReLU 和 Dropout 的提出，以及 GPU 和大数据带来的历史机遇，CNN 在 2012 年迎来了历史性的突破，成为现代研究的主要工具。本章将追随 CNN“逐步加深，功能增强”的演化方向，主要介绍 LeNet5、AlexNet、VGG16 等八种结构。

4.1　LeNet5

LeNet5[1]诞生于 1998 年，是一种用于手写体数字识别的神经网络，是早期 CNN 中最有代表性的结构。LeNet5 模型较小，共有五层（不包含输入层），包括两个卷积层，还有三个全连接层，其结构如图 4-1 所示。

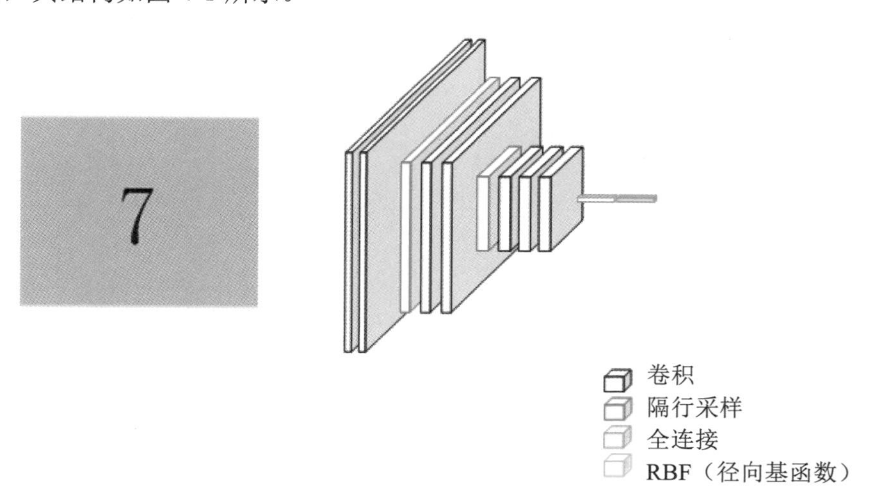

图 4-1　LeNet5 网络结构[1]

下面将具体介绍 LeNet5 的结构。

输入层：LeNet 接收的是 32×32 的手写数字图像。

卷积层 C1：使用了 6 个 5×5 的卷积核（Kernel），每个特征图（Feature Map）的大小为 28×28。每个卷积核都有 5×5 个连接权重和 1 个偏置项共计 26 个参数，所以 C1 层一共有 26×6=156 个参数。

下采样层 S2：LeNet5 为了降低计算的复杂度，同时保留特征信息，采用了一种常用的向下采样的方式。具体来说就是对 C1 层得到的 6 张 28×28 的特征图进行隔行采样使其尺寸变为原来的一半，如图 4-2 所示。

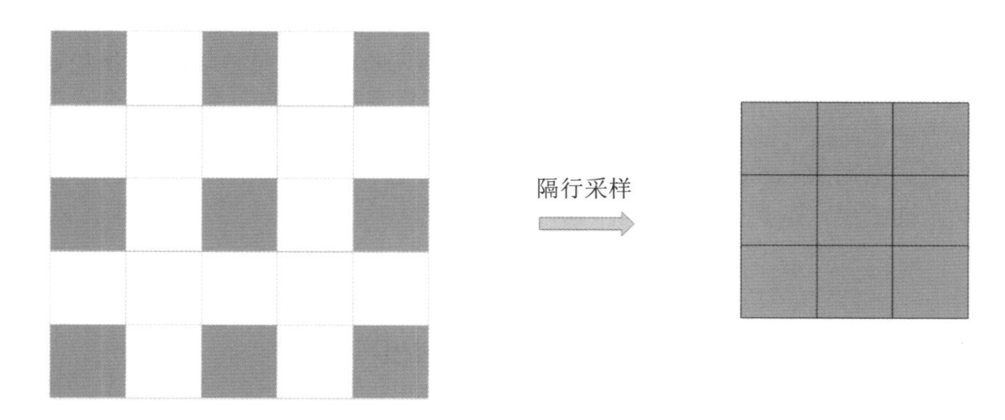

图 4-2　下采样

卷积层 C3：是一个卷积层，使用了 16 个 5×5 的卷积核，特征图大小为 10×10。与 C1 层不同的是，C3 与 S2 采用部分连接而非全连接，具体连接规则如表 4-1[1]所示。

表 4-1　LeNet 连接规则

标号	0	1	2	3	4	5	6	7	8	9	10	11	12	13	14	15
0	X				X	X	X			X	X	X	X		X	X
1	X	X				X	X	X			X	X	X	X		X
2	X	X	X				X	X	X			X		X	X	X
3		X	X	X			X	X	X	X			X		X	X
4			X	X	X			X	X	X	X		X	X		X
5				X	X	X			X	X	X	X		X	X	X

表中的行为 S2 层特征图的标号，列为 C3 层特征图的标号，X 号表示建立连接。以第一列为例，与 C3 的第 0 号特征图连接的只有 S2 的第 0、第 1 和第 2 号。采用这种连接方式的目的，一是减少参数量；二是打破输入的对称性，得到不同组合的特征，但后来研究发现这种做法并没有起到太大的作用。

下采样层 S4：这一层对 16 个特征图进行下采样，每个特征图的大小为 5×5。

卷积层 C5：采用 120 个 5×5 的卷积核，特征图大小为 1×1，这一层中的每个特征图都与上一层的 16 个图相连。

全连接 F6：这一层有 84 个神经元的全连接层，连接 C5 输出的 120 维向量。这里使用 84 个神经元的原因是识别对象为手写数字，可打印的标准 ASCII 码是用 7×12 的比特图表示的，故此处设为 84 个。

输出层 Output：由于数字字符一共有 10 类，所以这一层为 10 个神经元，采用的是 RBF

（径向基函数，Radial Basis Function）的模式，具体定义见式(4-1)。

$$y_i = \sum_j \left(x_j - w_{ij}\right)^2 \tag{4-1}$$

其中 x_j 为 F6 上的输出，w_{ij} 为数字 i 的比特编码，i 取 0 到 9。RBF 输出的值越接近于 0，则输入越接近于 i 的 ASCII 编码图，表示当前网络输入的识别结果是字符 i。换句话说，每个 RBF 单元计算输入向量和参数向量（目标向量，即代表数字 i 的向量）之间的欧式距离，输入离参数向量越近（越相似），RBF 输出的越小。

可以看出早期的 LeNet5 虽然结构简单，但是已经包含了 CNN 的基本模块，即卷积层、池化层和全连接层，是其他网络模型的基础。

4.2 AlexNet

在上节中我们介绍了第一个成功付诸实践的 CNN 产品——LeNet5。2012 年 AlexNet[2] 在 ImageNet 上的分类准确率（Top-5）以高于第二名 11 个百分点的成绩摘得桂冠。这一成绩无疑给当时的学术界和产业界带来了巨大的冲击，关于神经网络的研究也从此步入了大众的视野。本节就来对 AlexNet 做简单介绍。

AlextNet 网络结构如图 4-3 所示。

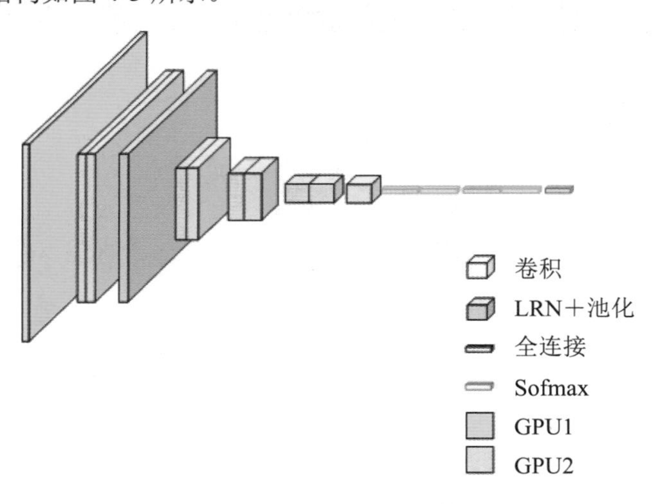

图 4-3　AlexNet 网络结构[2]

AlexNet 共分为八层，分别是五个卷积层以及三个全连接层。

第一层为卷积层，输入为 224×224×3 的图像，使用了 96 个 11×11 的卷积核，步幅（Stride）设置为 4，不做填充（Padding），因此第一层输出的特征图大小为 54×54。

AlexNet 采用 ReLU（修正线性单元，Rectified Linear Unit）作为激活函数，关于ReLU函数稍后会给出详细的讨论。第一个卷积层输出的特征图还要经过一次局部响应归一化（LRN，Local Response Nomalization），一次最大池化（MaxPooling），所以最终特征图的大小为

27×27。由于 LRN 在目前的研究中基本上不再使用，因此稍后只给出简单的介绍。

第二个卷积层采用了 256 个 5×5 的卷积核，步幅设置为 1，填充为 2，使用ReLU作为激活函数，然后进行 LRN，输出的特征图大小为 27×27，最后进行最大池化，输出特征图大小为 13×13。

第三个卷积层采用了 384 个 3×3 的卷积核，步幅为 1，填充为 1，第三层没有做 LRN 和池化操作，特征图大小为 13×13。

第四个卷积层采用了 384 个 3×3 的卷积核，步幅为 1，填充为 1，与第三层一样没有做 LRN 和池化操作，输出特征图大小为 13×13。

第五个卷积层采用了 256 个 3×3 的卷积核，步幅为 1，填充为 1，然后进行最大池化操作，输出的特征图大小为 6×6。

第六、七、八个卷积层是全连接层，每一层的神经元的个数为 4096，最终输出 Softmax 为 1000 维张量（ImageNet 的类别数为 1000），全连接层中使用了 ReLU 和 Dropout。

以上便是 AlexNet 的整体结构。AlexNet 共计有 6×10^7 个参数和 65000 个神经元，如此庞大的参数量对于当时的硬件设备来说无疑是一个巨大的挑战。所以 AlexNet 采用两块 GPU 进行训练，将网络一分为二。以第二个卷积层为例，第二个卷积层一共有 256 个卷积核，AlexNet 将其中的 128 个放在一块 GPU 上训练，另外的 128 个放在另一块 GPU 训练，这样就相当于减少了训练的内存量，也就产生了图中的两条支路。

下面介绍几个其他需要关注的地方。首先是激活函数。在早期，神经元一般采用 Sigmoid 函数或 Tanh 作为激活函数。然而这些函数在求梯度时较慢，并且 Sigmoid 的函数最大梯度为 0.25，在进行反向传播的过程中还存在着梯度消失的问题。ReLU 的梯度为 1，这无论对计算还是传递来说都十分简便。其次是通过观察可以发现 ReLU 函数在小于 0 的部分的响应为 0，这就增加了网络的稀疏性，相当于进行了正则化的操作，降低了网络发生过拟合的风险。

下面简单介绍一下 LRN。在神经网络中，为了使网络有处理非线性模式的能力，我们引入了激活函数来做非线性的映射，$\mathrm{Sigmoid}(x)=\dfrac{1}{1+\mathrm{e}^{-x}}$ 和 $\mathrm{Tanh}(x)=\dfrac{\mathrm{e}^{x}-\mathrm{e}^{-x}}{\mathrm{e}^{x}+\mathrm{e}^{-x}}$ 这些传统的激活函数的值域都是有确定范围的，但是 ReLU 激活函数却没有固定范围，所以要对ReLU得到的结果进行归一化，这就是 LRN。LRN 的具体计算见式(4-2)[2]。

$$b_{(x,y)}^{i}=\frac{a_{(x,y)}^{i}}{\left(k+\alpha\sum_{j=\max(0,i-n/2)}^{\min(N-1,i+n/2)}\left(a_{(x,y)}^{j}\right)^{2}\right)^{\beta}} \tag{4-2}$$

$a_{(x,y)}^{i}$ 代表的是 ReLU 在第 i 个卷积核的 (x,y) 位置的输出，n 表示的是邻居个数，N 表示卷积核的总数量。α,β,k,n 为一些超参数。在生物神经元中有一种名为侧抑制（Lateral Inhibition）的现象，即当一个神经元周围的神经元激活值较大时，当前神经元的激活值会变小，LRN 主要就是为了来完成这一点。这里简要解释一下这个式子的含义。

如图 4-4 所示，图中黄色位置代表着第 i 个特征图的 (x,y) 处的像素，即公式中的 $a_{(x,y)}^{i}$。如果要对这个位置进行归一化，就需要获取相邻特征图同样位置的像素值，即图中蓝色的位置，即公式中的 $a^j_{(x,y)}$。

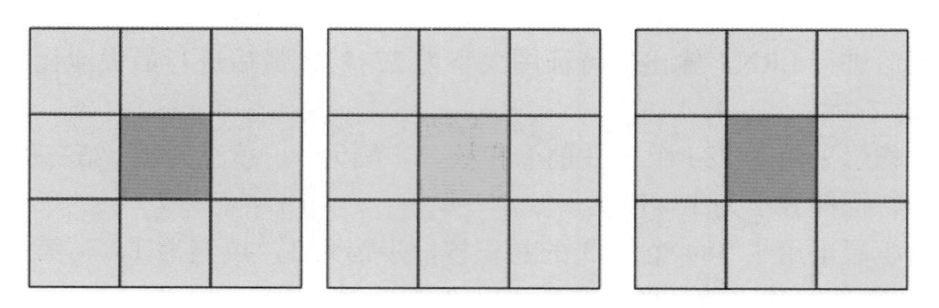

图 4-4　LRN

AlexNet 使用的另一项技术便是随机失活（Dropout）。所谓随机失活就是使得神经元以某一概率响应为 0，从而增加了网络的稀疏性，减少神经元对某一特征的依赖程度，如图 4-5 所示，图中橙色神经元响应被抑制变为失活状态。

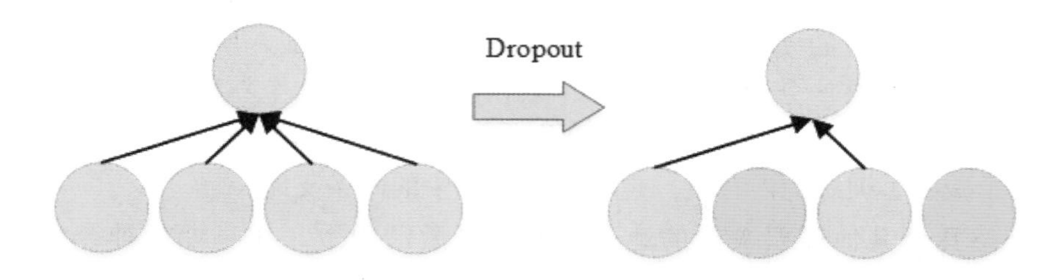

图 4-5　随机失活

由于神经元会以一定的概率失去响应，使得输出结果不完全依赖于某一个或某些神经元（特征），从而降低了过拟合的风险。

还有一个小技术便是重叠最大池化，一般在进行池化操作时，步幅与池化窗口的大小是相同的，这时池化窗口不会产生重叠，当步幅小于池化窗口时就会产生重叠，称为重叠池化。实验证明，重叠池化窗口能够分别将 Top-1 和 Top-5 的错误率分别降低 0.4%、0.3%。

4.3　VGGNet

前面已经简单介绍了 LeNet5 和 AlexNet，本节将介绍另一个较为经典的网络结构 VGGNet[3]。

2014 年，牛津大学计算机视觉组（Visual Geometry Group，VGG）和 Google DeepMind 公司的研究员一起研发出了新的深度 CNN——VGGNet，并取得了 ILSVRC 2014 比赛分类项目的第二名（第一名是 GoogLeNet，也是 2014 年提出的）和定位项目的第一名。

VGGNet 有 A、A-LRN、B、C、D 和 E 版本，其中 D 和 E 两种最为常用，即人们常说的 VGG16 和 VGG19，本节以 VGG16 为例介绍 VGG 较之前的结构有哪些特殊之处。首先来看看 VGG16 网络结构，如图 4-6 所示。

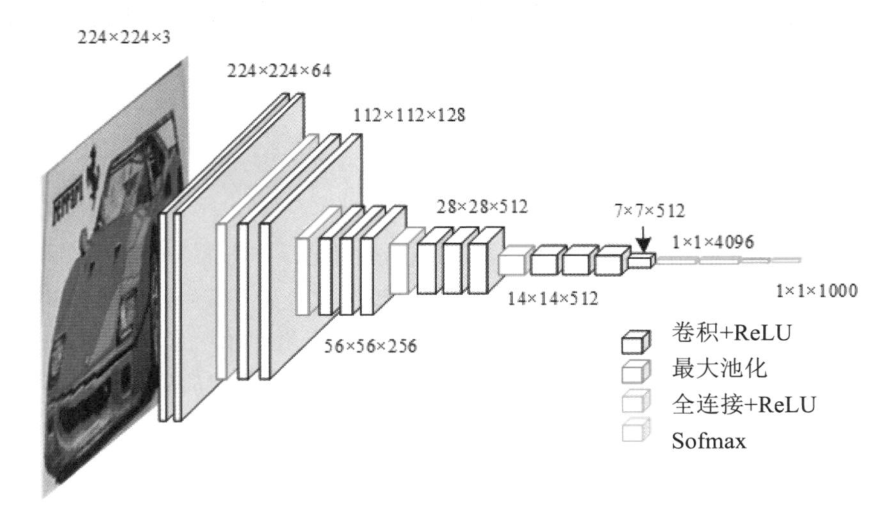

图 4-6 VGG16 网络结构

VGG16 由 5 层卷积层、3 层全连接层和 Softmax 输出层构成。一组卷积完成后使用最大池化对特征图进行降维，所有隐藏层的激活单元都采用 ReLU 函数，大致流程如表 4-2 所示。

表 4-2 VGG16 流程

输入	通道	卷积核大小	特征图大小
224×224×3	64	3×3	224
224×224×64	64	3×3	224
22×224×64		MaxPooling	112
112×112×64	128	3×3	112
112×112×128	128	3×3	112
112×112×128		MaxPooling	56
56×56×128	256	3×3	56
56×56×256	256	3×3	56
56×56×256	256	3×3	56
56×56×256		MaxPooling	28
28×28×256	512	3×3	28
28×28×512	512	3×3	28
28×28×512	512	3×3	28
28×28×512		MaxPooling	14
14×14×512	512	3×3	14
14×14×512	512	3×3	14
14×14×512	512	3×3	14
14×14×512		MaxPooling	7

（续表）

输入	通道	卷积核大小	特征图大小
7×7×512			4096
4096			4096
4096			4096
4096			1000

可以看出 VGG16 的结构十分简洁，与 AlexNet 相比，一方面 VGG16 的网络更深，另一方面，VGG 没有采用 AlexNet 中比较大的卷积核尺寸（如 7×7），而是使用了大量的尺寸较小的（3×3）卷积核。在解释这样的设计之前，首先来介绍一个感受野的概念。

在 CNN 中，感受野（Receptive Field）的定义是 CNN 每一层输出的特征图上的一个点在输入图片上映射的区域大小。通俗的解释就是，特征图上的一个点对应输入图上的区域，或者说神经网络能够看到的范围就是感受野。举例如图 4-7 所示。

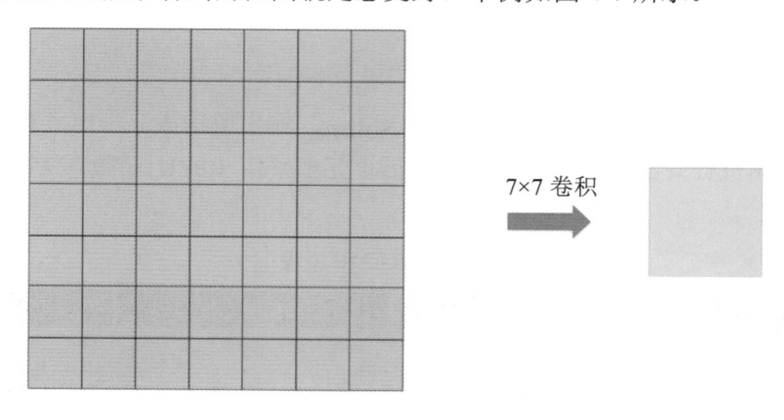

图 4-7　感受野

从图 4-8 中不难看出，经过一次 7×7 的卷积，感受野为 7，而经过三次 3×3 的卷积得到的特征图感受野也是 7。

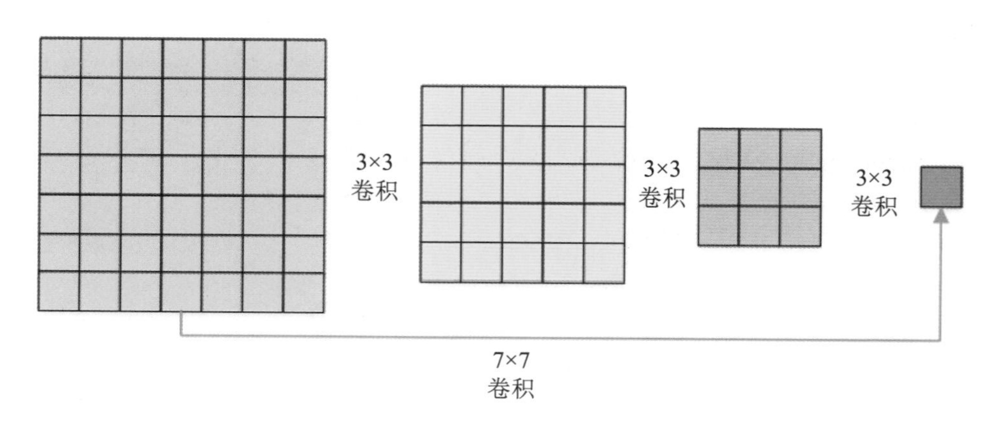

图 4-8　三次 3×3 卷积与一次 7×7 卷积

但是一次 7×7 卷积需要的参数量为 49，而三次 3×3 的卷积参数量为 3×3×3=27，参数量几乎下降了一半。不仅如此，由于进行一次卷积之后还会进行一次 ReLU 的操作，所以将一次 7×7 的卷积变成 3×3 的卷积之后还引入了两次非线性的变换，这使得神经网络的学习能力变得更强。

VGG16 还有一个比较有趣的特点在于，每组卷积所使用的卷积核的个数不断上升，每次都是上一组卷积的 2 倍。这样做的原因在于，每一组卷积完成之后都会进行一次池化操作使得特征图的大小减半，在下一组进行卷积时卷积核的个数变为了 2 倍，这样一方面使得特征图维数的下降不会太剧烈，同时通道数不断提升有助于提取更多的信息。总体来说，VGG16 使得层数变深的同时特征图变多（通道增加），控制了计算的规模也提取出了更多的信息。

小结如下：

① 通过增加深度能有效地提升性能；

② VGG16 只包含 3×3 卷积与 2×2 池化，简洁优美；

③ 卷积可代替全连接，可适应各种尺寸的图片。

4.4　Inception

上一节我们介绍了 VGGNet，但是它却有着一个很大的缺点，那就是 VGGNet 参数量巨大，运算复杂且对内存和时间的要求都很高。这一节介绍 GoogLeNet[4]深度学习结构，GoogLeNet 一开始的设计理念就是在提升性能的同时尽量去减少参数量，使得网络更加高效。

GoogLeNet 首次出现在 ILSVRC 2014 的比赛中（和 VGGNet 同年），并且以 Top-5 错误率 6.67%取得了第一名。这次比赛中的 GoogLeNet 通常称为 Inception V1，它最大的特点是在控制了计算量和参数量的同时，还获得了非常好的性能。此外 Inception V1 有 22 层深，比 AlexNet 的 8 层或者 VGGNet 的 19 层还要更深。但其计算量只有 15 亿次浮点运算，同时只有 5×10^6 的参数量，仅为 AlexNet 参数量（6×10^7）的 1/12，可以说是非常优秀并且非常实用的模型。在本节当中，不再介绍 GoogleNet 的具体结构，主要对其采用的两种技术——全局平均池化和 Inception Model 进行详细介绍。各式各样的 GoogLeNet 就是通过组合不同的 Inception Model 搭建的。

GoogLeNet 一个主要理念是要减少网络的参数量。在讨论这点之前，先来讨论一下全连接层。从 CNN 诞生以来，CNN 的结构就是卷积层加上全连接，卷积层用来提取图像的特征，全连接层处理卷积层提取的特征然后完成相应的任务，这一度成为卷积网络的标配。全连接在提升了网络性能的同时也带来非常严重的问题，那就是参数量过大。对于 CNN 来说由于卷积层具有稀疏连接和权值共享的特点，所以 CNN 的大部分参数都是来自全连接层，因此为了简化参数就需要使用一种更加简单的结构替换全连接层。GoogLeNet 借鉴了“Network in Network”[5]中的做法，使用一种叫全局平均池化的方式来取得全连接，下面就来探讨一下全局平均池化技术。

全连接层的一个缺点是参数量大，全连接层参数量太大容易发生过拟合现象并且计算量巨大。全连接层的作用是将卷积层提取的特征图处理成一维向量然后进行分类，而全局平均池化的思路是将上述的两步直接一步完成，如图 4-9 所示。

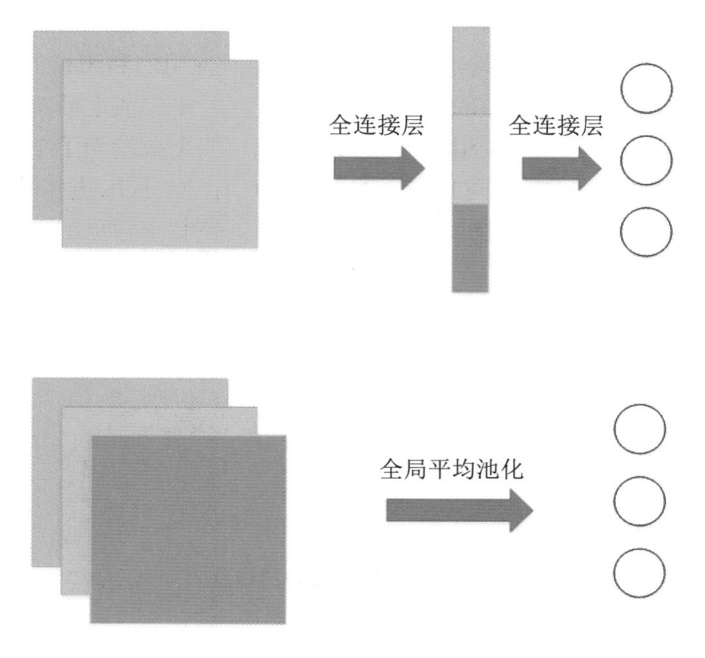

图 4-9 全局平均池化

从图 4-9 可以看出，全局平均池化直接用特征图来得到输出，具体操作是，使用一个与特征图同样大小的窗口对特征图进行平均池化操作，即直接将每一张特征图的平均值作为输出值，赋予了每一个通道一些具体的含义。大量的实践证明，全局平均池化在一些任务中可以很好地取代全连接层，但有一点值得注意的是，全局池化可能会使收敛变慢。

传统 CNN 的每一层都会从之前的层中提取信息，但是这里存在一个问题，我们使用 5×5 的卷积核不同于使用 3×3 的卷积核提取到的信息，使用 1×1 卷积提取的信息又与前两者不同，如何提取合适的信息是一个值得思考的问题。GoogLeNet 对此给出了一个令人惊喜的答案——把一切交给模型，即让模型自己去选择什么样的提取方式才是最好的，所以最原始的 Inception Model 诞生了，如图 4-10 所示。

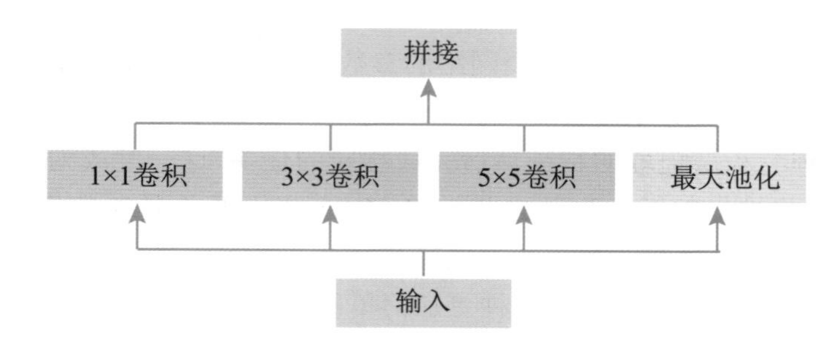

图 4-10 Inception Model

Inception Model 会并行计算同一输入的多个不同特征提取方式，并将它们的结果都连接到单一输出。换句话说，对于同一组特征图，Inception Model 会同时对它采用诸如 1×1 卷积、3×3 卷积等不同的处理方式，然后让模型自行决定使用怎样的处理方式才是最佳的。但是它却带来了另一个问题，那就是如果对每一层的特征图都采用这样的处理方式，将会极大地增加模型的复杂度和计算量。为了解决上面的问题，Inception 给出了一种可行的解决方案，即利用 1×1 的卷积来压缩特征图的深度，比如使用 10 个 1×1 的卷积可以将 64×64×20 的特征图压缩到 64×64×10，于是就有了如图 4-11 所示的 Inception Model 结构。

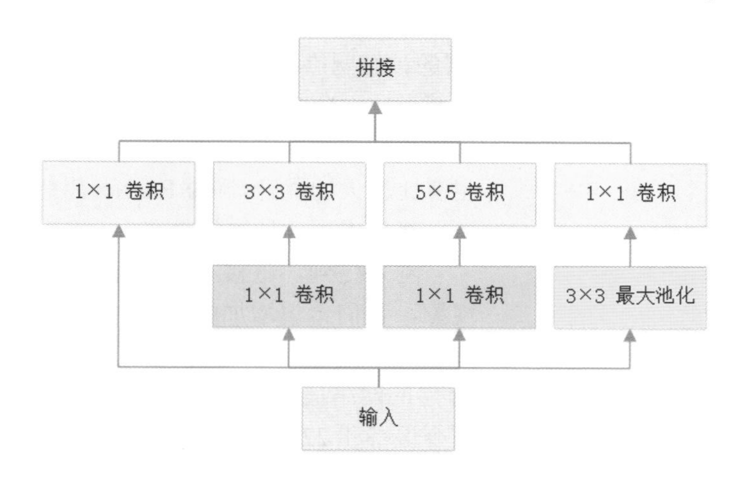

图 4-11 Inception Model 改进版

另外，由于 Inception Model 并行地对特征图使用多种提取方式，相当于扩展了网络的宽度，这样 InceptionNet 就可以做到又深又宽，通过排列堆积各种各样的 Inception Model 就可以构建不同的 InceptionNet，如图 4-12 所示。

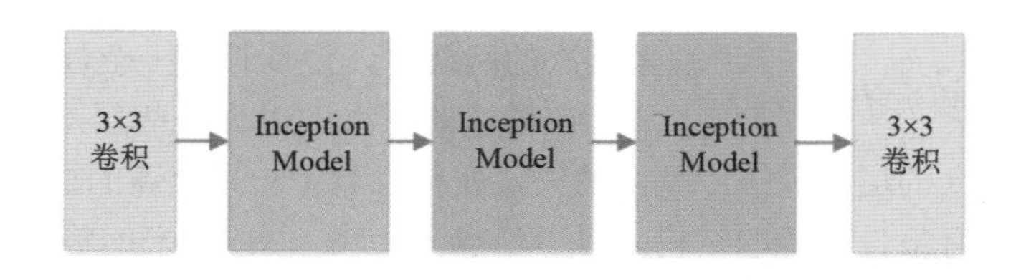

图 4-12 InceptionNet

总结一下，InceptionNet 极大地减少了模型的参数量，通过设计巧妙的 Inception 结构可以使得模型又深又宽以获得良好的性能。

4.5 ResNet

从最早 5 层的 LeNet5 到后来 16 层的 VGG16，随着网络的不断加深，模型的效果也变得越来越好。人们自然而然会想到，如果继续加深网络，性能应该会变得更好。于是，人们开始进行加深网络的实验，遗憾的是，现实并非我们想象的那样美好。通过前面的学习我们知道，训练网络的过程就是利用误差进而通过梯度信息来更新我们的参数的过程，在实践中人们发现，随着网络层数的变大，传递回来的梯度信息却越变越小，产生了梯度消失的现象，从而使得网络难以继续训练下去。如此一来网络的性能不仅没有得到改善，反而出现了网络退化的现象。例如，一个 30 层的网络的性能可能还没一个 22 层网络好。ResNet[6]解决了这一问题。

ResNet（残差网络，Residual Neural Network）由微软研究院的 Kaiming He 等提出，通过使用残差模块成功训练出了 152 层的神经网络，并在 ILSVRC 2015 比赛中取得冠军，在 Top-5 上的错误率为 3.57%，同时参数量比 VGGNet 低，效果非常突出。ResNet 的结构可以极快地提高神经网络的训练速度，模型的准确率也有比较大的提升。同时 ResNet 思想的推广性非常好，可以直接用到各种神经网络中。

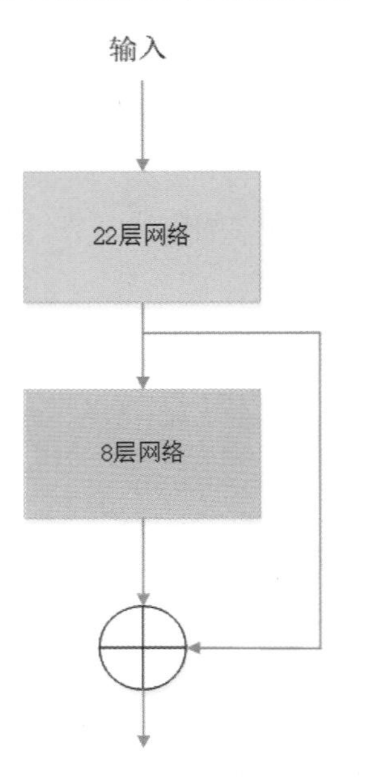

图 4-13　使用残差模块级联两个网络

刚才提到，直接不断加深网络会出现网络退化的现象，我们希望增加的网络的层数即便没有提升模型的性能，但是至少不应该出现退化的现象。换句话说，30 层的网络最起码也不应该比 22 层的网络性能差，即至少保持和 22 层的网络一样的性能，基于这样的思想 Kaiming He 等人提出了如图 4-13 所示的一种结构。

通过图 4-13 可以看到这个结构比之前的结构多了一条直连的通路，正是这一条简单的直连的通路，使得 30 层的网络即便发生退化也只会退化成 22 层的网络，最终的网络性能也不会比 22 层的网络差。现在来仔细分析一下这样一种存在短接的结构。在搭建一个深层次的网络时，假设存在一个性能最好的结构 N，那么在搭建的网络中也许有些层是多余，但是由于短接结构的存在，多余的层在训练中就会消失，变得仅剩下一条直连的通路，于是搭建的网络就能达到那个具有最佳性能的结构。对于任意一个输入 x，本来的输出 $H(x)=F(x)$，现在引入了一个直连通路使得输出 $H(x)=F(x)+x$，所以 $F(x)=H(x)-x$，即网络需要学习的是一个差值，所以称为残差网络。

回过头来继续观察这样一个残差结构，发现其中有一处十分不方便的地方，那就是输出是与通过直连支路的部分直接相加的，这就要求需要精心设计卷积核尺寸，使得输出的特征图的尺寸与通过直连支路的部分有相同的尺寸以满足相加的需求，这十分不方便。如果希望网络能有尺寸上的变换，使得网络能够提取更多的信息，则需要对这一结构进行改进。在 4.4 节中介绍了 1×1 的卷积，当把 1×1 卷积引入残差结构后就可以解决这一问题。在直连通路上加入 1×1 的卷积，就可以完成直连通路部分尺寸的调节，如图 4-14 所示。

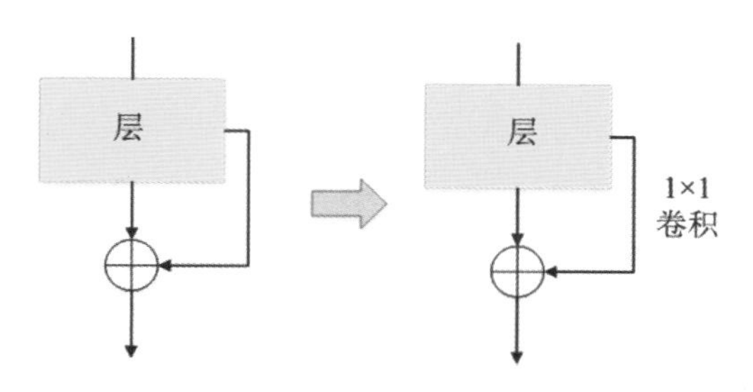

图 4-14　改进的残差模块

实验证明，残差网络有着优秀的性能，通过不断堆积残差结构可以使得网络越来越深。利用残差网络甚至可以将网络层数达到上千层，同时 ResNet50、ResNet101 在诸多相关领域内都有着出色的表现，这足以证明这一结构的强大之处。

4.6　DenseNet

ResNet 模型的核心是建立前面一层与后面一层之间的“短路连接”（Shortcuts，Skip Connection），这有助于训练过程中梯度的反向传播，从而能训练出更深的 CNN 网络。如果将前面的所有层与后面的层都建立起“直连通路”，效果会怎样呢？本节主要介绍这样的一种网络 DenseNet[7]。

DenseNet 的最大特色就是，在 DenseBlock 中将前面所有层与其后面的层都建立其连接，与 ResNet 不同的是，DenseNet 并非是相加的操作，而是使得特征在通道上连接，从而实现特征重用（Feature Reuse）。这些特点让 DenseNet 在参数和计算成本更少的情形下实现比 ResNet 更优的性能。DenseNet 结构如图 4-15 所示。

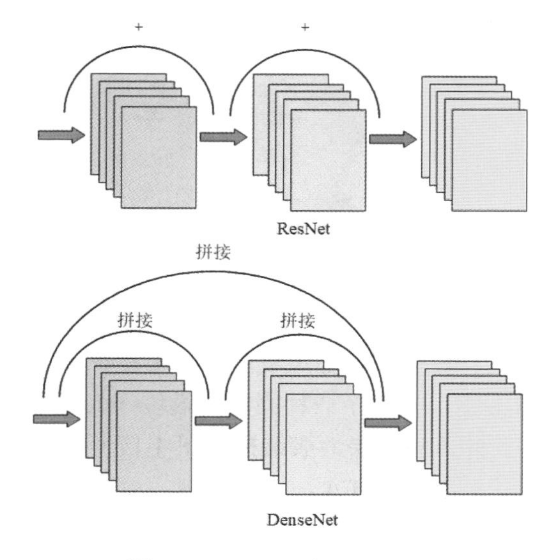

图 4-15　ResNet 和 DenseNet

可以看到，ResNet 是每个层与前面的某层通过一条短路连接在一起，连接方式是加法运算。而在 DenseNet 中，每个层都会与前面所有层在通道维度上拼接（concat）在一起，并作为下一层的输入。对于一个 L 层的网络，DenseNet 共包含 $\frac{L(L+1)}{2}$ 个连接。相比 ResNet，这是一种更加稠密的连接。而且 DenseNet 是直接拼接来自不同层的特征图，这可以实现特征重用，提升效率。这一特点是 DenseNet 与 ResNet 最主要的区别。从直观上来理解，传统的 CNN 在第 i 层的输出是：$y_i = H(x_i)$，而在 DenseNet 中第 i 层的输出为：$y_i = H(x_i, x_{i-1}, \cdots x_{i-l})$，其中 x_i 为第 i 层的输入。

接下来我们就来分析一下 DenseNet 的前向传递过程，这将更有利于我们理解 DenseNet 的结构。其前向传递的过程如图 4-16 所示。

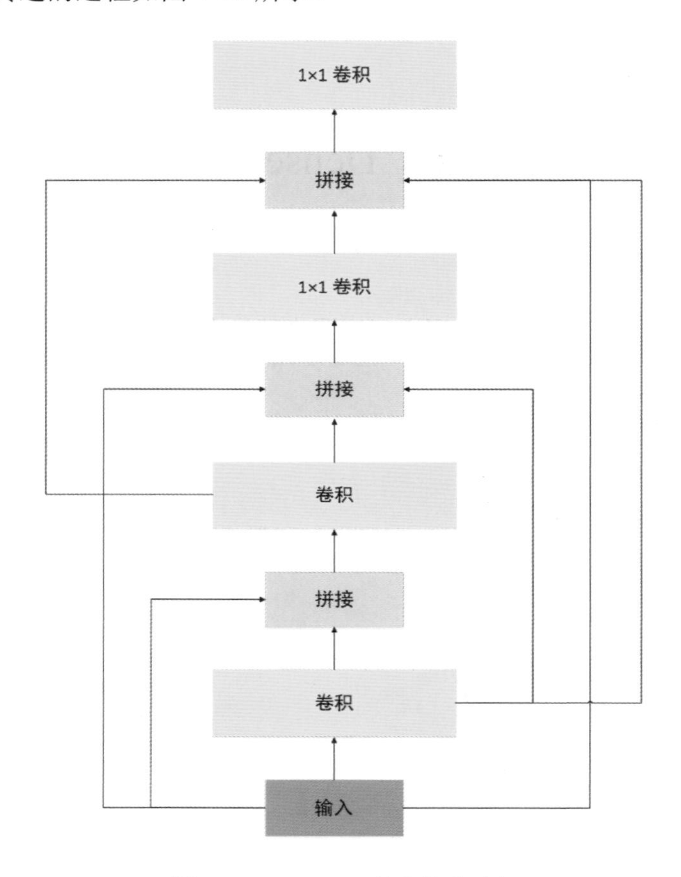

图 4-16　DenseNet 前向传递过程

DenseNet 需要将所有的特征图都在通道维度上拼接在一起，所以每一层输出的卷积图大小要保持一致，因此 DenseNet 采用了一种固定的模块作为卷积单元，称为 DenseBlock。DenseBlock 中包含若干卷积层，卷积层一般结构如图 4-17 所示，即采用 BN＋ReLU＋卷积的组合，层与层之间采用稠密连接的方式。

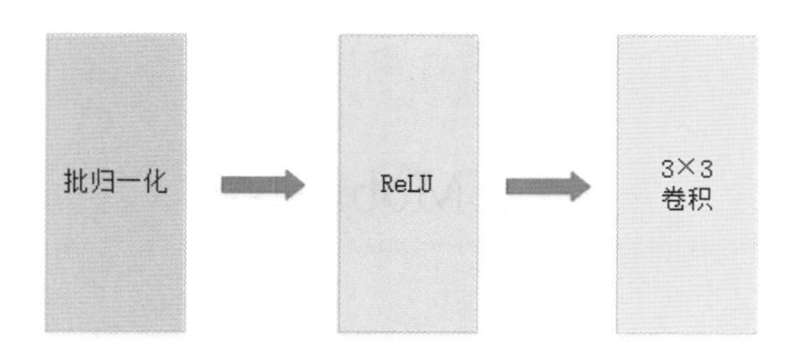

图 4-17 DenseNet 卷积层

但是随着网络的加深，后面 Block 的输入维度将会十分巨大，为了减少计算量，DenseNet 引入 1×1 的卷积进行降维，所有 Block 中的卷积层结构改为如图 4-18 所示的结构。

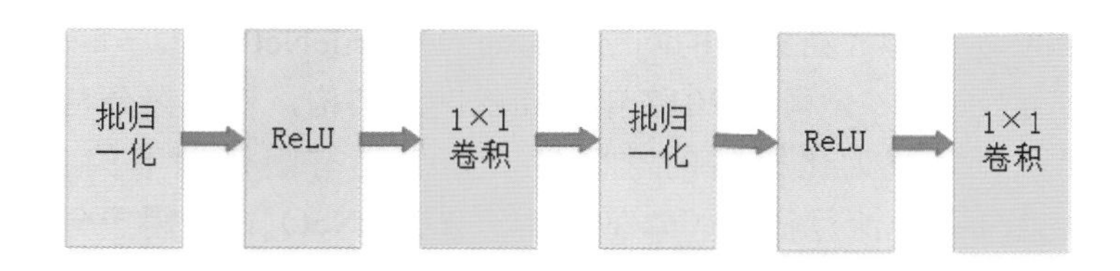

图 4-18 DenseNet 卷积层

为了进一步减少计算量，还需要对特征图的尺寸进行处理，所以 DenseNet 使用过渡层（Transition）连接相邻的两个 Block。过渡层的具体结构如图 4-19 所示。

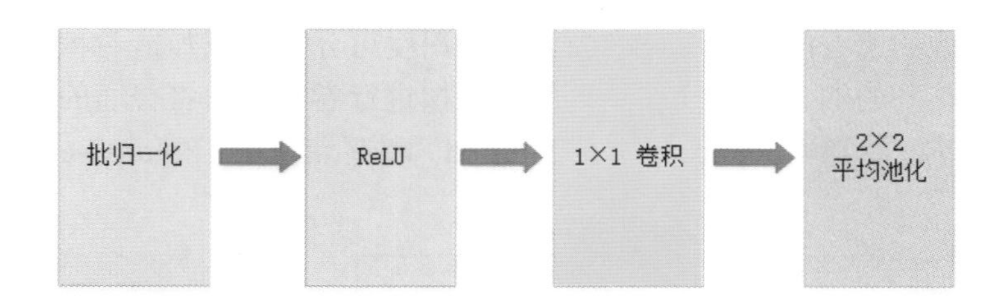

图 4-19 DenseNet Transition

通过设计不同的 Block 和过渡层，就可以构成不同的 DenseNet 网络，如图 4-20 所示。

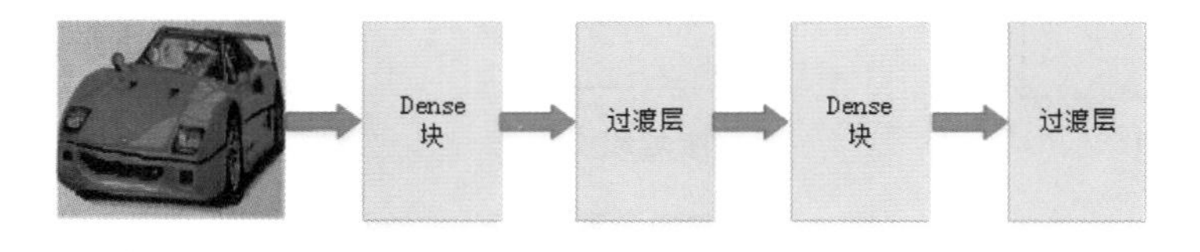

图 4-20 DenseNet 过渡层

总体来说，DenseNet 的优势体现在以下几个方面：

① 由于密集连接方式，DenseNet 提升了梯度的反向传播，使得网络更容易训练；

② DenseNet 是通过拼接特征图来实现短路连接的，实现了特征重用，使得最终的决策模块也使用了低层次的特征进而提升了性能。

4.7 MobileNet

自2012年AlexNet摘得桂冠之后，对于神经网络的研究开始逐渐走入世界的中心——从最初的5层来到VGG16的16层，到后来的22层GoogLeNet，再到现在可以突破千层的ResNet——CNN正一次次地升级进化。但是现在的这些神经网络动辄需要几百兆的参数，这种巨大的存储和计算开销使得神经网络难以完成对实时性要求较高的任务，严重限制了神经网络的应用。因此如何给神经网络进行合理有效的“减肥”逐渐成为了一个值得关注的话题，这一节将介绍一种“苗条”的网络结构——MobileNetV1[8]。

MobileNetV1是Google公司于2017年发布的网络架构，旨在充分利用移动设备和嵌入式应用的有限资源，最大化模型的准确性，以满足有限资源下的各种应用需求。MobileNetV1也可以像其他流行模型（如VGGNet和ResNet）一样用于分类、检测和分割等任务。

根据前面的学习我们知道，CNN是通过卷积单元大量堆叠实现的，而卷积操作是一种较为复杂的操作，如果能够简化这一操作，就能够降低整个运算过程的复杂度。MobileNet正是通过一种“深度可分离卷积”（Depthwise Separable Convolution）的技术来实现这一点的。我们知道在进行卷积操作的时候，卷积核的通道数要与输入的特征图的通道数保持一致，即要将图像的所有的通道考虑在内。但是深度可分离卷积却给卷积操作提供了一种新的思路：对于不同的输入通道采取不同的卷积核进行卷积，它将普通的卷积操作分解为两个过程——逐深度卷积（Depthwise Convolution）和逐点卷积（Pointwise Convolution），如图4-21所示。

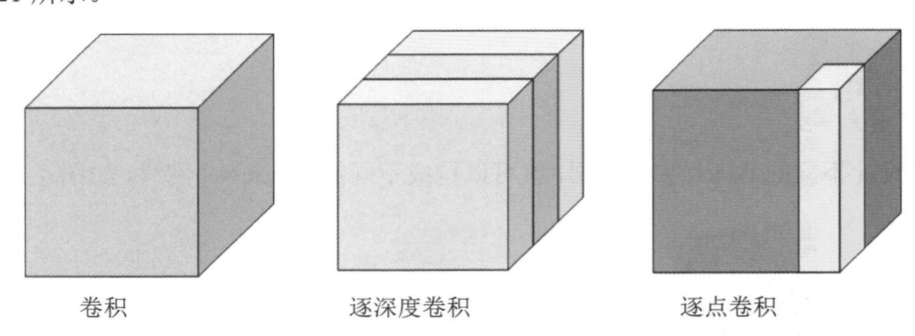

图4-21　普通卷积与可分离卷积

逐深度卷积针对每个输入通道采用不同的卷积核，即一个卷积核对应一个输入通道，卷积核的通道为1。显然，通过逐深度卷积得到的不再是一张具有单通道的特征图，而是多张通道数为1的特征图，这时候我们就需要逐点卷积了。逐点卷积其实就是普通的1×1的卷积，它的作用是将逐深度卷积得到的多张特征图进行结合，整体效果和一个标准卷积差不多，但是会大大减少计算量和模型参数量。下面就来简单分析一下这两者的区别。

假定输入特征图大小是 $D_{\text{input}} \times D_{\text{input}} \times M$，而输出特征图大小是 $D_{\text{output}} \times D_{\text{output}} \times N$，其中 D 表示特征图的宽度和高度，这里不妨假设 $D_{\text{input}} = D_{\text{output}}$，$M$ 和 N 分别代表输入和输出的通道数，如图 4-22 所示。对于传统的 $D \times D$ 的卷积来说，其计算量为 $D \times D \times M \times N \times D_{\text{linput}} \times D_{\text{input}}$，而对于逐深度卷积其计算量为 $D \times D \times M \times D_{\text{input}} \times D_{\text{input}}$，逐点卷积计算量是：$M \times N \times D_{\text{output}} \times D_{\text{output}}$，所以深度可分离卷积总计算量是 $D \times D \times M \times D_{\text{input}} \times D_{\text{input}} + M \times N \times D_{\text{output}} \times D_{\text{output}}$。两种操作的计算复杂度见式(4-3)。

$$\frac{D \times D \times M \times D_{\text{input}} \times D_{\text{input}} + M \times N \times D_{\text{output}} \times D_{\text{output}}}{D \times D \times M \times N \times D_{\text{input}} \times D_{\text{input}}} = \frac{1}{N} + \frac{1}{D^2} \tag{4-3}$$

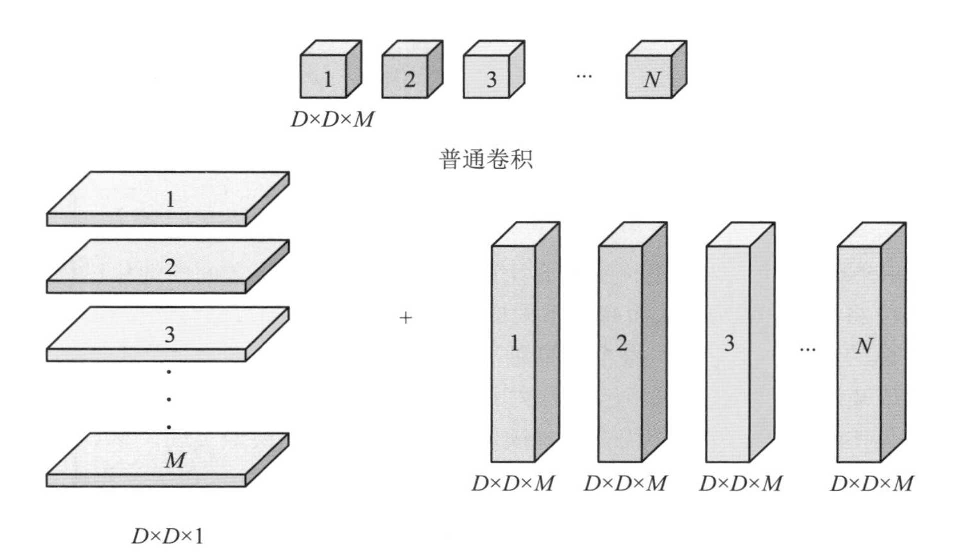

图 4-22　标准卷积与可分离卷积

在实际使用中，为了能够提取更加充足的特征，N 一般取值都比较大，假设采用 3x3 卷积核的话，深度可分离卷积的计算量大约只有传统普通卷积的 1/9。接下来比较一下参数的个数，传统的普通卷积参数个数为 $D \times D \times M \times N$，逐深度卷积的参数个数为 $D \times D \times 1 \times M$，逐点卷积的参数量为 $1 \times 1 \times M \times N$。所以深度可分离卷积的参数量为 $D \times D \times M + M \times N$，两者的参数量见式(4-4)。

$$\frac{D \times D \times M + M \times N}{D \times D \times M \times N} = \frac{1}{N} + \frac{1}{D^2} \tag{4-4}$$

若同样采用 3×3 的卷积核，则参数量也大约是普通卷积的 1/9。

上面讲述了深度可分离卷积，这是 MobileNetV1 的基本模块，但是在真正应用中会加入批归一化，并使用ReLU激活函数，所以深度可分离卷积的基本结构如图 4-23 所示。

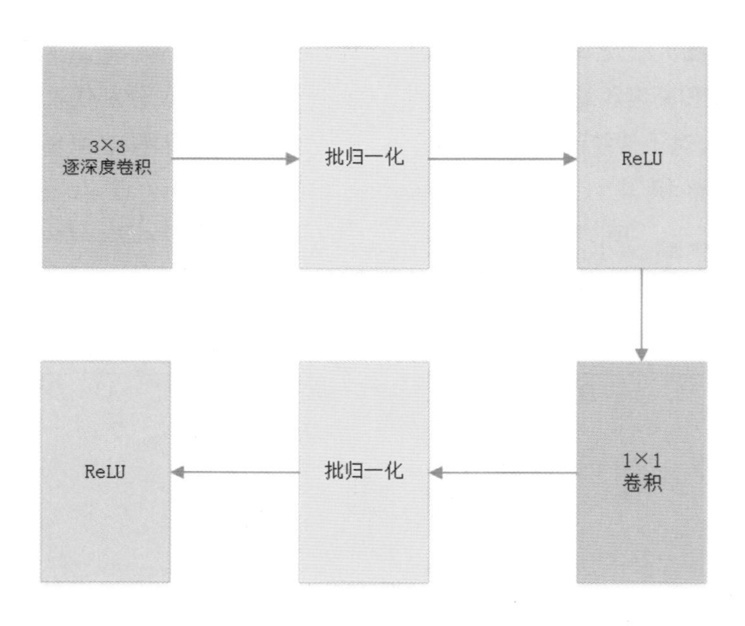

图 4-23　MobileNet 基本模块

在 MobileNetV1 中，为了进一步降低计算量，取消了卷积层之间的池化过程，直接在一些卷积层中将步幅设为 2，从而起到下采样的作用。

通过上面的分析可以看到，整个计算量基本集中在 1×1 卷积上，如果熟悉卷积底层实现的话，应该知道卷积一般是通过一种称为 im2col 的方式来实现的，其需要内存重组，但是当卷积核为 1×1 时，其实就不需要这种操作了，底层可以更快地实现，参数也主要集中在 1×1 卷积。这就是 MobileNetV1 较为轻便的原因。

接下来分析一下 MobileNetV1 的性能，这里与 GoogLeNet 和 VGG16 做了对比，如表 4-3[8]所示。

表 4-3　模型对比

模型	分类准确度	计算量	参数量
MobileNetV1	70.6%	569	4.2
GoogleNet	69.8%	1550	6.8
VGG16	71.5%	15300	138

从表 4-3 中可以看出，相比 VGG16，MobileNetV1 的准确度稍微下降，但是仍优于 GoogLeNet。然而，从计算量和参数量上来看，MobileNetV1 具有绝对的优势。

MobileNetV1 利用深度可分离的卷积代替了传统的普通卷积，使得计算量和参数量都大大下降，进而降低了计算量并满足了存储需要，使得深层神经网络可以应用在移动终端和嵌入式设备上。

4.8 FCN

许多的 CNN 结构都可以很好地提取图像的特征进而完成分类的任务。然而在计算机视觉所要解决的问题中有一类比较特殊的任务，那就是识别图片中特定的物体，如图 4-24 所示。

图 4-24 猫与狗

利用之前的网络结构可以很好地区分哪个是猫，哪个是狗。但是，更进一步的任务是想要了解在这张图片中哪一部分是猫，哪一部分是狗。从任务属性上来说，这仍然可以看作一个分类的任务，只不过这个任务的对象不再是整张图片，而是每一个像素，希望对于每一个像素都能得到一个类别——属于猫还是属于狗，进而就可以解决整张图片中哪一部分是猫，哪一部分是狗这一问题。这一问题相比于之前的分类问题来说无疑更为复杂。2015 年，Jonathan Long 和 Evan Shelhamer 发表了论文 *Fully Convolutional Networks for Semantic Segmentation*[9]，一种名为 FCN（全卷积网络，Fully Convolutional Networks）的结构为解决这一问题带来了全新的思路。对于上述问题的具体解决方案在本书稍后章节会有具体讲解，本节先对 FCN 结构做详细介绍。

通常 CNN 在卷积层之后会接上若干个全连接层，将卷积层产生的特征图映射成一个固定长度的特征向量。以 AlexNet 为代表的经典卷积神经结构适合于图像级的分类和回归任务，因为它们最后都期望得到整个输入图像的一个数值描述（概率），比如 AlexNet 的 ImageNet 模型输出一个 1000 维的向量表示输入图像属于每一类的概率。然而 FCN 需要对图中的每一个像素进行分类，从而解决从图像中分割实体的问题。与经典的 CNN 在卷积层之后使用全连接层得到固定长度的特征向量进行分类（全连接层＋Softmax输出）不同，在 FCN 结构中使用卷积层去替代全连接层，即 FCN 中只有卷积层，所以被称作全卷积神经网络。下面就先来讨论一下全连接层为什么可以被卷积层所替代。

首先，换一种思路来重新看待卷积运算。现在假设做如图 4-25 所示的输入。卷积核如

图 4-26 所示。

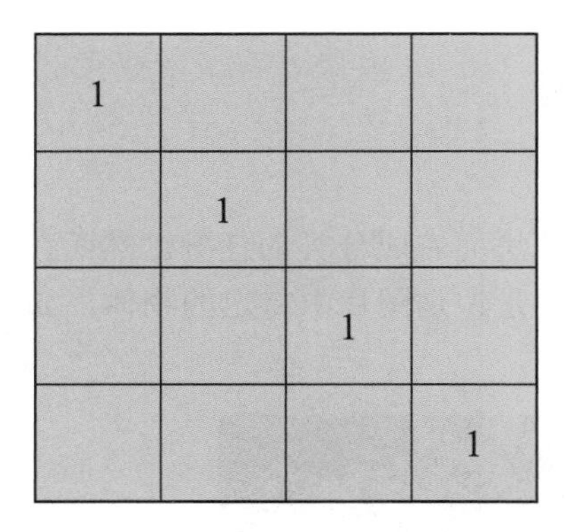

图 4-25　输入

$w_{0,0}$	$w_{0,1}$	$w_{0,2}$
$w_{1,0}$	$w_{1,1}$	$w_{1,2}$
$w_{2,0}$	$w_{2,1}$	$w_{2,2}$

图 4-26　卷积核

现在把卷积核作为一个矩阵，然后展开成下面这个样子（关于具体是如何展开的在之后介绍转置卷积时会给出解释）：

$$\begin{pmatrix} w_{0,0} & w_{0,1} & w_{0,2} & 0 & w_{1,0} & w_{1,1} & w_{1,2} & 0 & w_{2,0} & w_{2,1} & w_{2,2} & 0 & 0 & 0 & 0 & 0 \\ 0 & w_{0,0} & w_{0,1} & w_{0,2} & 0 & w_{1,0} & w_{1,1} & w_{1,2} & 0 & w_{2,0} & w_{2,1} & w_{2,2} & 0 & 0 & 0 & 0 \\ 0 & 0 & 0 & 0 & w_{0,0} & w_{0,1} & w_{0,2} & 0 & w_{1,0} & w_{1,1} & w_{1,2} & 0 & w_{2,0} & w_{2,1} & w_{2,2} & 0 \\ 0 & 0 & 0 & 0 & 0 & w_{0,0} & w_{0,1} & w_{0,2} & 0 & w_{1,0} & w_{1,1} & w_{1,2} & 0 & w_{2,0} & w_{2,1} & w_{2,2} \end{pmatrix}$$

即展开成 4×16 的稀疏矩阵，记为 $\boldsymbol{w}$ 。与此同时，将输入展开成一个列向量：

$$\begin{pmatrix} 1 & 0 & 0 & 0 & 0 & 1 & 0 & 0 & 0 & 0 & 1 & 0 & 0 & 0 & 0 & 1 \end{pmatrix}$$

记为 $\boldsymbol{x}$，则：

$$\boldsymbol{Y} = \boldsymbol{wx} = \begin{pmatrix} w_{0,0} + w_{1,1} + w_{1,2} & w_{1,0} + w_{2,1} \\ w_{0,1} + w_{1,2} & w_{0,0} + w_{1,1} + w_{2,2} \end{pmatrix} \tag{4-5}$$

通过上面的式子可以发现这与卷积的结果一致，所以利用矩阵的乘法可以完成卷积运算，而全连接层进行的也是矩阵乘法，所以不妨将输入的图片和输出的结果展开成列向量作为全连接层的输入和输出，那么卷积核就是全连接层中输入和输出之间的连接权重，只不过相较于一般的全连接层而言，连接权重中有大量的 0，从形式上看卷积层实际上是一种局部连接的全连接层，如图 4-27 所示。

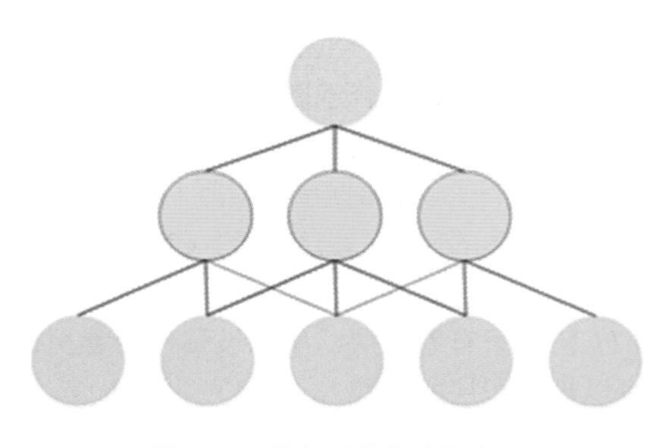

图 4-27　卷积层的全连接表示

因此，通过以上分析完全可以将一个卷积层用一个全连接层来进行表示，全连接层和卷积层之间唯一的不同就是卷积层中的神经元只与输入数据中的一个局部区域连接，并且在同一个卷积中的神经元共享参数。然而在两类层中，神经元都是计算点积，所以它们的函数形式是一样的，对于任一个卷积层，都存在一个能实现和它一样的前向传播函数的全连接层。权重矩阵是一个巨大的矩阵，除了某些特定块，其余部分都是零。而在其中大部分块中，元素都是相等的，因此将此两者相互转化是可能的。进一步讲，对于任意一个全连接层来说是可以被一个卷积层替代的。比如，一个 K=4096 的全连接层，输入数据体的尺寸是 7×7×512，这个全连接层可以被等效成一个 $F=7$、$P=0$、$S=1$、$K=4096$ 的卷积层。换句话说就是，将滤波器的尺寸设置为和输入数据体的尺寸相一致。因为只有一个单独的深度列覆盖并滑过输入数据体，所以输出将变成 1×1×4096，这个结果就和使用初始的那个全连接层完全一致。所以卷积层与全连接层是可以相互转换的，这便为 FCN 的诞生创造了可能性。

上面讨论了全连接层和卷积层可以相互转换。在两种变换中，将全连接层转化为卷积层在实际运用中更加有用。下面将通过一个例子来具体说明这个问题。样例图片如图 4-28 所示①。

图 4-28　样例图片

该图片大小为384×384。想要知道猫的大致位置，做法是使用一个224×224的窗口以32为步长划过整个图片，把每个经停的位置都带入 AlexNet（修改最后一层使其成为一个二分类），最后得到6×6个位置存在猫的概率。现在我们计算一次需要6×6次前向传播，并且其中存在着大量的重复计算，这十分耗时耗力。假设我们现在将 AlexNet 的三个全连接层使用卷积层进行代替：

① 针对第一个连接区域是6×6×256的全连接层，令其卷积核大小为 F=6，这样输出特征图的大小为1×1×4096；

② 针对第二个全连接层，令其卷积核大小为F=1，这样输出特征图的大小为1×1×4096；

① 该图片由 Jelly Kim 在 Pixabay 上发布。

③ 针对最后一个全连接层也做类似的操作，令其 F=1，最终输出为$1\times1\times2$。

乍一看似乎没有什么改变，但是一旦将全连接层改为卷积层之后，网络对于输入的尺寸就不再有限制了，所以将整张图片输入到网络中，直接经过同样的卷积层和下采样层之后会得到$11\times11\times256$的特征图，经过第一个改造后的全连接层输出为$6\times6\times4096$，经过第二、第三个卷积层后输出正好为$6\times6\times2$，与使用滑窗的方法得到的结果完全一致，这就极大地减少了运算的复杂度，并且使得输入摆脱了对尺寸的要求。

FCN 的第一个特点就是使用卷积层替代全连接层，接下来介绍 FCN 的第二个特点：上采样。回到一开始最初的那个问题上来，FCN 要完成的是像素级的分类，从而完成实体分割的任务。CNN 的强大之处在于它的多层结构具有能自动学习这一特征，并且可以学习到多个层次的特征：较浅的卷积层感受野较小，学习到一些局部区域的特征；较深的卷积层具有较大的感受野，能够学习到一些更加抽象的特征。这些抽象特征对物体的大小、位置和方向等敏感性更低，从而有助于识别性能的提高。这些抽象的特征对分类很有帮助，可以很好地判断出一幅图像中包含什么类别的物体，但是因为丢失了一些物体的细节，不能很好地给出物体的具体轮廓，指出每个像素具体属于哪个物体，因此做到精确的分割就很有难度。FCN 能够从抽象的特征中恢复出每个像素所属的类别，所依靠的手段就是上采样。

FCN 中采用的上采样是一种名叫转置卷积（也称为反卷积）的技术。一开始讨论了卷积实际上也是一种矩阵乘法 $\boldsymbol{y}=\boldsymbol{C}\boldsymbol{x}$，根据这个式子很容易得到 $\boldsymbol{x}=\boldsymbol{C}^{\mathrm{T}}\boldsymbol{y}$。但是带入具体的数值可以发现，这样的做法只是恢复了$\boldsymbol{x}$的尺寸，却并没有恢复具体的数值，这是关于反卷积的一个很重要的特点，只能恢复出大小尺寸，不能恢复出具体的值。

想要了解转置卷积，先来解决一下之前在解释为什么卷积可以和全连接层进行相互转换时留下的一个关于如何将卷积矩阵展开成稀疏矩阵的问题。同样，我们假设一个 4×4 的图片使用一个 3×3 的卷积核，如图 4-29 所示。

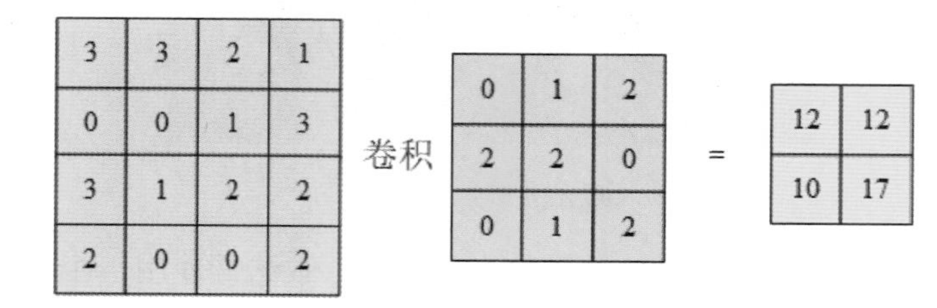

图 4-29　卷积

实际上，在计算机中计算的时候，并不是像这样一个个地进行滑动计算，因为这样的效率太低了。计算机会将卷积核转换成等效的矩阵，将输入转换为向量。通过输入向量和卷积核矩阵的相乘获得输出向量。输出的向量经过整形便可得到我们的二维输出特征。具体的操作如图 4-30 所示。由于我们的 3×3 卷积核要在输入上的不同位置卷积四次，所以通过补零的方法将卷积核分别置于一个 4×4 矩阵的四个角落。这样我们的输入可以直接和这四个 4×4 的矩阵进行卷积，而舍去了“滑动”这一操作步骤。

$w_{0,0}$	$w_{0,1}$	$w_{0,2}$
$w_{1,0}$	$w_{1,1}$	$w_{1,2}$
$w_{2,0}$	$w_{2,1}$	$w_{2,2}$

$w_{0,0}$	$w_{0,1}$	$w_{0,2}$	0
$w_{1,0}$	$w_{1,1}$	$w_{1,2}$	0
$w_{2,0}$	$w_{2,1}$	$w_{2,2}$	0
0	0	0	0

0	$w_{0,0}$	$w_{0,1}$	$w_{0,2}$
0	$w_{1,0}$	$w_{1,1}$	$w_{1,2}$
0	$w_{2,0}$	$w_{2,1}$	$w_{2,2}$
0	0	0	0

0	0	0	0
$w_{0,0}$	$w_{0,1}$	$w_{0,2}$	0
$w_{1,0}$	$w_{1,1}$	$w_{1,2}$	0
$w_{2,0}$	$w_{2,1}$	$w_{2,2}$	0

0	0	0	0
0	$w_{0,0}$	$w_{0,1}$	$w_{0,2}$
0	$w_{1,0}$	$w_{1,1}$	$w_{1,2}$
0	$w_{2,0}$	$w_{2,1}$	$w_{2,2}$

图 4-30　卷积的矩阵转换

然后，将这四个矩阵拉成列向量并拼接在一起，如图 4-31 所示。

$w_{0,0}$	0	0	0
$w_{0,1}$	$w_{0,0}$	0	0
$w_{0,2}$	$w_{0,1}$	0	0
0	$w_{0,2}$	0	0
$w_{1,0}$	0	$w_{0,0}$	0
$w_{1,1}$	$w_{1,0}$	$w_{0,1}$	$w_{0,0}$
$w_{1,2}$	$w_{1,1}$	$w_{0,2}$	$w_{0,1}$
0	$w_{1,2}$	0	$w_{0,2}$
$w_{2,0}$	0	$w_{1,0}$	0
$w_{2,1}$	$w_{2,0}$	$w_{1,1}$	$w_{1,0}$
$w_{2,2}$	$w_{2,1}$	$w_{1,2}$	$w_{1,1}$
0	$w_{2,2}$	0	$w_{1,2}$
0	0	$w_{2,0}$	0
0	0	$w_{2,1}$	$w_{2,0}$
0	0	$w_{2,2}$	$w_{2,1}$
0	0	0	$w_{2,2}$

图 4-31　卷积的矩阵转换

可以看到，这就是之前提到的稀疏矩阵的转置。卷积其实就是一个矩阵乘法操作，如果想要恢复原来的尺寸，只要将 $\boldsymbol{y}$ 左乘一个 $\boldsymbol{w}^{\mathrm{T}}$ 即可。

$$\boldsymbol{y}_{(4\times1)} = \boldsymbol{w}_{(4\times16)} \times \boldsymbol{x}_{(16\times1)} \tag{4-6}$$

式(4-6)这样一个操作被称为转置卷积。下面就来分析一下具体的计算过程。

在推导卷积的矩阵表达时，将矩阵拉伸成一个个列向量，现在进行相反的操作，以第一列为例，如图 4-32 所示。

12	12
10	17

卷积

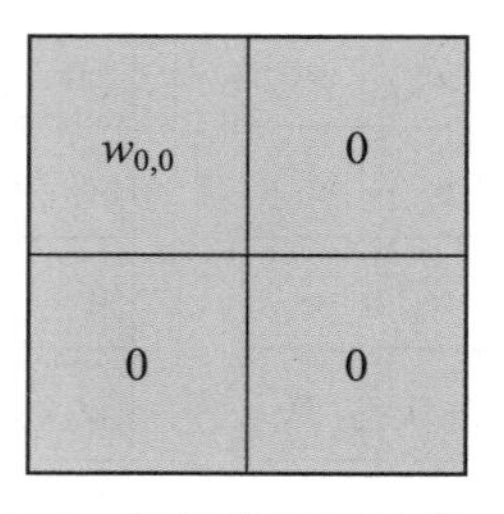

=

$12\times w_{0,0}$	0
0	0

图 4-32　转置卷积的计算

对每一行都进行这样的操作，如图 4-33 所示。

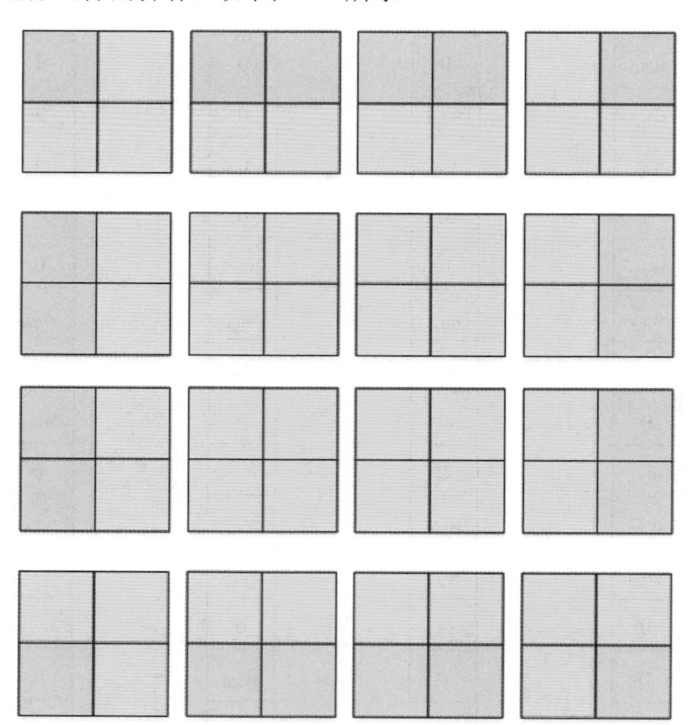

图 4-33　转置卷积的计算

这里出现了一个很有意思的现象，从整体上来看，仿佛有一个更大的卷积核在 2×2 大小的输入滑动。但是输入太小，每一次卷积只能对应卷积核的一部分，如图 4-34 所示。

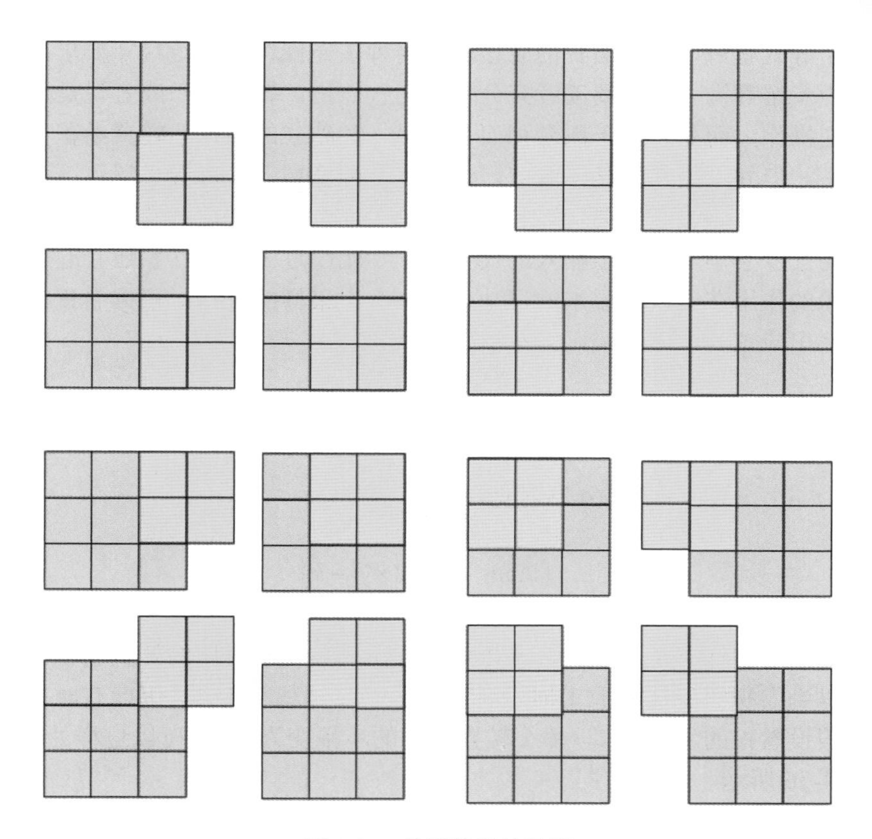

图 4-34 转置卷积的计算

这样的卷积等价于如图 4-35 所示的这样一个卷积操作。

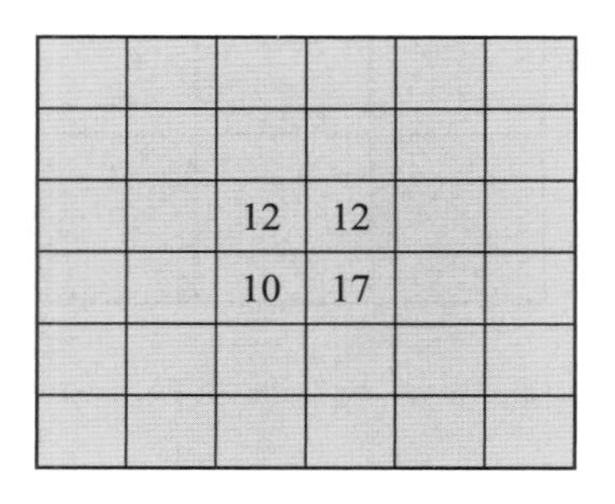

图 4-35 转置卷积的计算

这里将原来的输入进行补零操作，原来的卷积核进行了180°翻转。通过上面的分析可以看出，将原来的输出直接与卷积矩阵的转置相乘的操作同样也是一种卷积，这再一次证明了卷积实际上也是矩阵乘法，而这样的一种卷积称为转置卷积。不难看出转置卷积实则也是一种卷积，同样也满足卷积的相关计算：

$$\text{output} = \frac{\text{input} + 2 \times p - k}{s} + 1 \tag{4-7}$$

通过这个等式就可以计算出我们应该进行何种填充操作以满足尺寸要求，注意这里所讲的所有卷积步幅都为 1。需要读者充分理解的一点是，转置卷积或者说是反卷积并不是卷积的一种逆操作，而是相对于原卷积而言的另一种独立的操作。转置卷积只能恢复出原始输入的大小，但并不能恢复具体的值，这一点十分重要，请读者牢记。下面还剩下最后一个小问题需要解决，就是有关转置卷积的步幅问题。回忆之前的卷积操作，经过一次卷积之后输出的尺寸会小于或等于输入的尺寸，当步幅超过 1 时，卷积还会起到下采样的功能。转置卷积的作用在于恢复原来的尺寸，是一个上采样的过程，根据卷积的计算公式，转置卷积的输出应该为：

$$\text{output} = s \times (\text{input} - 1) - 2 \times p + k \tag{4-8}$$

设 $k - 2 \times p = F + 1$，$s = 1/t$，式(4-8)则变为：

$$\text{output} = \frac{(\text{input} + F + 2 \times p - k)}{t} + F + 1 \tag{4-9}$$

这与之前的卷积计算是一致的，所以可以看出，卷积与对应的转置卷积直接的步幅互为倒数，所以当卷积的步幅大于 1 时，转置卷积的步幅就小于 1，因此有时也称之为分数步幅卷积。假设卷积的步幅为 2，那么转置卷积的步幅变为 1/2。可以这样处理这个 1/2 的步幅，如图 4-36 所示。

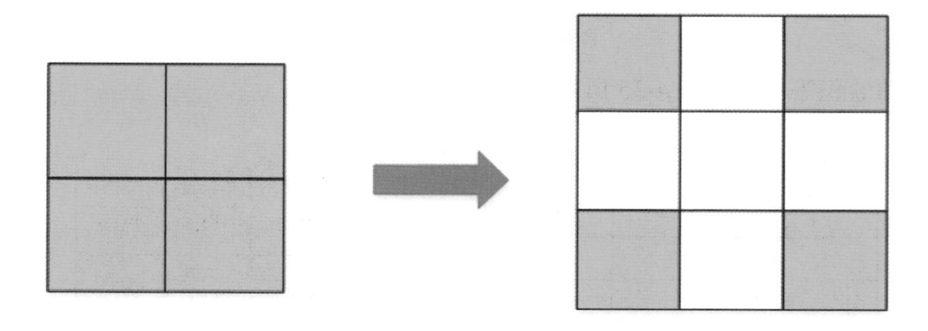

图 4-36　转置卷积的步幅

每两个色块之间都插入了灰色块，也就是 0，这样一来，卷积核每移动一步就相当于只移动了 1/2 步。所以可以得出每两个蓝色块之间需要插入stride − 1个 0，然后按照尺寸要求进行填充，最后以 1 为步幅进行卷积，这就是分数步幅卷积即步幅大于 1 的转置卷积。

最后来看 FCN 的具体实现过程。图像每经过一次卷积层和池化层，图像的尺寸就会变为原来的 1/2。FCN 对原图像进行第一次卷积操作 Conv1、Pool1 后，图像缩小为原图像的 1/2；之后对图像进行第二次卷积操作 Conv2、Pool2，图像缩小为原图像的 1/4；接着继续对图像进行第三次卷积操作 Conv3、Pool3，图像缩小为原图像的 1/8，此时保留 Pool3 的特征图；接着继续对图像进行第四次卷积操作 Conv4、Pool4，图像缩小为原图像的 1/16，保留 Pool4 的特征图；最后对图像进行第五次卷积操作 Conv5、Pool5，图像缩小为原图像的 1/32，然后把原来 CNN 操作中的全连接变成卷积操作 Conv6、Conv7，图像的特征图数量改变但是图像大小依然为原图的 1/32，此时图像不再叫特征图，而是叫 Heat Map。现在我们得到了 1/32 尺寸的 Heat Map、1/16 尺寸的特征图和 1/8 尺寸的特征图。我们对 Heat Map 做 32 倍的上采样得到每一个像素的预测结果，显然这样的输出结果就是 FCN-32，较为粗糙，需要结合前面卷积层得到的一些特征，于是对 Heat Map 做 2 倍上采样与 1/16 的特征图相加融合，做 16 倍的上采样得到预测结果 FCN-16。对上一步得到的融合特征图再做一次 2 倍上采样与 1/8 尺寸的特征图相加融合，做 8 倍上采样得到最后的输出 FCN-8。

FCN 的创新点在于使用卷积层替代全连接层使得网络更加灵活；使用上采样的方式将分类精度上升到像素级，对每一个像素都做成相应的预测，从而实现了实体分割的任务。显然，FCN 也有它固有的缺点，一般来说 FCN 有如下两个缺点：

① 得到的结果还是不够精细。进行 8 倍上采样虽然比进行 32 倍上采样的效果好了很多，但是还是比较模糊和平滑，对图像中的细节不敏感；

② 对各个像素进行分类，没有充分考虑像素与像素之间的关系，忽略了在通常基于像素分类的分割方法中使用的空间规整（Spatial Regularization）步骤，缺乏空间一致性。但总的来说 F，CN 还是为语义分割任务创造了新的可能，使其有了新的研究方法。

4.9　本章小结

本章共介绍了八种经典的 CNN 结构，主要目的在于：一是巩固之前所学的基础知识，二是希望能够带给读者一些启发，进而设计出性能更为出色的网络结构。至此，相信读者已经具备了利用深度学习解决具体计算机视觉问题的基础，在之后的几章中我们将介绍几种不同的计算机视觉问题，以及如何利用深度学习来给出一种切实可行的解决方案。

本章参考文献

[1] Lecun Y, Bottou L, Bengio Y, et al. Gradient-based learning applied to document recognition[J]. Proceedings of the IEEE, 1998, 86(11):2278-2324.

[2] Krizhevsky A, Sutskever I, Hinton G. ImageNet classification with deep convolutional neural networks[C]. NIPS. Curran Associates Inc. 2012.

[3] Simonyan K, Zisserman A. Very deep convolutional networks for large-scale image recognition[J]. Computer Science, 2014.

[4] Szegedy C,Wei L,Jia Y,et al. Going Deeper with Convolutions[J]. IEEE Computer Society, 2014.

[5] Lin M, Chen Q, Yan S. Network in network[J]. Computer Science, 2013.

[6] He K, Zhang X, Ren S, et al. Deep residual learning for image recognition[C].2016 IEEE Conference on Computer Vision and Pattern Recognition (CVPR). IEEE Computer Society, 2016.

[7] Huang G,Liu Z,Laurens V,et al. Densely Connected Convolutional Networks[J]. IEEE Computer Society, 2016.

[8] Howard A G, Zhu M, Chen B, et al. Mobilenets: Efficient convolutional neural networks for mobile vision applications[J]. arXiv preprint arXiv:1704.04861, 2017.

[9] Long J, Shelhamer E, Darrell T. Fully convolutional networks for semantic segmentation[J]. IEEE Transactions on Pattern Analysis & Machine Intelligence, 2014, 39(4):640-651.

第 5 章　目标分割

目标分割给予图像像素不同的类别标签，以便在高层次图像处理过程中实现对图像内容的理解。本章介绍目标分割技术。首先对目标分割任务进行简单的介绍，就图像语义分割和视频运动分割两方面分别进行概述，总结已有算法、研究现状和评价指标；其次针对基于深度学习多路径特征融合的图像语义分割方法，就贡献、算法和实验三部分进行详细说明；再次对基于模糊逻辑的多特征视频运动目标分割方法的贡献、算法和实验分别进行介绍和说明；最后对本章内容进行总结，指出现有研究中存在的不足，进而提出目标分割技术未来可能的发展方向。

5.1　目标分割技术概述

随着计算机技术和大数据技术的发展，图像和视频正逐步取代文本和音频，成为主要的信息载体。数据量不断增大，其内在包含的数据规律和价值越来越被人们所看重。不同于文本信息，计算机很难直接获得图像中的数据意义，导致这些数据的理解过程高度依赖人工干预。因此，如何从图像中提取高层语义信息，实现对其内容的高效管理，就变得越来越重要。目标分割正是服务于计算机视觉中高层次图像处理过程的关键技术。

5.1.1　目标分割技术基本理论与模型

目标分割作为计算机视觉领域中研究的基础问题和难点之一，目的在于将感兴趣的区域从图像中分离并提取出来。这是一个像素级别的任务，最终需要分别给出图像中属于每一类标签的所有像素点。

目标分割算法主要包含 3 个步骤，分别是提取特征、提取区域候选框和对候选框进行分类和位置回归，如图 5-1 所示。

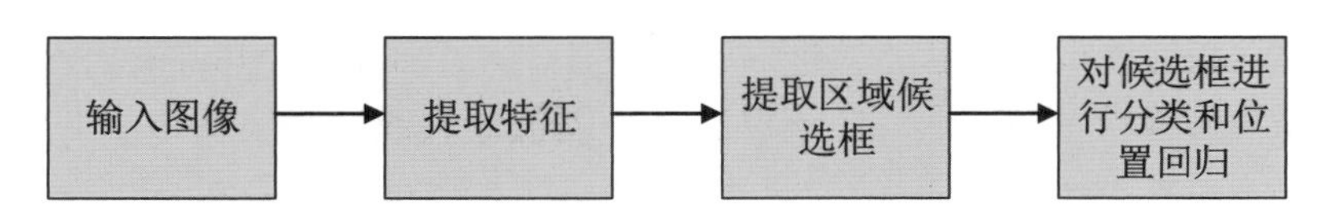

图 5-1　目标分割算法流程图

其中，特征提取是目标分割任务从输入图像中获取信息并进行分析的重要步骤，可提取的特征包括纹理特征和形状特征等。之后根据提取出的特征，输出图像中可能存在目标的区域，即将前景和背景分离，得到目标的轮廓线。最后利用分类器对候选框进行分类，并完成边框回归操作，以实现目标分割。

本章将重点介绍图像语义分割和视频运动目标分割。

1. 图像语义分割

语义分割是将图像中的像素分为不同的类别，实现从图像低层语法特征到高层语义信息的推理过程，最后得到不同区域的逐像素标注的分割图。语义分割的结果可以用于场景理解、图像实例分割、目标检测等任务。

2. 视频运动目标分割

视频运动目标分割是指按照一定标准，提取视频序列底层的视觉信息并加以整合，形成具有高层语义的视频对象。这种分割操作既包括时间维度，也包括空间维度，为后续的目标识别、目标跟踪和视频内容理解提供了必要的依据。

5.1.2 目标分割技术概述

在对目标分割的理论和模型有了一定了解后，本小节将就图像和视频两方面，对该技术的已有算法及研究现状分别进行总结和分析。

1. 图像语义分割

图像语义分割应用较为广泛，传统的分割技术主要分为阈值分割法、边缘分割法、区域分割法和基于机器学习的图像分割方法四类。

1）阈值分割法

阈值分割法是将图像像素按灰度值等级划分为不同的类别，其关键步骤是选择合适的阈值。由于该方法原理简单，因此被广泛应用。1982 年，Rosenfeld 和 Kak 提出了最优阈值化方法[1]，对多个高斯分布的概率密度函数进行加权求和以构建图像灰度直方图，其中最优阈值是指在这些高斯分布的最大值之间，距离最小概率处最近的灰度值。随后，Otsu 阈值检测法[2]对上述方法进行了扩展，将使前景和背景灰度值方差的加权和最小的值作为最优阈值。阈值分割法效率高，当图像灰度值差异较大时，分割效果较好。但当图像场景杂乱、像素灰度值重叠较多时，分割效果不好，而且阈值分割法没有考虑图像的纹理和空间等特征，抗噪声能力也较差。

2）边缘分割法

边缘分割法首先检测图像中的边缘，然后分割边缘内的区域，最后得到分割图。在检测边缘时，通常利用图像的形状、纹理、深度等特征。Kundu 和 Mitra 在 1987 年提出基于图像边缘幅度的边缘检测算法[3]，在该算法中，阈值过大或过小会使边缘图像过阈值化或者欠阈值化。Flynn 使用 p 率阈值化算法[4]有效解决了这个问题，在得到图像边缘后辅以其他技术，合并或分离不连续区域，最后得到分割图。边缘分割法根据图像信息计算边缘位置，运算速度快，边缘定位精确度高，但在划分复杂区域时经常导致边缘丢失、不连续、模糊等问题。

3）区域分割法

区域分割法通过连通具有相似点的区域，组合得到分割结果。它与边缘检测法类似，依赖图像的局部区域的相似性，例如颜色、纹理和像素分布。Prise 和 Rehrmann 在 1993 年详细论述了图像区域增长分割方法[5]。区域分割法很难制定能够应用于一般图像的分割标准，分割大面积区域时速度慢，因此很多时候需要以其他方法做辅助，才能得到更准确的结果。

4）基于机器学习的图像分割方法

将机器学习技术应用于图像分割时首先提取图像特征，然后使用分类器完成分割任务。在广泛使用深度学习之前，图像特征一般是通过手工提取的，包括颜色、边缘、纹理、HOG、SIFT 等。传统的分类器包括随机决策森林、马尔可夫随机场、条件随机场、SVM（支持向量机，Support Vector Machine）等。这些方法的发展使图像分割的性能逐步得到提升，但未取得本质突破。在研究过程中，研究人员意识到传统方法在提取手工特征时得到的特征数量有限，不能满足任务的要求，所以开始不断应用各种新的理论和技术来解决图像语义分割问题。

深度学习的兴起使自动提取大量图像特征成为可能。2015 年，Long 等人首次使用 CNN 对 VGGNet[7]做出改进，将 VGGNet 中用于分类的全连接层全部替换为卷积层，提出 FCN 模型[6]，并将其应用于图像语义分割。这样做的目的是保留图像的空间依赖关系，这对于像素的分类是至关重要的。FCN 为使用深度学习方法解决语义分割问题开创了先河，随后各种各样的模型和方法不断涌现。接下来将对这些方法做具体阐述。

（1）解码器的各种变体

FCN 中有一个经典的编码器-解码器结构，其中编码器用于提取图像特征，解码器用于进行预测，获得分割结果。这些特征包含了图像的各种语义信息，负责生成分割结果。编码器通常由预训练好的卷积网络模型去掉全连接层得到，例如 VGGNet、ResNet[8]和 DenseNet[9]。解码器包含多个上采样结构来恢复图像分辨率。由于解码器的性能直接影响了分割结果，所以不同网络模型的区别主要在于解码器。

以 SegNet[10]为例，该网络的编码器采用删去全连接层的 VGGNet，解码器由上池化层和转置卷积层[11]组成，最后是 Softmax 层，用于预测结果。U-Net[12]是解码器另一个典型的变体，由捕获背景信息的收缩路径（下采样）和实现精确定位的对称扩展路径（上采样）组成，最初用于生物医学图像分割。由于该方法能够融合多级特征，并且在训练时收敛速度快，因此目前经常被用于数据量较少的分割任务中。

（2）融合背景信息

语义分割需要整合图像全局信息和局部信息。局部信息包含大量空间信息，有助于对像素进行精确的分类。全局信息包含大量语义信息，这对于像素的类别预测是很重要的。CNN 中的池化层使网络具有更多的不变性，例如空间不变性和尺度不变性，可以增大网络的感受野，减少网络参数，同时也可以提取到全局信息。但是，池化层也减小了特征图的尺寸，使全局特征图和局部特征图尺寸不一致。如何将这两种信息融合起来，一直以来都是语义分割研究的热点。目前的融合方式主要包括条件随机场、扩张卷积、多尺度融合、特征融合等。

2. 视频对象分割

视频运动目标分割方法作为高层次视频分析方法的基础，一直是计算机视觉领域的研究热点。这些方法在传统的图像分割方法上进行演进，引入视频对象的时域运动信息，并从各自不同的着眼点出发，有效地完成了许多特定场景下的视频分割任务。然而，由于视频序列的内容和场景差别极大，拍摄干扰和实际需求也不尽相同，因此这一课题的研究工作也充满了难点，目前还没有一种通用的视频运动目标分割算法。虽然已有被广泛认可的客观评价指标用于衡量不同算法的分割结果，但对具体的分割过程和方法没有详细的分类和限定，下面将介绍几种常见的分类方法。

根据分割的目的不同，视频运动目标分割方法可以分为用于内容交互的分割法和用于编码压缩的分割法。前者包含各类具体的人机交互场景，如笑脸跟踪、车牌识别和人脸识别，后者主要应用于视频编码，对分割得到的运动物体进行高精度的压缩，对背景区域进行低精度的压缩，利用人眼的视觉特性，在提高压缩效率的同时尽可能保证主观评价质量。

根据分割过程中是否使用数学模型，视频运动目标分割方法可以分为模型化的分割方法和非模型化的分割方法[13]。主流的运动目标分割技术或多或少依赖于数学模型，如马尔可夫随机场模型、吉尔伯特随机过程模型、贝叶斯统计模型和高斯统计模型。虽然这些数学模型在各自适合的应用场景下能实现高精度的分割，但复杂的数学模型不仅消耗了大量存储空间，而且增大了计算难度，难以满足实时类应用场景的需求。

根据人工操作对分割的干预程度，视频运动目标分割方法可以分为半自动分割法和自动分割法[14]。半自动分割类似于机器学习中的监督学习，需要在分割前，使用人工交互的方式给出粗略的分割结果，或者在分割后，由人工评价分割结果的正确性，以进行迭代学习。自动分割无须依靠人的主观判断，虽然对一些复杂场景的适应性有所降低，但分割效率高，工作速度快，处理海量数据时具有显著优势，是未来主要的发展方向。

根据分割过程依赖的主要信息对分割方法进行分类[15]是目前被广泛接受的分类方法。由于视频的运动目标分割方法借助视频对象的运动信息，不同分割方法提取规律性变化的方式各不相同，因此基于主要信息进行分类是最具有实践意义的方法[16]，该方法将视频运动目标分割分为五类，下面将进行详细介绍。

1）基于时空融合的分割方法

使用基于时域的分割方法能获得良好的主观感受，配合利用图像像素在空间域分布具有连续性的特点，能进一步减少区域空洞和噪声等分割错误。由此提出基于时空融合的分割方法，即先进行空间域图像分割，再利用时间域的信息进行局部修正，以优化分割结果在主观感知方面的表现。此类方法通常是模型化的，例如马尔可夫随机场模型和贝叶斯决策理论的联合运用。

2）基于运动信息的分割方法

基于运动信息的分割方法利用时间序列中运动一致性的特点实现运动目标的分割。不同于基于时空融合的分割方法，该方法从每个像素点的运动特征的变化中提取空间连续性，如光流场等高层描述方法。此类方法使用一个参数集表征具有运动一致性的某个区域，并从参数模型中通过计算得到运动矢量。除模型化的参数方法外，也有学者提出运动结构的方法，多为迭代过程。

3）基于目标跟踪的分割方法

基于目标跟踪的分割方法通常是半自动的，需要在初始分割阶段通过人工标注获得图像的感兴趣区域，跟踪方法包括模型跟踪、区域模型跟踪、边缘跟踪、变形模板跟踪等。其中，除第一种方法需要依靠先验知识进行自顶向下的分割外，其他三种方法都是根据图像的底层特征进行自底向上的分割。模型跟踪依赖视频对象的语义模型，需要在模型的限制下识别出目标区域。因为图像分割在基于目标跟踪的分割方法中占很大的比重，直接影响最终的分割效果，并且在初始分割阶段很难有准确和明确（符合计算机视觉的描述方式）的结果，所以此类方法的实现效果在同类方法中竞争力较弱。

4）基于变化检测的分割方法

基于变化检测的分割方法关注视频序列相邻两帧间的像素差异。通过对相同位置求差值等方法，获得每个像素位置的数值变化情况，经过全局阈值分割后，将每一帧图像像素分为运动区域和非运动区域。此类方法虽然实现简单，但应用于纹理平滑的大面积重复图像时，只能得到视频对象的边缘轮廓。当整个视野发生移动或者目标对象移动缓慢时，该方法无法检测到运动目标。当物体不再移动时会被分割为背景区域，导致目标丢失。为解决上述问题，一种可行的方法是全局运动补偿，但该方法计算开销大，准确性也有待提高。

5）基于背景建模的分割方法

背景建模技术是一种主要的视频运动目标分割方法，对视频序列建立一个可靠的模型来代表背景，新一帧图像参考背景模型，判定出运动剧烈的区域，即视频前景。该方法兴起于 20 世纪 70 年代，经历了由简到繁的发展历程，逐渐演变为应用广泛的稳定自适应算法。1997 年，Wren 等人使用单高斯模型描述每一个背景像素[17]。在此基础上，Stauffer 和 Grimsian 提出混合高斯模型[18]，使用多个高斯模型进行背景建模，并设计了在线的模型更新方法。随后，Zikovic[19]和 Lee[20]提出了混合高斯模型的改进方案，认为每个像素的高斯模型个数是自适应的，并且进一步提高了在线更新的收敛性。此外，研究人员也提出了非参数化的密度估计方法。Parzen 窗就是其中的一种，Elgammal 等人在实现 Parzen 窗时使用高斯核[21]，而 Tanaka 等人选择使用效率更高的均匀核[22]。Mittal 和 Paragios 使用基于光流场的模型获得运动信息[23]，Ko 等人选择保留颜色的分布情况[24]，Mason 和 Duric 则保留了归一化的向量距离[25]。Reddy 等人对图像的每个颜色通道的信息进行离散余弦变换，取前四个系数来表示对象像素宏块的低频信息[2]。另一类方法的建模过程使用了纹理模式算子，如 Heikkila 等人提出的 LBP 算法[27]、Liao 等人提出的 SILTP（移位不变局部三值模式，Shift Invariant Local Trinary Pattern）算子[28]和 Monnett 等人提出的动态纹理描述算子[29]。

5.1.3　评价标准

评价指标用于对模型性能进行度量，不同的任务有不同的评价标准。本小节将介绍一些与目标分割技术相关的评价指标。

1. 错误率

错误率（Error Rate）是指分类错误的样本数占样本总数的比例。如果样本数量是 m，其中分类错误的样本数是 a，那么错误率为 $E=a/m$。

2. 准确率

有了错误率，那么相应地就会有准确率（Accuracy）。准确率是指分类正确的样本数占样本总数的比例。由于准确率包含信息少，因此无法全面评价一个模型的性能，一般用于评估模型的全局准确度。

3. 精度

在介绍精度（Precision）前，首先介绍四个相关定义：TP（True Positive）表示被正确判为正样本的正样本数，FP（False Positive）表示被错误判为正样本的负样本数，TN（True Negative）表示被正确判为负样本的负样本数，FN（False Negative）表示被错误判为负样本的正样本数。

精确率定义为在测试集所有被判为正样本的样例中，被正确识别的正样本的比例，见式(5-1)。

$$\text{Precision}=\frac{\text{TP}}{\text{TP}+\text{FP}} \tag{5-1}$$

4. 召回率

召回率（Recall）是指在测试集所有正样本的样例中，被正确识别为正样本的比例。定义见式(5-2)。

$$\text{Recall}=\frac{\text{TP}}{\text{TP}+\text{FN}} \tag{5-2}$$

5. AP 和 mAP

AP（平均精度，Average Precision）是指每一类别中精确率的均值。

mAP（平均精度均值，mean Average Precision）是指所有类别的 AP 值的均值。

6. IoU 和 mIoU

IoU（Intersection over Union）是指两个集合的交集中的元素数量与并集中的元素数量相除的结果。设有集合 P 和 Q，那么它们的 IoU 表示见式(5-3)。

$$\text{IoU}(P,Q)=\frac{P\cap Q}{P\cup Q} \tag{5-3}$$

特别地，在图像语义分割中，有时候需要计算某种类别的 IoU。设预测输出为 p_i 真实标签为 y_i，对于第 c 类标签，它的 IoU 表示见式(5-4)。

$$\text{IoU}(c)=\frac{\sum_i (p_i == c \wedge y_i == c)}{\sum_i (p_i == c \vee y_i == c)} \tag{5-4}$$

mIoU（mean Intersection over Union）是对所有类别的 IoU 取平均值。

7. ROC

ROC（Receiver Operating Characteristic）是观察者曲线，横坐标为 FPR（False Positive Rate），纵坐标为 TPR（True Positive Rate），常用于评价二值分类器的优劣。

TPR 和 FPR 由算法分割结果和真实标注结果的对比计算得到，描述公式分别见式(5-5)和式(5-6)。

$$\mathrm{TPR}=\frac{\mathrm{TP}}{\mathrm{TP}+\mathrm{FN}} \tag{5-5}$$

$$\mathrm{FPR}=\frac{\mathrm{FP}}{\mathrm{TN}+\mathrm{FP}} \tag{5-6}$$

8. AUC

AUC（Area Under Curve）是指沿 ROC 曲线横轴做积分的结果。应用于真实场景时，ROC 曲线一般都会在直线 $y=x$ 的上方，所以 AUC 的取值一般为 0.5～1，该值越大，说明模型的性能越好。

5.2 基于深度学习多路径特征融合的图像语义分割

在对目标分割算法进行概述后，本节将具体介绍图像语义分割算法。语义分割不仅要求将图像根据颜色和纹理等特征分成若干区域，并且需要为每个区域赋予一个标签，以表达这些区域的语义信息。

5.2.1 特点

图像语义分割是一项相对基础的任务，但同时也是一个具有挑战性的问题，原因如下。

① 图像语义分割问题本身存在复杂性。在实际环境中，图像中物体类别众多，背景错综复杂，常常使分割的结果较差。

② 不同类别物体的分割效果差别较大。对于建筑物、地面、天空等特征明显的物体，分割效果较好，但对于人、自行车、小动物（如猫、狗等）等较小的目标，分割效果一般。

③ 不同类别物体间存在相似性。例如人行道和路面、牛和羊，有时难以区分。

因此，解决这些难题对提高分割性能具有非常重要的意义。

语义分割的复杂性决定了该任务需要很多图像特征，而传统提取手工特征的方法存在局限性。FCN 结构相比传统方法有较大的提升，但在应用过程中，仍有很多缺点和不足：它忽略了图像的空间全局信息，常常出现分类错误和边缘不清晰的情况，并且网络参数量太大，训练时间长。为了获得更好的语义分割结果，本节介绍的算法以 VGGNet 和 ResNet 为基础，设计了两种融合网络，以提升分割精度和分割速度。

在基于 VGGNet 的多路径融合网络中，解码器阶段设计了多路径特征融合模块，以融合具有不同尺度细节信息的特征，然后将该模块用于分割网络中。

在基于 ResNet 网络的多路径特征融合网络中，一方面，使用全局平均池化层增大网络感受野，融合全局特征和局部特征；另一方面，设计卷积层和堆叠池化层，以生成更精细的分割图。

5.2.2 基于 VGGNet 的多路径特征融合算法

尽管目前采用神经网络模型以及改进方法可以取得较好的分割效果，但是依然存在一个重要的问题：CNN 中使用很多池化层，虽然增大了感受野，降低了网络参数，使网络学习到图像的多尺度特征，但是同时也会丢弃图像的结构信息，使像素的语义特征模糊，导致像素的分类精度下降。在 CNN 中，感受野能够表示获得更大范围内的图像全局信息的能力，卷积层和池化层都能够增大感受野。基于此，本算法提出了基于 VGGNet 的多路径特征融合网络。

1. 算法

针对如何获取及融合多尺度特征这一问题，本算法设计了一种多路径特征提取模块，使图像经过不同的路径之后输出具有不同尺度的特征，之后再将这些特征进行融合以形成表示能力更强的特征。

1）多路径特征融合模块

多路径特征融合模块的结构如图 5-2 所示，包含三条路径。在网络中共有五个多路径特征融合模块，每个模块的路径数量 l 不同。$\mathrm{Conv}[(3\times3),(m,n)]$ 表示卷积核大小为 3×3 的卷积层，其输入特征图通道数是 m，输出特征图通道数是 n。路径中的卷积层数量从一开始呈线性增加，并且每个卷积层后有激活层 ReLU。卷积层数量的不同导致了输出特征的感受野不同，从而能够表示不同尺度的特征。最后，本算法将这些特征进行融合。

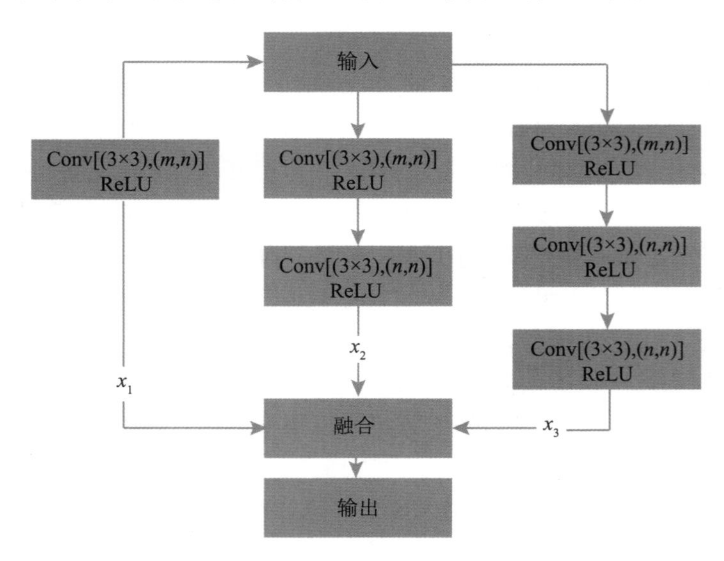

图 5-2 多路径特征融合模块的结构

设第 i 个多路径特征融合模块的输入和输出分别是 f_{i-1} 和 f_i ，x_k 是第 k 条路径输出的特征图，描述公式见式(5-7)，H_k 表示路径中的卷积和激活函数操作，描述公式见式(5-8)。

$$x_k = H_k(f_{i-1}) \tag{5-7}$$

$$f_i = \frac{1}{l}\sum_{k=1}^{l} x_l \tag{5-8}$$

在特征融合过程中，本算法没有采用常见的级联方式，而是对每条路径输出的多尺度特征相应位置处的特征值相加然后取平均值，这样可以减少网络的参数，降低过拟合。

多路径特征模块有效减小了由于图像中目标的尺度变化对分割的影响，而且通过融入不同尺度信息，网络能够识别并利用目标邻近像素的信息，从而做出更准确的预测。

2）上采样模块

在语义分割中，预测结果是一张与输入图像尺寸一致的分割图，该分割图可以是一通道灰度图，也可以是三通道彩色图。卷积网络中的池化操作会减小特征图尺寸，所以需要对特征图进行上采样，恢复其原始尺寸。经典网络 FCN 采用了双线性插值的方法，这种方法计算简单且计算量小，但是容易忽略局部特征。本算法使用转置卷积进行上采样，不仅能够扩大特征图尺寸，而且能够加深语义信息。但是由于转置卷积增大了网络参数量，可能会使网络不易训练。上采样模块如图 5-3 所示。输入特征图首先经过上采样，尺寸增大一倍，之后经过卷积层、批归一化层和 ReLU 层，最后得到输出激活图。

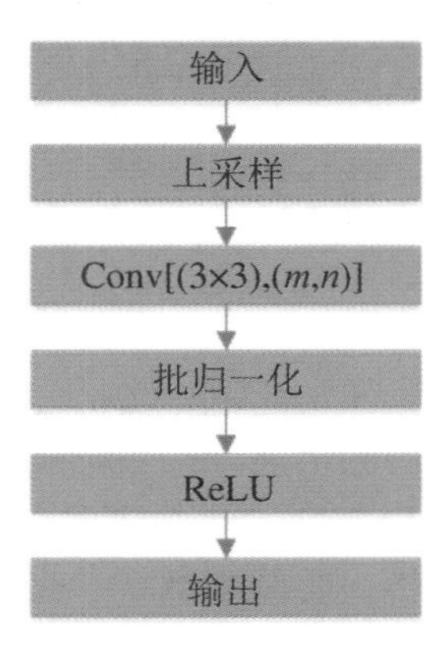

图 5-3　上采样模块

3）网络整体结构

网络整体结构如图 5-4 所示，包含编码器和解码器两个阶段。在编码器中，图像经过多路径特征融合模块和最大池化模块后，获得丰富的特征，并且特征图尺寸经过每一次最大池化后会减小为原来的 $1/2$ 。在解码器中，图像经过一系列的上采样操作，每次上采样对应一次最大池化操作，并且在每一次上采样之前，解码器中的特征图会与编码器中尺寸一致的特征图进行拼接操作，这样网络利用了更多的特征信息进行分辨率恢复，得到包含更多细节的特征图。在网络的最后一层使用 Softmax 用于分类。除此之外，每个卷积层后还有激活层 ReLU 和批归一化层。

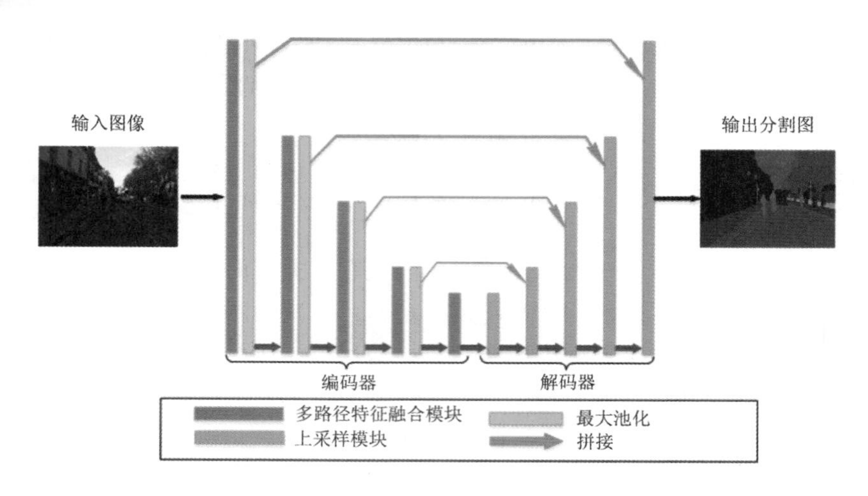

图 5-4　网络整体结构

表 5-1 总结了网络中每一层输入和输出特征图数量（深度）和特征融合模块的路径长度。其中 C 是目标类别数。在每一个模块中，每条路径中卷积层数量呈线性增长。

表 5-1　每一个模块的输入和输出特征图数量

模块	编码器网络			解码器网络	
	m	n	l	m	n
1	64	64	2	128	C
2	64	128	2	256	64
3	128	256	3	512	128
4	256	512	3	1024	256
5	512	512	3	512	512

2. 实验

在本算法实验中使用了两个常用的语义分割数据集，CamVid 和 CityScapes。CamVid 包含很多城市场景，有 701 张尺寸为 360×480 的图像，其中 367 张用于训练，233 张用于测试，101 张用于验证。数据集中每一张图像都有一张对应的标签图像，用于保存图像中每个像素所属的语义类别，共包含 11 个目标类别和背景。

CityScapes 数据集比较大，包含 5000 张标注后的图像，尺寸为 1024×512，其中 2975 张用于训练，1525 张用于测试，500 张用于验证。该数据集共包含 30 个类别，本算法从中选取了 19 个用于训练和测试。

1）训练细节

由于网络中参数较多，且 CamVid 数据集较小，所以在训练过程中容易出现过拟合。本算法采用了五种模型提升方法来缓解这一问题，具体如下所述。

（1）数据增强

数据集在深度学习中起着非常重要的作用，然而在实际情况中，获取数据集非常困难且数据量少。本算法采用随机裁剪、水平翻转和增加随机噪声的数据增强方法，以提升模型的性能。

（2）参数初始化方法

由于深度网络模型中含有很多局部极小值和鞍点，给网络的优化带来了很大的困难，所以初始值的设置极大地影响了模型的收敛性。在本算法中参数初始化方法有两种，编码器网络使用了 VGGNet 在 ImageNet 数据集上训练好的参数，解码器网络中的权重则服从高斯分布。

（3）L2 正则化

在训练时采用了 L2 正则化方法，其中，α 设置为 0.001。L2 也被称为权重衰减，正是因为权重衰减机制，所以模型中的参数不会过度限制模型的学习能力，从而降低了过拟合。

（4）提前终止

在训练比较大的深度网络时，有时会遇到验证集误差先逐渐降低随后再次上升的情况，这时可以停止继续训练，只需选择使验证集误差最小的参数即可。本算法便采用了这种方法。

（5）学习率及优化方法

初始学习率设置为 0.001，然后随着迭代次数的增加而减小，具体表示为：$l_r = 0.001 \times 0.9^{\text{epochs}}$，其中 epochs 表示迭代次数。批大小设置为 8。迭代次数在训练 CamVid 数据集时设置为 1000，在训练 CityScapes 时设置为 100。采用 Adam 优化方法，参数设置为 $\alpha = 0.001$ 、$\beta_1 = 0.9$ 、$\beta_2 = 0.999$ 和 $\varepsilon = 1e-8$ 。

2）实验结果

（1）CamVid 数据集

在 CamVid 数据集上，本算法首先验证多路径特征融合模块的效果。实验设置不同的路径长度，同时网络的其他参数设置保持一致，分别训练具有最短路径、最长路径和特征融合模块的网络。最短路径是指在网络的每一个多路径模块中选取最短的一条路径，而最长路径则是选取最长的一条路径，最后在测试集上计算 mIoU。实验结果如表 5-2 所示。

表 5-2 不同路径下的实验结果对比

方法	mIoU	精度
短路径	60.4	86.2
长路径	65.9	87.7
融合模型	66.2	88.1

从表中可以看出，采用最短路径时的 mIoU 最小。虽然长路径比短路径有更好的性能，但是它们的融合模块比任一单独的路径性能都更好。采用多路径特征融合模块的网络 mIoU 和精度最高，相比短路径分别提高了 5.8%和 1.9%，表明了多路径特征融合模块的有效性。

本算法与其他语义分割算法在 CamVid 数据集上的性能对比如表 5-3 所示。从结果可以看出，多路径特征融合算法有较好的效果，相比经典的 FCN，mIoU 和精度分别提升了 9.2%和 0.1%。在识别具体的物体时，如天空和路面，本算法效果更好，并且本算法的网络模型的参数也是最少的，为 28.8M，这样处理一张图片的速度会更快。

表 5-3　本算法与其他语义分割算法在 CamVid 数据集上的性能对比

网络模型	Building	Tree	Sky	Road	Fence	参数量	mIoU	精度
FCN8	77.8	71.0	88.7	91.2	24.4	134.5	57.0	88.0
SegNet	68.7	52.0	87.0	86.2	17.9	29.5	46.4	62.5
Our network	79.78	74.15	**93.83**	**95.56**	31.45	28.4	**66.2**	**88.1**

本算法在 CamVid 测试数据集上的分割效果如图 5-5 所示。从实验结果可以看出，本文算法既可以清楚地识别出大的物体如路面和建筑物，也可以很好地识别小的物体如行人和篱笆。

（a）原始图像　　（b）真实标注　　（c）预测结果

图 5-5　分割效果图

（2）CityScapes 数据集

本算法与其他算法在 CityScapes 数据集上的性能对比如表 5-4 所示。从结果中可以看出本算法优于其他算法。

表 5-4　本算法与其他算法在 CityScapes 数据集上的性能对比

网络模型	mIoU
SegNet	57.0
FCN	65.3
CRF-RNN	62.5
DeepLab	64.8
ENet	58.3
Our network	**65.7**

综合以上实验可以得出以下结论，基于多路径特征融合方法的网络模型相比单条路径效果提升明显，并且在与其他经典方法的对比中表现较好，从而证明了多路径特征融合方法能够融合多尺度特征以获得更强的特征表示能力，提高语义分割性能。

5.2.3　基于 ResNet 的多路径特征融合算法

在 FCN 结构中，解码器通常是由一系列卷积层和上采样层组成的，用来恢复特征图损失的空间分辨率信息。但是从低分辨率上采样到高分辨率特征图，很多时候会产生噪声增多和边界模糊等问题，导致预测结果不理想。基于此，提出了基于 ResNet 的多路径特征融合网络。

1. 算法

本算法对解码器阶段进行改进，以缓解上述问题。

1）堆叠池化层及卷积层

本算法提出了一种堆叠池化层，用于较精确地恢复原始分辨率。输入特征图依次经过最大池化层、1×1 卷积层和上池化层，得到输出，其目的是减小输入特征图中的噪声，获得更有效的特征图，恢复细节信息，得到更好的输出。

同时，输入特征图也通过卷积层，卷积层是对原始卷积层的一种改进，采用了残差结构，含有两条路径，其中一个是跳连，另一个由三层卷积层组成，前两层中的卷积核数量是输入特征图通道数的 1/4，这样可以减少参数量。

堆叠池化层和卷积层结构如图 5-6 所示。

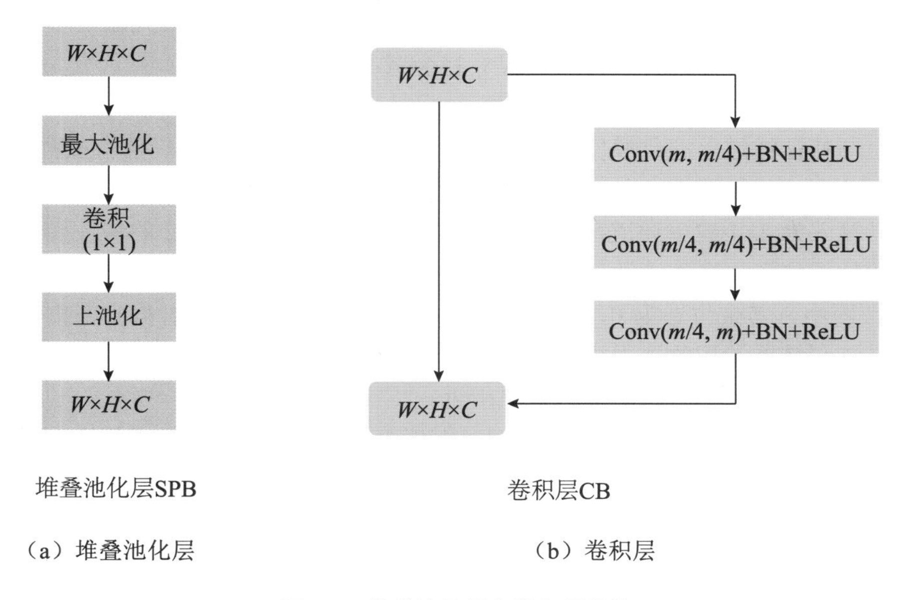

（a）堆叠池化层　　（b）卷积层

图 5-6　堆叠池化层和卷积层结构

2）网络整体结构

网络包括编码器和解码器两部分，其整体结构如图 5-7 所示。

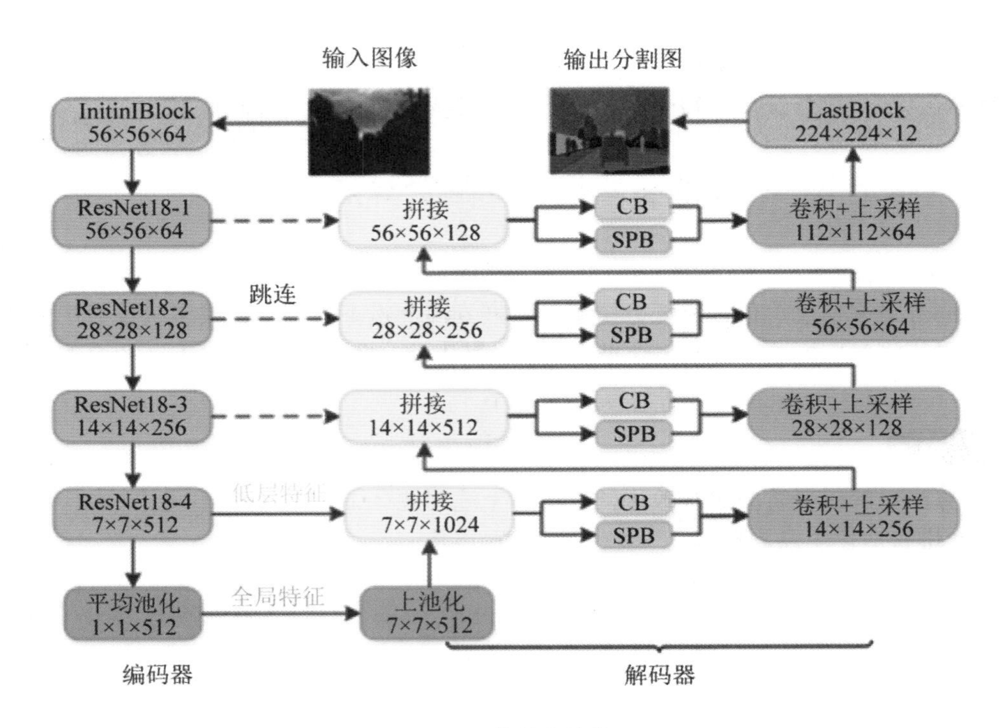

图 5-7 网络整体结构

本算法中编码器网络采用了 ResNet，共分为六个模块。InitialBlack 中包含卷积层和最大池化层，将输入尺寸为 224×224 的原始图像经过初步特征提取，得到尺寸为 56×56 的 64 通道特征图。之后经过了四个模块，每个模块中包含多个卷积层、最大池化层、批归一化层和 ReLU 层，每经过一个模块，特征图尺寸将会减小，数量将会增加，直到变为 7×7×512。最后使这些特征图经过全局平均池化层获得全局特征。

随后全局特征经过上池化操作，变为 7×7×512，然后通过拼接与局部特征融合。SegNet 首次在语义分割中使用了上池化方法对特征图进行上采样，这种方法可以保留最大值所在的位置。设输入为 4×4 的单通道特征图，经过最大池化之后输出 2×2 的特征图，并且记住了最大值的位置信息。当作上池化操作时，2×2 的特征图根据保留的位置信息填充到输出的 4×4 特征图中，其余位置为 0，之后再将这种稀疏特征经过卷积层得到密集特征。与双线性插值方法和转置卷积的上采样方式相比，上池化的最大优势是保留了特征点的位置信息，因而输出特征图与真实的语义信息更接近。

在解码器中，输入特征在通过堆叠池化层的同时，也通过卷积层，并将这两条路径的输出结果进行合并，然后经过卷积层和上采样层，这时输出的融合特征图的尺寸将是输入的 2 倍。之后重复四次上述过程，得到与原始输入图像大小一致的分割图。此外，网络中同样采用了跳连的结构以利用更多的多尺度信息。

2. 实验

实验中使用的数据集与 5.2.2 小节相同。

在数据增强时，本算法将输入图像随机裁剪为 224×224，并且进行了水平翻转。在训练过程中，初始化权重使用 ResNet18 在 ImageNet 数据集上训练好的参数，其他参数服从高斯分布。其他模型提升方法与 5.2.2 小节相同。

为了对特征融合模块和由卷积层和堆叠池化层组成的多路径模块的有效性进行测试，首先设置了四个网络模型。

① 网络结构不变，但是去掉全局平均池化层和堆叠池化层，作为基础网络。

② 在基础网络上添加全局平均池化层。

③ 在基础网络上添加多路径模块。

④ 在基础网络上添加含有全局平均池化和多路径模块。

在 CamVid 数据集上的实验结果如表 5-5 所示，包括上述四个模型之间的对比和与其他算法的对比。从结果中可以看出，基础网络的 mIoU 是 61.9%，添加全局池化后提升 0.8%，添加堆叠池化层提升 0.9%，而完整网络提升 1.5%。从对比中得出，增加的模块提升了网络的性能，并且只增加了少量的参数。此外还将本算法的网络模型与其他经典网络进行了对比，相比 FCN8，mIoU 提升了 6.4%，有较好的效果。

表 5-5 本算法在 CamVid 数据集上的实验结果和与其他网络的对比

网络模型	参数量（M）	Building	Tree	Sky	Road	Fence	mIoU
FCN8	134.5	77.8	71.0	88.7	91.2	24.4	57.0
SegNet	29.5	68.7	52.0	87.0	86.2	17.9	46.4
DeepLab-LFOV	37.3	81.5	**74.6**	89.0	92.2	27.2	61.6
Baseline	13.0	77.7	70.5	92.6	94.3	28.2	61.9
Baseline+Fusion	15.2	**79.1**	71.9	**92.7**	94.8	**29.9**	62.7
Baseline+SPB	13.2	77.1	72.6	92.6	95.2	24.5	62.8
Our network	15.9	78.8	71.4	92.5	**95.9**	26.4	**63.4**

本算法与其他算法在 CityScapes 数据集上的性能对比如表 5-6 示。相比经典的网络 FCN 和 SegNet，mIoU 分别提升了 2.1%和 10.4%，同时也超过了很多比较新的网络。

表 5-6 本算法在 CityScapes 数据集上的实验结果

网络模型	mIoU
SegNet	57.0
FCN	65.3
CRF-RNN	62.5
DeepLab	64.8
ENet	58.3
SiCNN	66.3
DPN	66.8
Our network	**67.4**

但是基于ResNet的多路径网络模型也存在不足，因为使用的ResNet18网络参数量少，可能发生欠拟合，所以虽然模块的有效性得到了验证，但是其性能相比于5.2.2小节中基于VGGNet网络的多路径融合方法有所下降。

5.3 基于模糊逻辑的多特征视频运动目标分割

上一节介绍了图像语义分割任务，本节将介绍视频运动目标分割任务。视频序列是由若干帧时间上连续的图像组成的。将视频对象分割技术与传统图像分割技术相区别的，是对时域运动信息的提取和利用。具体来说，就在视频序列的每一连续帧中，寻找并提取出人们感兴趣目标的对应像素。

5.3.1 特点

在5.1节中已提到，针对视频的运动目标分割技术，目前最具有实践意义的分类方法将其分为五种，本算法择优选择了基于背景建模的分割方法作为主要研究对象，并以码本背景模型为基础，提出基于模糊逻辑的多特征运动目标分割算法。

传统码本模型以亮度和色度作为评价像素的特征指标，并且以亮度为主导，只有满足了亮度阈值要求的像素，才会进入色度判断流程。在色度判断中，码本模型使用固定的分割阈值，难以适应不同视频内容的变化。基于此，本算法在两个方面对其进行扩展和完善。

首先，为了适应全局光照变化和复杂的视频内容，本算法根据Wallflower的三层背景建模理论[32]，建立了多特征的综合相似度考量标准。该考量标准使用亮度、色度和纹理三种特征构建多特征模型，引入特征置信度对特征模型进行调和平均加权，得到码字的综合相似度。同时，增加了对全局光照条件的跟踪，以及时触发码本的重新学习。

其次，引入“模糊逻辑”这一数学概念，将综合相似度分割问题转化为模糊规则建立的过程，并为背景分割过程建立模糊规则。算法构建了码字的综合相似度到其是否属于背景模型的模糊映射，给出了基于先验分割统计规律的背景隶属度函数的计算方法。这样的设计为每个视频序列提供了与其统计特性相适应的分割方法，进而提高了算法的适应性。

5.3.2 算法

基于背景建模的方法能够采用不同的特征，为复杂场景视频场景建立与其相适应的模型，是一种主流的运动目标分割方法。在背景建模的范畴中，这个过程又被称为背景提取或前景检测。得到精确的分割结果后，目标跟踪和目标检测等高阶的处理任务就能专注于图像的感兴趣区域进行处理。

在典型的背景建模方法中，考虑到工程实现的效率，本算法基于码本背景模型[33]。

1. 多特征的码字相似度衡量方法

码本背景建模方法不依赖任何参数假设，是典型的非参数模型。它使用一系列码字来表示可能出现的背景特征，并用一个六元组变量记录每个码字被创建和最近一次被记录的时刻。在码本背景模型中，对每个像素点的像素值进行矢量化，在前景分割过程中使用了聚类分析技术。每个像素点都有自己的码本，它由一系列码字组成，这些码字是一系列样本像素聚类的结果，包含了视频内容的一部分背景信息。在模型初始化阶段结束后，每个像素位置的码本都有至少一个码字。如果视频场景是不稳定的，码字的数量会相应增加以描述更多的背景结构。在背景检测阶段，如果输入像素的灰度值落在某个码字的范围内，则该像素将被判定为背景，否则被判定为前景。总体来说，码本背景模型有如下五个特点。

① 码本模型是一种自适应的背景模型，它能够在一段较长的时间周期内捕捉结构化的背景运动特征，并消耗较少的内存资源。该算法适用于编码移动的背景和包含较多变化情况的背景。

② 码本模型能够适应局部或全局的光照变化。

③ 码本模型对训练阶段的场景质量要求不高，场景中可包含移动的前景物体。

④ 分层的建模和检测算法，能够使用多个模型层来表示多个背景层，从而提高算法的健壮性。

⑤ 码本模型是一种压缩模型，码本中存储的是背景模型的压缩信息，节省计算空间，并且计算速度快，适合工程类应用。

和混合高斯模型一样，码本模型使用多模型来进行特征描述，即每个码本所存储的码字，可能分属于多个不同的背景场景。由于存在码字筛选策略，每个码本所包含的码字数量是有限的。每个像素点只与该位置码本中的有限码字进行比较，因此模型计算速度非常快。

传统的码本背景建模方法为了描述一个码字，在特征空间中选取了亮度和色度两个维度的信息。将亮度作为首要判断因素的原因是随着亮度的降低，色度的分辨能力逐渐变弱。但亮度特征会随着全局光照条件变化，易受干扰；另外，亮度和色度都是像素层的图像特征，不能表征图像在区域上的连续性。

为解决上述问题，本算法采用引入置信度的多特征码字相似度衡量方法，它整合了亮度、色度和纹理三种不同层次的图像特征，这样的设计是符合 Wallflower 的分层框架的。亮度和色度特征捕捉像素层的信息，在 LBP 算法基础上演进得到的 LRP（局部比率模式，Local Ratio Pattern）算子描述图像纹理特征，捕捉区域层的信息。帧层的算法跟踪全局光照变化情况，及时触发模型的重新学习。

1）多特征的综合相似度

与传统码本模型不同的是，多特征模型是双码本的，既为背景像素创建码字，也为前景像素创建码字。每个像素位置的码本使用统一的固定码字数，即每个码本最多容纳 n_c 个码字，这其中既包括前景码字，也包括背景码字。如果前景码字或背景码字分别在 t_{fg} 或者 t_{bg} 的时间内没有重复出现，则认为其代表的场景特征是不显著的，将从码本中移除这些码字。用于筛选码字的时间期限会随着模型观察到的码字数量的增加而增加，但最多不超过原始时间期限的 2 倍。如果一个前景码字在 $t_{upgrade}$ 或更长的时间内没有被观测到，它将变为背景码字。

固定码字数进一步压缩了模型空间，但也带来了潜在的问题。当码字槽的 n_c 个位置全部被占用，如果新像素在码本中无匹配码字，则没有额外空间为其创建新的码字。在这种情况下，算法会删除离 t_{fg} 或者 t_{bg} 时间间隔最接近的码字。通常，这是一个出现间隔过大的前景码字。

在检测阶段前，算法先进入一个持续时间为 t_{learning} 秒的模型训练阶段。在这个阶段，算法从视频序列中提取信息，建立初始码本。训练过程中，码字数量如果没有达到 n_c ，前景码字既不会变为背景码字，也不会被移出码本。训练过程结束后，算法为每个像素位置计算码字的最小观察间隔 $t_{\min}$ （包括码字在第一次被观测到之前的时间段）。观察间隔小于 $t_{\min}+0.2t_{\text{learning}}$ 的码字被判定为背景码字，其他码字则被移出码本。

每个码字都有一个特征集合，记为 $c=\{c_I,\boldsymbol{c}_{\text{RGB}},\boldsymbol{c}_{\text{LRP}}\}$（依次为亮度特征、色度特征和纹理特征）。相应地，每个像素可按特征表示为 $x=\{x_I,\boldsymbol{x}_{\text{RGB}},\boldsymbol{x}_{\text{LRP}}\}$ 。对于每个特征 $k\in K$ ，$K=\{I,\text{RGB},\text{LRP}\}$ ，都有一个表征特征间匹配度的相似度函数 $\text{sim}_k(c,x)\in[0,1]$、一个表征相似度准确性的置信度函数 $\text{conf}_k(c,x)\in[0,1]$ 和一个敏感度参数 λ_k 。得到各个特征的相似度后，将其按置信度和敏感度进行加权，并计算调和平均数，即得码字和像素间的综合相似度，其描述公式见式(5-9)。

$$\text{sim}(c,x)=\frac{\sum_K^k \lambda_k\,\text{conf}_k(c,x)+0.05}{\sum_K^k \lambda_k\,\text{conf}_k(c,x)/\text{sim}_k(c,x)+0.1} \tag{5-9}$$

调和平均数对极大值和极小值较为敏感。使用调和平均数，极度不匹配（相似度极低）的特征就能主导综合相似度的取值，进而提高匹配的准确性。如果所有特征的置信度都为0，分子中 0.05 和分母中 0.1 的小数能保证综合相似度取值为 0.5。当一个新的待匹配像素到来时，算法按照观测到的码字顺序依次进行匹配，寻找综合相似度最高的最佳匹配码字。为了提高计算速度，如果一次匹配的综合相似度大于 0.95，则不再进行后续的匹配，直接取当前码字为最佳匹配码字。如果所有码字的综合相似度都低于 0.5，则创建一个新的码字。如果存在最佳匹配码字，则进行加权更新 $c=\alpha x+(1-\alpha)c$ 。

2）亮度、色度和纹理特征

在计算多特征的综合相似度前，需要分别计算每一特征的相似度和置信度。

（1）亮度特征

亮度特征是图像像素最主要的特征，但是它对全局和局部光照条件的变化十分敏感，不适合作为单一识别特征。然而，在监控视频等应用场景中，平坦区域占画面的主要部分，且色度较弱。此时，亮度是唯一可参照的图像特征。因此，本算法将亮度作为一项重要的局部图像特征，并设计额外的算法流程处理全局光照条件的变化。亮度相似度的计算见式(5-10)。

$$\text{sim}_I(c,x)=\frac{\delta_I^2}{\delta_I^2+\lambda_I(c_I-x_I)^2} \tag{5-10}$$

其中，λ_I 是亮度敏感度因子，取值越大，亮度相似度对亮度变化越敏感。$\delta_I = 25$ 是常量因子，用来平衡各特征的相似度大小。由于亮度是主导特征，将亮度置信度设置为最大常量值，见式(5-11)。

$$\mathrm{conf}_I\,(c,x)=1.0 \tag{5-11}$$

（2）色度特征

本算法建立的色度特征模型，对于图像加性噪声和亮度变化具有很好的健壮性。如图 5-8 所示，色度相似度的计算基于当前像素向量 $\boldsymbol{x}_{\mathrm{RGB}}$ 和归一化后的码字向量 $\boldsymbol{c}_{\mathrm{RGB}}$，$\boldsymbol{\rho}_{\mathrm{RGB}} = \boldsymbol{c}_{\mathrm{RGB}} / \| \boldsymbol{c}_{\mathrm{RGB}} \|$。其计算方法见式(5-12)。

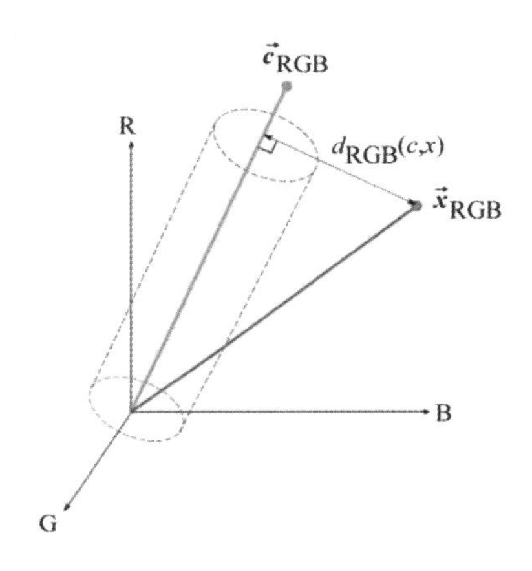

图 5-8　色度失真模型图

$$d_{\mathrm{RGB}}(c,x) = \| \boldsymbol{\rho}(\boldsymbol{\rho} \cdot \boldsymbol{x}_{\mathrm{RGB}}) - \boldsymbol{x}_{\mathrm{RGB}} \| \tag{5-12}$$

这段距离反映了为了将 $\boldsymbol{x}_{\mathrm{RGB}}$ 与 $\boldsymbol{c}_{\mathrm{RGB}}$ 对齐，应在色彩空间中改变的色彩向量模值。在灰暗区域，向量间的夹角很大，但由于亮度较小，其色度距离也很小。

色度相似度与亮度相似度的计算方法相似，描述公式见式(5-13)。

$$\mathrm{sim}_{\mathrm{RGB}}(c,x) = \frac{\delta_{\mathrm{RGB}}^2}{\delta_{\mathrm{RGB}}^2 + \lambda_{\mathrm{RGB}} d_{\mathrm{RGB}}(c,x)^2} \tag{5-13}$$

其中，λ_{RGB} 是色度敏感度因子，$\delta_{\mathrm{RGB}} = 15$ 是常量尺度变换因子。在大部分低照度的应用场景中，色彩的饱和度较低。色度极易受到亮度变化的影响，当颜色向量接近灰度时，色度的匹配置信度会明显降低。因此，设立灰度值 $\phi \in [0,1]$，当颜色向量远离黑白轴时，灰度值降低。本算法依照当前像素方向的单位向量和纯白色向量之间的色度失真值计算灰度值，即 $\phi(x) = 1 - d_{\mathrm{RGB}}(\boldsymbol{x}/\| \boldsymbol{x} \|, v_{\mathrm{white}})$。当前像素向量偏离纯白色向量越大，其间失真度越高，灰度值越小。当当前的像素向量与纯白色向量完全一致时，灰度值为 1。由此，色度置信度的计算可见式(5-14)。

$$\mathrm{conf}_{\mathrm{RGB}}(c,x) = 1 - \phi(c)\phi(x) \tag{5-14}$$

（3）纹理特征

在视频监控等应用场景中，局部亮度梯度的位置和方向是至关重要的特征参数。为了准确提取这些特征，本算法利用了中心像素和周围像素的亮度比值（非线性缩放、阴影和不均匀光照的场景会更加复杂）。一些粗糙利用这一比率的特征算子，例如 LBP 和 LTP（局部三值模式，Local Trinary Pattern），都成功应用于背景建模技术中。然而，对局部亮度比率的简单二进制编码，会导致大量的特征噪声。当真实比率接近二进制的边界值时，这种影响会变得更加明显。

基于此，本算法使用 LRP 算子，它与 LBP 算法和 LTP 算子的思想相接近，是将比值的量化位数扩展到了 4 位。这样的设计能够将亮度比率的取值区间细分为 16 个，而不是传统的 2 或 3 个，能表示更细粒度的图像纹理特征。此类细粒度编码方式使得特征比较器能够更加呈比例地反映当前图像的特征变化。对于中心位置在 (x_0, y_0) 的像素，$\mathrm{LRP}_{J,R}(x_0, y_0)$ 连接了同周围 J 个像素的四位比率，这些像素点均匀分布在半径为 R 的圆周上，见式(5-15)。

$$\mathrm{LRP}_{J,R}(x_0, y_0) = \bigoplus_{J=0}^{J-1} r(I_0, I_j) \tag{5-15}$$

其中，I_0 是中心像素的亮度，I_j 是其周围像素的亮度值，$r(I_0, I_j)$ 是 I_0 和 I_j 比值的二进制编码。为了降低计算复杂度，算法设置 $J=4$ 和 $R=1$。比例算子的计算见式(5-16)。

$$r(I_0, I_j) = \left\lceil \frac{I_j / I_0 - \tau_1}{\tau_s} \right\rceil \tag{5-16}$$

其中，$\tau_s = 0.2$ 是算子量化精度，数值越大则算子对亮度比率的敏感程度越低。I_j / I_0 的取值范围是[1/255,255]，其中，I_j 与 I_0 相差较大的区间可使用粗粒度量化，I_j 与 I_0 较为接近的区间可使用细粒度量化。算法将亮度比率映射为 16 个量化等级，即 $r(I_0, I_j)$ 的取值范围限制为[0,15]。结合区间控制参数 $\tau_1 = 0.3$，亮度比率的敏感区间为[0.3,3.3]，即 $[\tau_1, 15\tau_s + \tau_1]$。此区间外的亮度比率统一量化为 0 或 15，不再做额外的细分。亮度比率的中心值为 1.8，这样能最小化这个亮度比率周围的噪声。

使用 $d_{\mathrm{LRP}}^2(c, x)$ 表示码字的 LRP 算子值 $\boldsymbol{c}_{\mathrm{LRP}}$ 和像素的 LRP 算子值 $\boldsymbol{x}_{\mathrm{LRP}}$ 间的均方误差。然而，d_{LRP}^2 并不总是能很好地反映视频场景中的显性差异。如图 5-9 所示，在灰暗的图像区域，极细微的图像噪声也会造成亮度比值分布严重拖尾的现象。相对地，明亮图像区域的图像扰动则较为容易地被观察到。

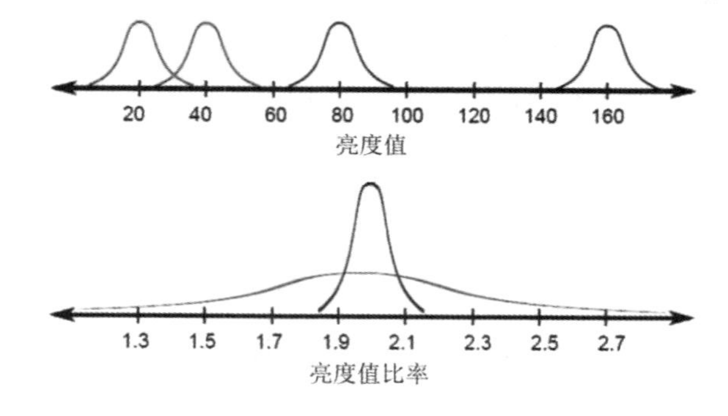

图 5-9 灰暗区域的图像噪声显著改变亮度比率

对于两幅相同图像的亮度序列 c_I 和 x_I，受到方差为 σ^2 的加性高斯噪声的干扰，本算法估计编码结果的均方误差平均值见式(5-17)。

$$\bar{d}_{\mathrm{LRP}}^2(c,x)=J\left[\left(\frac{\sigma}{c_I\tau_s}\right)^2+\left(\frac{\sigma}{x_I\tau_s}\right)^2\right] \tag{5-17}$$

因此，对于给定的 d_{LRP}^2，噪声等级的估计值见式(5-18)。

$$g_{\mathrm{LRP}}^2(c,x)=\left(\frac{\tau_s^2}{J}\right)\left(\frac{c_I^2x_I^2}{c_I^2+x_I^2}\right)d_{\mathrm{LRP}}^2(c,x) \tag{5-18}$$

最终，两个 LRP 算子的相似度，即纹理相似度计算见式(5-19)。

$$\mathrm{sim}_{\mathrm{LRP}}^2(c,x)=\frac{\delta_{\mathrm{LRP}}^2}{\delta_{\mathrm{LRP}}^2+\lambda_{\mathrm{LRP}}g_{\mathrm{LRP}}^2(c,x)} \tag{5-19}$$

其中，λ_{LRP} 是纹理特征敏感因子，$\delta_{\mathrm{LRP}}=20$ 是常量缩放因子。虽然 LRP 算子能有效表征纹理信息，但很多图像是由大量的纹理平滑区域组成的。由于平滑区域的纹理特征不显著，因此平滑区域之间的匹配置信度相比纹理复杂区域的匹配置信度有所下降。LRP 算子区域的平滑度 Ψ，指该区域和完全平滑区域 LRP 算子值的相似度。区域之间的匹配置信度，随着平滑度的增加而下降，描述公式见式(5-20)。

$$\mathrm{conf}_{\mathrm{LRP}}(c,x)=1-\psi(c)\psi(x) \tag{5-20}$$

其中，$\psi(c)$ 和 $\psi(x)$ 分别是码字和当前像素的平滑度。

3）全局光照更新策略

用上述方法定义码字的特征信息时，光照条件是一个极其重要的影响因素。

全局光照条件的大幅变化或快速变化，都可能导致大面积的背景区域被误判为前景区域。即使只使用对光照变化健壮的图像特征，也不能完全消除光照变化的影响。以投射光为例，其对整幅画面施加的影响是动态且不均匀的。本算法将跟踪全局亮度平均值，短时间内的大幅变化将触发背景模型的重新学习过程。这个过程禁止前景结果的输出，并且提高了背景码字的学习速度。特别地，算法减小 t_{upgrade} 和 t_{fg} 的值，进而缩小学习新背景码字所需的时间和移除一个前景码字的时间（通常是若干秒，与最小学习周期成比例）。当全局光照条件趋于稳定后，重新学习阶段结束，算法回到正常的分割流程。

2. 基于模糊逻辑的分割阈值判定方法

得到码字和像素间的综合相似度后，算法要基于此进行阈值判定，并完成目标分割。

码本背景模型是一种非参数化的视频分割方法，在完成初始码本的建立后，算法依据当前像素的亮度值和色度值是否落在某一码字的有效范围内，来完成前景或背景的判定。在对码本模型进行多特征的扩展后，下一步需要解决的问题就是判断具有亮度、色度和纹理特征的某一像素，是否属于当前码本表征的背景模型。对于单个像素所在的位置，尤其是在图像的背景向前景过渡的图像区域，背景和前景之间很难找到严格的分类界限。因此，这一分割过程可以看作一个二分类的聚类过程。对于一个综合相似度的计算值，固定阈值的分割方法是不合理的，且健壮性较差。

在传统码本模型中，当前像素的亮度值需要严格落在背景码字的亮度区间，并且两者的色度失真不超过阈值ϵ_1。当视频内容变化时，色度失真阈值保持不变，难以适应视频序列的特征。为此，本算法使用模糊逻辑中的数学工具对分割过程进行建模，实现了分割阈值随视频统计特性而变化且健壮性更好的分割方式。

1）模糊逻辑理论及其数学表示

首先，我们需要知道，什么是模糊逻辑。

现实中的很多事物分类问题，是难以给出确定的界限的。若用一个集合表示儿童，那么一个 3 岁的孩子和一个 16 岁的孩子相比，显然前者属于“儿童”这一集合的概率更大。同样地，对每个人是否属于“儿童”集合，都有一个程度的取值。这一概念在模糊数学理论中，定义为相对于某个集合的隶属度。模糊集合是一个不在经典集合理论意义下的集合，描述变量属于某个模糊集合程度的函数，称为隶属度函数。

传统的数值逻辑只有“是”和“否”两个值，而模糊逻辑是多值的。它允许介于 0 和 1 之间任意数值的隶属度出现，即在“属于”和“不属于”两种状态之间，存在着许多中间状态。隶属度的取值越接近于 1，该元素属于某一集合的概率越大。模糊逻辑的贡献，主要体现在以下两个方面。

① 找到了一种快速而准确地接近理想结果的方法。

② 创建了一种灵活而综合的可行机制，用于解决各个领域的建模问题。

在数学语言中，模糊集合被看作关于非空集合 X 中元素的附属。模糊逻辑的核心理念是对每一个元素 $x \in X$，建立隶属度函数映射 $\mu(x)$，获得在区间[0,1]内的数值。$\mu(x)=0$ 等价于完全非隶属关系，$\mu(x)=1$ 等价于完全隶属关系，$0<\mu(x)<1$ 等价于部分隶属关系。根据 Zadeh 的研究，模糊集合 X 是一个相对于函数 $\mu: X \to [0,1]$ 的 $X \times [0,1]$ 的非空子集 $\{(x,\mu(x)): x \in X\}$。通常，使用函数 $\mu(x)$ 来确定模糊集合。

例如，函数 $\mu: R^1 \to [0,1]$ 可作为隶属函数，描述公式见式(5-21)。

$$\mu(x)=\begin{cases} 0, & x \le 1 \\ \frac{1}{9}(x-1), & 1<x \le 10 \\ 1, & x>10 \end{cases} \tag{5-21}$$

以上便是一个实数模糊集合的例子。合理的函数都可以作为隶属度函数来完成模糊表达过程的建立。模糊表达主要包括模糊量化和模糊规则（即隶属度函数）建立两个过程。模糊量化的主要作用，是将作为输入的确定量，转化为模糊矢量。在实际情况中，由于噪声和干扰的存在，模糊量往往能发挥比精确量更好的分类效果。而且，如果模糊化等级总数足够多，且隶属度函数是确切的描述，模糊量化也能准确地表示精确量的特征。

2）背景隶属度函数的建立

为了合理而有效地对综合相似度进行背景分割，本算法使用基于模糊逻辑的阈值确定方法，根据先前分割的统计信息完成背景分割任务。对于每一幅视频帧 $F(i)$，当前像素和码本中第 v 个码字（总计 n_c 个码字）之间的综合相似度简记为 sim^v。使用 s 表示最佳匹配码字的综合相似度，即所有相似度的最大值，描述公式见式(5-22)。

$$s = \max(\text{sim}^1, \text{sim}^2, \cdots, \text{sim}^v), \forall v \tag{5-22}$$

隶属度函数中使用的即为最佳匹配码字对应的综合相似度。本算法使用一个示意性的仿真实验来说明使用模糊逻辑描述背景分割过程的可行性。图 5-10 所示为不同图像的统计结果。实线为两幅图像前景像素与码本中码字的综合相似度的累积比例，虚线为两幅图像背景像素与码本中码字的综合相似度累积比例。从图中可以明显地看出，分布在与码本中码字的综合相似度接近 1 的区间内的背景像素集，其比例随着综合相似度的下降而急剧下降。相比之下，前景像素的累积分布情况接近直线，表明在各个区间内分布较均匀，没有明显的向 1 聚拢的趋势。

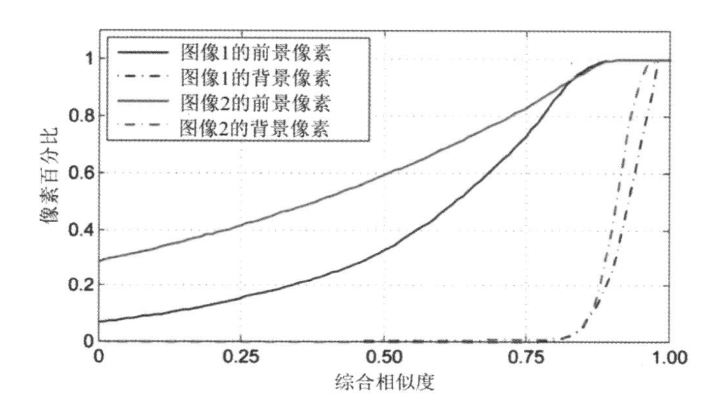

图 5-10　前景像素与背景像素的综合相似度累积分布

图 5-11 所示即隶属度示意图。其中，红色曲线代表背景隶属度函数，蓝色曲线代表前景隶属度函数。当综合相似度低于 s_0 时，背景隶属度函数的值为 0，即该像素完全非隶属于背景像素集合。随着综合相似度的升高，背景隶属度函数也逐渐增加。背景隶属度函数的上升趋势，可以使用余弦函数来建模表示。当综合相似度取值超过 s_1 后，背景隶属度函数的值为 1，即该像素完全隶属于背景像素集合。如此，可以计算出在图像位置 (x,y) 处，像素的综合相似度 $s_{x,y}$ 对应的背景隶属度函数取值。

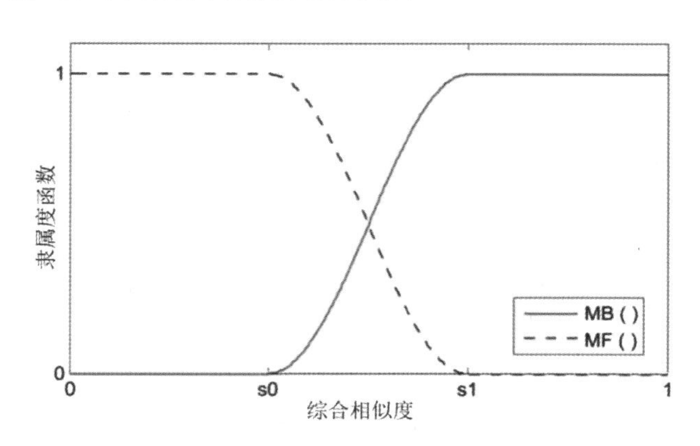

图 5-11　背景隶属度函数和前景隶属度函数

第一步，算法统计前 q_{mb} 个前景像素的最佳匹配综合隶属度，得到其取值区间 $[0,s_0]$。这一区间即建模结果中 MB(s) 取值为 0 的区间。

第二步，算法统计最佳匹配的综合相似度的分布情况。对于取值 s_i，计算其累积分布所对应集合的势，见式(5-23)。

$$\text{Card}(s_i)=\text{Card}(F_{x,y}\mid s_{x,y}\le s_i) \tag{5-23}$$

第三步，算法使用迭代的计算方法，搜索出合适的综合相似度取值间隔，使其能够准确地描述背景隶属度函数的增长趋势。这个过程等价于综合相似度取值从 s_i 变化为 $s_{i+!}$ 的下降速率 m_i，其表示见式(5-24)。

$$m_i=\frac{\text{Card}(s_i)-\text{Card}(s_{i+1})}{s_{i+1}-s_i} \tag{5-24}$$

得到 m_i 后，算法构造余弦曲线来模拟背景隶属度函数的上升趋势，其周期为 $T=2/m$。以区间 $[s_0,s_1]$ 为例，s_1 是第三个连续增长角度 $\beta\le\beta_0$ 的综合相似度。这样的连续取值方法能在一定程度上减弱噪声干扰造成的前景误判情况。最终，背景隶属度函数的建立见式(5-25)。

$$MB(s)=\begin{cases}0, & 0\le s\le s_0\\ \dfrac{1-\cos[m\pi(s-s_0)]}{2}, & s_0<s\le s_0+1/m\\ 1, & s_0+1/m<s\end{cases} \tag{5-25}$$

在实际分割阶段，只有当背景隶属度函数满足 MB(s) > 0.5 时，当前像素才会被判定为背景。本算法不直接对综合相似度进行判定，而是将其映射到隶属度空间，对隶属度取值的设定划分阈值。由于背景隶属度函数的建立过程依赖模型训练阶段的统计特性，也就实现了分割阈值随视频内容的变化而变化，进而提高了模型的适应性。

5.3.3 实验

本算法进行了仿真对照实验来说明算法的有效性和可行性。码本背景模型虽不是基于统计的背景模型，但它仍然是一种有效且快速的工程方法，同时，由于码本模型是压缩模型，内存占用情况较其他模型相比非常理想。因此，本算法在进行对照实验时，选取的是原始码本模型和 2010 年 ICASSP 国际会议上发表的一个健壮码本模型[34]。后者在算法中引入了伪背景层和两步更新策略，有效地提高了模型对动态背景和光照条件变化的处理能力。不同方案的码本模型之间的比较，能客观地衡量各算法的目标分割能力。

在验证算法时，采用 Wallflower 评测集合。Wallflower 是一个公认的标准评测集合，包含 Camouflage、Bootstrap、Foreground Aperture、Light Switch、Moved Object、Time of Day、Waving Trees 等视频序列，涵盖了视频运动物体分割领域的主要技术处理难题，其评测结果能有效地反映出背景建模算法对各类视频场景的处理能力。

为了验证算法的有效性，本算法在每个视频序列中选取 20 帧图像用于仿真分析。同时，针对不同的视频内容，做了有侧重性的挑选，使用能代表其主要问题的图像帧。在展示仿真结果时，使用分割图像和ROC。前者是定性的评价方法，能反映人的主观感受。后者是定量的分析数据，能客观评价算法性能，本算法使用TPR和FPR两个指标以评价算法的性能。

仿真实验的参数设置如下所述。对于多特征模型部分，设置$n_c=10$、$t_{fg}=5$、$t_{bg}=200$和$t_{upgrade}=10$，纹理特征、亮度特征和色度特征的加权系数分别为$\lambda_{LRP}=1$、$\lambda_I=2$和$\lambda_{RGB}=3$，模型更新学习率为$\alpha=0.01$。对于模糊逻辑部分，设置q_{mb}为总像素数的30%，设置倾斜角阈值为$\beta=1^{\circ}$。作为参照的原始码本模型和改进的健壮码本模型则分别按照其作者设置的参数进行仿真实验。

在七个测试序列中，此处仅列举其中三个序列的TPR和FPR评测结果，如表5-7所示。TPR越高，则前景像素被正确识别为前景像素的比例越大；FPR越低，则背景像素被错误地识别为前景像素的比例越小。可以理解为，TPR代表识别结果的召回率，1-FPR代表识别结果的准确率。对于正确无误的前景分割结果，应有$\text{TPR}=1$和$\text{FPR}=0$。引入背景隶属度函数后，不同的视频序列有了各自特定的分割阈值，提高了算法的适应性。因此，本节提出的基于模糊逻辑的多特征运动目标分割算法，其分割结果较原始码本模型和健壮码本模型更接近人工标注结果。对于Time of Day序列和Light Switch序列，这种改进效果尤其明显。这是因为，多特征的综合相似度和码字更新策略，就是为适应全局光照变化的情况而设计的，正符合这两个序列所表现的内容。

表5-7 三种码本模型的TPR和FPR

序列名称	评价指标	原始码本模型	健壮码本模型	本节的模型
Bootstrap	TPR	0.72	0.88	0.90
	FPR	0.38	0.15	0.13
Camouflage	TPR	0.79	0.86	0.88
	FPR	0.15	0.08	0.06
Foreground Aperture	TPR	0.77	0.82	0.86
	FPR	0.15	0.13	0.10

为了更好地展示实验效果，除了在表格中具体列出TPR和FPR指标的评价结果外，本算法还对Foreground Aperture序列的评测结果进行了散点图绘制，如图5-12所示。图中的每个点代表一帧图像内容的分割结果，点的分布越向左上角集中，实验效果越理想。散点图能直观地反映出TPR和FPR指标的综合效果。此外，算法分割结果和人工标注结果的对比图如图5-13所示。

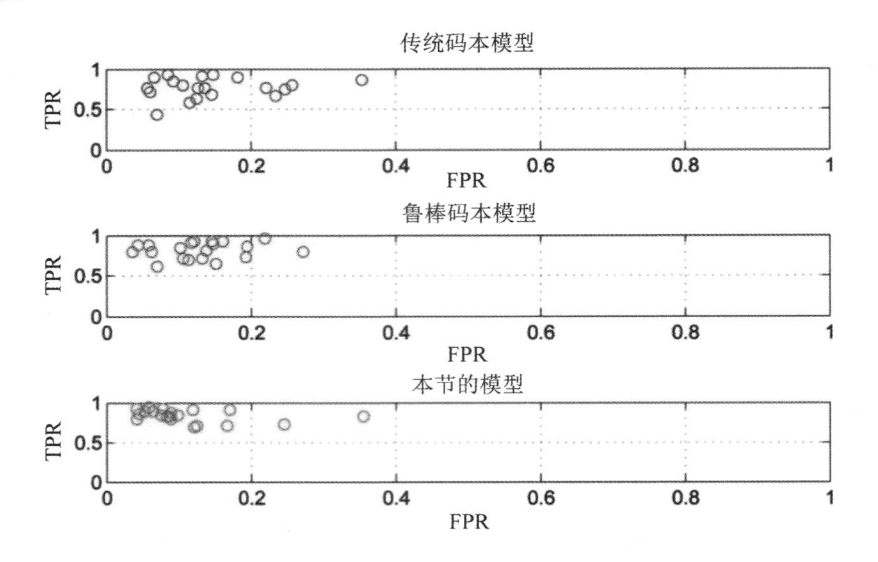

图 5-12　Foreground Aperture 序列仿真结果

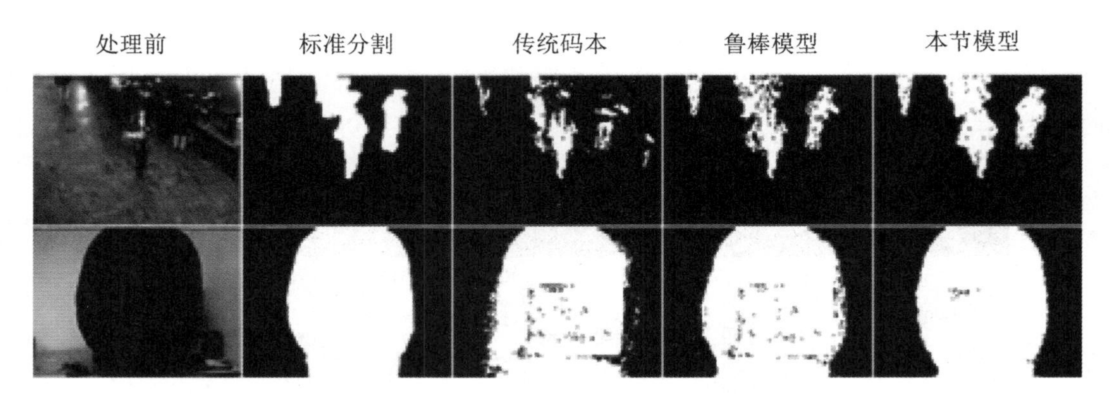

图 5-13　三种码本模型的分割结果比较

5.4　目标分割未来趋势

近年来，无论是商业界还是学术界，目标分割技术都有了长足的发展，在许多领域都有着广泛的应用，尤其是在深度学习及大量大规模数据集出现后，作为计算机视觉领域的重要任务之一，目标分割的发展空间越来越广阔。但在研究过程中，同时也伴随着一些不足，导致该任务充满了挑战，需要人们迎难而上，不断深入探索。

在现有研究中，研究人员不断提出一些效果较好的网络，同时还有很多学者对其进行优化，提出性能更优的结构。但在实际应用中，仍有很多不足，例如有时虽然从性能指标来讲，网络的分割效果有了提升，但是从测试的图像来看，依然出现了有些目标分类错误的情况，特别是很小的物体，因此距离真正运用到工程中，还有很大的探索空间。通过对现有方法的分析，可以从以下方面进行提升。

现有研究中常常为了满足高精度，而忽略了算法的处理速度。但目前目标分割任务对算法实时性的要求越来越高，所以在实际应用中，要同时考虑并满足这两项指标。目前有很多新的网络结构出现，如 GAN，还有很多用在目标检测里的新算法，使用这些新的技术可能会给目标分割带来更多的性能提升。

之前，一些算法在训练和测试时，常用的数据集包含的图像数量较少，如 CamVid 等，对其进行数据增强是一种提高性能的方式。但随着研究的深入，现有数据集已渐渐不能满足需要。一方面，可以考虑将目标分割与其他任务相结合，如目标检测；另一方面，也可以考虑使用无监督学习方法，使用大量无须标注的图像，从而缓解数据集的不足，减轻人工标注的工作量。

除此之外，在硬件满足的条件下尝试层数更多的网络结构，以进一步提升分割精度；采用更加合理的评价标准，而不局限于常用指标；引入更好的学习策略，等等。这些都值得我们进一步探索，成为未来研究方向。

本章参考文献

[1] ROSENFELD A, KAK A C. Digital picture processing - Volume 1, Volume 2[J]. Computer Science & Applied Mathematics New York Academic Press Ed, 1982, 6(2):113-116.

[2] OTSU N. A threshold selection method from gray-level histograms[J]. IEEE Transactions on Systems Man & Cybernetics, 2007, 9(1):62-66.

[3] KUNDU A, MITRA S K. A new algorithm for image edge extraction using a statistical classifier approach[J]. IEEE Transactions on Pattern Analysis & Machine Intelligence, 1987, 9(4):569-77.

[4] FLYNN M J. Some computer organizations and their effectiveness[J]. IEEE transactions on computers, 1972, 100(9): 948-960.

[5] PRIESE L, REHRMANN V. On hierarchical color segmentation and applications[C]. Proceedings of IEEE Conference on Computer Vision and Pattern Recognition. IEEE, 1993: 633-634.

[6] LONG J, SHELHAMER E, DARRELL T. Fully convolutional networks for semantic segmentation[C]. Proceedings of the IEEE conference on computer vision and pattern recognition. 2015: 3431-3440.

[7] SIMONYAN K, ZISSERMAN A. Very deep convolutional networks for large-scale image recognition[J]. arXiv preprint arXiv:1409.1556, 2014.

[8] HE K, ZHANG X, REN S, et al. Deep residual learning for image recognition[C]. Proceedings of the IEEE conference on computer vision and pattern recognition. 2016: 770-778.

[9] HUANG G, LIU Z, VAN DER MAATEN L, et al. Densely connected convolutional networks[C]. Proceedings of the IEEE conference on computer vision and pattern recognition. 2017: 4700-4708.

[10] BADRINARAYANAN V, HANDA A, CIPOLLA R. SegNet: A Deep Convolutional Encoder-Decoder Architecture for Robust Semantic Pixel-Wise Labelling[J]. Computer ence, 2015.

[11] NOH H, HONG S, HAN B. Learning Deconvolution Network for Semantic Segmentation[C]// 2015 IEEE International Conference on Computer Vision (ICCV). IEEE, 2016.

[12] RONNEBERGER O, FISCHER P, BROX T. U-net: convolutional networks for biomedical image segmentation[A]. International Conference on Medical image computing and computer-assisted intervention[C]. Springer, Cham, 2015: 234-241.

[13] 杨文明. 时空联合的视频对象分割[学位论文]. 浙江大学，2006.

[14] 唐瑞英，李华. MPEG-4 视频对象分割技术[J]. 信号处理，21(3), 2005.6：275-281.

[15] ZHANG D, LU G. Segmentation of moving objects in image sequence: A review[J]. Circuits, Systems and Signal Processing, 2001, 20(2): 143-183.

[16] 何毓知. 视频序列中运动物体分割的研究[学位论文]. 南京理工大学. 2009.

[17] WREN C R, AZARBAYEJANI A, DARRELL T, et al. Pfinder: Real-time tracking of the human body[J]. IEEE Transactions on pattern analysis and machine intelligence, 1997, 19(7): 780-785.

[18] ZIVKOVIC Z. Improved adaptive gaussian mixture model for background subtraction[C]. Proceedings of the 17th International Conference on Pattern Recognition, 2004. ICPR 2004. IEEE, 2004, 2: 28-31.

[19] LEE D S. Effective gaussian mixture learning for video background subtraction[J]. IEEE transactions on pattern analysis and machine intelligence, 2005, 27(5): 827-832.

[20] ELGAMMAL A, HARWOOD D, DAVIS L. Non-parametric model for background subtraction[C]. European conference on computer vision. Springer, Berlin, Heidelberg, 2000: 751-767.

[21] TANAKA T, SHIMADA A, ARITA D, et al. A fast algorithm for adaptive background model construction using parzen density estimation[C]. 2007 IEEE Conference on Advanced Video and Signal Based Surveillance. IEEE, 2007: 528-533.

[22] MITTAL A, PARAGIOS N. Motion-based background subtraction using adaptive kernel density estimation[C]. Proceedings of the 2004 IEEE Computer Society Conference on Computer Vision and Pattern Recognition, 2004. CVPR 2004. IEEE, 2004, 2: II-II.

[23] KO T, SOATTO S, ESTRIN D. Background subtraction on distributions[C]. European Conference on Computer Vision. Springer, Berlin, Heidelberg, 2008: 276-289.

[24] MASON M, DURIC Z. Using histograms to detect and track objects in color video[C]. Proceedings 30th Applied Imagery Pattern Recognition Workshop (AIPR 2001).

Analysis and Understanding of Time Varying Imagery. IEEE, 2001: 154-159.

[25] REDDY V, SANDERSON C, SANIN A, et al. Adaptive patch-based background modelling for improved foreground object segmentation and tracking[C]. 2010 7th IEEE International Conference on Advanced Video and Signal Based Surveillance. IEEE, 2010: 172-179.

[26] HEIKKILA M, PIETIKAINEN M. A texture-based method for modeling the background and detecting moving objects[J]. IEEE transactions on pattern analysis and machine intelligence, 2006, 28(4): 657-662.

[27] LIAO S, ZHAO G, KELLOKUMPU V, et al. Modeling pixel process with scale invariant local patterns for background subtraction in complex scenes[C]. 2010 IEEE Computer Society Conference on Computer Vision and Pattern Recognition. IEEE, 2010: 1301-1306.

[28] RAMESH V. Background modeling and subtraction of dynamic scenes[C]. Proceedings Ninth IEEE International Conference on Computer Vision. IEEE, 2003: 1305-1312.

[29] BROSTOW G J, SHOTTON J, FAUQUEUR J, et al. Segmentation and recognition using structure from motion point clouds[C]. European conference on computer vision. Springer, Berlin, Heidelberg, 2008: 44-57.

[30] CORDTS M, OMRAN M, RAMOS S, et al. The cityscapes dataset for semantic urban scene understanding[C]. Proceedings of the IEEE conference on computer vision and pattern recognition. 2016: 3213-3223.

[31] TOYAMA K, KRUMM J, BRUMITT B, et al. Wallflower: Principles and practice of background maintenance[C]. Proceedings of the seventh IEEE international conference on computer vision. IEEE, 1999, 1: 255-261.

[32] KIM K, CHALIDABHONGSE T H, HARWOOD D, et al. Real-time foreground–background segmentation using codebook model[J]. Real-time imaging, 2005, 11(3): 172-185.

[33] PAL A, SCHAEFER G, CELEBI M E. Robust codebook-based video background subtraction[C]. 2010 IEEE International Conference on Acoustics, Speech and Signal Processing. IEEE, 2010: 1146-1149.

第 6 章　目标检测

目标检测长期以来作为计算机视觉领域的热门课题，在军事、医疗和交通等领域有巨大的应用前景。目标检测技术在近几年得到快速发展主要归因于 CNN 和 GPU 的发展，以深度学习作为骨干的目标检测方法提高了检测准确率。目标检测是目标为在数字图像和视频中检测特定类（例如人、建筑物或汽车）的实例，其涉及的领域包含类别检测、边缘检测、显著对象检测、姿态检测、人脸检测和行人检测。

本章分为 5 个部分。首先介绍目标检测领域的算法基本分类与评价指标，然后介绍深度学习方法出现之前的目标检测传统方法，以提供基本的思想和概念；接着概述基于深度学习的各种目标检测方法，具体介绍单步算法（one-stage）和两步算法（two-stage）；其后列举在目标检测领域的一些创新性的方法，为今后的研究提供思路；最后对上述内容进行总结，得出在目标检测领域进行研究的一般性方法及方向。

6.1　目标检测算法概述

现实世界场景的多样化和复杂性，导致当前目标检测技术面对以下主要挑战：如何减小目标尺度和形变对检测的影响；如何提高目标定位的准确度；如何减少背景干扰等问题。目标检测系统常用的评价指标是检测精度和速度。为了提高检测的精度，目标检测系统需要能够有效排除背景、光照和噪声等因素的干扰；为了提高检测的速度，实现实时目标检测，目标检测系统需要精简检测流程，简化图像处理算法。

6.1.1　算法概述

目标检测算法从深度学习出现前的传统算法，发展到现在基于候选区域的两步算法和基于回归的单步算法。本小节对这些方法进行简单的概述，后续章节将进行详细的讲解。

1. 传统目标检测算法

传统目标检测算法最具代表性的特征是，其具有遍历性质的区域选择步骤以及不具有学习能力的人工特征提取步骤。

对于区域选择，传统目标检测最常用的两种模型是滑动窗口模型与缩放窗口模型。滑动窗口模型，顾名思义，是通过设计好的窗口在图像上进行滑动来检测目标。基于滑动窗的检测算法的主要实现方法有两种，分别为缩放检测图像法和缩放窗口法。缩放检测图像法将待检图像进行不同尺度的缩放，形成一个缩放图像集，然后用固定大小的滑动窗口扫描缩放图像集中的每幅图像，利用训练好的分类器对扫描窗口进行判定，将目标窗口标记出来得到最终结果；缩放窗口法，其改变前一种算法对图像进行缩放的思想，改为对窗口进行缩放，利用多种尺度和移动步长的扫描窗口扫描待检图像，最终同样利用分类器进行判定并输出结果。

2. 基于候选区域的两步算法

基于候选区域的目标检测算法指需要两步实现的采用 CNN 的目标检测方法。首先需要进行区域生成（region proposal），获得有可能包含待检物体的候选框；然后对对应区域使用 CNN 对特征进行提取；再对样本分类；最后回归候选框使其包含区域更加精确。总体流程可归纳为“区域生成→特征提取→分类及定位回归→后处理”。

该类算法使用候选区域替代原有的滑动窗口来实现特征区域的提取。基于候选区域的两步算法的目的是：在几乎所有目标物体都有能够区别于背景信息的特性的前提下，找到目标物体可能的存在位置，作为候选区域的形式输出；再对这些候选区域提取特征向量，利用训练好的分类器判定候选区域是否包含目标物体并输出结果。这样做的优点在于大大减少了需要提取特征的图像块，可以使用复杂的特征和分类器对目标物体进行描述，以此提高目标检测的性能。

该类算法通过将候选区域选取与特征提取两个步骤加入深度学习优化框架中，实现了端到端的优化，相较于传统方法得到了更优秀的结果。

3. 基于回归的单步算法

Faster R-CNN[1]作为基于候选区域的目标检测算法的经典代表，将一直以来分离的候选区域选取和卷积网络融为一个整体，使用端到端网络进行目标检测。这样的处理使得模型在速度上和精度上都得到了有效的提高。虽然在一定程度上解决了效率问题，但 Faster R-CNN 还是达不到实时的目标检测的要求。因此，虽然候选区域算法和 CNN 极大地推动了目标检测的发展，但是候选区域的生成需要耗费大量时间，达不到实时检测的要求，这使得候选区域成为实时检测的瓶颈。

2015 年提出的 YOLO（You Only Look Once）[2]模型将目标检测问题看成一个回归问题，把输入图像分割成边界框和相应类别的概率。YOLO 模型使用单一的网络，能够直接从整幅图像输出预测边界框和所属类别的概率。因为整个检测在同一个网络内进行，所以它可以实现真正的端到端的训练和检测，还能够达到实时目标检测的要求。YOLO 模型把目标框的生成与识别进行结合，可以做到一步输出。由于没有候选区域的限制，模型能够考虑更多的上下文信息，从而在很大程度上减少背景样本的干扰，更能够满足目标检测应用领域对实时性的要求。然而 YOLO 模型是通过提取整幅图像的特征来预测边框的，而在许多图像中背景区域远远大于目标区域，这使得这类没有候选区域的目标检测算法在一些情况下表现并不好，因此 YOLO 模型在精度上比 Faster R-CNN 等基于候选区域的模型略微逊色，但是其在速度上的巨大提升依然体现出基于回归的单步算法的发展潜力，随后提出的 SSD 算法和 YOLO 的各个改进版本都推动了基于回归的单步算法的发展。

6.1.2 评价指标

目标检测领域的评价指标有准确率、精确度、召回率、AP、mAP 和 IoU。对于常见的模型评价，有 2 类常见的分类目标：正例和负例。在检测中可能会出现 4 种情况：TP，TN，FP，FN。其分类与具体关系如图 6-1 所示。

		实际情况	
		1	0
实际情况	1	TP	FP
	0	FN	TN

正例（P）= TP + FN

负例（N）= FP + TN

图 6-1 正负例分类关系

1）准确率

$$A=\frac{TP+TN}{P+N}=\frac{TP+TN}{TP+FN+FP+TN} \tag{6-1}$$

准确率反映了分类器对整个样本的判断能力，它可以将正样本判断为正，将负样本判断为负。

2）精确度

$$P=\frac{TP}{TP+FP} \tag{6-2}$$

精确度反映了真实正样本在分类器确定的正样本中所占的比例，通常用于评价模型的整体准确度。但它包含不了太多的信息，不能全面评估模型的性能。

3）召回率

$$R=\frac{T}{TP+FN}=1-\frac{FN}{T} \tag{6-3}$$

召回率反映了被正确判定的正例占总的正例的比重。

4）P-R 曲线

如图 6-2 所示，P-R 曲线是以精确度和召回率为纵横坐标、选择不同阈值下的精度和召回率来绘制的二维曲线，用来表示精确度和召回率之间的折中。如果一个分类器的性能较好，那么召回率的增强不会对准确率造成太大影响。但分类器性能较差时，模型会损失大量的精确度才能获得召回率的提高。

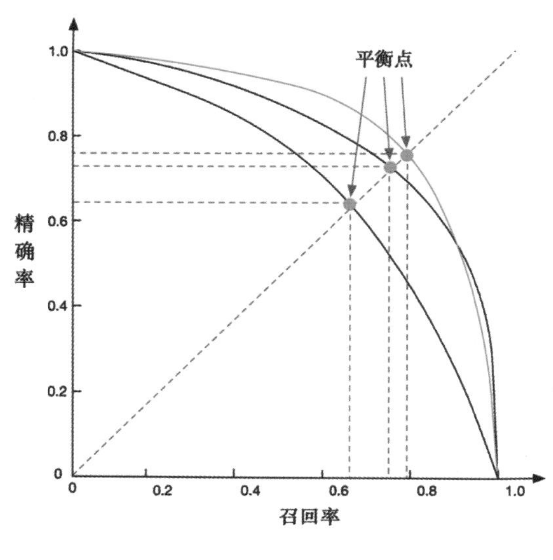

图 6-2　P-R 曲线

5）AP 与 mAP

AP 就是 P-R 曲线下面的面积。一个分类器越好，AP 值越高。mAP 是多个类别 AP 的平均值。求得每个类的 AP 后再求平均，就能得到 mAP 的值。mAP 的大小在[0,1]区间内，越大越好。mAP 是目标检测算法中最重要的指标。

6）IoU

IoU 表示了算法产生的候选框与真实标注框的重叠度，该重叠度为它们的交集与并集的比值，如图 6-3 所示。该比值越大，则算法效果越好。当该比值为 1 时，该算法得到的候选框与真实标注框完全重合，此时效果最好。

图 6-3　IoU 示意图

$$\text{IoU}=\frac{C\cap G}{C\cup G} \tag{6-4}$$

6.2 传统目标检测方法

基于传统人工特征和浅层分类器的目标检测算法有三个步骤，分别为区域选择、人工特征提取和分类器分类。流程如图 6-4 所示。

图 6-4 传统目标检测流程

6.2.1 区域选择算法

目标检测首先需要确定目标物体的位置。基于传统手工特征及浅层分类器的目标检测通常使用滑动窗口模型与缩放窗口模型对输入图像进行区域选择。两种方法都旨在解决图像中目标尺寸大小不同的问题，通过缩放窗口或图像使得分类器能够更好地匹配目标大小。基于滑动窗口模型的检测算法的关键在于，是否能够找到合适尺度的窗口以及滑动步长。然而这需要对输入图像进行密集扫描，导致滑动窗口的数量巨大。据统计，对于单一尺度的检测，需要对每幅图像创建 10^4～10^5 个窗口用于后续分类任务，而对于多尺度的检测则将这个数量提高一个量级，这使得后续的特征提取工作耗费大量的时间和计算资源。为了保证基于滑动窗口的检测系统的高效性，一般不使用复杂的特征，这会降低目标检测的准确率。基于上述问题，研究人员提出基于候选区域的检测算法。

6.2.2 典型人工图像特征

图像特征的选取对于目标检测的精确度有着至关重要的影响。传统的目标检测方法采用人工选取的图像特征，例如 SIFT、Haar-like、HOG、LBP。

6.2.3 分类器类型及训练

在基于机器学习的目标检测中，分类器的选择也是一个关键因素，其决定能否快速准确地根据图像特征将目标物体区别出来。本小节将详细介绍两个经典的分类算法，并分析比较两者的优势与不足。

1. SVM

SVM 算法最早由 Corinna Cortes 等人于 1995 年提出，是针对线性可分的两个类别的二分类模型。其基本定义为特征空间上间隔最大的线性分类器，该分类器要求在样本空间中找到一个划分超平面，使得训练样本与超平面之间能取到最大距离间隔，保证分类结果最强的健壮性。这要求找到最优分割超平面来最大化训练样本边界。对于该算法的间隔最大化问题，可以使用凸二次规划求解。

从图 6-5 直观上看，选择最优的划分超平面就是去找位于圆形和方形两类样本“正中间”的超平面，即该划分超平面对训练样本的局部扰动“容忍性”最好。

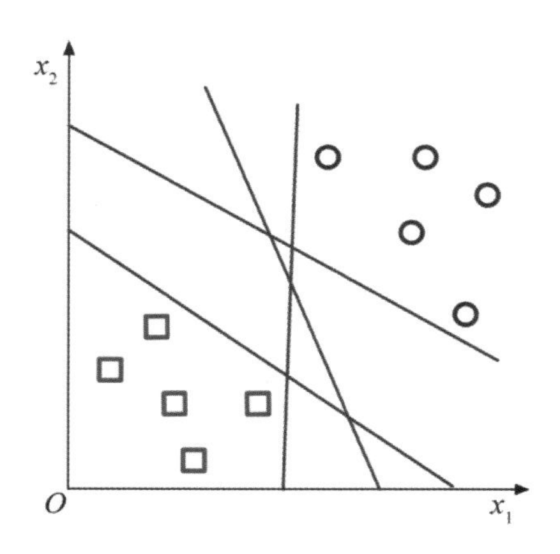

图 6-5　存在多个划分超平面将 2 类训练样本分开

在样本空间中，划分超平面可通过式(6-5)来描述。

$$w^{\mathrm{T}}x+b=0 \tag{6-5}$$

其中 w 为超平面的法向量，垂直于超平面并控制其方向，b 为超平面的位移，控制了原点与超平面之间的偏移距离，因此 w 和 b 可以决定不同的划分超平面。对于不同的样本点 x 到超平面(w,b)的距离如式(6-6)所示。

$$d=\frac{\left|w^{\mathrm{T}}x+b\right|}{|w|} \tag{6-6}$$

假如超平面对于训练样本分类正确，即对于$\left(x_i,y_i\right)\in D$（样本空间），若 $y_i=+1$，则有 $w^{\mathrm{T}}x_i+b>0$；若 $y_i=-1$，则有 $w^{\mathrm{T}}x_i+b<0$，因此有式(6-7)。

$$\begin{aligned}&w^{\mathrm{T}}x_i+b\geq+1,y_i=+1\\&w^{\mathrm{T}}x_i+b\leq-1,y_i=-1\end{aligned} \tag{6-7}$$

在图 6-6 中，样本点到超平面的距离最小的三个训练样本可以使得式(6-7)中的等号成立，这样的点称为支持向量（Support Vector）。“间隔”的概念是两个不同类别的支持向量到超平面的距离之和，间隔为$\gamma=\dfrac{2}{w}$。

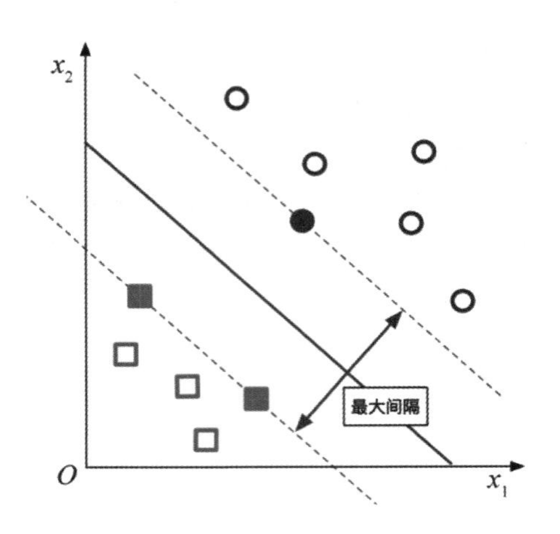

图 6-6　支持向量与最大间隔

为了找到具有“最大间隔”的划分超平面，即找到满足式(6-7)中约束的参数 w 和 b，使得γ最大，如式(6-8)所示。

$$\max_{w,b}\frac{2}{\|w\|}\quad s.t.\quad y_i(w^{\mathrm{T}}x_i+b)\geq 1, i=1,2,\cdots,m \tag{6-8}$$

因此为了最大化“间隔”，只需要最大化 $\|w\|^{-1}$，等价于最小化 $\|w\|^2$，因此式(6-8)可重新定义，如式(6-9)所示。

$$\max_{w,b}\frac{1}{2}\|w\|^2\quad s.t.\quad y_i(w^{\mathrm{T}}x_i+b)\geq 1, i=1,2,\cdots,m \tag{6-9}$$

式(6-9)为 SVM 的基本型，至此已转化为凸优化的问题，可以直接用 Matlab 中的优化计算包求解；也可以将上式转化为对偶式，再使用拉格朗日乘子法求解。该问题的拉格朗日函数如式(6-10)所示。

$$L(w,b,\alpha)=\frac{1}{2}|w|^2+\sum_{i=1}^{m}\alpha_i\left(1-y_i\left(w^{\mathrm{T}}x_i+b\right)\right) \tag{6-10}$$

对上述表达式进行求导，可以将凸优化问题转化为其对偶问题进行求解：

$$\max_{\alpha}\sum_{i=1}^{m}\alpha_i-\frac{1}{2}\sum_{i=1}^{m}\sum_{j=1}^{m}\alpha_i\alpha_j y_i y_j x_i^{\mathrm{T}}x_j\quad s.t.\quad \sum_{i=1}^{m}\alpha_i y_i=0,\ \alpha_i\geq 0,\ i=1,2,\cdots,m \tag{6-11}$$

解出 α 后，求出 w 和 b，即可获得模型：

$$f(x)=w^{\mathrm{T}}x+b=\sum_{i=1}^{m}\alpha_i y_i x_i^{\mathrm{T}}x+b \tag{6-12}$$

式(6-12)即所求的样本空间中的划分超平面。

2. AdaBoost

AdaBoost 算法是 Boosting 算法的改进版，其核心思想是将多个弱分类器组合起来构成强分类器，且这些弱分类器是针对同一训练集训练的。在训练的过程中，首先赋予训练样本相同的初始权值。在经过不同的弱分类器过程中，样本分类的准确度决定了该样本的权重值，即样本若被正确分类，则在构建下一级分类器时其权重值降低，选中的概率随之减小，反之提高。这样使得在构建分类器的过程中更加关注被错误分类的样本，错误样本在不断地经过分类器训练后，被正确分类的概率提高，最终达到提高分类器准确度的目的。下面给出 AdaBoost 算法的流程。

给定数据集 $(x_1,y_1),(x_2,y_2),\cdots,(x_m,y_m)$，其中 $x_1,x_2,\cdots,x_m$ 表示数据点，$y_1,y_2,\cdots,y_m$ 表正负样本的分类，取值为 1 和−1。

初始化权重 w_i^l：

$$w_i^l=\begin{cases}\dfrac{1}{2a} & y_i=1\\[2mm] \dfrac{1}{2b} & y_i=-1\end{cases} \tag{6-13}$$

其中，a 与 b 分别表示正负样本个数。

开始 T 轮迭代训练，T 表示弱分类器个数，t 表示迭代轮数。

① 归一化分布权重：

$$w_i^t=\frac{w_i^l}{\sum_{j=1}^{n}w_j^t} \tag{6-14}$$

② 训练特征 j 相应的弱分类器 $h_j^t(x)$：

$$h_j^t(x)=\begin{cases}1 & p_t v_j < p_t v_\theta\\ -1 & p_t v_j \ge p_t v_\theta\end{cases} \tag{6-15}$$

其中 v_j 表示特征 j 对应的特征值，v_θ 表示对应的判别阈值。

③ 求解对应弱分类器的分类错误率 ϵ_j^t：

$$\epsilon_j^t=\sum\nolimits_{i=1}^{m}w_j^t\left|h_j^t(x_i)-y_i\right| \tag{6-16}$$

④ 在强分类器中添加分类错误率小的弱分类器，并更新相应权重：

$$w_i^{l+1}=w_i^t\beta_t \tag{6-17}$$

其中，$\beta_t=\dfrac{\epsilon_j^t}{1-\epsilon_j^t}$。

3）通过上述迭代操作，不断将弱分类器添加到强分类器中，形成最终的强分类器 $H(X)$：

$$H(X)=\begin{cases}1 & \sum_{t=1}^{T}\alpha_t h_t(x)\geq\sum_{t=1}^{T}\alpha_t \\ 0 & \text{其他情况}\end{cases} \tag{6-18}$$

其中，$\alpha_t=-\ln\beta_t$。

经过上面的流程后，将多个分类函数的分类结果进行融合，并对分类结果使用不同的权重值加以约束，提高分类器的精确度，得到最终强分类器的分类。

AdaBoost 算法的优势在于其只提供了一个融合多个分类器的框架，没有对构建子分类器的算法加以约束，这也就导致在增加或删除子分类器的时候无须变动原有的分类器，且算法具有不会过拟合的特性，适用于多种分类场景。

6.3 基于候选区域的目标检测方法

候选区域的思想与图像兴趣点检测的思想类似，图像兴趣点利用人们自动将注意力放在一幅图像中最显著且最具分辨力的位置上的视觉特性，计算出这些点的位置，这大大减少了后续图像处理的计算量；类似地，目标候选区域通过计算出可能存在目标物体的窗口，这大大减少了目标检测计算量。

6.3.1 R-CNN 的实现

R-CNN（Region-CNN）[3]是 Ross Girshick 于 2013 年提出的基于候选区域的 CNN 结构。该网络首次表明，将 CNN 与候选区域和特征提取结合，能够比手工特征提取在目标检测网络上得到更好的性能，深度学习方法也自此在目标检测领域确立了绝对的优势。其检测过程如图 6-7，具体如下。

① 利用选择性搜索（Selective Search）算法对输入图像进行区域选择，提取 2000 个左右的候选区域。

② 由于网络结构中存在全连接层，需要将提取出的候选区域统一尺寸，此处将尺寸缩放至 227 像素×227 像素，再适当扩大以获取更多上下文信息。

③ 使用卷积网络对每个归一化后的候选区域做特征提取操作，从每个候选区域提取 4096 维的特征向量。

④ 使用 SVM 对提取到的特征进行分类识别。

⑤ 使用边框回归（Bounding Box Regression）微调边框位置。

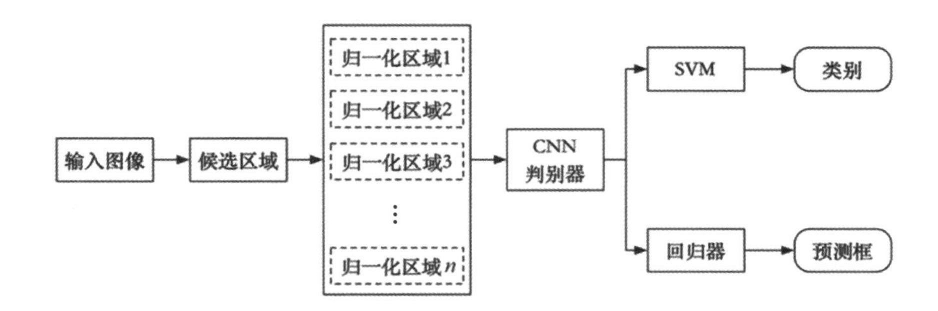

图 6-7　R-CNN 检测框架

R-CNN 对传统对目标检测方法进行创新，其最主要特点是，在图像信息特征选择与提取上采用了深度学习的思想，使用 CNN 产生的数据驱动特征替换原有的人工选择的经验驱动特征，这类特征具有更高层、更抽象的语义信息，能实现对特征信息更好的提取。

R-CNN 在 PASCAL VOC 2007 数据集上的 mAP 为 66%，而传统的目标检测方法 DPM 只有 34.3%，解决了检测精度的问题。而且，R-CNN 使用候选区域算法代替了传统的滑动窗口法，在一定程度上解决了检测速度的问题。但是 R-CNN 同样存在非常明显的缺点，具体如下。

① 重复计算。该算法需要对 2000 个候选框分别卷积运算，即需要 2000 次特征提取过程，大大增加了程序运行时间。

② 要求固定输入。CNN 的输入尺寸要求为 227×227 像素。不同候选框缩放到该尺寸，会使区域内的目标变形；如果选择裁剪到该尺寸，会使得目标区域提取不完整。

针对上述两个问题，何凯明提出了 SPP-net 来解决。

6.3.2　SPP-net 的实现

何凯明提出了空间金字塔池化网络 SPP-net[4]目标检测框架，取消裁剪和变形操作，增加空间金字塔池化操作，如图 6-8 所示，具体操作如下。

① 对输入图像进行卷积提取特征。

② 利用选择性搜索算法对特征图进行处理，提取 2000 个左右的候选区域。

③ 将整张输入图像送入卷积网络，经过一次特征提取获得整张图像的特征图。再将候选区域对应位置的特征图部分进行空间金字塔池化，提取出固定长度的特征向量。

④ 对提取到的特征，使用 SVM 进行分类识别。

⑤ 使用边框回归微调边框位置。

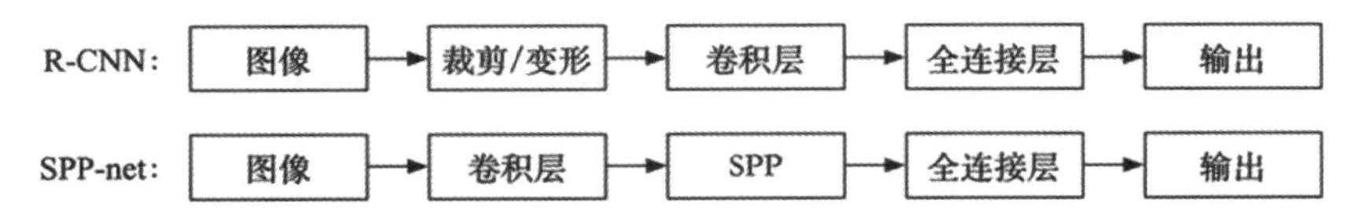

图 6-8　R-CNN 和 SPP-net 检测流程对比

SPP-net 首先对候选区域特征重复提取问题进行改进。与 R-CNN 中对每个候选区域分别进行卷积操作不同，SPP-net 仅进行一次卷积操作，候选区域的特征图直接在整体特征图的对应位置截取，这大大改进了 R-CNN 中重复计算的问题。

R-CNN 中的卷积网络要求输入固定尺寸。其实卷积网络的输入是不需要固定尺寸的，事实上需要固定尺寸的是后面的全连接层。因此，空间金字塔池化的思路就是使用池化操作对卷积后输出的特征图进行处理，根据输入的特征图尺寸自动调整池化核大小和步长等超参数，最终得到尺寸分别为 4×4、2×2、1×1 的特征图。当输入特征图数量为 256 时，输出的 3 种特征图可展开并拼接为 5376［即 256×(16+4+1)］维的固定长度的特征向量，然后送入要求输入尺寸固定的全连接层。

SPP-net 成功解决了特征图重复计算问题与输入候选框尺寸受限问题，但是 SPP-net 同样存在非常明显的缺点，具体如下。

① SPP-net 与 R-CNN 均为多阶段训练，整个过程未使用统一的优化框架，最后很难得到最优的效果。

② 由于是多阶段训练，训练过程中需要存储大量的中间特征图，因此会占用系统资源。

要改进这两个问题，可以尝试替换特征金字塔结构，并使用端到端的训练方法，Fast R-CNN 应运而生。

6.3.3 Fast R-CNN 的实现

Ross Girshick 在 R-CNN 之后又提出了 Fast-RCNN[5]算法，具体操作如下，结构如图 6-9 所示。

① 使用卷积提取输入图像的特征。

② 利用选择性搜索算法在原图像提取 2000 个左右的候选区域，并直接将这些区域映射至特征图上。

③ 对映射后的候选区域进行 RoI 池化，获得固定长度的特征向量。

④ 使用 SVM 对提取到的特征进行分类识别。

⑤ 使用边框回归微调上一步得到的边框位置。

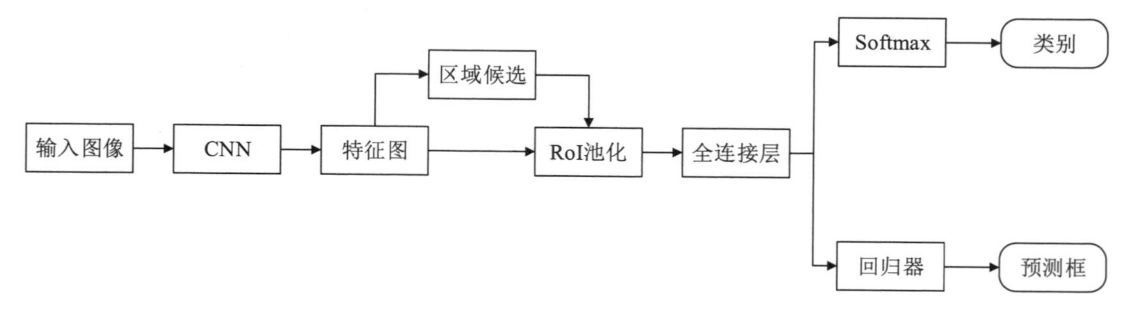

图 6-9 Fast R-CNN 检测框架

Fast R-CNN 将 SPP-net 中的空间金字塔池化替换为 RoI 池化。事实上，RoI 池化可以看作空间金字塔池化的简化版本。首先将候选区域划分为固定数量的块，块的大小形状不定，然后对分割后的块作最大池化操作，最后得到固定数量的特征向量，其数量与块的数量相同，如图 6-10 所示。

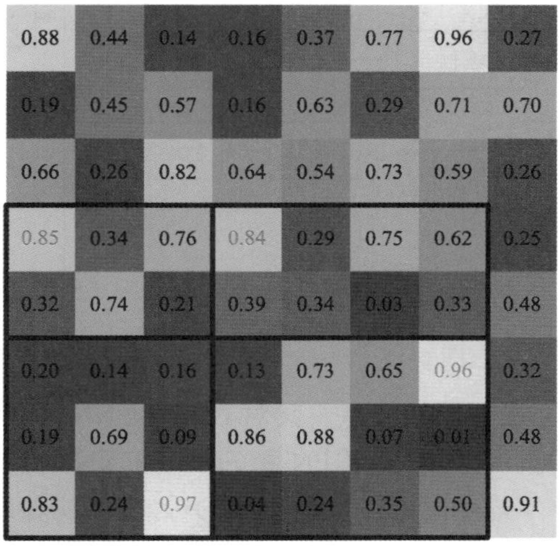

0.88	0.44	0.14	0.16	0.37	0.77	0.96	0.27
0.19	0.45	0.57	0.16	0.63	0.29	0.71	0.70
0.66	0.26	0.82	0.64	0.54	0.73	0.59	0.26
0.85	0.34	0.76	0.84	0.29	0.75	0.62	0.25
0.32	0.74	0.21	0.39	0.34	0.03	0.33	0.48
0.20	0.14	0.16	0.13	0.73	0.65	0.96	0.32
0.19	0.69	0.09	0.86	0.88	0.07	0.01	0.48
0.83	0.24	0.97	0.04	0.24	0.35	0.50	0.91

图 6-10　RoI 池化示意图

该方法最主要的特点是构建了除候选区域提取外的全网络结构，采用端到端的多任务训练方法，实现了各损失函数的共同优化。在进行类别判别时使用 Softmax 替换 SVM 分类，结合分类损失和定位损失的方法，不仅节省了之前方法在中间处理过程需要占用的存储空间，还能帮助模型更快地找到全局最优点。

Fast R-CNN 解决了 R-CNN 的大部分缺陷，在 PASCAL VOC 2007 数据集上，Fast R-CNN 得到 66.9%的 mAP，比 R-CNN 的 66.0%提高了 0.9%。在 Nvidia K40 GPU 上，训练时间由 R-CNN 的 84 小时减少到 9.5 小时，快了 9 倍；而测试速度更是由 47 秒减少到 0.32 秒，快了 213 倍。然而通过对 Fast R-CNN 的训练测试过程分析，在整个流程中使用选择性搜索算法提取候选区域的操作占据了约 80%的时间。候选区域提取阶段的时间消耗过大，使得 Fast R-CNN 仍然不满足工业化应用对目标检测的实时性需求。同时，候选区域提取的质量直接关系到后续目标检测过程输出的分类结果准确性。候选区域提取的效率与精度是下一阶段的优化目标。

6.3.4　Faster R-CNN 的实现

由于 Fast R-CNN 在候选区域提取阶段仍存在上述弊端，何恺明等人对此提出了 Faster R-CNN，其网络结构与 Fast R-CNN 类似，最重要的改变为将选择性搜索替换为 RPN（区域生成网络，region proposal network）算法。网络结构如图 6-11 所示，整体网络训练的具体操作如下。

① 对输入图像进行卷积提取特征。

② 利用 RPN 对特征图进行处理，提取候选区域。

③ 对上述提取并映射后的候选区域进行 RoI 池化，获得固定长度的特征向量。

④ 对提取到的特征，使用 Softmax 进行多目标分类。

⑤ 使用边框回归微调边框位置。

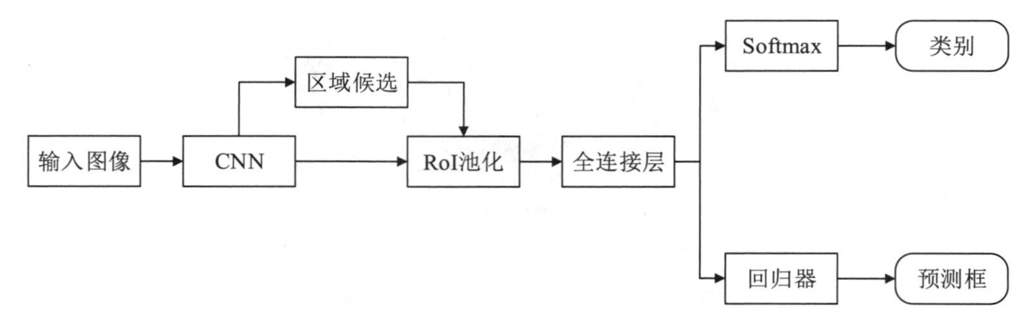

图 6-11 Faster R-CNN 检测框架

RPN 为 Faster R-CNN 最主要的特点，其对 Fast R-CNN 中的选择性搜索进行改进，实现了端到端多任务优化的全网络结构。RPN 和 Fast R-CNN 的检测网络共享 CNN 的优点，生成区域候选框过程几乎不耗费时间（大约 10ms），其结构如图 6-12 所示。

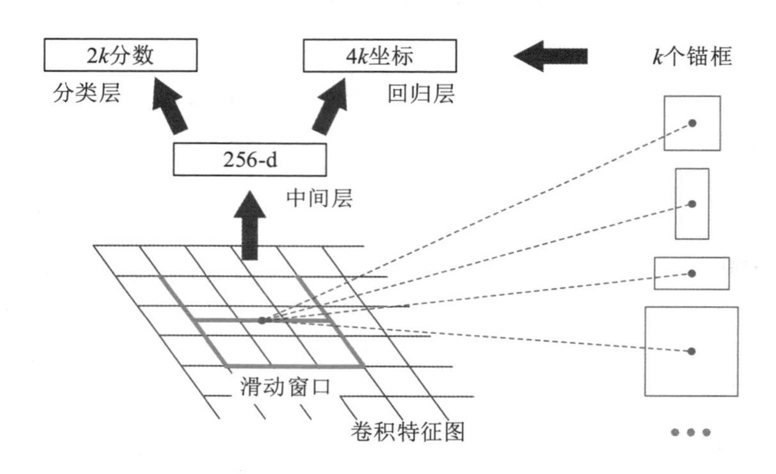

图 6-12 Faster R-CNN 中 RPN 的结构

Faster R-CNN 使用锚框对检测目标预定位，其 RPN 结构在卷积特征图上采用滑动窗口，每个 3×3 滑动窗口的中心点预测 k 个框，这些框称为锚框。Faster R-CNN 中采用了九种锚框、三种尺度（128×128，256×256，512×512）和三种长宽比（1:1，1:2，2:1）。对于大小为 $W \times H$（典型值约 2400）的卷积特征映射，总共有 $W \times H \times k$ 个锚框。选取不同尺度是因为目标的大小不同，选取不同的长宽比是因为物体的形状各异，为了更好地适应各个形状。卷积输出共 256 张特征图，故每个锚点对应 256 维的特征。每个锚点含 k 个锚框，每个锚框由前景与背景组成，故在分类层打分时会产生 $2k$ 个分数；每个锚框四条边在训练的过程中会产生四个偏移量，故在回归层会产生 $4k$ 个偏移坐标。

Faster R-CNN 解决了目标检测中候选区域生成耗时长的瓶颈问题，大大加快了目标检测的速度，然而由于锚框数量庞大，仍然无法实现对目标的实时检测。为了进一步提高目标检测算法的速度，下一节将考虑使用其他方法生成候选区域。

6.4　基于回归的目标检测

基于回归的目标检测方法将两步检测减少为一步检测，这使得实时性检测成为可能。

6.4.1　YOLO 的实现

华盛顿大学的 Joseph Redmon 联合 Faster R-CNN 的研究者 Ross Girshick，提出了 YOLO 方法。该方法用于改进基于候选区域方法的检测速度问题。YOLO 抛弃了预先提取候选区域的过程，直接将目标检测作为回归问题求解，因此显著提高了检测速度，另外可以进行端到端的训练，可以直接从输入的图像上获取信息得到预测框以及分类结果。

YOLO 使用 $S \times S$ 的网格划分输入图像，若一个目标的中心落入了某个网格内部，则该网格负责预测该目标。每个网格预测 B 个边界框以及这些边界框的预测得分。每个边界框涉及五个待预测值：x（目标窗口中心的横坐标）、y（目标窗口中心的纵坐标）、w（目标窗口的宽度）、h（目标窗口的高度）和置信度。其中置信度的计算公式见数学表达式(6-19)。

$$\Pr(\text{Object}) \times \text{IoU}_{\text{pred}}^{\text{truth}} \tag{6-19}$$

其中 $\Pr(\text{Object})$ 表示目标出现的概率，$\text{IoU}_{\text{pred}}^{\text{truth}}$ 表示预测网格和基准网格的 IoU（IoU 为任意两个区域交集和并集的比值）。另外，每个网格不仅需要对边界框输出预测，还需要输出对 C 个条件类别的预测概率 $\Pr(\text{Class}_i|\text{Object})$，该项表示该网格中检测到的目标所属类别的概率。因而，预测某窗口内目标分类情况的置信度公式为：

$$\Pr(\text{Class}_i|\text{Object}) \times \Pr(\text{Object}) \times \text{IoU}_{\text{pred}}^{\text{truth}} = \Pr(\text{Class}_i) \times \text{IoU}_{\text{pred}}^{\text{truth}} \tag{6-20}$$

YOLO 的网络结构基于 GoogleNet 实现，具体结构见图 6-13。整个网络由 24 个卷积层和两个全连接层组成，其中卷积层与全连接层分别用于图像特征提取与预测。因此，全连接层最后将输出维度为 $S \times S \times (B \times 5 + C)$ 的矩阵。YOLO 采用的是 VOC 数据集，训练采用的输入图像分辨率为 448×448，S、B、C 分别取 7、2、20。

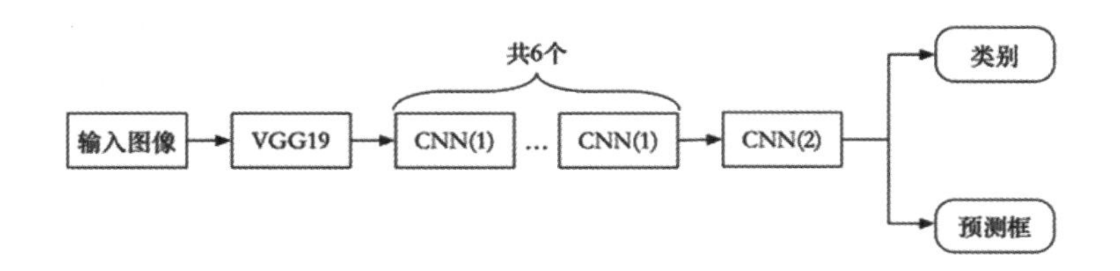

图 6-13　YOLO 网络结构

YOLO 作为一个端到端的单一网络，能够同时预测目标边框和目标所属类别的概率，因此其损失函数既包含目标边框的定位损失，也包含目标的分类损失。为了更好地优化损失函数，YOLO 模型采用总的平方和损失。然而这种方式存在弊端，主要体现在：

① 单纯地将分类误差和定位误差设为同一权重并不理想。

② 对于每幅图像来说，许多网格并不包含任何目标，因此对这些网络来说其置信概率为 0，对于实际训练过程中无目标的网格可能会产生更大的作用，导致模型无法收敛。

为了解决上述问题，正确平衡位置与类别之间的关系，YOLO 模型为相应的损失增加了合适的权重。在没有目标的网格中，置信值为 0，会使得反向传播梯度过大，导致数据发散，因而考虑为其添加小权重。最终，将包含目标的边框权重 λ_{coord} 设定为 5，不含目标的边框权重 λ_{noobj} 设定为 0.5。

YOLO 模型的损失函数如式(6-21)所示。

$$
\begin{aligned}
\text{loss} = & \lambda_{\text{coord}} \sum_{i=0}^{S^2} \sum_{j=0}^{B} 1_{ij}^{\text{obj}} [(x_i - \hat{x}_i)^2 + (y_i - \hat{y}_i)^2] + \\
& \lambda_{\text{coord}} \sum_{i=0}^{S^2} \sum_{j=0}^{B} 1_{ij}^{\text{obj}} [(\sqrt{w_i} - \sqrt{\hat{w}_1})^2 + (\sqrt{h_i} - \sqrt{\hat{w}_1})^2] + \\
& \sum_{i=0}^{S^2} \sum_{j=0}^{B} 1_{ij}^{\text{obj}} (C_i - \hat{C}_i)^2 + \\
& \lambda_{\text{noobj}} \sum_{i=0}^{S^2} \sum_{j=0}^{B} 1_{ij}^{\text{noobj}} (C_i - \hat{C}_i)^2 + \\
& \sum_{i=0}^{S^2} \sum_{j=0}^{B} 1_{i}^{\text{obj}} \sum_{c \in \text{classes}} (p_i(c) - \hat{p}_i(c))^2
\end{aligned}
\tag{6-21}
$$

其中，$1_{\text{i}}^{\text{obj}}$ 表示物体的中心是否落在网格 i 中，$1_{\text{ij}}^{\text{obj}}$ 表示第 i 个网格中的第 j 个边框是否负责该目标的预测，这里采用与真实框 IoU 最大的边框。在式(6-21)中，前两行表示坐标预测的损失函数，第一行表示中心坐标 (x,y) 的损失函数，第二行表示边界框宽高 (w,h) 的损失函数，可以看到目标边框信息的位置和尺寸损失的形式有所不同，表示尺寸的损失采用了开方。这是因为比起大的预测框，较小的预测框发生位置尺寸上的错误更不容易被接受，加上平方根后则可以在一定程度上改善这种状况。第三行与第四行表示预测置信度的损失函数，第三行表示含有物体的边框的置信度的损失函数，第四行表示不含物体的边框的置信度的损失函数；第五行表示物体分类预测的损失函数。

YOLO 模型的优点主要包括：

① 模型能够达到 45 帧/秒的检测速度，实现实时目标检测，并且能够保证较高的检测准确率。对于一个体量小的 YOLO 版本甚至可以达到 150 帧/秒。比之前的实时目标检测模型的准确率提高了一倍。

② YOLO 模型以整幅图像为输入，因而能够看到更多的上下文信息，对于图像中各部分内在的关系把握得更好，在实际检测时比 Fast R-CNN 等模型的背景错误要少得多。Fast R-CNN 等基于目标候选框的检测模型只对候选区域进行特征提取，容易忽视图像中内在的关联性。

③ YOLO 具备更强的泛化能力。当使用自然图像训练模型之后，对于人工图像，YOLO 具备比其他方法更高的准确度。总体来说，这些优点得益于 YOLO 模型端到端的网络结构，它更像人脑的神经网络结构，训练之后的网络会具备未曾事先设计过的能力。

由于 YOLO 网格设置比较稀疏，且每个网格只预测两个边界框，其总体预测精度不高，最终效果略低于 Fast R-CNN。另外，由分类部分的损失函数可知，其参数是共享的，故无法在同一个网格内检测多个目标，且一个网格只预测两个边界框，这使得其对密集的小物体的检测表现比较差。

6.4.2　SSD 的实现

北卡罗来纳大学教堂山分校的 Liu Wei 提出了一种新的基于端到端的目标检测算法——SSD（Single Shot multibox Detector）[6]算法。相较于 YOLO，SSD 算法有更高的准确性，输入图像分辨率为 300×300 时，在 VOC 2012 数据集上达到了 72.4%的 mAP，检测速度为 59 帧/秒，达到目标检测的实时性需求。

针对单张图像不同尺度上的目标检测，通常采用分别输入不同尺寸的图像单独处理，然后汇总结果得到最终的输出这样的方法。而 SSD 则利用不同卷积层上不同尺度的特征图，在网络最后综合判断上述所有尺度（4×4、8×8）的特征图，得到所求的类别与预测框。整个 SSD 网络的基本结构采用 VGG16，不同之处在于将 VGG16 最后的两个全连接层改成卷积层，并且增加四个卷积层，见图 6-14。

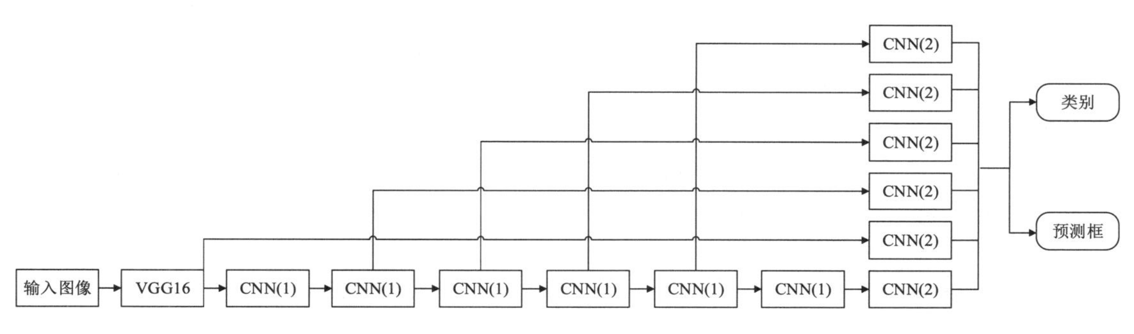

图 6-14　SSD 模型检测原理

使用两个 3×3 的卷积核对这五个的卷积层的输出分别进行卷积，最终得到两个输出，一个输出分类置信度，一个输出回归用的目标位置偏移，每个先验框生成四个坐标值 (x,y,w,h)，其意义与 YOLO 的四个坐标值相同，先验框是指在特征图每个栅格上的一定数量固定大小的边框。假设以 m 个特征图产生先验框，则先验框的尺寸可以通过式(6-22)计算。

$$s_k = s_{\min} + \frac{s_{\max} - s_{\min}}{m-1}(k-1) \qquad k \in [1,m] \tag{6-22}$$

其中 $s_{\min}$ 为 0.2，表示最底层特征图的先验框尺寸为 0.2，相应的 $s_{\min}$ 为 0.95。然后，通过先验框的纵横比 a 对先验框进行调整，横纵比有五种取值：1、2、3、1/2、1/3。因此每个先验框的宽为$w=s_{k\sqrt{a_r}}$，高为$h=\dfrac{s_k}{\sqrt{a_r}}$。

再加上一个默认的先验框，对于一个栅格共有六个先验框。先验框数量较多造成了在训练阶段正负样本的不均衡，SSD 算法采用困难样本挖掘来解决这个问题。先将每一个物体位置上对应分类置信度进行排序，以正负样本 3:1 的比例按排序结果进行筛选，而不是直接使用所有的负样本，从而优化训练过程。

在训练阶段，首先，SSD 算法在实验时对训练数据做了数据集增强，即对每一张训练图像，随机地进行处理：

① 不进行处理，使用原始图像作为输入。

② 从原始图像中进行采样片段，片段的大小为原图大小的 0.1～1 倍，宽高比为 0.5～2，同时以与目标的最小 IoU 为界限。将获取的片段归一化到统一尺寸，并以 50%的概率进行水平翻转操作。

然后，SSD 算法生成先验框。算法会对这些先验框和真实边框进行匹配，一个真实边框可能对应多个先验框。训练中实际选择的先验框称为预测边框。在正样本训练中，通过损失函数控制，将预测边框尽可能回归到真实边框。最后的损失函数为目标位置偏移和分类置信度的加权和，数学表达式为：

$$L(x,c,l,g)=\frac{1}{N}\left(L_{\text{conf}}(x,c)+\alpha L_{\text{loc}}(x,l,g)\right) \tag{6-23}$$

在该损失函数中，$L_{\text{conf}}(x,c)$为类别置信度损失，$L_{\text{loc}}(x,l,g)$为目标位置偏移损失，c 为类别置信度预测值，l 为先验框的所对应边界框的位置预测值，g 为真实标注的位置，N 为与真实边框相匹配的先验框数量，若 N 等于 0，则总的损失函数值置为 0，通过交叉验证，权重α取 1。

在预测阶段，SSD 算法直接预测每个先验框的分类置信度和目标位置偏移，最后通过 NMS（非极大值抑制，Non-Maximum Suppression）对先验框进行合并得到最终的结果。

SSD 的优点如下：

① 检测速度快，满足了目标检测的实时性需求，同时，又拥有可以与以 Faster-RCNN 为代表的基于候选区域提名的目标检测算法媲美的准确率。

② 通过多尺度特征图中引入的不同尺寸先验框，融合了不同层的特征，解决了不同尺寸目标的检测问题。

③ 没有全连接层，可以输入任意大小的图像。

SSD 存在的缺陷如下：

该算法在小目标检测上表现不佳。SSD 使用的网络结构基于 VGG16。在 VGG16 网络进行特征提取的过程中，在 Conv4_3 层特征图的分辨率缩小了八倍，在 Conv5_3 层特征图的分辨率缩小了 16 倍，因而造成位置信息产生了较大的损失。但通过增加输入图像数据的尺寸可以改善对小目标的检测效果。另外，SSD 采用多尺度特征图检测，低层次特征图虽然分辨率较高，但其提取的语义信息不够抽象，对小目标的检测效果改善较小。

6.4.3　YOLOv2 的改进

YOLO 可以实现实时目标检测，但是存在的主要问题为检测精度不高，因此 Joseph Redmon 等人采用了一系列方法对 YOLO 框架进行改进，得到 YOLOv2[7]。YOLOv2 可以在快速检测的同时，准确率有显著的提高，实现了高精度的实时目标检测。针对检测的准确率，YOLOv2 做了七项改进：批归一化、高分辨率分类器、锚框、维度聚类、直接位置预测和多尺度训练。

1. 批归一化

批归一化是对输入数据做的预处理，使得数据分布规范化。CNN 参数学习过程的本质就是对数据的分布的学习，如果训练数据和实际的测试数据分布规律并不相同，那么网络的泛化能力将大大降低；并且，若输入网络的数据每组的分布各不相同，那么每次迭代学习都需要适应不同的数据分布，大大增加了网络的训练时间。在每个卷积层后面加入批归一化层，并舍弃掉 Dropout 层后，网络没有过拟合，因此批归一化可以有效改善网络的泛化能力和减少训练的时间。批归一化层的加入使 mAP 提高了 2%。

2. 高分辨率分类器

对于 ImageNet 预训练过的网络初始化模型，输入图像被缩放到不足 256×256 像素，对于检测来说分辨率不高。YOLO 直接把分辨率提升到 448×448 像素，这使得网络需要对新的分辨率做相应的调整。而在 YOLOv2 中，首先将分类网络 Darknet 的分辨率修改为 448×448 像素，然后在 ImageNet 数据集上训练 10 轮，使得在该过程中 Darknet 逐渐适应了 448×448 像素的输入。在此基础上，对检测网络进行微调，获得了 4% mAP 的提升。

3. 锚框

YOLO 使用 7×7 的网格对输入图像进行划分，每个网格预测两个边界框，因此一共有 98 个框，同时 YOLO 包含全连接层，因此能直接预测边界框的坐标值，但也导致丢失较多的空间信息，定位不准。

YOLOv2 首先去掉 YOLO 网络中的全连接层和最后一个池化层，使最后的卷积层可以有更高分辨率的特征，然后压缩网络，用 416×416 大小的输入代替原来的 448×448，使得网络输出的特征图有奇数大小的宽和高，使得每个特征图在划分时只有一个中心栅格。由于图像中的物体都倾向于出现在图像的中心位置，特别是比较大的物体，所以有一个栅格单独位于物体中心的位置有利于对目标的检测。

YOLOv2 不直接预测坐标值，而是预测锚框的偏移值与置信度。尺寸为 416×416 的图像通过卷积最终得到尺寸为 13×13 的特征图。若采用 Faster R-CNN 中的方式，每个栅格可预测出九个锚框，共 1521（即 13×13×9）个（YOLOv2 中采用聚类确定锚框，K 等于 5，将在后面介绍）。

YOLO 和 YOLOv2 特征图数据结构如图 6-15 所示。

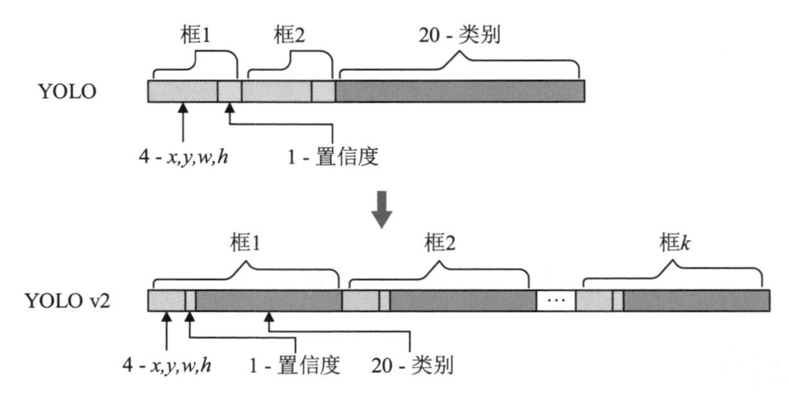

图 6-15 YOLO 和 YOLOv2 特征图数据结构对比

YOLO 的特征数量为$S\times S\times(B\times5+C)=7\times7\times(2\times5+20)$。其中$B$对应框数量，五对应边界框的定位信息$(x,y,w,h)$和边界框置信度。特征图尺寸是 7×7，每个栅格预测两个框，这两个框对 20 个类别共用一套条件类别概率。YOLOv2 的特征数量为$S\times S\times K\times(5+C)=13\times13\times9\times(5+20)$。特征图尺寸提升至 13×13，对小目标适应性更好，借鉴了 Faster R-CNN 的思想，每个栅格对应K个锚框，每个锚框对 20 个类别共用一套条件类别概率。

4. 维度聚类

在 Faster R-CNN 和 SSD 中，锚框的长宽是先验确定的。为了获取更好的先验以寻找更合适的锚框，YOLOv2 在训练集的边界框上使用 K-means 聚类，这使得先验框和真实标注的 IoU 更佳。若使用传统的欧式距离来进行 K-means 聚类，会导致尺寸大的框比尺寸小的框产生更多的错误，因此采用与真实标注的 IoU 分数作为聚类指标，如式(6-24)所示。

$$d(\text{box},\text{centRoId})=1-\text{IoU}(\text{box},\text{centRoId}) \tag{6-24}$$

权衡模型复杂度与 IoU 值后，YOLOv2 使用 5 个锚框进行预测。在 COCO 和 VOC 2007 数据集上的实验结果如图 6-16 所示。在 VOC 2007 上，使用五个 K-means 聚类得到的锚框性能（IoU=61.0）和使用九个手工挑选的锚框性能（IoU=60.9）相当。这意味着使用 K-means 聚类与手工挑选锚框相比，更利于网络对边界框的预测。除此之外，还能看出聚类的结果和手动设置的锚框位置和大小差别显著——锚框的形状不再具有规律，中心位置也不尽相同。

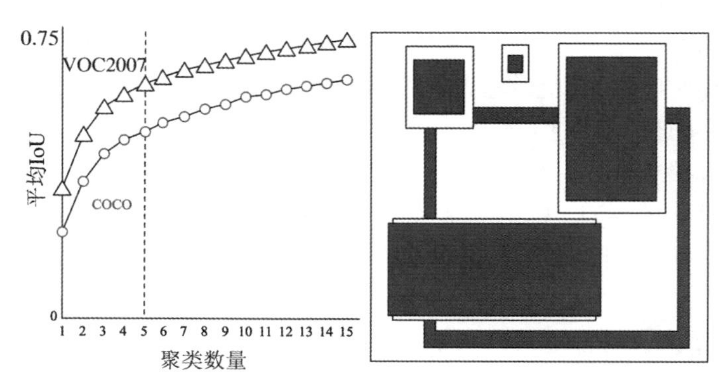

图 6-16 聚类数量与 IoU 的关系和 K-means 聚类得到的框形状

5. 直接位置预测

使用锚框时，YOLO 的最初几次迭代会变得很不稳定，主要因素来自对边界框中心坐标(x,y)的预测。在 RPN 中，边界框的中心坐标(x,y)由相对先验框的偏置决定。已知先验框长宽(w_a,h_a)、中心坐标(x_a,y_a)及预测的坐标偏移(t_x,t_y)，可以计算得出边界框的中心坐标(x,y)，如式(6-25)所示。

$$
\begin{aligned}
x &= (t_x \times w_a) + x_a \\
y &= (t_y \times h_a) + y_a
\end{aligned}
\tag{6-25}
$$

由于t_x和t_y没有约束，预测出的边界框的中心可以在图像上的任意一点，即便这个点落在别的栅格中，应当由别的栅格来预测。这导致模型不稳定，在训练时也需要很长时间预测正确的偏置值。

所以，YOLOv2 弃用了这种预测方式，而是沿用 YOLO 的方法，预测边界框中心点相对于对应栅格左上角位置的相对偏移值。为了将边界框中心点约束在当前栅格中，使用 sigmoid 函数处理偏移值，这样预测的偏移值在（0,1）范围内（每个栅格的尺度看作 1）。舍弃了预测锚框中心坐标的方法，YOLOv2 的网络在 13×13 的特征图的每一个栅格预测出五个边界框，每个边界框预测出五个值：t_x，t_y，t_w，t_h，t_0。其中前四个是坐标偏移值，最后一个是置信度结果，可以按式(6-26)计算出边界框实际坐标(b_x,b_y)和长宽(b_h,b_w)。

$$
\begin{aligned}
b_x &= \sigma(t_x) + c_x \\
b_y &= \sigma(t_y) + c_y \\
b_w &= p_w e^{t_w} \\
b_h &= p_h e^{t_h}
\end{aligned}
\tag{6-26}
$$

其中，(c_x,c_y)为对应栅格左上角坐标，(p_h,p_w)为锚框的长宽。对t_x和t_y做 sigmoid 函数处理以保证偏移在（0,1）范围内，确保中心点在该栅格中。该边界框对应的置信分$\sigma(t_\sigma)$计算如式(6-27)所示，图例如图 6-17 所示。

$$
\Pr(\text{object}) \times \text{IoU}(b,\text{object}) = \sigma(t_\sigma) \tag{6-27}
$$

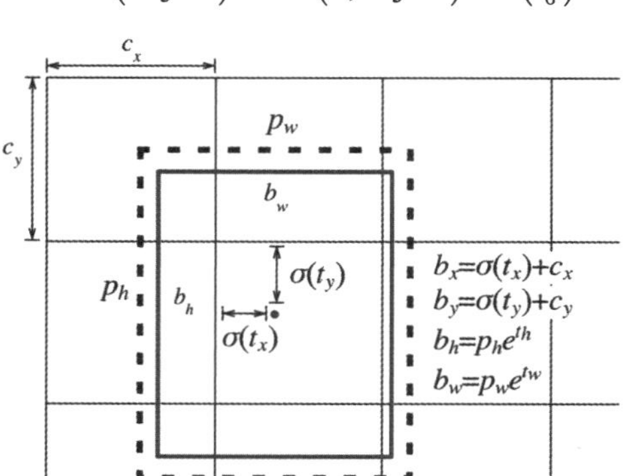

图 6-17　边界框位置与大小的计算示例图

约束了位置预测的范围后，网络参数变得更容易学习，网络变得稳定。与维度聚类结合后，使用直接位置预测的YOLOv2与手选锚框预测偏移值的方法相比，mAP提高了约5%。

6. 多尺度训练

YOLO的网络采用固定输入448×448像素，为了使输入图像能够实现多尺寸，YOLOv2每经过10轮的训练，会重新选择图像的输入尺寸，图像的尺寸在320×320到608×608像素之间，以32的倍数递增，调整好图像尺寸后，调节网络到相应的维度继续进行训练。这种策略使得网络针对不同分辨率的图像可以更好地预测，更适用于实际的检测场景。

此外，YOLOv2还提出了一种新的分类骨干网Darknet-19，它有19个卷积层和五个最大池化层，处理图像所需的操作较少，但精度较高。以Resnet作为主干网的Faster R-CNN能实现76.4%的mAP和5帧/秒，SSD500能实现76.8%的mAP和19帧/秒，而Yolov2能达到78.6%的mAP和40帧/秒。如上所述，YOLOv2可以实现高精度和高速度，这得益于七项主要的改进和一个新的主干网络。

6.5 改进算法拾萃

除了上述技术演进过程中提到的改进措施，目标检测领域中同样存在很多有效提高检测效率与准确率的尝试，下面列举四种目标检测算法的改进技巧。

6.5.1 困难样本挖掘

在YOLOv2中，置信度代表是否有物体，如果有物体，那么“类别概率”项代表有物体的概率。针对最后图像预测的物体及其包围框，一共会生成13×13×5 = 845（本算法为13x13x6 = 1014）个bbox（包围框，bounding box）。置信度和最大可能输出的类别概率相乘之后，得到的结果如果大于阈值0.24（针对实际道路检测任务，干扰要素较多，虚检较高，因此本算法设置thresh =0.30），则会输出bbox的大小和位置，同时输出类别和类别的概率。

在YOLOv2的前向传播过程中，首先遍历所有13×13个网格和网格中的13×13×6个锚框，无论是否包含目标，均计算每个锚框置信度的损失值。然后，计算每个锚框和物体的真实包围框之间的重叠面积。如果当前的重叠面积大于IoU阈值，则说明该锚框包含物体，这时将刚才计算的损失记为0，反向传播中不进行回传。因此在回传的负样本锚框中，没有限制置信度，所有重叠面积符合阈值的锚框均会回传，这就导致回传负样本过多，包括锚框中包含大部分目标、包含小部分目标和完全不包含目标，真正有利于最后检测结果的锚框其实很少。因此采用梯度下降法SGD训练算法时，为了保证网络能更好地学习与正样本较难区别的负样本，这类样本称为困难样本或难分样本，可以选择回传置信度较高的负样本，即困难样本，置信度较低的负样本说明与正样本较好区分，可以选择不进行回传。

因此为了训练网络的健壮性，对置信度从高到低进行排序，置信度较低的锚框损失值记为0，不进行回传，只回传置信度排名前 300 的困难样本，这类样本称之为困难样本挖掘算法，具体实现过程如图 6-18 所示。

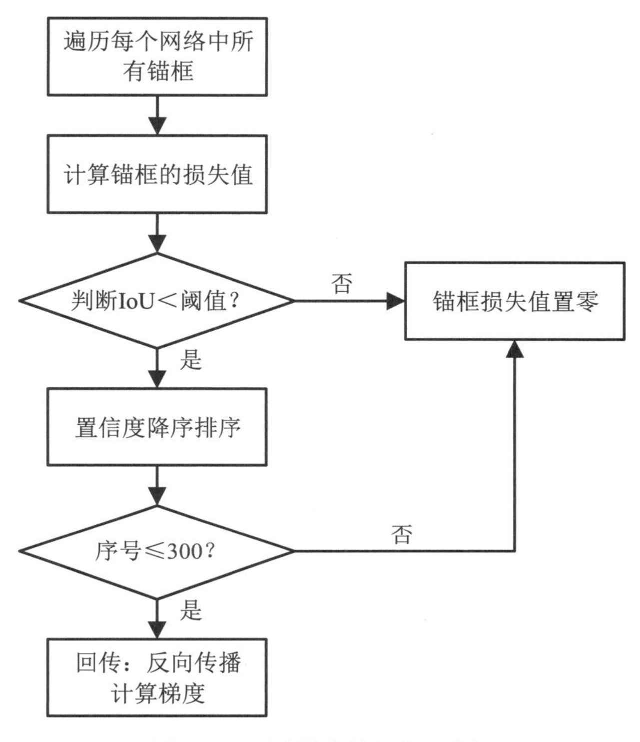

图 6-18 困难样本挖掘实现流程

6.5.2 YOLOv2 损失函数

YOLOv2 是端到端的单步训练过程，通过每个网络预测六个锚框的方式生成候选框，实质上是通过枚举在整张图上密集地生成各个位置、各种尺寸和各种长宽比的候选框。然而这样密集生成的候选框，导致大多数都是背景的采样，对训练模型没有明显的效果，因此会导致前景背景的类别不均衡，因此 YOLO 系列的检测精度相比于 Faster R-CNN 系列均较低。在 6.5.1 节的困难样本挖掘算法中，通过回传一些困难样本，阻碍一些简单样本的回传，能够防止大量的简单样本占据训练器。因此在训练过程中，如果简单样本过多，那么这些样本将主导整个算法的损失和梯度。

针对不同的网络结构和实际的检测任务，不同的损失函数可以使神经网络表现出不同的性能。YOLOv2 中的损失函数包括四类损失，它们是各个部分的平方和，且权重各不相同，分别为有目标的权重、无目标的权重、类别权重和坐标损失的权重。该损失函数对简单样本和复杂样本的数量不均衡问题并没有很好的解决办法，因此本算法考虑降低简单样本对训练的主导作用，即针对简单样本降低其更新参数时的权重，针对误分类的样本增加其权重。因此通过调节样本的系数，增加了误分类困难样本的重要性，降低了简单样本的重要性。本算法的提出基于交叉熵的损失函数，结合上述的根据样本重要度调节系数机制，可以增加网络训练的健壮性，增加模型的召回率和减少漏检、虚检。具体如式(6-28)所示。

$$L = -(1-p_t)^2 \log(p_t)$$
$$p_t = \begin{cases} p & y=1 \\ 1-p & \text{其他} \end{cases} \tag{6-28}$$

其中 p 表示模型对于真实标签为 1 的正样本分类为前景、背景的估计概率，当 p_t 的值接近 1 时，代表该正样本为易分样本，因此其权重系数 $1-p_t$ 很小；当 p_t 的值接近 0 时，代表该正样本被误分类，因此对于此类困难样本，需要增加其权重系数 $1-p_t$。同时，在 YOLOv2 中为解决由于前景、背景样本不均衡导致的分类问题，采用了 Softmax 分类函数的估计概率 p_t，如式(6-29)所示。

$$p_t = \frac{e^{x_t}}{\sum e^{x_k}} \tag{6-29}$$

其中 x_k 代表一组训练样本集合，从而判断样本 x_t 属于哪种类别。

6.5.3 基于上下文信息的 SSD 改进

在目标检测中，人类发达的视觉神经系统能够轻而易举地识别出图像上存在的目标，但对于计算机而言，同一目标可能存在的多种形态，会对计算机的目标识别产生很大干扰，比如：

① 目标形变。例如立正站好的人和在全力奔跑中的人。

② 遮挡问题。目标在现实环境中往往会被其他物体遮挡。

③ 视角变化。从不同的距离、不同的方位，对目标进行观察得到的图像不同程度上都会存在尺寸、形态的差异。

④ 背景干扰。通常情况下，图像由目标与大量的背景信息组成，而目标识别过程会受到冗余的背景信息的一定干扰。

在输入的图像数据中，目标一般不会单独存在，其一定会与周边的环境或背景产生一定程度的关系。上下文信息就是指图像中目标与背景或背景中其他物体间存在的关系信息，利用这些信息来辅助对目标的识别。例如骑行中的人和自行车，人和自行车之间存在着相应的空间关系。而将图像中包含的上下文信息应用于当前的计算机目标识别算法中能对上述问题产生积极影响。上下文信息的根据来源可以粗略划分为三种：

① 局部上下文。目标组成部分的特征信息，例如猫和猫皮毛上的花纹。

② 全局上下文。目标所处的环境和相应位置与目标的关系信息，例如海洋和在海中航行的船只。

③ 目标上下文。同时出现在同一张图像上的同类或不同类目标间存在的关系信息。例如拥挤的人群和骑行中的人与自行车。

SSD 算法虽然利用了不同卷积层中的特征图解决了不同尺寸目标的检测问题，但是并没有充分利用输入图像中的上下文信息。在图像检测的过程中，输入图像数据中通常包含多类目标，待检测的目标与同框的其他类别目标间在出现概率上存在相应的关联性。例如，狗和猫一起出现的概率要远高于狗和飞机一起出现的概率。本算法利用不同目标类别间出现概率的关联性改进 SSD 算法。

第一步，要得到图像中目标间出现概率的相关度。在输入图像中，可能存在多个同一分类的目标，也可能出现不同分类的目标。对于同时出现在输入图像中的目标，无论其是否归属于同一类，都需要对它们的相关度进行调整，统一提升它们所属分类间的相关度。分类相关性矩阵计算方法如下：

输入：训练集图片数量 n，每张训练图片中的 prior box 数量 object[n]，类别数量 n，相关性影响参数 R

输入：相关性矩阵 relevance[x][x]（初始化为全零矩阵）

```
1: for k = 0 → n − 1 do
2:     for i = 0 → object[k].size − 1 do
3:         for j = i + 1 → object[k].size − 1 do
4:             更新相关性矩阵 relevance[x][x]，将第 i 个和第 j 个对象的相关度加 1
5:         end for
6:     end for
7: end for
8: for i = 0 → x − 1 do
9:     for j = 0 → x − 1 do
10:        relevance[x][j] ← ᴿ√relevance[x][j]
11:    end for
12: end for
13: 对 relevance[x][j] 进行归一化处理
14: return relevance[x][j]
```

第二步，对 SSD 网络最终输出的目标类别置信度进行修正，即对 SSD 网络输出的类别置信度，利用其所属类别间的相关性矩阵进行修正。但是在实际中，输入图像上存在的目标，其所属类别同时出现的概率不一，有的物体在数据集中常常同时出现，例如人和汽车，而有些物体几乎不会同时出现，例如飞机和餐桌。因而本算法采用将相关矩阵中计算得到的相关性值以其 R 次方根替代，从而对不同分类目标同时出现概率的相关性影响程度进行控制，进而对同时出现在一张图像中概率低的分类间的相关度影响程度进行控制。随着 R 值的增大，上下文信息对检测的影响效果越小。过小的 R 值会抑制小概率同时出现类别的检测结果。在 SSD 使用 3×3 的卷积核得到预测的分类置信度后，使用相关性矩阵对分类置信度进行修正，在 20 种类别中筛选出最高分类置信度的分类，见数学表达式(6-30)。

$$\text{max\_mbox\_conf} \leftarrow \text{mbox\_conf} \times (1 + E \times \text{relevance}[x][x]) \tag{6-30}$$

在式(6-30)中，mbox_conf 为 SSD 输出预测边框内目标的类别置信度，relevance$[x][x]$ 为本小节算法第一步建立的类别相关性矩阵，E 作为参数用来控制相关性矩阵对分类置信度的影响程度。当 E 等于 0 时，上下文信息不对分类置信度产生影响。E 越大，则上下文信息对分类置信度产生的影响越大。因为上下文信息对于分类置信度的影响不一定都有助于提高准确率，因而需要对上下文信息加以控制。对于 E 的取值，可通过实验进行探讨。

6.5.4 多特征多尺度融合

多特征多尺度融合方法将具有不同特征信息的分层特征进行融合以丰富特征信息，进而基于融合超特征构建新的多尺度金字塔网络。本小节提出一种多路径双向密集特征融合方法，通过前向和反向密集连接方式丰富特征信息，进一步利用多级别特征金字塔网络生成和融合模型以获得多尺度融合特征。

1. 超特征融合与特征金字塔生成

CNN 架构内在是分层的，且不同层提取不同的图像特征信息，浅层网络提取了相对丰富的边缘等细节信息，而高层网络则包含更多的语义信息。考虑将浅层高分辨率特征图、中间层补充特征以及高层语义特征融合成一个超特征图，其包含更为丰富的特征信息用于目标的识别和定位。融合超特征为一个融合特征空间，而人们希望能够显式地利用 CNN 的内在分层结构，即组合利用多层多尺度特征进行检测的结果，因此基于融合超特征添加新的多个卷积层，构成多尺度特征金字塔。

1）超特征融合

图像特征提取网络获得分层多尺度特征，为了将其融合为一个超特征，首先基于池化和反卷积操作对多层特征进行维度的处理，对多层特征的融合具体实现方式应考虑对应元素叠加和通道维度连接 2 种方式。

图 6-19 表示了基于对应元素叠加的超特征融合方法，其中 Conv 表示卷积层，BN 表示批归一化，Deconv 表示反卷积层，Pool 表示池化层。由于在图像特征提取卷积网络中使用了不同卷积核个数，因此首先基于分层特征添加包含 512 个大小为 3×3 卷积核的卷积层，使得分层特征通道维度保持一致。为了解决训练过程中层次分布的影响，通过添加 BN，以减弱不同层分布的影响，加速网络的训练。为了对提取的多层多尺度特征进行融合，首先对浅层特征添加池化区域为 2×2、步长为 2 的最大池化层，使得其尺度减半，并对高层特征添加反卷积层，使得其尺度扩大。接着，对处理后的分层特征进行对应元素的叠加，以实现超特征融合。

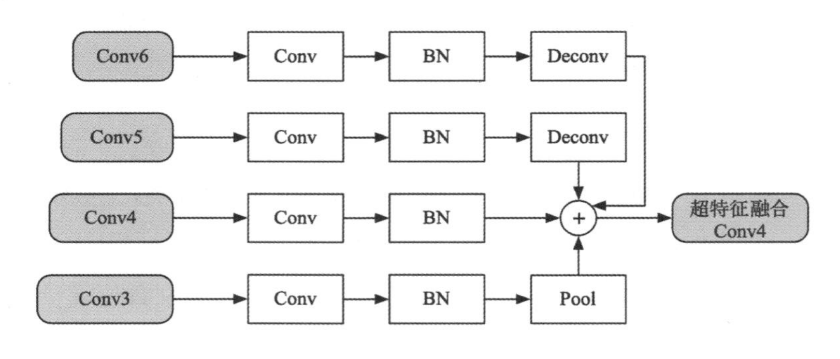

图 6-19 基于对应元素叠加方法的超特征融合

图 6-20 表示了基于通道维度连接的超特征融合方法。首先使用 CNN 提取图像特征，然后基于分层特征添加 3×3×512 的卷积层以及批归一化。为了对提取的多层多尺度特征

进行融合，首先对浅层特征和高层特征分别添加最大池化层和反卷积层，对处理后的特征在通道维度进行连接，接着再添加一个 3×3×512 的卷积层使其通道数恢复到原始大小以得到融合超特征。

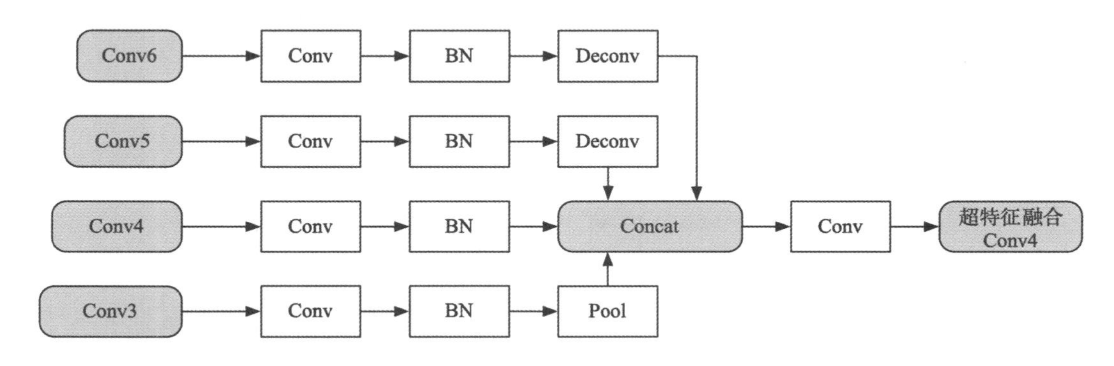

图 6-20　基于通道维度连接方法的超特征融合

2）多尺度特征金字塔生成

超特征融合方法得到的是特征信息更为丰富的一个特征图，而人们希望显式地利用 CNN 内在的分层结构，进而应用分层多尺度特征进行图像识别和目标定位。因此，人们才基于融合超特征，通过添加多个卷积层来构造多尺度特征金字塔。

图 6-21 表示了基于超特征融合的特征金字塔生成网络结构。基于融合超特征来添加多个卷积核大小为 2×2、步长为 2 的卷积层，以实现提取新的多尺度金字塔特征。

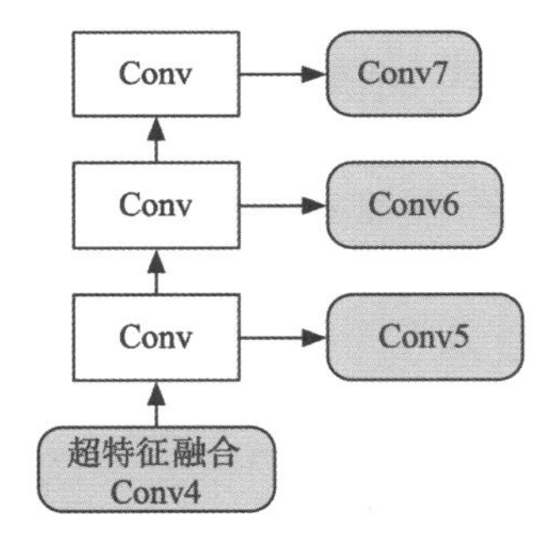

图 6-21　基于超特征融合的特征金字塔生成网络

2. 多路径密集特征融合

CNN 内在的分层结构能够从原始图像输入获得高层更为抽象的表示，而其浅层特征和高层特征获取的特征信息是不同的。首先利用特征金字塔生成网络获得不同尺度的多特征，然后为了进一步丰富分层特征信息，基于分层多尺度金字塔特征应用自底向上和自顶向下的多路径密集特征融合方法。

1）自底向上特征融合

首先为了将浅层特征信息显式地融入高层特征，需基于池化方法对多尺度金字塔特征应用自底向上的旁路连接进行自下而上的特征融合。

图 6-22 表示了基于自底而上旁路连接的自下向上的特征融合结构。首先基于初始分层多尺度金字塔特征添加 3×3×512 的卷积层，添加批归一化层，以减弱不同层分布的影响，加速网络的训练。为了对提取的多层多尺度特征进行自下而上的融合，首先对最浅层特征添加最大池化层，使得其尺度减半，然后基于旁路连接将其与相邻较高层特征进行对应元素的叠加以实现特征融合，依次自底向上迭代进行，实现自下而上的特征融合。

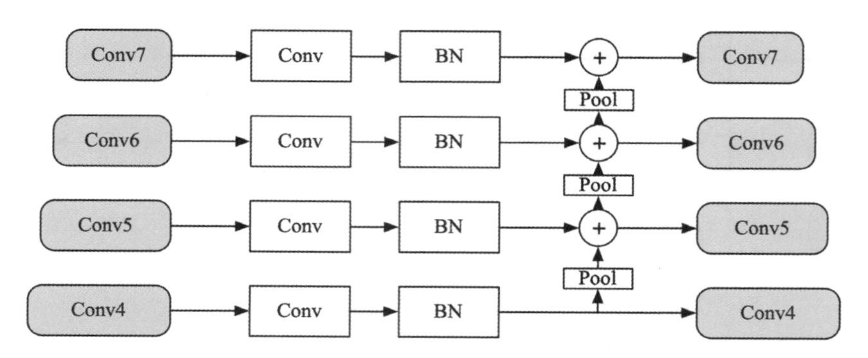

图 6-22　基于自底向上旁路连接的特征融合

2）自顶向下密集特征融合

为了将高层语义特征信息显式地融入低层特征，需基于反卷积方法对多层多尺度金字塔特征利用自顶向下的密集旁路连接进行自上而下的密集特征融合。

图 6-23 显示了基于自顶向下密集旁路连接的特征融合结构。首先对最顶层特征添加反卷积层，使得其尺度增加与相邻较低层尺度一致，其中反卷积层卷积核尺度的设计根据相应要扩大的尺度来决定，例如为了使 Conv7 特征和 Conv6 特征融合，反卷积核尺度应为 2×2，步长应为 2。然后，将反卷积后的特征图和相邻较低层特征进行对应元素的叠加。为了实现更为密集的特征融合，采用一种密集旁路的连接方式，即浅层融合特征不仅来自相邻高层特征，而且融合了所有的高层特征。利用自底向上和自顶向下的多路径密集特征融合方法，使多尺度特征进一步丰富。

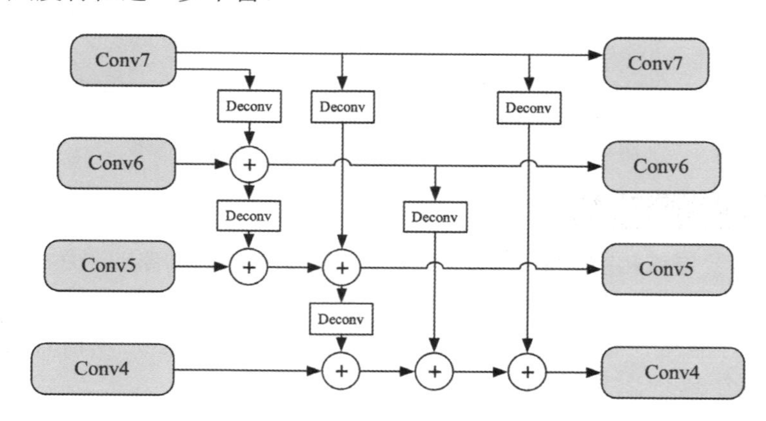

图 6-23　基于自顶向下密集旁路连接的特征融合

3. 多级别特征金字塔生成

如图 6-24 所示，首先基于超特征融合与金字塔生成模块以及多路径密集特征融合模块，获得多尺度特征金字塔。将获得的特征金字塔中最大尺度的特征与原始超特征融合，再次利用金字塔生成模块以及多路径密集特征融合模块，获得另一级别的多尺度特征。同理，可获得多个级别的多尺度特征金字塔。

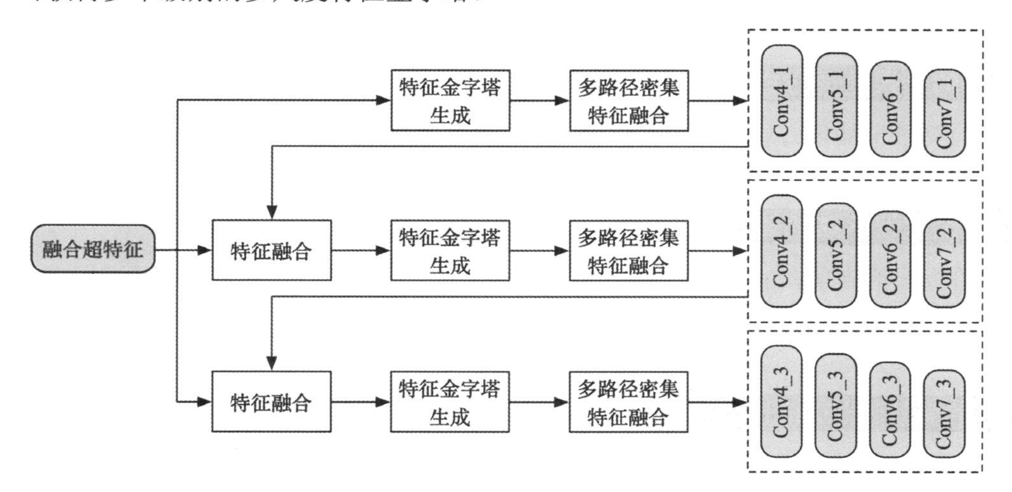

图 6-24　多级别特征金字塔生成模型

多级别特征金字塔融合

利用多级别特征金字塔生成模块获得多个不同级别的特征金字塔，接下来将不同级别特征金字塔中相同尺度的特征进行融合，获得最终的多尺度融合特征，如图 6-25 所示，其表示了不同级别特征金字塔中同一尺度的特征融合模型。对于 Conv5、Conv6、Conv7 特征可按照类似的多级别特征融合模型获得最终的多尺度融合特征。

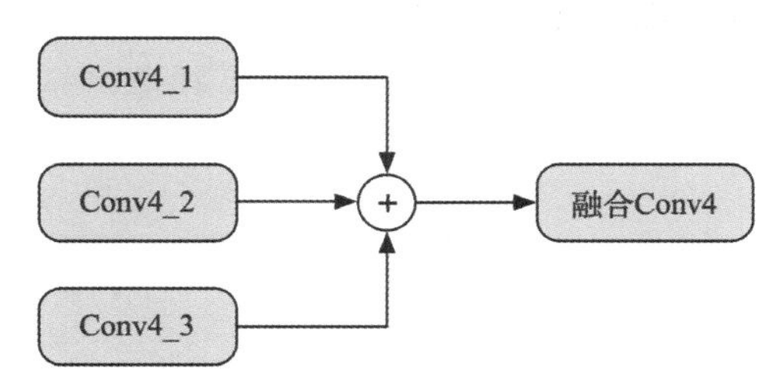

图 6-25　多级别特征融合模型

6.6　目标检测未来趋势

目标检测发展至今，已有众多经典的算法，这些算法在各自的优势领域上都占有一席之地。现在众多的算法基本都遵循“图像输入→网络主干→特征→池化→网络头部→分类与回归→NMS”这几个步骤，对于该领域的后续发展而言，对各个步骤的优化与研究都非常有意义。

1. 检测速度与精度更好地结合

基于候选区域（两步）的目标检测算法专注于精度，基于回归（单步）的目标检测算法专注于速度。而类似于 SSD 系列的算法在近些年来蓬勃发展，这代表着速度与精度的结合在这一方向的重要性。

2. 更好的结果处理方式

当今的检测结果处理方式是分类与回归后对结果进行 NMS。未来可能会提出更好的 NMS，或直接将 NMS 加入检测主网络中以实现完全端到端检测。

3. 更好的建议区域的算法

从传统目标检测到现在的两步以及单步目标检测方法，都离不开生成候选区域框或者生成锚框的步骤。未来可以考虑更好的建议区域的算法，甚至直接丢弃“框”这一概念，将目标视为点或者分布。

4. IoU 的算法设计和阈值的选择

大多数目标检测框架都是通过比较预测框与标注框之间的 IoU 并设置阈值来进行训练的，对这些参数以及评价指标的研究能够促使神经网络的优化过程更为合理。

5. 更好的多尺度处理

现在的目标检测方法大多都基于锚框的想法，而锚框对于输入图像的尺寸非常敏感。现有检测网络大多数都需要对输入图像做尺度变化，这会导致输入信息的丢失。如何对多尺度特别是大尺度图像进行处理是目标检测领域一个亟待解决的问题。

6. 如何实现未知目标类的检测

在目标检测领域同样存在 zero-shot 的概念。当目标检测网络具备 zero-shot 检测的能力时，其就能结合语义等信息从已知类别的目标检测，迁移到对未知类别的目标进行检测。

本章参考文献

[1] GIRSHICK R, DONAHUE J, DARRELL T, et al. Rich feature hierarchies for accurate object detection and semantic segmentation[C]. Proceedings of the IEEE conference on computer vision and pattern recognition. 2014: 580-587.

[2] REDMON J, DIVVALA S, GIRSHICK R, et al. You only look once: Unified, real-time object detection[C]. Proceedings of the IEEE conference on computer vision and pattern recognition. 2016: 779-788.

[3] HE K, ZHANG X, REN S, et al. Spatial pyramid pooling in deep convolutional networks for visual recognition[J]. IEEE transactions on pattern analysis and machine intelligence, 2015, 37(9): 1904-1916.

[4] REN S, He K, Girshick R, et al. Faster R-CNN: towards real-time object detection with region proposal networks[J]. IEEE transactions on pattern analysis and machine intelligence, 2016, 39(6): 1137-1149.

[5] LIU W, ANGUELOV D, ERHAN D, et al. Ssd: Single shot multibox detector[C]. European conference on computer vision. Springer, Cham, 2016: 21-37.

[6] REDMON J, FARHADI A. YOLO9000: better, faster, stronger[C]. Proceedings of the IEEE conference on computer vision and pattern recognition. 2017: 7263-7271.

第 7 章　目标跟踪

目标跟踪的主要流程可以概括为：通过摄像头捕获图像序列，然后输入计算机计算出目标的位置，再根据目标相关的特征，将每一帧中的同一个目标关联起来从而得到目标运动的完整轨迹。

目标跟踪的任务是在视频序列中找到需要跟踪的目标，为视频的进一步分析和理解提供依据。目标跟踪常常与目标检测、目标识别、显著性分析等众多技术结合在一起，智能地代替人类完成任务。目标跟踪技术涉及的技术有图像处理、模式识别、自动控制等，它在视频监控、机器人导航与定位、人机交互、虚拟现实等领域有广泛的应用前景。本章首先对目标跟踪技术进行概述，然后详细介绍三种目标跟踪算法，最后讨论目标跟踪技术的未来趋势。

7.1　目标跟踪技术概述

目标跟踪算法在获得跟踪目标的初始位置后，对视频序列的每一帧进行分析，对所要跟踪的目标的位置进行定位。最近几年，虽然目标跟踪算法的研究成果已经非常丰硕，但是，在目标跟踪算法的研究中依然存在许多亟待解决的困难。比如目标尺度变化、目标被部分或完全遮挡、目标外观变化、目标无规律快速运动、背景杂乱、光照变化等，这些困难同样也是计算机视觉领域的常见问题，在第 1 章中已经详细论述，此处不再赘述。

当目标跟踪过程中出现上述任何一个问题时，都会对目标跟踪算法的稳定性、准确性和实时性产生影响，甚至还会导致目标跟踪算法定位错误的目标物体。到目前为止，几乎所有主流的目标跟踪算法都主要针对某一种或某一些情景下的目标跟踪，都只是解决了上述的某一个问题，一种目标跟踪算法很难同时全部解决上述问题，泛化性较差。

7.1.1　目标跟踪算法基本理论与模型

目标跟踪技术的研究从开始到现在已经有几十年的时间，已经存在很多主流的目标跟踪算法，其中涉及的主要研究思路有两种：第一种是生成式目标跟踪体系，不依赖于任何已知的先验知识，直接在视频序列的帧图像上对目标进行识别检测，从而进一步实现对目标物体的跟踪定位；第二种是判别式目标跟踪体系，它需要利用目标的已知先验知识，先对目标物体进行建模，并在每一帧视频图像序列的候选目标样本中找到与所建立的模型最匹配的目标对象，从而实现对目标物体的跟踪。针对这两种不同的研究思路，可将目标的表观模型分为两种：生成式表观模型和判别式表观模型。

1. 生成式表观模型

基于生成式表观模型的目标跟踪算法，首先运用生成式模型描述目标的表观特征，再通过搜索采样出来的候选目标实现重构误差最小化。生成式方法通常将目标表示为一个子空间或者一系列模板中的一个基向量集合，不断地在那些与被跟踪目标物体最相似的区域里进行搜索。具体做法就是先对目标表观模型进行建模，利用统计学的知识反映表观模型数据的分布情况，进而估计当前状态下目标的联合概率分布，接着对图像中所有与被跟踪目标最相似的区域进行相似度计算，通过最小化误差函数来实现对目标的跟踪。

2. 判别式表观模型

判别式表观模型则是通过训练各种各样的分类器来区分被跟踪的目标物体和背景区域，将目标跟踪问题看作一个二分类问题，把图像分为前景图像（正样本）和背景图像（负样本），利用最适合实际场景的图像特征和最佳的分类方法，将目标从背景区域中区分出来，期间不断地在线更新分类器来估计目标的位置。

7.1.2　目标跟踪算法概述

基于生成式表观模型、比较有代表性的跟踪算法有字典学习[1]、稀疏编码[2]和主成分分析[3]。字典学习和稀疏编码两者通常在同一个优化求解过程中完成。字典学习侧重于学习字典的过程，而稀疏编码更侧重于对样本进行表达的过程。在基于稀疏编码的目标跟踪算法中，Mei 等人[4]提出了一种基于粒子滤波的框架、将跟踪问题视为稀疏近似问题的跟踪方法。也就是说，为了在新一帧中找到所要跟踪的目标，在由目标模板和碎片模板所构成的空间中，每个目标候选者被稀疏地表示。这个稀疏性是通过求解 L1 正则化最小二乘问题来实现的。然后将误差最小的候选对象作为跟踪目标。之后，使用贝叶斯状态推断框架并继续进行目标跟踪，其中，粒子滤波器用于传播每个时刻的样本分布情况。L1-tracker[5]做了进一步的改进，即利用第一帧和最近几帧图像所提取的特征作为字典，然后利用粒子滤波，采样得到当前帧的候选目标，通过 L1 最小二乘准则将其投影到字典上，选择系数最稀疏同时重构误差最小的目标作为跟踪结果。在参考文献[1]中，模板的正确匹配是寻找潜在目标的关键，而模板更新则是保证正确匹配的基础。模板更新一般是在线更新，通常的做法是利用重构误差最小的目标模板对当前的字典进行替换更新，而且为了保证算法的最终效率和运行速率，一般会设定一个阈值来决定模板多久更新一次。模板匹配方法中常用的就是高斯模板，空间颜色混合高斯模型是一个新的目标外观模型表示方法，已被证明是优于传统的颜色直方图的外观模型。然而，在空间颜色混合高斯模型初始化阶段，不可避免地会引入一些背景像素，这些背景像素可能会被作为目标而影响相似性度量。当颜色相似的东西出现在目标附近时，基于空间颜色混合高斯模型的跟踪算法的性能就会变差。Wang 等人[6]提出一种修正的空间颜色混合高斯模型，通过计算高斯模式和目标局部背景之间的空间色彩联合距离，可以有效地识别和去除背景影响。主成分分析则主要是一种基于子空间模型的建模方法。

近年来，与上述生成式表观模型的目标跟踪算法相比，判别式表观模型的目标跟踪算法成为研究的主流。众多机器学习算法被应用在判别式方法上，其中比较有代表性的有MIL（多示例学习，Multi-Instance Learning）方法[7]、增强学习[8]、结构性支持向量机[9]、高斯过程回归[10]以及深度学习[11][12][13]。文献[7]通过构造一组单实例的概率函数（即分类器），组成一个分类器的集合，利用 MIL 方法确定使用哪几个分类器的组合最优，然后再对每一个集合进行分类。不像传统的分类器那样对每一个实例进行分类，MIL 把若干个实例归到一个包里对包进行分类。只要这个包拥有一个正样本，那么这个包就是正样本；只有这个包全为负样本时这个包才是负样本。这样做的好处是在学习的过程中对于找到决策的边界有更好的灵活性。MIL 方法是一种分类器的设计方法，融合了增强学习的思想，因此分类结果比较准确，健壮性比较强。

在判别式跟踪算法中，相关滤波器和深度学习方法是最重要的两大研究趋势。

相关滤波器由于计算效率高，性能优越，在视觉跟踪领域获得了学者们的极大关注。Bolme 等人[14]提出 MOSSE（最小输出平方误差和，Minimum Output Sum of Squared Error）滤波器，这是一种新型的相关滤波器，该算法能够利用单帧的初始化来产生稳定的相关滤波器。基于 MOSSE 滤波器的算法运行速度快，可以达到每秒几百帧的处理速度，算法健壮性强，对于光照、尺寸、姿态变化、非刚性变形等目标的变化也是稳健的。MUSTer（MUlti-Store Tracker）跟踪算法[15]则集成了短期跟踪和长期跟踪两种模式，使用集成 ICF（相关滤波器，Integrated Correlation Filter）来做短期跟踪，而基于关键点匹配跟踪和随机抽样一致算法的跟踪算法被用于做长期跟踪。Henriques 等人[16]开拓性地使用了循环矩阵来做 KCF（核化相关滤波器，Kernelized Correlation Filters），并且在保证与线性方法具备相同计算复杂度的同时，还在频域有效地并入了多通道的特征，提高了算法的精确度。随后，不断地有研究人员对 KCF 算法进行研究，并提出了多种变化形式来改善跟踪的性能，DSST（Discriminative Scale Space Tracker）[17]提出了一种健壮的基于跟踪检测框架的目标跟踪算法，该算法通过基于尺度金字塔的判别式相关滤波器来发挥作用。

尽管这些方法的跟踪效果都还不错，但是依然存在着固有的局限性。其算法基本上使用的都是传统的手工设计的特征，这些特征健壮性不强，语义表示能力不够，当出现光照变化、遮挡、物体发生形变等动态情况时，算法的跟踪效果就会受到极大的影响。

CNN 在特征表示方面表现出了很大的潜力，基于大型数据库[18]的迁移学习也能较好地解决目标跟踪领域的数据量不足的问题。[19]在进行目标跟踪时，使用 ImageNet[20]上预训练好的网络来学习特定目标的显著性图。[12]使用在 ImageNet 2014 检测集上预训练好的 CNN 来表示通用对象，并且在线调整网络来预测特定目标的对象。MDNet（多域卷积神经网络，Multi-Domain Convolutional Neural Networks）[21]利用逐任务驱动的学习框架来提取共享特征和特有特征用以表示目标的外观，进而完成目标的跟踪。同时，结合 CNN 与相关滤波器的算法也获得了很大的关注。Ma 等人[22]在独立的判别相关滤波器跟踪器的分级集合中采用了多个卷积层。C-COT（Continuous Convolution Operators）[23]更是提出了一个连续的公式来融合具有不同空间分辨率的联合学习框架中的多个卷积层。此外，为了学习目标外观变化的规律，基于对比损失函数的 Siamese 网络体系结构也被用于跟踪任务中。比如，参考文献[24]提出了一个基于 Siamese 网络的实例搜索跟踪算法，它使用 CNN 的多层特征来学习目标的变化，旨在学习一个变化函数，并且为了保证算法的速度，在跟踪过程中不再更新任何模型参数。采用基于 Siamese 网络框架的全卷积深度网络可适应更多尺寸的图像输入并实现实时跟踪。

7.1.3　评价标准

目标跟踪领域常用的评价指标是 CLE（中心位置误差，Center Location Error）和 VOR（重叠面积比率，Pascal VOC Overlap Ratio）。

CLE 是指跟踪的结果和目标位置的真实标注之间的像素距离。假设在某一帧，跟踪算法的跟踪结果中心位置坐标为(x_T, y_T)，而目标所在位置的真值坐标为(x_G, y_G)，则 CLE 可通过式(7-1)来计算。CLE 越小，说明跟踪算法的定位越准确。常以 $\text{CLE}_{\text{score}} = 20$ 判断跟踪到的目标位置是否准确，即若跟踪结果的中心位置和目标的真实位置的距离小于 20 个像素，则认为对目标的位置估计准确。

$$\text{CLE}_{\text{score}} = \sqrt{(x_T - x_G)^2 + (y_T - y_G)^2} \tag{7-1}$$

但是 CLE 只反映了目标中心位置的准确性，而对于目标的定位除了中心位置准确，还要求边界框的大小是准确的。因此作为补充，引入了 VOR 作为另一个评价准则对算法进行评价。VOR 是指算法预测的目标边界框与目标真实边界框的交集与并集的比值。假设算法预测的跟踪结果对应的边界框为B_T，而目标真实边界框为B_G，则 VOR 可以通过式(7-2)来计算。VOR 反映了算法对跟踪目标尺寸的估计准确率，比值越接近于 1，说明跟踪算法的性能越好。

$$\text{VOR}_{\text{score}} = \frac{\text{area}(B_T \cap B_G)}{\text{area}(B_T \cup B_G)} = \frac{\text{area}(B_T \cap B_G)}{\text{area}(B_T) + \text{area}(B_G) - \text{area}(B_T \cap B_G)} \tag{7-2}$$

在式(7-2)中，$\text{area}(B)$表示矩形框 B 的面积，而 $B_T \cap B_G$ 表示矩形框 B_T 和 B_G 的交集面积，$B_T \cup B_G$ 表示矩形框 B_T 和 B_G 的并集面积。实际估算中，当 $\text{VOR}_{\text{score}} > 0.5$，即重叠率比值大于 0.5 时，我们通常认为该算法成功地跟踪了目标。

若需要绘制 CLE 和 VOR 分数的曲线，可以通过计算不同的 CLE 和 VOR 阈值，跟踪成功的帧数所占的比例，然后绘制曲线。以 CLE 为阈值绘制的曲线，称为精确率曲线图（precision plot）；以 VOR 为阈值绘制的曲线，称为成功率曲线图（success plot）。

7.2 平衡正负样本权重的多示例学习跟踪算法

多示例学习跟踪算法，简称 MIL 跟踪算法。本节首先对 MIL 跟踪算法进行详细的介绍，MIL 跟踪算法以正负样本包作为输入，以最大化样本包的对数似然函数为目标，选择最佳的弱分类器构成强分类器跟踪模型。通过样本包的引入，可以避免由于样本的错误标记而向模型中引入误差，导致模型漂移。但 MIL 跟踪算法在构建分类器跟踪模型时，由于正负样本分布状态的不同，导致正样本在模型构建的过程中所起到的作用很小。因此，本节提出了平衡正负样本权重的 MIL 跟踪算法，以提升跟踪算法的性能。

目标跟踪算法通常可以分为生成式跟踪模型和判决式跟踪模型两种。生成式跟踪算法首先构建目标的外观模型，然后找到与构建的模型最匹配的图像块作为跟踪结果。判别式跟踪算法通过提取正负样本构建和更新分类器，从背景中分离出跟踪的目标。但在提取正负样本时，容易因为些许误差导致样本标签出错，从而引起模型漂移。相比于传统的监督学习方法，MIL 跟踪算法将样本构成正负样本包，只需保证样本包标签的正确，避免了因单个样本的错误标记而向模型中引入误差，从而提高了算法的容错性。

7.2.1 MIL 跟踪算法

MIL 跟踪算法的流程如图 7-1 所示，MIL 跟踪算法通过提取正负样本包，构建和更新目标模型。MIL 跟踪模型由一个强分类器构成，该分类器可以返回一个图像块为跟踪目标的概率 $p(y=1|x)$，其中 x 表示一个图像块，$y\in\{0,1\}$ 是图像块的标签，而 $y=1$ 表示图像块为跟踪目标。

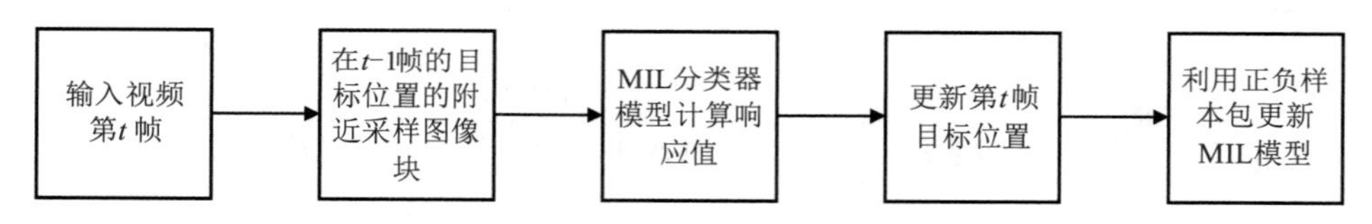

图 7-1 MIL 跟踪算法流程

在 MIL 跟踪算法中，首先利用一组 Haar 特征 $F=\{f_1,f_2,\cdots,f_M\}$ 来表示一个图像块，共有 M 个特征（M 表示最大值）。每个 Haar 特征由几个矩形框组成，而每个矩形框又拥有一个权重。通过计算每个 Haar 特征 f_m（m 是集合中的元素序号）对应的各个矩形框内像素值的加权和可以得到该图像块在特征 f_m 下对应的特征值。然后，MIL 算法通过采样正负样本，计算样本的特征值，构建和更新跟踪模型。采样正样本包得到 $X^p=\{x\,\|\,l(x)-l_t|<r_p\}$，采样负样本包得到 $X^n=\{x|r_{\text{nin}}<|l(x)-l_t|<r_{\text{nout}}\}$，其中 $l(x)$ 表示样本图像块的位置坐标，l_t 表示目标的位置，r_p 表示正样本的采样半径，而 r_{nin} 和 r_{nout} 则分别表示负样本的采样内半径和外半径。

利用采样得到的正负样本包，并计算所有样本在所有特征下的特征值，即可构建每个

Haar 特征对应的弱分类器。每个 Haar 特征 f_m 对应一个弱分类器，通过该特征对应的正负样本的特征值构建和更新弱分类器 h_m。弱分类器由正样本对应的高斯函数 g_m^p 和负样本对应的高斯函数 g_m^n 组成，通过计算正负样本的均值和方差，即可得到对应的高斯模型，进而得到对应的弱分类器。共生成了 M 个 Haar 特征，故共有 M 个弱分类器，每个弱分类器包含四个主要参数：正样本的均值 $\mu_{m,p}$、正样本的方差 $\sigma_{m,p}$、负样本的均值 $\mu_{m,n}$ 和负样本的方差 $\sigma_{m,n}$。对于单个弱分类器而言，通过返回样本图像块 x 的对数比值比来描述样本图像块 x 是跟踪目标的概率：

$$h_m(x) = \log\left[\frac{p\left(y=1 \mid f_m(x)\right)}{p\left(y=0 \mid f_m(x)\right)}\right] \tag{7-3}$$

假设图像块为正负样本的先验概率相等，即 $p(y=1)=p(y=0)$，根据贝叶斯公式，可得到：

$$h_m(x) = \log\left[\frac{p\left(f_m(x) \mid y=1\right)}{p\left(f_m(x) \mid y=0\right)}\right] \tag{7-4}$$

其中 $f_m(x)$ 表示图像块 x 在特征 f_m 下的特征值，而 $p\left(f_m(x) \mid y=1\right) \in N\left(\mu_{mp}, \sigma_{mp}\right)$，即服从均值为 μ_{mp}、方差为 σ_{mp} 的高斯分布，$p\left(f_m(x) \mid y=0\right) \in N\left(\mu_{mn}, \sigma_{mn}\right)$ 即服从均值为 μ_{mn}、方差为 σ_{mn} 的高斯分布。

前面通过生成 M 个 Haar 特征，采样正负样本，计算对应的 Haar 特征值，再计算均值和方差，得到了 M 个弱分类器。然后，MIL 跟踪算法以最大化样本包的对数似然函数为目标：

$$L = \sum_i \log\left(p\left(y_i \mid X_i\right)\right) \tag{7-5}$$

训练得到一个分类器跟踪模型。式(7-5)是定义在样本包而非单个样本上的，但最终得到的分类器模型是需要用来预测单个样本的概率的，因此需要建立样本包和单个样本之间的关系。MILBoost 算法采用 Noisy-OR 模型来构建样本包为正样本包的概率：

$$p\left(y_i \mid X_i\right) = 1 - \prod_j \left(1 - p\left(y_{ij} = 1 \mid x_{ij}\right)\right) \tag{7-6}$$

当单个样本为正样本的概率较大时，相应的样本包为正样本包的概率也会较大。

MILBoost 算法以最大化式(7-5)为准则，有序地从 M 个弱分类器中选择 K 个弱分类器构成强分类器，形成跟踪模型。在选择第 k 个弱分类器时，目标函数为：

$$h_k = \underset{h_m}{\operatorname{argmax}}\, \mathcal{L}\left(H_{k-1} + h_m\right) \tag{7-7}$$

其中 H_{k-1} 表示由选择的前 $k-1$ 个弱分类器构成的强分类器。最后的跟踪模型即由选择的 K 个弱分类器线性组合而得到。首先准备样本数据，然后更新所有的弱分类器，再以最大化样本包的似然函数为目标，依次选择 K 个最佳的弱分类器构成强分类器跟踪模型。

在第 $t-1$ 帧中完成分类器跟踪模型的构建和更新后，需要利用跟踪模型估计目标在第 t

帧的位置坐标。假设跟踪目标不会发生突然性的运动，目标在第 t 帧的位置可以通过扫描第 $t-1$ 帧目标位置的邻域得到，见式(7-8)。

$$p\left(l_t \mid l_{t-1}\right) \propto \begin{cases} 1 & \text{if } \left\|l_t - l_{t-1}\right\| < s \\ 0 & \text{其他} \end{cases} \tag{7-8}$$

其中，l_t，l_{t-1} 表示目标在第 t 帧和第 $t-1$ 帧的坐标位置，该式表示目标在两帧中的距离应小于 s。在第 $t-1$ 帧目标的位置 l_t-1 附近采样得到样本图像块 $X^s=\left\{x \mid \left\|l(x)-l_{t-1}\right\|<s\right\}$。对于每个样本 x，利用式(7-9)计算样本为跟踪目标的响应值。

$$p(y=1 \mid x)=\sigma(H(x)) \tag{7-9}$$

其中 H 表示强分类器，$\sigma(x)=1/\left(1+\mathrm{e}^{-x}\right)$。最后，以响应值最大的样本作为目标，更新目标位置 $l_t=l\left(\underset{x \in X^S}{\operatorname{argmax}}\, p(y=1 \mid x)\right)$，然后再在 l_t 位置附近采样正负样本，更新目标模型。

7.2.2 平衡正负样本权重

在 MIL 跟踪算法中，构建模型时以最大化样本包的对数似然函数为准则，见式(7-10)。

$$\mathcal{L}=\sum_i \log p\left(y_i \mid X_i\right) \tag{7-10}$$

而单个样本和样本包之间的关系采用 Noisy-OR 模型来构建：

$$p\left(y_i=1 \mid X_i\right)=1-\prod_j\left(1-p\left(y_i=1 \mid x_{ij}\right)\right) \tag{7-11}$$

单个样本为正样本的概率为：

$$p\left(y_i=1 \mid x_{ij}\right)=\sigma\left(H\left(x_{ij}\right)\right) \tag{7-12}$$

其中 $\sigma(x)=\dfrac{1}{1+\mathrm{e}^{-x}}$。$H(x)=\sum_k h_k(x)$ 是用多个弱分类器组合而成的强分类器。

在选择最佳的弱分类器时，每一次选择都需要最大化样本包的对数似然函数，因为在 MIL 跟踪算法中，只有两种样本包，即正样本包和负样本包，因此样本包的对数似然函数简化为式(7-13)。

$$\mathcal{L}=\log p\left(y_0=0 \mid X_0\right)+\log p\left(y_1=1 \mid X_1\right) \tag{7-13}$$

即令训练得到的模型在预测正负样本包时尽可能正确。

将样本包的概率利用单个样本的概率表示，则式(7-13)可以表示为式(7-14)的形式。

$$\mathcal{L}=\log\left[\Pi_j\left(1-p\left(y_{0j}=1 \mid x_{0j}\right)\right)\right]+\log\left[1-\Pi_j\left(1-p\left(y_1=1 \mid x_{1j}\right)\right)\right] \tag{7-14}$$

式(7-14)左边一项表示负样本包为负的概率，右边一项表示正样本包为正的概率。经分析发现，在选择最佳的弱分类器构成强分类器时，会出现正样本包项的值远远小于负样本包项的值的现象，导致正样本包在模型构建时起到的作用微乎其微，而负样本包则对分类器的选择起到了决定性的作用。

通过分析可以发现，在MIL跟踪算法中，共会构建M个特征，则共有M个弱分类器。在从M个弱分类器中选取最佳分类器时，会得到M个估计正样本包为正的概率和M个估计负样本包为负的概率，用p_i^p和p_i^n表示，$i=\{1,2,\cdots,M\}$。由于每个弱分类器都是由正负样本构建的高斯函数构成的，正样本仅在跟踪目标附近进行小范围采样，而负样本则是在一个较大的范围内进行采样，因此得到的正样本高斯模型的方差较小，而负样本高斯模型的方差却很大。因此在计算弱分类器的概率值时，对于正样本而言，$h_k(x)$的值为正，但绝对值较小，而对于负样本而言，$h_k(x)$的值为负，但绝对值很大。进而导致最后在计算样本包的对数似然值时，正样本包所起的作用微乎其微，负样本包在分类器的选择时起到了决定性的作用。

针对前面提到的问题，可引入通过权衡正负样本所占的比重来改进模型的构建方式。通过将M个弱分类器计算得到的正负样本包的预测概率值归一化，平衡正样本包在MIL模型构建过程中的比重。

$$p_i^p=\frac{p_i^p-\min\limits_i p_i^p}{\max\limits_i p_i^p-\min\limits_i p_i^p} \tag{7-15}$$

$$p_i^n=\frac{p_i^n-\min\limits_i p_i^n}{\max\limits_i p_i^n-\min\limits_i p_i^n} \tag{7-16}$$

在进行实验测试时，所用的先验信息只有第一帧的目标位置和尺寸。这里将本小节的跟踪算法简写为TSMT_B。

1. 参数设置

在MIL算法中，弱分类器的数量$M=250$，挑选出的用于构建强分类器的弱分类器的数量$K=50$。选择的弱分类器的数量越多，对数似然函数中正样本包项的值越趋近于1，而负样本包项的值则越趋近于0。这将导致式(7-10)的值随着弱分类器数量的增多而保持不变，即最后选择出的弱分类器按序排列，并不能按照最大化对数似然函数的准则来选出最佳的弱分类器。因此，在本小节中，将选择出的弱分类器的数量设置为$K=20$，这样既不会影响跟踪算法的性能，又加快了算法的运行速度。

2. 定性比较

通过在测试序列库OTB（Object Tracker Benchmark）50上的实验，定性地比较本节改进之后的MIL算法和原始的MIL跟踪算法。经本小节改进后的MIL算法，在选择弱分类器上更加准确，得到的跟踪模型也更加可靠，整体性能上明显优于原始的MIL算法。

在basketball、bolt、deer、freeman3等序列上，原始的MIL跟踪算法均不能很好地跟踪到目标，如图7-2所示。图7-2分别给出了序列basketball、bolt、deer和freeman3在不同帧的跟踪结果，改进后的算法用红色的矩形框表示，绿色的矩形框表示原始的 MIL 算法。在这几个序列中，原始的 MIL 算法容易发生漂移，训练得到的强分类器不能很好地表示当前的跟踪目标，改进后的 MIL 算法能够选择出与目标更贴合的特征构成跟踪模型。

在序列 basketball 中，原始的 MIL 算法逐渐漂移，在第 370 帧漂移到另一个相似的目标上。而在序列 bolt、deer 和 freeman3 中，原始的 MIL 跟踪算法则很快就丢失了目标，并一直不能重新捕获到目标。经本小节改进后的算法能够较好地适应目标的变化，选择出与当前跟踪目标匹配度很好的特征来表示目标，构建目标模型。

图 7-2　经本小节改进后的算法和原始 MIL 算法在序列 basketball、bolt、deer 和 freeman3 上的跟踪结果

由于本小节的算法是基于 MIL 跟踪算法的，虽然有所改进，但是在某些序列上，和 MIL 算法一样存在一些不足，如很难处理遮挡问题：目标被遮挡后，算法迅速学习到遮挡物体的信息：模型发生漂移，即使当目标再次出现时，算法也不能再次捕获到目标。如在有遮挡的几个序列中，本小节的算法和原始的 MIL 算法均表现不佳，如图 7-3 所示。在序列 david3 中，目标被树木遮挡后，跟踪算法很快丢失目标。在序列 jogging-1 中，灰色衣服的女子在跑步的过程中被电线杆挡住之后，无论是原始的 MIL 算法还是经本小节改进后的算法均不能跟踪到目标的位置，即使目标再次从电线杆后出来，也不能成功捕捉到目标的位置。在序列 liquor 中，当跟踪的瓶子目标被其他瓶子遮挡时，两个算法都迅速漂移到遮挡物上，导致模型漂移，跟踪失败。同样在序列 walking2 中，当穿黑衣服的男子出现时，挡住了跟踪的目标，两个算法都跟踪到了黑衣男子的身上。在序列 suv 中，当车辆被树枝等障碍物挡住时，跟踪算法迅速漂移，丢失跟踪目标。

从该实验结果可以看出，算法不能合适地处理遮挡问题：当目标被障碍物干扰时模型迅速漂移，漂移到遮挡物上，或者漂移到背景中，从而丢失跟踪目标。

图 7-3　无论是经本小节改进后的跟踪算法还是原始的 MIL 跟踪算法，在遇到遮挡或者干扰时，都会发生漂移，序列从上到下依次为 david3、jogging-1、liquor、suv 和 walking2

3. 定量评价

以 CLE 和 VOR 作为评价标准进行定量分析，选择 OTB50 作为测试序列，主要参与对比的方法有 MIL、OAB（On-line AdaBoost）和经本小节改进的 MIL 算法。MIL 在 OAB 算法的基础上加入了 MIL 的机制，而本小节的算法则是在 MIL 算法的基础上通过提升正样本在模型构建时的权重，使得算法能够选择更合适的特征表示目标。

绘制出的精确率和成功率曲线如图 7-4 所示。无论是采用 CLE 准则还是采用 VOR 准则，经过本小节改进的算法在整体性能上都较原始的 MIL 算法和 OAB 算法有所提升。但在 CLE 分数小于 10 和 VOR 分数大于 0.55 时，OAB 跟踪算法的曲线略高于本小节改进的算法，说明 OAB 跟踪算法在对跟踪准确性要求比较高时的表现稍好。

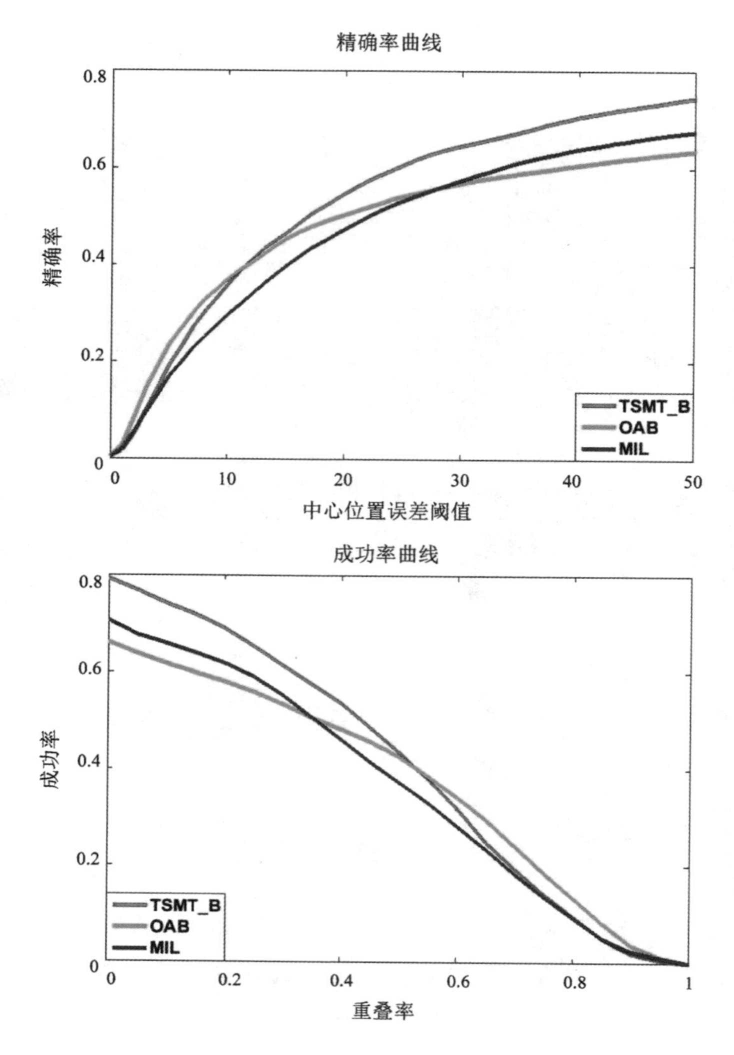

图 7-4　经本小节改进后的算法和 MIL 跟踪算法、OAB 跟踪算法
在精确率曲线和成功率曲线上的定量比较

通常认为，当 VOR 分数大于 0.5 时，跟踪结果可靠；同样，在 CLE 准则下，认为 CLE 分数小于 20 时，跟踪成功。VOR 分数为 0.5、CLE 分数为 20 时的三种算法的比较如表 7-1 所示，从表中数据可以看出得分最高的算法（以粗体标记）。从该表格可以看出，本小节提出的改进后的 MIL 算法在 VOR 和 CLE 评价准则下拥有最高的得分。

表 7-1　三种算法在 OTB 50 测试序列上，CLE 分数为 20、VOR 分数为 0.5 时的跟踪结果

目标参数	本算法	MIL	OAB
CLE=20	**0.55**	0.47	0.50
VOR=0.5	**0.44**	0.37	0.43

4. 实验小结

本小节主要介绍了 MIL 跟踪算法的原理，包括模型的构建和跟踪的具体流程。然后根据 MIL 算法存在的不足，提出了可行的改进方案。对于原始的 MIL 算法来说，在优化目标函数时，存在正样本起到的作用很小的问题，基本由负样本项决定了强分类器的构成。本小节提出了一种通过将正负样本项的值归一化的方法，从而提升正样本项在模型构建中的作用。通过对 OTB 50 测试序列上的实验结果的定性比较和定量分析可以发现，提出的改进方法能够有效地提升跟踪算法的性能。

7.3　基于核化相关滤波器的视觉目标跟踪算法研究与改进

本节将详细介绍相关滤波器的构成要素以及理论知识。目标跟踪算法的四个主要步骤分别是：采集训练样本及特征提取，训练相关滤波分类器，预测目标位置和更新分类器。另外，本节还论述了加余弦窗的原理及作用，以及相关跟踪算法的岭回归模型和核函数理论，并在此基础上给出了基于相关滤波的目标跟踪算法的一般性结构框架。

7.3.1　基于相关滤波器的目标跟踪算法

近年来，基于相关滤波器的目标跟踪算法在视觉跟踪领域引起了研究者的极大兴趣。在传统的统计学习算法里，这类算法在各个公开的数据集上取得了最好的效果。不仅如此，该类型算法还具有计算高效性和框架开放性的优点，因此具有十分重大的研究及参考意义。Bolme[14]等首次提出了使用相关滤波器进行目标跟踪的方法，提出了一种基于相关滤波器在亮度图上学习 MOSSE 的方法；Henriques[16]等则使用核函数的循环结构进行稠密采样，并通过学习正则化最小二乘法分类器进行目标跟踪。在此基础上，他们还引入了多通道的 HOG 特征构成 KCF 算法，进一步增强了跟踪器的健壮性。以 KCF 算法为基准算法，下面将详细介绍 KCF 及其衍生算法的一般算法流程。

根据现有的基于相关滤波的目标跟踪算法，其一般性的算法框架可以总结如下：第一帧时需要手动标注跟踪的目标，在新的视频帧到来时，为了预测目标位置，此时一般需要对候选目标区域进行特征提取和加余弦窗进行平滑等操作；然后在频域利用训练好的相关滤波器对候选目标进行检测，响应图的最大值出现的位置就是目标当前出现的位置；接着在新的目标位置中进行特征提取，这些特征与分类器理想的回归值（在相关滤波跟踪器里用一个二维高斯函数表示）一起用于目标外观模型和分类器系数的更新；接着用更新完成的分类器去新的视频序列里检测目标的下一个位置。其流程如图 7-5 所示。

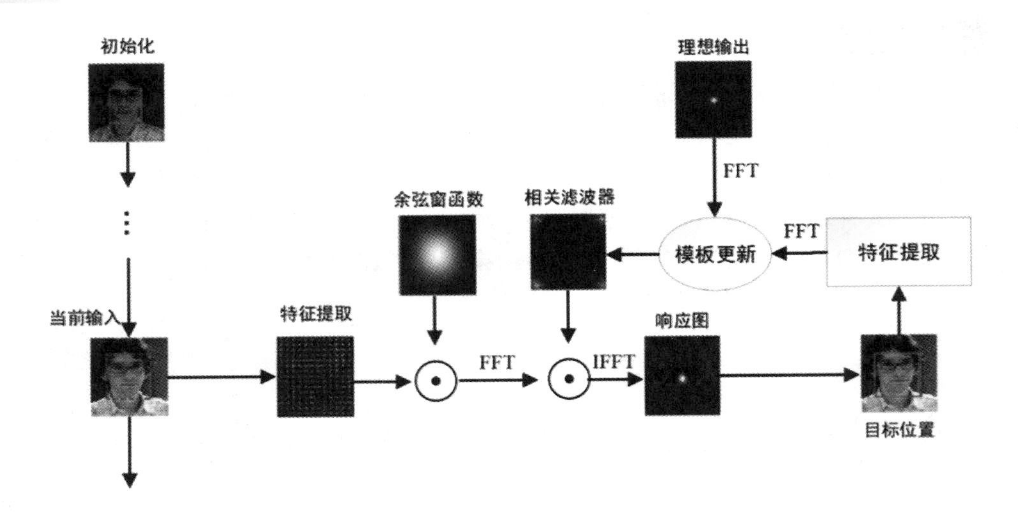

图 7-5　相关滤波跟踪算法的基本步骤

1. 特征提取

训练样本特征包含了两个步骤，即采集训练样本和提取样本特征。采集训练样本时，把样本分为目标图像和目标背景，目标图像作为训练的正样本，背景图像作为负样本。样本采集的方式有随机采样和稠密采样。随机采样即在目标附近随机提取若干大小相同的区域作为候选目标，与该策略结合的典型算法是粒子滤波。然而这种方法的劣势是采集的样本存在很多重叠区域，目标的外观模型并没有得到很好的表现。稠密采样通常用于判别式的跟踪算法，它一般能提取目标关键信息而且还有减小运算量的效果，这对目标跟踪而言至关重要，其主要缺点是采样区域一般在目标附近，当目标快速运动或者是全遮挡后在远距离方位出现时，该类采样方式都会失效。KCF 则采用了一种新型的稠密采样策略，极大地提高了算法的运算速度。

用 $\boldsymbol{x}=\left(x_1,x_2,\cdots,x_n\right)$ 表示目标的外观描述，且称之为基础样本。那么可以按如下方式构造分类器的训练样本：

$$\boldsymbol{X}=C(\boldsymbol{x})=\begin{bmatrix} x_1 & x_2 & x_3 & \cdots & x_n \\ x_n & x_1 & x_2 & \cdots & x_{n-1} \\ x_{n-1} & x_n & x_1 & \cdots & x_{n-2} \\ \vdots & \vdots & \vdots & \ddots & \vdots \\ x_2 & x_3 & x_4 & \cdots & x_1 \end{bmatrix} \tag{7-17}$$

该矩阵的每一列（或每一行）都是由其左边一列（或上一行）循环移位一个元素得到的。把基础样本作为分类器的正样本，而其他循环移位得到的样本则作为负样本（虚拟样本），训练样本矩阵 $\boldsymbol{X}$ 则代表了输入图像的所有表征可能，之后我们将详细介绍这样构造训练样本的优点。

这里所说的特征提取特指计算机视觉和图像处理中的概念，其目的是利用计算机提取图像的关键部分，决定每个图像的像素点是否属于所定义的这些关键部分。特征提取的结果是把图像上的像素分为不同的子集，这些子集往往属于孤立的点、连续的曲线或者连续的区域。特征没有精确和标准的定义，如何进行特征提取、提取什么特征往往由问题或者算法的应用类型决定。特征是数字图像中“有趣”的部分，它是设计算法对图像进行分析理解的起点。广泛使用的基于相关滤波的目标跟踪算法的特征有亮度特征、HOG 特征和颜色特征。由于 HOG 特征具有比较强的健壮性，因此在行人、车辆、动物等物体检测上有广泛应用。多维、多通道的 HOG 特征对 KCF 性能的提升至关重要，因此这里将重点叙述 HOG 特征的提取过程。

HOG 是一种梯度统计特征，它通过计算图像局部区域的方向直方图来构成特征，是一种中层视觉描述符。HOG 特征提取实现过程如图 7-6 所示。

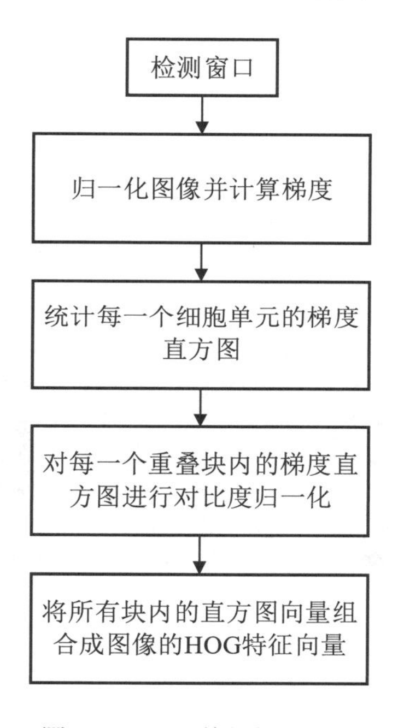

图 7-6　HOG 特征提取过程

检测窗口就是待提取特征的区域，对输入图像亮度化以后用 Gamma 校正进行归一化，减小局部阴影和光照对图像的影响。每一个像素的梯度分为水平和垂直两个方向，梯度的计算方法为：

$$G_x(x,y)=H(x+1,y)-H(x-1,y) \tag{7-18}$$

$$G_y(x,y)=H(x,y+1)-H(x,y-1) \tag{7-19}$$

式中 $G_x(x,y)$、$G_y(x,y)$、$H(x,y)$ 分别表示输入图像中像素点 (x,y) 处的水平方向梯度、垂直方向梯度和像素值。像素点 (x,y) 处的梯度幅值和梯度方向分别为：

$$G(x,y)=\sqrt{G_x(x,y)^2+G_y(x,y)^2} \tag{7-20}$$

$$\alpha(x,y)=\tan^{-1}\left(\frac{G_y(x,y)}{G_x(x,y)}\right) \tag{7-21}$$

此处详细介绍一下提取 HOG 特征的方法。首先将图像分成若干细胞单元（cell），可以把每个细胞单元大小设为 6 像素×6 像素，一般利用九个方向区域的直方图来统计这 36 个像素点的梯度信息。如果这个像素的方向梯度处于第 n 个方向区域内，那么把这个像素的梯度值累加在该区域计数。然后将细胞单元组合成大的块（block），块内归一化梯度方向直方图。再将各个细胞单元组合成大的、空间上相连通的区间。这样一个块内所有细胞单元的特征向量串联起来便得到这个块的 HOG 特征。由于这些区间互有重叠，所以每一个细胞单元的特征会以不同的结果多次出现在最后的特征向量中。最后就是将检测窗口中所有重叠的块进行 HOG 特征的收集，构成最终的 HOG 特征向量，送入分类器中进行分类器的训练或预测分类结果。

2. 余弦窗函数

在 KCF 算法中，基样本是跟踪的目标，负样本则是由基样本循环移位得到的，如图 7-7 所示。

图 7-7　基样本及其循环移位示意图

图 7-7 只显示了基样本上下循环移位的效果，左右循环移位也会有相似效果。经过循环移位，目标描述空间中的目标图像中会出现很多不连续的边缘，这些边缘并不是目标的固有特征，严重影响着目标的特征提取。为了消除这种影响，通常要对提取特征后的图像进行余弦窗叠加处理：

$$\cos\_\text{window}=h(m)h(n)' \tag{7-22}$$

$$h(N)=\frac{1}{2}\left(1-\cos\left(2\pi\frac{i}{N}\right)\right),\quad 0\le i\le N \tag{7-23}$$

其中 m 和 n 分别对应特征图的宽和高，目标图像加余弦窗后效果如图 7-8 所示。

如图 7-8 所示，可以直观地看到，加上余弦窗后，不仅图像的边缘区域更平滑了，还凸显了目标的主要信息。由于相关滤波跟踪算法构造训练样本时采用循环移位的方式，造成样本存在很多不连续的区域，这些区域并不是样本的特征，但是却严重影响目标的特征描述，余弦窗则能很好地抵消这种不良影响。

原始目标图像

加窗后的目标图像

图 7-8　目标图像加余弦窗的前后效果比较

3. 岭回归

相关滤波器部分采用的是岭回归模型。大部分判别式目标跟踪算法都采用非正即负的方法来标记训练样本，即正样本标签为 1，负样本标签为 0。这种标记样本的方法不能很好地反映每个负样本的权重，即对离中心目标较远的样本和离中心目标较近的样本同等看待。为了克服这种问题，KCF 采用了连续标签策略：对于训练样本，离目标越近，值越趋向于 1，离目标越远，值越趋向于 0。KCF 算法使用了[0,1]范围值作为分类器的回归值，从而给不同偏移的样本不同的权重。训练样本标签在形式上表现为一个二维的高斯函数：

$$G(x,y)=\frac{1}{2\pi\sigma^2}e^{-\left(x^2+y^2\right)/2\sigma 2} \tag{7-24}$$

其中 x 和 y 对应于模板的大小。基于相关滤波的目标跟踪算法也是一种模板匹配方法，而标签以高斯函数的形式存储在矩阵中，矩阵的大小与模板的大小有关。高斯函数的协方差控制函数开口的大小，进而影响标签分布，一般设为一个经验常数。根据机器学习理论，判别式模型对样本进行训练的过程就是找到一个分类函数。$f(\boldsymbol{x})=\boldsymbol{W}^{\mathrm{T}}\boldsymbol{x}$，使得在某种决策条件下损失最小化。$\boldsymbol{W}$ 称为分类器的系数，通常通过构造损失函数进行结构风险最小化得到，在均方误差损失函数中，优化问题的形式为：

$$\min_{w}\sum_{i}\left(f\left(\boldsymbol{x}_i\right)-\boldsymbol{y}_i\right)^2+\lambda\|\boldsymbol{W}\|^2 \tag{7-25}$$

其中 $\boldsymbol{x}$ 是训练样本特征，$\boldsymbol{y}$ 是对应的标签，λ 称为规则化因子，用于防止分类器过拟合。对式(7-25)求偏导，令偏导数为零，可以得到一般解为：

$$\boldsymbol{W}=\left(\boldsymbol{X}^{\mathrm{H}}\boldsymbol{X}+\lambda\boldsymbol{I}\right)^{-1}\boldsymbol{X}^{\mathrm{H}}\boldsymbol{y} \tag{7-26}$$

$\boldsymbol{X}^{\mathrm{H}}$ 是 $\boldsymbol{X}$ 的埃尔米特（Hermite）转置，对于实矩阵而言，$\boldsymbol{X}^{\mathrm{H}}=\boldsymbol{X}^{\mathrm{T}}$。由前面分析可知，$\boldsymbol{X}$ 是由基样本的循环移位构成的，因而 $\boldsymbol{X}$ 是一个循环矩阵，循环矩阵具有如下性质：

$$\boldsymbol{X}=\boldsymbol{F}\,\mathrm{diag}(\hat{\boldsymbol{x}})\boldsymbol{F}^{\mathrm{H}} \tag{7-27}$$

其中 $\boldsymbol{F}$ 是一个不依赖 $\boldsymbol{X}$ 的常数矩阵，“diag”代表正对角矩阵，$\hat{\boldsymbol{x}}$ 表示 $\boldsymbol{x}$ 的离散傅里叶变换，头上带“^”的字母皆表示其离散傅里叶变换，下面不再一一赘述。那么：

$$\boldsymbol{X}^{\mathrm{H}}\boldsymbol{X}=\boldsymbol{F}\operatorname{diag}\left(\hat{\boldsymbol{x}}^{*}\odot\hat{\boldsymbol{x}}\right)\boldsymbol{F}^{\mathrm{H}} \tag{7-28}$$

其中⊙表示矩阵的点乘，把式(7-28)代入 $\boldsymbol{W}$ 求得它的频域表达式为：

$$\widehat{\boldsymbol{W}}=\operatorname{diag}\left(\frac{\hat{\boldsymbol{x}}^{*}}{\hat{\boldsymbol{x}}^{*}\odot\hat{\boldsymbol{x}}+\lambda}\right)\hat{\boldsymbol{y}}=\frac{\hat{\boldsymbol{x}}^{*}\odot\hat{\boldsymbol{y}}}{\hat{\boldsymbol{x}}^{*}\odot\hat{\boldsymbol{x}}+\lambda} \tag{7-29}$$

至此，通过对训练样本进行学习，求出了分类器的系数，构造了一个判别式的模型。由于点乘的存在，分类器的训练是一个很快速的过程。通过对 $\widehat{\boldsymbol{W}}$ 逆傅里叶变换，就可以恢复分类器的系数 $\boldsymbol{W}$。分类器的训练完全在频域进行，频域的点乘对应空域的卷积或相关，$\boldsymbol{W}$ 的求解可以看作一个正则化的相关滤波器，这就是相关滤波跟踪器的由来。

4. 核函数理论

由以上分析发现，基于相关滤波的目标跟踪算法在理论上并没有体现出比其他同类型算法（判别式模型）在跟踪精确度上的优势，它只是解决了一个快速训练、快速检测的问题。核函数的引入正是为了解决跟踪精度这一问题，增强算法的健壮性。

核函数也称为径向基函数，用来表示某一些沿径向作对称形式的标量函数。核函数的定义是空间内任意一点 x 到某一中心点 x' 之间欧氏距离形成的单调函数，记为 $k\left|x-x'\right|$。核函数的作用一般都是局部的，即如果 x 远离 x' 的时候，函数的取值一般都很小。核函数的形式化定义就是，若原始特征内积为 $x\cdot x'$，映射到希尔伯特空间后表示为 $\varphi(x)\cdot\varphi(x')$，那么核函数可以表示为：

$$k(x,x')=\varphi(x)^{\mathrm{T}}\varphi(x') \tag{7-30}$$

模式识别理论认为，低维空间线性不可分的模式通过非线性映射到高维空间则存在着线性可分的可能。从低维空间映射到高维空间存在两个主要问题：一是合理的非线性映射函数的选取，当非线性映射不恰当时依旧达不到正确分类的目的；二是高维空间中计算的问题，高维空间的“维数灾难”使得计算问题成为最突出的问题，核函数的出现则能够很好地解决这一问题。由式(7-30)可知，特征向量经过非线性函数 $\varphi(\cdot)$ 映射到高维空间后，高维空间的内积运算则转换为了低维空间的核函数计算。核函数一定要满足 Mercer 定理，通常使用的核函数主要有以下几类：

① 高斯核函数：$k(x,x')=\exp\left(-\|x-x'\|^{2}/2\sigma\right)$；

② 多项式核函数：$k(x,x')=(x\cdot x'+1)^{d}$，$d=1,2,\cdots,N$；

③ 感知器核函数：$k(x,x')=\tan(\beta x'+b)$。

基于相关滤波的目标跟踪算法通常使用的核函数是高斯核以及多项式核，在频率域中这两种函数的表达式如下。

高斯核：

$$k^{xx'}=\exp\left(-\frac{1}{\sigma^2}\left(\|\boldsymbol{x}\|^2+\|\boldsymbol{x}'\|^2-2F^{-1}\left(F(\boldsymbol{x})F^*\left(\boldsymbol{x}'\right)\right)\right)\right) \tag{7-31}$$

多项式核：

$$k^{xx'}=\left(F^{-1}\left(\boldsymbol{x}\odot\boldsymbol{x}'\right)+a\right)^b \tag{7-32}$$

核函数可以让我们在跟踪算法中使用更强大的、非线性的回归函数，更吸引人的地方在于求解的最优化问题仍然是线性的，下面将具体说明。

利用核函数技巧，把输入样本 $\boldsymbol{x}$ 非线性映射到高维空间 $\varphi(\boldsymbol{x})$，那么分类器的系数还可以这样表示：$\boldsymbol{W}=\sum\alpha_i\varphi\left(\boldsymbol{x}_i\right)$。该式的意义是权重 $\boldsymbol{W}$ 通过系数向量 $\boldsymbol{\alpha}$ 隐式地表达出来，此时最优化问题转化为求解 $\boldsymbol{\alpha}$，而不是 $\boldsymbol{W}$。所以回归函数转化为式(7-33)这种形式：

$$f(z)=\boldsymbol{W}^{\mathrm{T}}z=\sum_{i=1}^{n}\alpha_i k\left(z,\boldsymbol{x}_i\right) \tag{7-33}$$

式(7-33)的解为：

$$\boldsymbol{\alpha}=(\boldsymbol{K}+\lambda\boldsymbol{I})^{-1}\boldsymbol{y} \tag{7-34}$$

其中 $\boldsymbol{K}$ 为核矩阵，其元素 $\boldsymbol{K}_{ij}=k\left(\mathbf{x}_i,\mathbf{x}_j\right)$，可以证明此时 $\boldsymbol{K}$ 仍然是循环矩阵。$\boldsymbol{I}$ 是单位矩阵；向量 $\boldsymbol{y}$ 的元素是 $\boldsymbol{y}_i$。定义向量核化后的相关运算为：$k_i^{\mathbf{x}'}=k\left(\boldsymbol{xx},P^{i-1}\boldsymbol{x}\right)$，那么：

$$\hat{a}=\frac{\hat{\boldsymbol{y}}}{\hat{\boldsymbol{k}}^{xx}+\lambda} \tag{7-35}$$

式(7-35)给出了核化的相关滤波器训练方法，接着则使用已训练好的模型预测目标的新的位置。为了找到目标的正确位置，需要寻找多个测试样本。即采集目标附近的区域内测试样本，送入分类器得到响应输出，找出其中响应输出最大的位置即为运动目标的新位置。对于每一个给定的测试样本，相关滤波器的响应输出为：

$$f(z)=\sum_{i=1}^{n}\alpha_i k\left(z,\boldsymbol{x}_i\right) \tag{7-36}$$

如果直接计算所有的测试样本，那么会导致计算速度过慢，因此可以通过循环移位建模来得到所有的测试样本。由于训练样本和测试样本分别由基础样本 $\boldsymbol{x}$ 和循环移位 z 得到，通过构建所有训练样本和测试样本之间的核矩阵 $\boldsymbol{k}^z$，那么 $\boldsymbol{k}^z$ 中的每一个元素都可以表达为 $k\left(P^{-1}\boldsymbol{z},P^{-1}\boldsymbol{x}\right)$。该矩阵同样可以通过高斯核成为循环矩阵，因此该矩阵的第一行就能定义该矩阵的结构。接式(7-36)可得：

$$f(z)=\alpha\left(K^z\right)^{\mathrm{T}} \tag{7-37}$$

注意到 $f(z)$ 是一个向量，它包含了测试样本 $\boldsymbol{Z}$ 所有的循环移位得到的样本的输出，即分类器的检测响应。为了更快速地计算式(7-37)，把它转换到频域：

$$\hat{f}(z)=\hat{\boldsymbol{k}}^{xz}\odot\hat{\boldsymbol{a}} \tag{7-38}$$

然后寻找所有测试样本响应向量 $f(z)$ 的最大响应值位置，即为目标的预测位置。直观上，在所有位置计算 $f(z)$ 的过程等价于利用 K^z 做空间滤波操作。式(7-35)和式(7-38)是相关滤波算法的两个主要式子，分别用于分类器的训练和新目标的检测。在目标跟踪的过程中训练和检测交替进行，当给定跟踪目标时，在给定的目标位置提取训练样本进行分类器训练。当下一帧图像到来时，用已训练好的分类器去检测新的目标位置。然后在新的目标位置再次提取训练样本，重复以上过程直到视频结束。由于目标运动过程中，其外观经常会发生变化，因此很有必要更新目标的外观模型来适应这种变化。传统的相关滤波算法中目标模型由表观模型 $\hat{\boldsymbol{x}}$ 和分类器 $\hat{\alpha}$ 的参数两部分组成，它们的更新方法为：

$$\hat{\boldsymbol{\alpha}}_t=\eta\frac{\hat{\boldsymbol{y}}}{\hat{k}_t+\lambda}+(1-\eta)\hat{\boldsymbol{\alpha}}_{t-1} \tag{7-39}$$

$$\hat{k}_t=\eta\hat{k}^{zz}+(1-\eta)\hat{k}_{t-1} \tag{7-40}$$

其中 t 是当前帧的序号，η 是学习率。由式(7-39)和式(7-40)可以看出，外观模型的更新影响分类器参数的更新，而外观模型仅与当前帧的目标位置有关。也就是说，在具体的更新策略中，这种更新算法只考虑了当前帧的目标，并没有考虑之前帧目标的影响。这种做法的好处是精简了算法模型，缺点就是当跟踪目标受到遮挡时跟踪算法也即失效。

7.3.2 自适应模板更新的目标跟踪算法

基于相关滤波的目标跟踪算法具有很快的计算速度，很大一部分原因是它的快速训练和检测机制。然而这种跟踪机制使得滤波器在每一帧中尽可能地找到与前一帧最相似的目标，而不管目标外观模型的变化。具体而言就是，模板的更新率是一个常数，而下一帧目标的检测很大程度取决于上一帧的检测结果。因此当跟踪目标受到遮挡时，跟踪器会跟踪遮挡物，然后以遮挡物所在区域训练分类器，这样就造成使用错误的分类样本和标签进行分类器训练。本小节将引入一种全新的损失函数用于在训练滤波器系数的同时最小化分类误差，通过分类误差决定外观模型的更新变化。这样设计的损失函数在优化目标响应图的同时，反映了当前跟踪目标的外观模型变化状态，对于目标模型的更新具有很大的指导意义。本小节设计了一种自适应目标模板更新算法。利用该算法，跟踪目标受到遮挡后能很好地解决需要重新找回的跟踪难题。

1. 统计学习模型的损失函数

基于统计学习的跟踪方法可由模型、策略和算法构成。在监督学习过程中，模型就是所要学习的条件概率分布或决策函数，模型的假设空间包含所有可能的条件概率分布或决策函数。假设空间用F表示，那么假设空间可以定义为决策函数的集合$F=\left\{f \mid Y=f_{\theta}(X), \theta \in \mathbf{R}^{n}\right\}$，其中$X$和$Y$是定义在输入和输出空间中的随机变量，而$F$通常是由一个参量$\theta$决定的函数族。有了模型的假设空间，接着就要考虑按照什么样的准则学习或选择最优模型。通常对于训练集给定的输入X和输出Y，可以用一个损失函数或代价函数来度量预测的错误程度。损失函数是$f(X)$和Y的非负实数值，记为$L(Y, f(\mathrm{X}))$。通常使用的损失函数有以下几种。

① 0-1 损失：$L(Y, f(X))=\begin{cases}1, & Y \neq f(X) \\ 0, & Y=f(X)\end{cases}$。

② 平方损失：$L(Y, f(X))=(Y-f(X))^{2}$。

③ 绝对值损失：$L(Y, f(X))=|Y-f(X)|$。

④ 对数损失：$L(Y, P(Y \mid X))=-\log P(Y \mid X)$。

一般来说，损失函数值越小，模型的分类效果就越好。可以用损失函数的期望值描述所有样本的平均损失：

$$R_{\mathrm{emp}(f)}=\frac{1}{N} \sum_{i=1}^{N} L\left(y_{i}, f\left(x_{i}\right)\right) \tag{7-41}$$

在假设空间、损失函数以及训练数据集已经确定的情况下，可以确定损失函数的大小。因此，经验风险最小的模型就是最优模型，也就是求解式(7-42)的最优问题：

$$\underset{f \in F}{\arg \min }=\frac{1}{N} \sum_{i=1}^{N} L\left(y_{i}, f\left(x_{i}\right)\right) \tag{7-42}$$

当训练样本足够大时，经验风险最小化能保证很好的学习效果，这在实际使用中已被广泛采用。但是当样本容量很小的时候，经验风险最小化的学习效果就未必很好，会产生“过拟合”现象。为了防止这种现象，一般在式(7-42)后加一个正则化项，或称为惩罚项：

$$\underset{f \in F}{\arg \min }=\frac{1}{N} \sum_{i=1}^{N} L\left(y_{i}, f\left(x_{i}\right)\right)+\lambda J(f) \tag{7-43}$$

其中$J(f)$称为模型的复杂度，是定义在假设空间中的泛函数。

2. 外观变化感知分类器

传统的基于相关滤波的跟踪模型是一个训练分类器对未知数据分类的过程：

$$M=\min _{w} \sum_{i}\left(f\left(\boldsymbol{x}_{i}\right)-\boldsymbol{y}_{i}\right)^{2}+\lambda\|\boldsymbol{W}\|_{2}^{2} \tag{7-44}$$

其中回归函数表示为$f\left(\boldsymbol{x}_{i}\right)=\boldsymbol{W}^{\mathrm{T}} \varphi\left(\boldsymbol{x}_{i}\right)$，$\varphi\left(\boldsymbol{x}_{i}\right)$表示样本的高维特征表示，高维特征空间是通过核函数映射得到的。样本标签$\boldsymbol{y}$使用连续的高斯模型模拟，$\boldsymbol{\lambda}$称为超参数，用于平衡训练模型的复杂度和精确度。由此方法得出，相关滤波跟踪算法损失函数采用均方误差。不同的误差函数具有不同的拟合特性，误差函数的选择一般要切合当前需要解决的问题。从损失函数的角度来说，相关滤波跟踪算法采用的是将均方误差作为训练误差损失。平方误差的使用虽然受制于帕塞瓦尔定理，但是通过这样的方式又恰好能把问题转到频域求解，因而平方误差损失函数的选择保证了算法计算的高效性。然而目标，的外观模型在目标运动过程中是不断变化的，比如受到遮挡、光照和发生形变的目标，其外观变化就很剧烈。一个好的损失函数应该能反映这种变化，并且保证分类器不至于过拟合。这就是本节关注的重点，即寻找一个更加健壮的损失函数，使得分类器能够反映目标的外观模型变化程度。

上面论述过，当样本数相对较少时，经验风险函数容易陷入“过拟合”，因此需要加入正则化项。当正则化项使用L_2范数时，称该式为“岭回归”。岭回归是一种专用于共线性数据分析的有偏估计回归方法，实质上是一种改良的最小二乘估计法，通过放弃最小二乘法的无偏性，以损失部分信息和降低精度为代价，获得更符合实际、更可靠的回归方法，对病态数据的耐受性远远强于最小二乘法。正则化项中的L_2范数还可以用L_p范数表示，当$p=1$时，优化模型称为LASSO（套索算法，Least Absolute Shrinkage and Selection Operator）。L_1和L_2范数都有助于降低过拟合风险，但是前者还会带来一个额外的好处：它比后者更容易获得“稀疏”解，即它所求得的系数$\boldsymbol{W}$会有更少的非零元素分量。此外还有一种LASSO和岭回归技术的混合体，称为弹性网络（ElasticNet），它使用L_1范数来训练，并且L_2范数优先作为正则化矩阵。当有多个相关特征时，弹性网络非常有效，此时LASSO会随机挑选其中的一个特征，而弹性网络则会选择两个。三种回归方式的数学表达式如下。

① 岭回归：$\underset{\boldsymbol{W}}{\arg\min}=\sum_i\left(f\left(\boldsymbol{x}_i\right)-\boldsymbol{y}_i\right)^2+\lambda\|\boldsymbol{W}\|_2^2$。

② LASSO模型：$\underset{\boldsymbol{W}}{\arg\min}=\sum_i\left(f\left(\boldsymbol{x}_i\right)-\boldsymbol{y}_i\right)^2+\lambda\|\boldsymbol{W}\|_1$。

③ 弹性网络（ElasticNet）：$\underset{\boldsymbol{W}}{\arg\min}=\sum_i\left(f\left(\boldsymbol{x}_i\right)-\boldsymbol{y}_i\right)^2+\lambda_1\|\boldsymbol{W}\|_2^2+\lambda_2\|\boldsymbol{W}\|_1 a$。

为了获得更加健壮的损失函数，把L_1、L_1-L_2和L_2范数都纳入考虑范围。这三种正则化方法分别揭示了损失函数值的稀疏性、弹性网络特性和组稀疏结构。因此我们把优化模型重新书写为式(7-45)：

$$M=\min_{\boldsymbol{W},\boldsymbol{e}}\sum_i l\left(e_i\right)+\lambda\|\boldsymbol{W}\|_2^2,\quad \text{s.t.} e_i=y_i-f\left(\mathrm{x}_i\right) \tag{7-45}$$

其中e_i表示预测值与真实值的误差，y_i是具有高斯型分布的标签。式(7-45)仍然是关于$\boldsymbol{W}$和$\boldsymbol{e}$的凸函数，然而如果同时优化这两个参数的话，该问题还是一个NP-hard问题。因此我们把式(7-45)转化为其等价式子：

$$\min_{\boldsymbol{w},\boldsymbol{e}}\sum_i\left(f\left(\mathrm{x}_i\right)+e_i-y_i\right)^2+\lambda\|\boldsymbol{w}\|_2^2+\tau l\left(e_i\right) \tag{7-46}$$

然后把式(7-38)分裂为两个子问题的优化问题：

$$\min_{\boldsymbol{w}}\sum_i(f(\boldsymbol{X})+\boldsymbol{e}-\boldsymbol{y})^2+\lambda\|\boldsymbol{w}\|_2^2 \tag{7-47}$$

$$\min_{\boldsymbol{e}}\sum_i(f(\boldsymbol{X})+\boldsymbol{e}-\boldsymbol{y})^2+\tau l(\boldsymbol{e}) \tag{7-48}$$

其中$\boldsymbol{X}$表示样本矩阵，它的每一行都代表一个训练样本。这两个子问题都分别有全局最优化解，所以式(7-46)可以通过交替优化式(7-47)和式(7-48)直至收敛，从而得到全局最优解。与上一小节提到的 KCF 的算法求解过程相似，分类器系数 $\boldsymbol{w}$ 映射到核空间然后在频域内求解，所得结果表示为：

$$\hat{\alpha}=\frac{\hat{\boldsymbol{y}}-\hat{\boldsymbol{e}}}{\hat{\boldsymbol{k}}+\lambda} \tag{7-49}$$

$\hat{\boldsymbol{k}}$ 表示核矩阵的第一行，由上一小节的推理得到，对于高斯核函数和多项式核函数，核矩阵仍然是一个循环矩阵，它的第一行完全可以用来描述整个矩阵：

$$\boldsymbol{K}=\boldsymbol{D}\,\mathrm{diag}(\hat{\boldsymbol{k}})\boldsymbol{D}^{\mathrm{H}} \tag{7-50}$$

为了求解式(7-50)，我们引入了不同的损失函数，具体如下。

1）L1 范数

L1 范数能使优化结果具有“稀疏性”的效果，可以使得目标向量的大部分元素都为零。具体到 $\boldsymbol{e}$ 中，就是能让大多数的训练样本都有很小的错误率。根据收缩阈值算法，此时 $\boldsymbol{e}$ 的全局最优解为：

$$\boldsymbol{e}=\sigma\left(\frac{1}{2}\tau,F^{-1}(\hat{\boldsymbol{y}}-\hat{\alpha}\odot\hat{\boldsymbol{k}})\right) \tag{7-51}$$

其中 F^{-1} 代表逆傅里叶变换，$\odot$ 表示点乘，$\boldsymbol{\sigma}$ 是一个收缩算子，定义为：

$$\sigma(\varepsilon,x)=\mathrm{sign}(x)\max(0,|x|-\varepsilon) \tag{7-52}$$

2）L1-L2 范数

此时，相当于给误差加上一个弹性网络约束，利用配方法可以转化成和求解 L1 范数一样的形式，得到的全局最优化解为：

$$\boldsymbol{e}=\sigma\left(\frac{\tau}{4+2\tau},\frac{2}{2+\tau}F^{-1}(\hat{\boldsymbol{y}}-\alpha\odot\hat{\boldsymbol{k}})\right) \tag{7-53}$$

3）L2 范数

在这种情况下优化系数以矩阵形式出现，L2 范数揭示的是系数的组稀疏结构。使用加速近端梯度法解决该凸优化问题，得到的最优解为：

$$\boldsymbol{e}_j=\begin{cases}\left(1-\dfrac{1}{\tau\left\|\boldsymbol{q}_j\right\|_2}\right)\boldsymbol{q}_j, & \dfrac{1}{\tau}<\left\|\boldsymbol{q}_j\right\|_2\\ 0, & \text{otherwise}\end{cases} \tag{7-54}$$

$\boldsymbol{e}_j$ 表示 $\boldsymbol{e}$ 的 j 第列。

$$\boldsymbol{q}=F^{-1}(\boldsymbol{y}-\hat{\alpha}\odot\hat{\boldsymbol{k}}) \tag{7-55}$$

此处对损失函数进行分析。在 L1 范数约束错误率 $\boldsymbol{e}$ 的系数尽可能稀疏的同时，引入的结果会使某些系数特别的大，也就是说，在某些训练样本中，分类器对其的训练误差很大。所以对于大多数训练样本而言，其训练误差很小，某些样本则当作噪声或者奇异点处理。这样做的好处是当运动目标的外观模型发生很大变化时，例如遮挡、光照、变形等，L1 范数仍能取得很好的训练结果。也就是说，学习到的滤波器系数 $\hat{\alpha}$ 能够忍受这些非常大的变化，这对于分类器学习受遮挡的目标是十分有用的。L2 范数约束目标是找到一个分类面，尽可能让所有的训练样本误差之和最小。在目标跟踪场景中，大多数情况下跟踪目标相对上一帧的变化都是很微小的，这时候 L2 范数约束就体现了其优越性。而 L1－L2 范数是在 L2 范数的基础上又加了一个 L1 范数约束，理论上说它能同时反映目标外观模型的缓慢或剧烈变化，因此局部的目标外观变化能得到很好的处理。本小节算法的优化模型采用 L1－L2 正则化约束，模型基础是 KCF 算法。

3. 连续学习的自适应模型更新

在传统的基于相关滤波的目标跟踪算法中，目标模型由外观模型 $\boldsymbol{x}$ 和分类器参数 $\hat{\boldsymbol{\alpha}}$ 两部分组成。这两部分通过式(7-39)和式(7-40)进行更新，其中 η 称为学习率，是一个固定的常数，通常情况下取 0.01。学习速率表征了外观模型对于新的图像的学习能力：η 值越大说明学习速率越快，在目标的表观模型剧烈变化的情况（例如非刚体的大幅度变形、目标的旋转或者姿态改变等）下，跟踪效果比较好；η 值越小表示学习速率越慢，在目标外观模型变化较小的跟踪环境（由背景引起的变化如光照、摄像机视角改变、缓慢运动目标等）中，跟踪效果良好。把学习率设为一个固定值并不是一个最好的选择，因为目标外观模型变化的剧烈程度在不同的跟踪场景以及同一场景的不同阶段是不一样的。

模板更新包含了两个方面：模板更新策略以及模板更新的频率。不同类型的跟踪算法更新策略都会有差别，而且更新方式受限于所采用的算法，很难有一个通用的更新模型。模板更新策略在生成式跟踪算法的研究上比较多，这些算法通常会保存一个字典模型来存储当前多个可能的目标模型，利用最小化误差重构找到最可能的目标。在对每一个候选目标判别时都与字典进行匹配，相当于考虑了多个概率较大的已检测目标。而基于模板匹配的判别式算法就很难采用这样的方法，因为不仅训练多个模板复杂度比较高，而且模板的置信度也不好判断。基于上述分析，根据相关滤波的跟踪算法特点，本小节提出一种连续学习的目标跟踪模板策略。

目标外观模型的更新影响着分类器系数的更新，并且当学习率 η 很大时，每一次的更新都会对当前分类器造成很大影响而忽略分类器的历史信息。当跟踪目标被遮挡或者完全消失时，此时跟踪算法的外观模型显然不能用于分类器的更新。一种简单的做法就是立即停止模型的更新，这种方法的缺陷就是很可能应该继续更新模板，但是算法却停止更新了。比如剧烈旋转或形变的目标，其外观模型变化很大，跟踪器很容易将目标运动过程判定为受到了遮挡而停止模板更新。本节提出的解决方案为自适应更新模型学习率，具体方法为：采用 Elastic 特性约束损失函数训练误差，对于从第一帧到第 p 帧的每一个历史外观模型 $\left\{\boldsymbol{x}^j : j=1,\cdots,p\right\}$，计算每一次分类器训练时的样本误差损失之和 $\varepsilon=|e|_1$。损失函数的大小反映了外观模型变化的程度，因此根据错误率决定学习率：

$$\gamma = \frac{\exp(-\varepsilon)}{1+\exp(-\varepsilon)} \tag{7-56}$$

根据学习率更新模板：

$$\hat{\boldsymbol{\alpha}}_t = \gamma \frac{\hat{\boldsymbol{y}} - \hat{\boldsymbol{e}}}{\hat{\boldsymbol{k}}_t + \lambda} + (1-\gamma)\hat{\boldsymbol{a}}_{t-1} \tag{7-57}$$

$$\hat{\boldsymbol{k}}_t = \gamma \hat{\boldsymbol{k}}^{zz} + (1-\gamma)\hat{\boldsymbol{k}}_{t-1} \tag{7-58}$$

4. 实验部分

为了验证本小节提出的算法的有效性，本实验从公开测试数据库 OTB50 中选取六组跟踪目标运动过程中受到障碍物遮挡的视频序列进行测试。这些序列都是验证目标跟踪算法有效性的常用的测试序列，每一组序列都具有很大的挑战性，并且在序列的第一帧都标明了需要跟踪的目标位置。测试序列详细信息如表 7-2 所示。

表 7-2　测试序列详细信息

测试视频	帧数	主要挑战因素
Jogging	307	遮挡、复杂背景
Lemming	1336	遮挡、复杂背景、光照变化、尺度变化
Girl2	1500	遮挡、尺度变化、形变、旋转
FaceOccl1	892	遮挡
Walking2	500	遮挡、复杂背景、尺度变化
Coke	291	遮挡、快速运动、光照变化、旋转

为了评估目标跟踪算法的性能，本小节将对这些序列进行定性及定量分析。定量分析采用精确率和成功率对本节提出的算法相对 KCF 算法的改进效果进行评价。对于定量分析，实验中采用 CLE、DP（距离精度，Distance Precision）以及 OP（重叠精度，Overlap Precision）三个评估参数来对跟踪结果进行评价。DP 定义为 CLE 小于某一阈值的帧数占视频总的帧数的百分比（本次实验中阈值选为 20 个像素点），百分比越大说明符合条件的帧数越多，也就是跟踪效果越好。OP 的定义为跟踪算法标定的矩形框与真实目标位置的矩形框重叠的地方超过一个阈值的视频帧数占总的视频帧数的百分比（本次实验中阈值选为 50%）。

使用本小节提出的自适应权值更新算法对六个主要受到遮挡问题影响的序列进行测试，分别记录它们的 CLE、DP 和 OP，并且给出了本小节提出的算法对这六个序列的平均表现，如表 7-3 所示。可以看出，在使用本小节算法得到的跟踪结果中，平均 CLE 为 3.9 像素点，平均 DP 为 93.9%，平均 OP 为 92.5%。实验结果表明，在目标受遮挡的跟踪序列里，本算法取得了最好的跟踪效果。

表 7-3　测试视频跟踪结果

测试视频	CLE（像素）	DP（%）	OP（%）
Jogging	2.1	98.7	98.5
Lemming	3.5	80.2	90.3
Girl2	1.7	95.3	98.2
Girl	8.4	90.8	80.4
Walking2	1.3	100	98.9
Coke	6.2	98.4	91.4
平均值	**3.9**	**93.9**	**92.5**

在图 7-9 中给出了六个序列的整体实验效果，在重叠百分比为 50%时，本小节给出的算法仍然对 90%以上的视频帧给出了正确的跟踪结果；当距离精度等于 20 个像素点时，跟踪精确度达到了 90%以上。

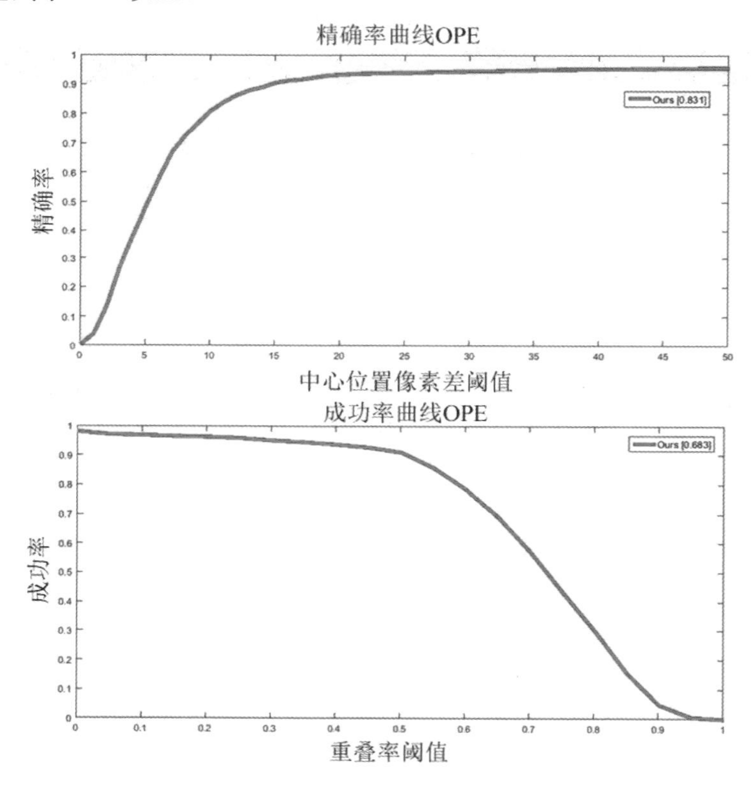

图 7-9　本小节算法 AUC 曲线示意图

本小节的基础算法为 KCF 算法，下面将给出改进算法的定性分析结果，其中红色框表示本章提出的改进算法，绿色框代表 KCF 算法。本小节所有给出的测试序列，都把图像出现在测试视频的帧号标注在左上角。

由图 7-10 可以看出，改进的算法对目标受到的短期遮挡具有很好的处理效果。例如在序列 Jogging 中，目标在第 72 帧的时候被电线杆完全遮挡，传统的更新方法会学习到电线杆这一外观模型。本小节提出的算法则能降低置信度低的模型影响，在目标重新出现的第 89 帧又重新找回了目标。在 Lemming 序列中目标在第 338 帧出现了完全遮挡的情况，在实际测试中我们发现 KCF 算法就一直停留在原来位置，此时显然是 KCF 把不动的背景当作目标来跟踪了。而经过本小节改进的算法在目标受到遮挡时则出现了目标框杂乱漂移的情况，因为此时目标附近的区域响应值都很低，置信度都不高，所以此时算法判定分类结果不太可信，分类器降低了更新速率，当第 390 帧中的目标在附近重新出现时本小节提出的算法重新找回了目标。对其他四个出现遮挡的序列做实验也得到相同的结果，说明了本小节改进的算法的有效性。

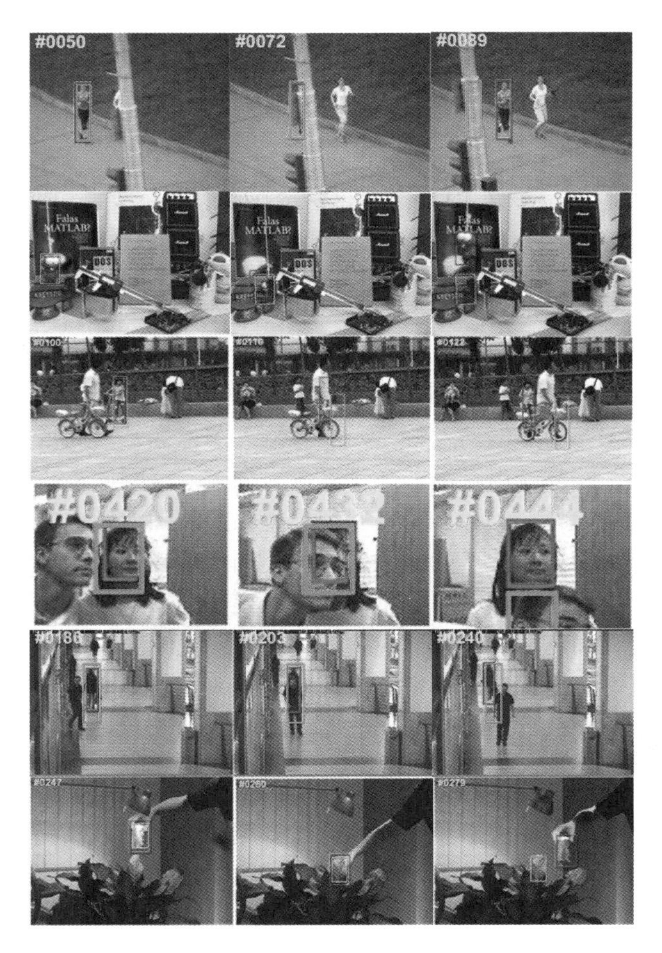

图 7-10　实验效果对比图。序列名称从上到下依次为 Jogging、Lemming、Girl2、Girl、Walking2、Coke。红色框表示本节算法，绿色框表示 KCF 算法

5. 小结

本小节重点论述了如何在相关滤波跟踪算法中自适应模型更新，以适应跟踪目标外观的变化或者受到遮挡问题的处理。在传统的模型更新方法中仅仅对外观模型和滤波器系数

设置一个固定的学习率进行更新，当目标外观发生剧烈变化或者目标受到遮挡时，跟踪器往往失效，并且这种失效会对剩下的未跟踪序列造成不可逆的影响。因此本小节改造了传统的岭回归模型，并分析了分类误差分别以 L1、L2 和 L1-L2 范数约束的意义。在 L1-L2 约束下，本节提出了一种自适应的模型更新方案：当新一帧的最优候选目标对分类器的训练误差太大时，说明此时目标外观模型变化较剧烈，此时应该增大外观模型的学习率以适应这种变化，而分类器的更新则应该减小，因为过高的分类错误率带来的结果是目标可信度降低。

使用本小节算法对通用测试库中遮挡比较严重的六个视频进行测试，实验结果表明，使用本小节算法的目标跟踪平均中心误差为 3.9 个像素点；在中心距离小于 20 个像素点的情况下，平均距离精度高达 93.9%；在重叠率小于 50%的情况下，算法的重叠精度达到了 92.5%。本小节实验部分还验证了本小节改进的算法相对基准的 KCF 算法的有效性：在所有跟踪目标受短时间完全遮挡的测试序列中，KCF 算法在目标受遮挡时都丢失了目标，而本小节改进的自适应模型更新算法通过降低学习率而能够重新找回目标。

7.3.3 CNN 和相关滤波结合的跟踪算法

KCF 算法能引起广大研究员极大兴趣的原因就是高维特征在跟踪算法中的应用，通过核化的方法，KCF 可以把众多健壮性特征应用于目标跟踪，大大提高了跟踪精度。深度学习在目标识别、场景分割、目标显著性检测等计算机视觉领域取得了很多研究成果，但是在目标跟踪领域应用还比较少。CNN 是深度学习的一种重要算法，它沿用了多层感知器的结构，通过不同的卷积层和不同的卷积核，能对输入图像训练出高维的健壮性特征。基于深度神经网络的目标跟踪算法也是当前学术界研究的热点，因此本小节将利用 CNN 为相关滤波器提供目标的输入特征。利用不同卷积层提取到的图像特征的特点，送入相关滤波分类器，得到每一个卷积层滤波器的响应图，综合判断响应图，得到目标的最终位置。为了检测目标的尺度，本算法还训练了一个单独的尺度分类器。该分类器以目标当前所在位置的不同尺度图像块为训练样本，通过找到分类器的最大响应对应的尺度获得目标当前的最佳尺度。目标位置与尺度结合，获得当前帧的最终跟踪结果。

1. 卷积特征跟踪算法

深度神经网络具有多个卷积层，因此能够为跟踪目标提供健壮的特征描述。由 CNN 的特性可知，比较靠前的卷积层保留了图像的很多细节信息，因此特别适合用于目标的精细定位；而靠后面的卷积层包括神经网络的输出层能够抽象出目标的语义信息，因此比较适合描述目标的外观变化。

随着卷积层的深入和下采样操作的不断进行，特征图的分辨率是不断下降的。为了消除这种影响，需要对特征图进行双线性内插操作，从而统一所有特征图的分辨率。假设 $\boldsymbol{h}$ 为特征图，$\boldsymbol{x}$ 代表未经过下采样提取到的特征，那么第 i 个位置的特征表示为：

$$\boldsymbol{x}_i = \sum_k \alpha_{ik} \boldsymbol{h}_k \tag{7-59}$$

其中权重向量 α 取决于当前特征位置 i，以及与之相邻的 k 个特征向量。下面将讨论如何将卷积特征送入相关滤波器进行目标跟踪。

假设 $\boldsymbol{x}$ 表示第 l 层卷积层提取的特征向量，其大小为 $M \times N \times D$ 。M 和 N 代表特征图的宽和高，D 代表特征的通道数。以 $\boldsymbol{x}$ 作为基样本构造循环移位矩阵，那么每一个循环移位后的样本可以表示为：

$$\boldsymbol{x}_{m,n}(m,n) \in \{0,1,\ldots,M-1\} \times \{0,1,\ldots,N-1\} \tag{7-60}$$

对应的样本标签同样赋予高斯函数的形式：

$$\boldsymbol{y}(m,n) = \mathrm{e}^{-\frac{(m-M/2)^2+(n-N/2)^2}{2\sigma^2}} \tag{7-61}$$

其中 σ 是常数，控制函数开口的大小。模型求解的最优化问题则转化为以下形式：

$$\min_{w,e} \sum_{mn} l\left(\boldsymbol{e}_{m,n}\right) + \lambda \| \boldsymbol{W} \|_2^2, \quad \text{s.t. } \boldsymbol{e}_{mn} = y(m,n) - f\left(\boldsymbol{x}_{m,n}\right) \tag{7-62}$$

其中 $f\left(\boldsymbol{x}_{m,n}\right) = \boldsymbol{W} \cdot \boldsymbol{x}_{m,n} = \sum_{d=1}^{D} \boldsymbol{W}_{m,n,d}^{T} \boldsymbol{x}_{m,n,d}$，损失函数 $l(\boldsymbol{e})$ 采用 Elastic-net 正则化。对于每一层特征，训练出的滤波器系数都具有这样的形式：

$$\hat{\alpha} = \frac{\hat{\boldsymbol{y}} - \hat{\boldsymbol{e}}}{\hat{\boldsymbol{k}}^{xx} + \lambda} \tag{7-63}$$

此时 $\boldsymbol{W} = \sum_{mn} \alpha_{mn} \varphi\left(\mathbf{x}_{mn}\right)$，$\hat{\boldsymbol{k}}^{\mathbf{xx}}$ 的计算为：

$$\boldsymbol{k}^{xx'} = \exp\left(-\frac{1}{\sigma^2}\left(\| \boldsymbol{x} \|^2 + \left\|\boldsymbol{x}'\right\|^2 - 2\mathrm{F}^{-1}\left(\sum_{c} \hat{\boldsymbol{x}}_c^* \odot \hat{\boldsymbol{x}}_c'\right)\right)\right) \tag{7-64}$$

对于新的候选目标，响应图的计算为：

$$\hat{f}(\boldsymbol{x}') = \hat{\boldsymbol{k}} \odot \hat{\alpha} \tag{7-65}$$

其中核相关操作表示为 $\hat{\boldsymbol{k}}' = \varphi^{\mathrm{T}}(\boldsymbol{x})\varphi\left(\boldsymbol{x}'\right)$，$\boldsymbol{x}$ 表示上一帧找到的目标构成的基样本特征向量，$\boldsymbol{x}'$ 表示当前帧的候选目标。特征图上响应的最大值对应目标在当前帧的最可能位置。

2. 响应图融合算法

根据式(7-65)可以求得深度卷积网络每一层的响应图，为了决定最终的目标位置，需要把所有的响应图进行融合。由于 CNN 的不同特性，不同的卷积层的特征描述能力各不相同，因此每一层的响应峰值也都不一样。例如，当跟踪目标与背景区分度很大时，卷积网络靠前的特征层就能很好地描述这样的目标即背景特性，因此提取的特征送入分类器后有较高的响应峰值；当运动目标附近存在复杂背景时，目标细节相对而言就没那么重要了，这时只要能够寻找到目标的轮廓，不至于丢失目标就行了，而卷积网络的靠后的卷积层则具有能够提取目标大致轮廓这一特性。因此本小节采取的融合方法如下。

① 根据式(7-65)得到每一层的滤波器响应图，计算响应图的 PSR（峰—旁瓣比，Peak-to-Sidelobe Ratio）：

$$\mathrm{PSR}_l = \frac{\max\left(\hat{f}_l^t\right) - \mu_l}{\sigma_l} \tag{7-66}$$

其中 $\max\left(\hat{f}_l^t\right)$ 表示在第 t 帧、第 l 层响应图的最大响应值，μ_l 表示响应图的均值，σ_l 则是对应的方差。PSR 越高说明该层的检测结果越可信。

② 计算响应图的稳定性：

$$S_l = \left\| \hat{f}_l^t - \hat{f}_l^{t-1} \right\|_2^2 \tag{7-67}$$

响应图的数值越小，说明该卷积层的跟踪效果越稳定，跟踪结果越可靠。

③ 计算该层响应的权重：

$$\boldsymbol{W}_l^t = \mathrm{PSR}_l + \eta \cdot \frac{1}{S_l} \tag{7-68}$$

④ 响应图融合，得到最终目标位置：

$$C^t = \sum_{l=1}^{N} \boldsymbol{W}_l^t \hat{f}_l^t \tag{7-69}$$

融合的响应图的最大值位置即为跟踪目标的最终位置，算法示意图如图 7-11 所示。

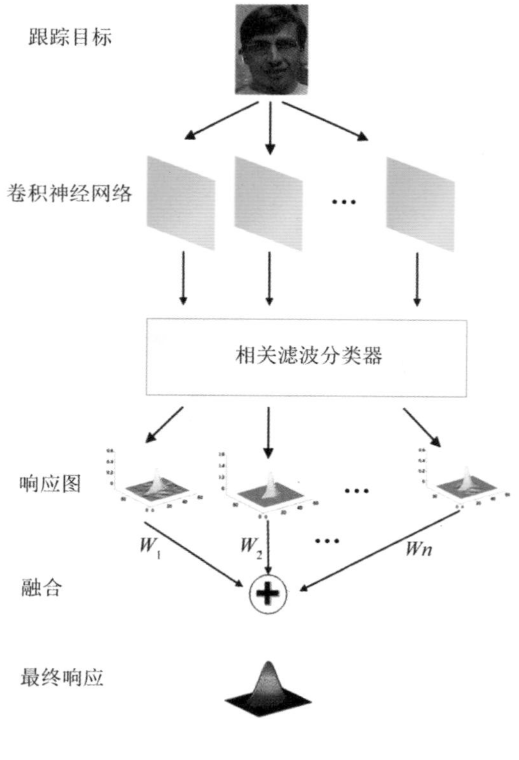

图 7-11　基于 CNN 特征的算法流程

3. 多尺度预测算法

当今大部分基于相关滤波的目标跟踪算法都仅仅局限于对运动目标位置的预测而没有考虑针对运动目标的尺度变换来进行的尺度预测，这就在很大程度上限制了跟踪器的性能。相关跟踪器的核心是循环矩阵的运用，也正是这一方法的使用使得目标的外观模型与基样本息息相关。由于外观模型由基样本循环移位得到，因此不管是对于训练样本还是测试样本，其尺度必然和对应的基样本一样。

本小节将增强型学习的思想引入算法中，并且对其进行改进以适应本小节提出的算法架构。增强型学习的方法是重新训练一个相关滤波分类器用于预测目标的尺度变化。在目标跟踪过程中，相邻帧的目标尺度变化很小。因此我们先通过基于 CNN 的相关滤波器寻找目标的位置，然后在检测到的目标的位置提取目标多尺度的训练样本。通过对核函数的最小二乘法分类器进行训练，获得一个尺度预测跟踪器，最后用这个尺度预测滤波器对目标尺度变化进行预测，完成对目标的位置和尺度的检测。为了适应目标尺度变化，本小节设计了自适应高斯窗函数以代替传统的固定大小余弦窗。

目标尺度预测基于这样的思想：运动目标跟踪可以分为两个过程，首先是目标位置的跟踪，其次是目标尺度的判断。因此本小节设计的目标跟踪算法的第一步是利用基于 CNN 特征训练的位置跟踪器找到目标的位置，然后在目标位置周围采集一系列不同尺度的图像块，将这些不同尺度的图像块通过双线性插值的方法变换到与初始目标尺寸相同大小，构成尺度预测滤波器的训练样本，训练一个单独的尺度判别器。与位置预测过程相似，训练样本提取结束后需要提取样本特征，然后将提取的特征乘以一个可变大小的高斯函数窗以减少快速傅里叶变换所造成的图像边界的频率效应。接着使用这些多尺度图像的特征训练核函数最小二乘分类器，获得一个一维的相关滤波器，在视频的下一帧中用这个滤波器寻找最大响应，该响应对应的尺度就是目标新的尺度。

在目标跟踪过程中，假设第 i 帧检测到的目标大小为 $P\times Q$，尺度滤波器能检测 N 种尺度变化：

$$S=\left\{a^n \mid n=-\left\lfloor\frac{N-1}{2}\right\rfloor,\left\lfloor-\frac{N-3}{2}\right\rfloor,\cdots,\left\lfloor\frac{N-1}{2}\right\rfloor\right\} \tag{7-70}$$

对于每一种尺度，$s\in S$ 都意味着提取出的图像块大小为 $sP\times sQ$，图像的中心就是检测到的目标位置中心。尺度预测滤波器的训练样本提取过程如图 7-12 所示。

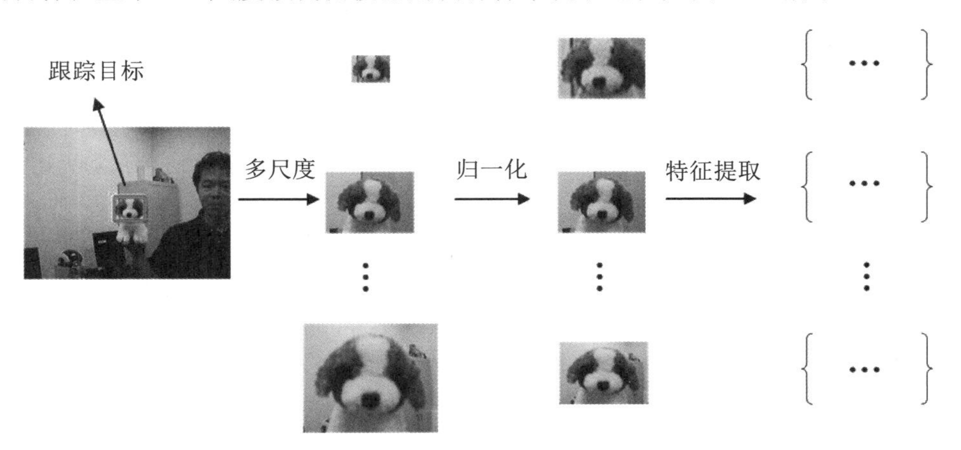

图 7-12　尺度样本提取过程

与传统的相关滤波跟踪算法一样，特征提取后要进行加窗函数处理，加窗函数的目的之一是平滑图像的边界效应，另一个作用是保留目标的关键信息。当目标尺度增大时，为了使得训练样本能完全保留目标信息，相应地需要窗函数开口变大；当目标尺度减小时，为了使目标框只选定了目标而不包括其背景，需要窗函数开口相应减小。因此本小节采用了一种可改变窗口大小的高斯窗函数用于替代传统的余弦窗。令二维高斯窗函数为：

$$G(m,n,\sigma_W,\sigma_h)=g(m,\sigma_W)*g(n,\sigma_h)' \tag{7-71}$$

它由一维的高斯函数构成：

$$g(N,\sigma)=\exp\left(-\frac{1}{2}\left(\frac{i}{\sigma(N-1)}\right)^2\right),\quad 0\le i\le N \tag{7-72}$$

m和n表示二维高斯函数的宽和高，σ控制高斯函数水平和垂直方向的开口大小。由前面的推理可知，对于跟踪目标其特征图的大小为$W\times H\times C$。如果直接使用亮度特征，那么W和H分别对应输入图像的宽和高，$C=1$。为了自适应目标尺度变化，此处选取$\sigma_W=\dfrac{m}{W}$和$\sigma_W=\dfrac{n}{h}$来控制高斯函数开口的大小，跟踪目标提取特征后，加窗函数过程如图7-13所示。

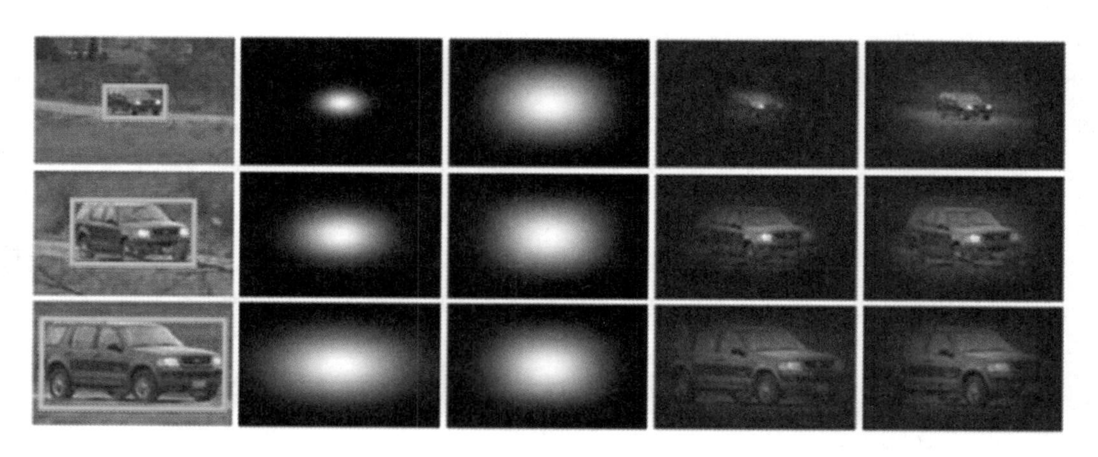

图 7-13　目标加自适应高斯窗函数

本小节跟踪算法中的目标尺度变化和目标位置检测均采用了高斯核函数，目标位置检测的样本特征选用 CNN 特征。为了保持算法的高效性，目标尺度预测的样本则只使用 HOG 特征。目标位置的正确检测是尺度预测的基础，因此选用了更加健壮和复杂的 CNN 特征，但是 CNN 特征提取比较耗时，所以在尺度预测时使用传统的 HOG 特征。在基于检测学习的目标跟踪算法当中，候选目标距离当前跟踪的目标中心越近，则属于正样本的概率越大，由于使用核函数的最小二乘法分类器的平方损失函数允许使用连续值而不是离散值，因此二值分类的输出和连续分类的输出界限很模糊。对于连续的训练输出来说，由于高斯核函数在频域有最小的振铃效应，因此在本小节跟踪算法的尺度检测中使用最小二乘法分类器的期望输出值。综上所述，本小节算法尺度预测流程如图 7-14 所示。

至此，本小节的核心算法步骤已经完成，实现了对相关滤波算法的多个方面的改进，现将算法跟踪的基本流程总结如下：

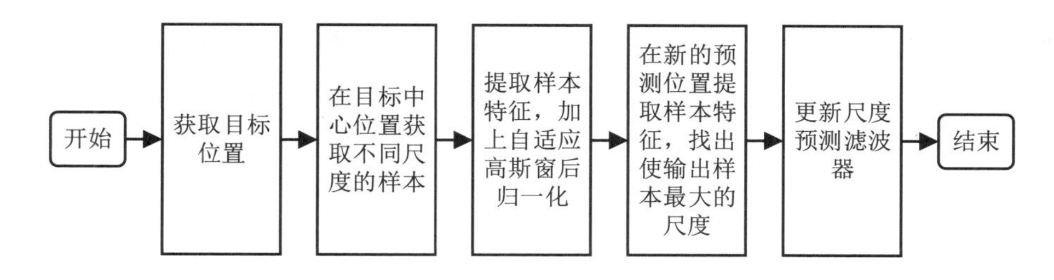

图 7-14　尺度预测流程

① 跟踪初始阶段，由人标注跟踪目标。算法以跟踪目标为基样本对目标周围进行稠密采样，将采样的样本送入 CNN 进行特征提取。

② CNN 提取多层、多通道的目标特征，对特征矩阵进行加余弦窗函数后送入分类器进行训练。分类器采用改进的核函数最小二乘法分类器，训练完成后在获得核相关滤波器的同时对目标的外观模型变化进行评估。在相同的位置提取目标的多尺度特征用于训练尺度滤波器，对于不同尺度的目标采用自适应的高斯窗函数。

③ 在新的预测位置分别获得 CNN 各个特征层的滤波器响应图，对响应图进行加权融合以获得目标的最终位置。在新的目标位置提取目标的多尺度特征，用上一步训练好的尺度滤波器评估目标新的尺度变化，最终得到目标新的位置和尺度。

④ 更新分类器。目标模型由学习到的目标外观 X 和变换域的分类器参数 A 两部分组成，通过引入的损失函数评估目标外观变化来自适应更新这两个参数。对于尺度滤波器，由于目标尺度在相邻帧变化不明显，因此采用传统的恒定学习率的方法更新尺度滤波器。

⑤ 重复以上步骤直到跟踪序列结束。

具体的算法流程如图 7-15 所示。

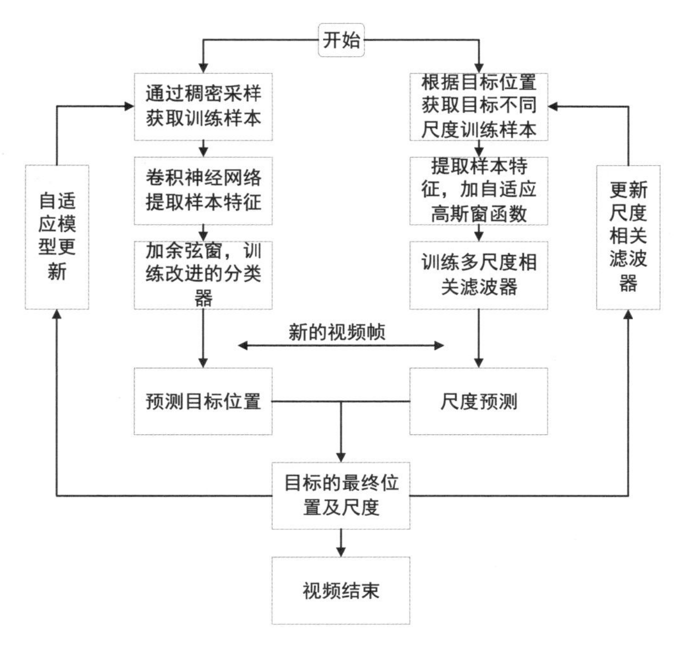

图 7-15　总算法流程

4. 实验部分

为了验证本小节算法的有效性，此处将利用基于相关滤波的改进型目标跟踪算法对大量的测试序列进行测试。测试数据集为学术界通用的测试数据库，分别是OTB50和OTB100，其中前者包含了50组测试序列，而后者则有100组测试序列。这些测试序列包含了视觉目标跟踪中遇到的各种问题，如遮挡、姿态变化、快速运动、运动模糊、光照变化、尺度变化、复杂背景等。相关配置参数与上一小节实验部分的相同，除此之外，为了验证本小节提出的算法的优越性，本小节实验对比的算法与上一小节相比有较大区别。由于相关滤波跟踪算法得到了广泛研究，因此也有多种改进型算法提出。在本小节实验中，将同时和基准算法以及其他改进算法进行比较，从而验证本小节提出的算法的准确性。

本次实验对比的算法有DSST（Discriminatiive Scale Space Tracker）、KCF、DeepSRDCF（Deep Spatially Regularized Discriminative Correlation Filters）和LCT（Long-term Correlation Tracking），它们都是使用相关滤波器进行目标跟踪的算法。KCF是相关滤波的基准算法，大多数基于相关滤波的视觉目标跟踪算法都是由其改进而来的；DSST算法主要解决了目标跟踪中的尺度变化问题，其在保持跟踪准确率的同时跟踪速度也比较快；LCT使用了双重分类器用于目标跟踪，其中一个相关滤波分类器用于判定目标位置，另一个SVM分类器用于在目标丢失时重新寻找目标，该SVM分类器仅在跟踪目标置信度很高时才进行训练，以保证分类器的准确性；DeepSRDCF是一个把CNN应用于目标跟踪的算法，该跟踪算法的准确率在各个公开测试数据集上也取得了很好的效果。

定量分析采用精确率和成功率对算法进行评价。本算法及对比算法在OTB50上的测试结果如图7-16所示。

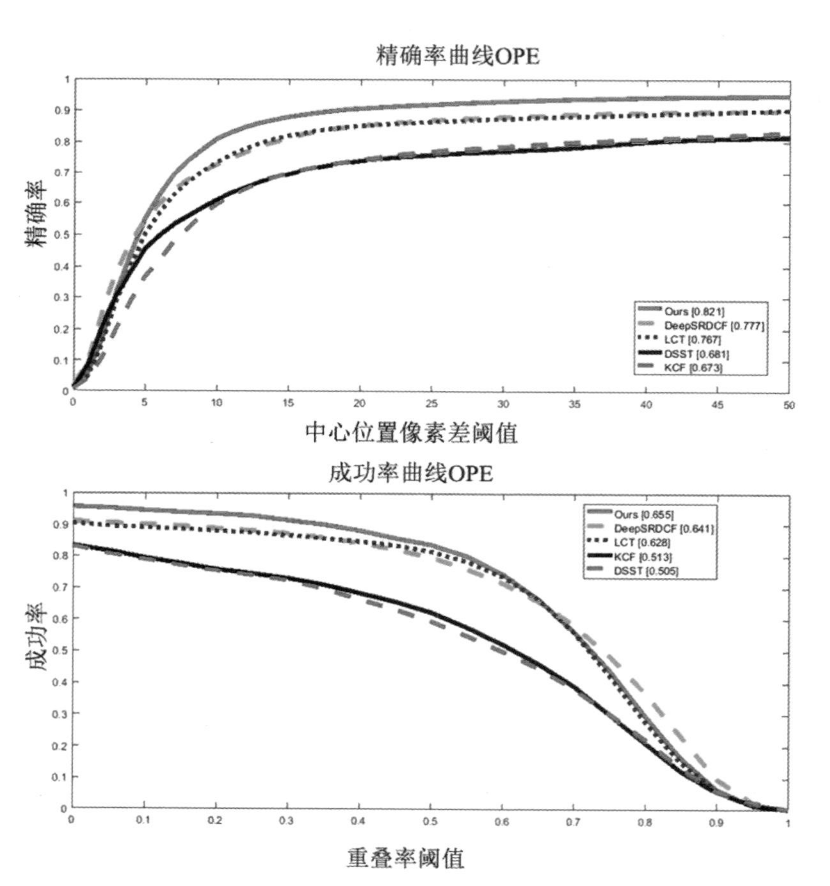

图7-16　OTB50数据集测试结果

所有算法在 OTB100 上的测试结果如图 7-17 所示。

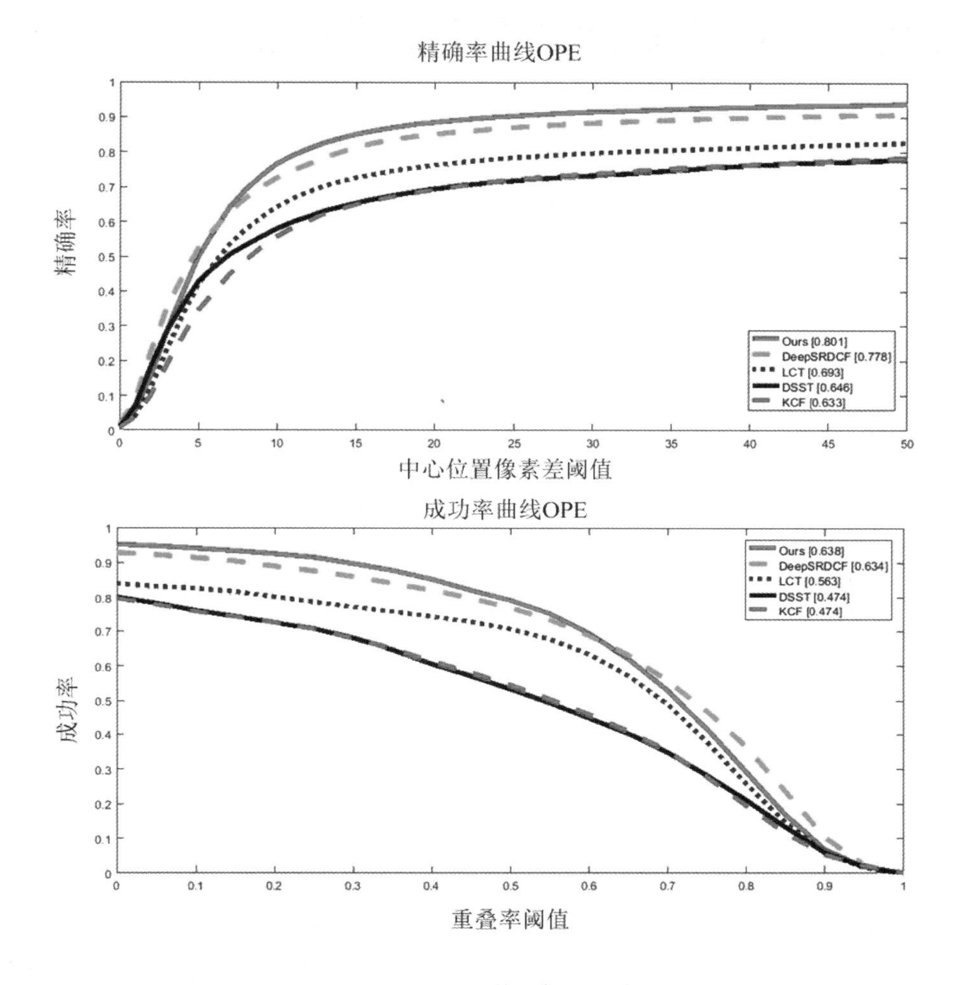

图 7-17　OTB100 数据集测试结果

由实验结果可以看出，本小节提出的算法在两个测试集上都取得了最好的效果。在 OTB50 测试数据集上，本小节所设计的算法在精确度上比第二名的 DeepSRDCF 提高了 4.4%，而相对于基准的 KCF 算法则提高了 24.8%；在成功率上，本小节设计的算法相对 DeepSRDCF 提高了 1.4%，而相对于 KCF 提高了 15%。在 OTB100 测试数据集上，本小节设计的算法在成功率上比 DeepSRDCF 提高了 0.4%，相对于 KCF 提高了 16.4%；在精确度上则比 DeepSRDCF 提高了 2.3%，比 KCF 提高 16.8%。

当 DP 小于 20 个像素点，重叠率超过 50%时，所有算法在两个测试库的测试结果如表 7-4 所示，其中符号“Ⅰ”代表 OTB50 结果，符号“Ⅱ”代表 OTB100 结果，黑色加粗字体表示最优结果。

表 7-4　所有算法性能对比结果

		Ours	DSST	KCF	DeepSRDCF	LCT
距离精度(%)	I	**86.1**	68.6	74.1	84.9	85.4
	II	**80.2**	60.8	69.2	77.8	78.5
重叠率（%）	I	**80.0**	60.6	62.2	79.4	76.9
	II	**71.1**	53.1	54.8	68.7	55.3
中心误差（像素）	I	**19.1**	35.0	35.5	23.5	25.8
	II	**18.7**	38.4	45.0	15.7	16.3
速度（帧/秒）	I	10.0	320	**687**	3.1	27.4
	II	9.4	314	**653**	2.4	25.3

本实验将从目标跟踪中可能遇到的典型问题（如姿态变化、旋转、复杂背景、遮挡等）出发，对测试序列进行定性分析。

复杂背景。在序列 MotorRolling 中，跟踪目标在快速运动过程中还伴随着旋转运动，加上背景和光照的变化，使得目标跟踪变得尤为困难。由图 7-18 可以看出，本算法能跟上目标，其他对比算法一开始就丢失了目标。这得益于神经网络为相关滤波器提供的目标健壮性特征描述，而且当前不以深度学习为目标跟踪的算法基本都无法跟踪这一序列。在 Football1 序列中，多个相似的运动员头像使得目标跟踪很容易跟踪到旁边的运动员上，本小节的算法在序列的最后也能很稳定地跟踪目标。序列 Soccer 是一个具有很大挑战性的跟踪序列，复杂背景、目标干扰等很容易造成跟踪漂移。由于这个序列颜色信息比较丰富，通常使用颜色特征的跟踪器能取得较好效果。本小节的算法虽然没有使用颜色特征，但是依然跟踪上了目标，说明了相关滤波和 CNN 结合的强大之处。

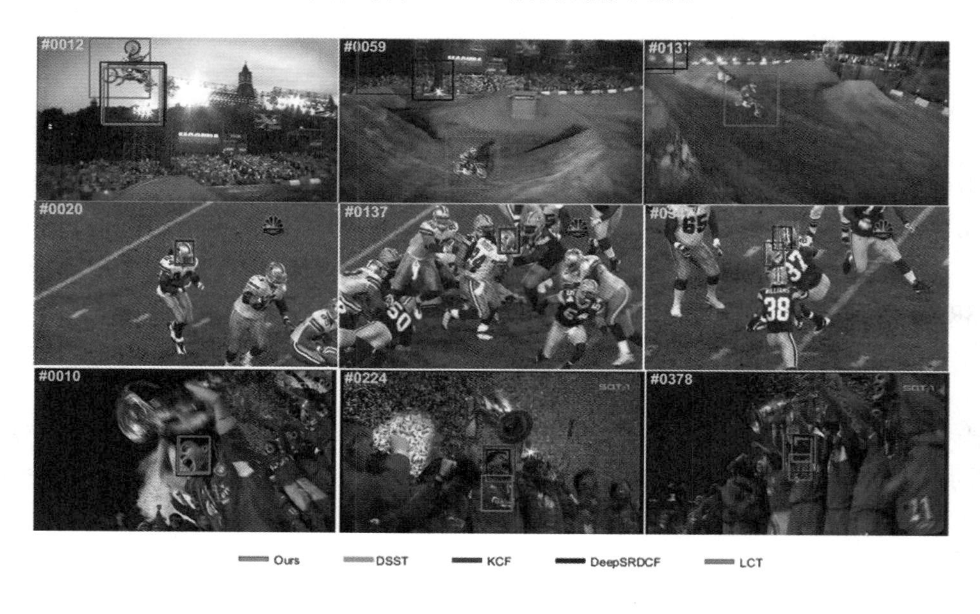

图 7-18　复杂背景测试序列。从上到下序列名称依次为：MotorRolling、Football1、Soccer

尺度变化。序列 Singer1、Car1 和 Biker 都是带有强烈尺度变化的跟踪序列。在 Singer1 中，跟踪目标在尺度变化过程中还受到光照变化的影响，加上目标周围的复杂背景，使得跟踪具有很大的挑战性。在图 7-19 中，本小节算法和 DeepSRDCF 最后都精确地跟上了目标，其他算法则要么产生了漂移，要么没适应目标尺度。序列 Car1 的目标尺度变化比较缓慢，能判别目标尺度变化的算法在这个序列具有很大优势，除了 KCF 和 DSST 算法，其他算法都准确地跟踪上了目标。在序列 Biker 中，目标尺度由小到大，然后又由大变小，跟踪的挑战性出现在目标快速转身的过程中，此时除了本算法和 DeepSRDCF，其他算法都失效了。

图 7-19　尺度变化测试序列。从上到下序列名称依次为：Singer1、Car1、Biker

行人跟踪。图 7-20 展示了两个日常生活中的行人跟踪场景，在 Women 序列中，跟踪目标多次被旁边的小汽车遮挡，所有基于相关滤波的跟踪算法都取得了较好的跟踪结果。序列 Human8 是一个长序列，跟踪目标在运动过程中受到了遮挡、尺度变化、相似物体干扰等问题的影响。除了本小节所提的算法在视频最后还能跟上目标，LCT、KCF 和 DSST 都跟丢了目标，DeepSRDCF 算法虽然跟上了目标，但是跟踪精度不高。

跟踪失败序列分析。本小节所提算法并不是完美无缺的，在一些复杂的跟踪场景还是会失效的。如图 7-21 所示，例如在序列 Ironman 中，跟踪目标为钢铁侠的头部，跟踪区域与钢铁侠的身体非常相似。再加上视频中的特效造成背景剧烈晃动和光照剧烈变化，而且目标快速移动，因此跟踪算法常常跟踪到钢铁侠的身体部分，偶尔跟上头部。在序列 Matrix 中，跟踪目标为左边人物的头部。Matrix 与 Ironman 有相似的快速打斗的场景，除此之外，图像的分辨率过低，因此跟踪算法从开始基本就丢失了目标。

图 7-20 行人跟踪测试。从上到下序列名称为：Women、Human8

图 7-21 跟踪失败序列。从上到下序列名称为：Ironman、Matrix

5. 小结

本小节在自适应模板更新的基础上，提出了一种采用深度 CNN 提取目标特征用于训练相关滤波器的方法。首先在目标位置附近进行稠密采样，接着将训练样本通过预训练的 CNN 进行特征提取，获得每一个卷积层的特征。然后将每一卷积层的特征分别送入相关滤波器进行训练，用每一层训练好的分类器对候选目标进行预测，将预测响应图进行加权融合，以获得目标的最终精确位置。

本小节还提出了一种尺度预测算法，使用单独的分类器对目标尺度进行判断。

为了适应训练样本尺度变化，本小节提出了一种自适应高斯窗函数，用于代替传统的固定余弦窗函数。

将本小节所设计的目标跟踪算法与其他改进算法在OTB50和OTB100测试数据库上进行对比，在两个测试数据集上，本小节提出的算法不论是精确度还是成功率都取得了最好的效果。其中在OTB50测试集上的精确度比第二名高了4.4%，成功率比第二名提高了1.4%；在OTB100测试集上，精确度比第二名提高2.3%，成功率提高0.4%。主观评价结果说明了本小节所设计的算法对于遮挡、尺度变化、复杂背景等跟踪场景的有效性，整体实验效果则说明本小节算法的健壮性。

7.4 基于中心对比CNN的目标跟踪算法研究

CNN在计算机视觉的多个领域均取得了突破性进展，但由于目标跟踪任务的特殊性，业界尚未有普遍认可的CNN框架用于目标跟踪，本节主要介绍一种成功利用CNN来实现目标跟踪的算法。

7.4.1 逐任务驱动的CNN目标跟踪算法

由于用于目标跟踪的训练数据有限，标签数据无法达到一个较大的量级，再加上传统图像特征在算法的精度和处理速度上都还能维持一个比较好的状态，因此，尽管CNN有着强大的图像处理能力，但在目标跟踪领域却未能取得较大进展。

为了解决训练数据量不足的问题，一些学者采用迁移学习的方式，将在大规模分类图像数据集ImageNet上预训练好的模型迁移到目标跟踪任务中进行微调，以期得到更好的表现。尽管迁移学习能够使得网络对图像通用特征有良好的学习效果，但由于图像分类与目标跟踪任务之间的巨大差异，用于分类的网络并不能在目标跟踪中取得理想的效果。相较于图像分类任务中图像类别的确定性，目标跟踪任务具有不定性。对于同一图像序列，由于跟踪任务的不同，同一个物体既有可能是本次跟踪的目标也有可能是本次跟踪目标的背景，因此对于同一个图像块，无法简单地判断其是目标或者不是目标。考虑到目标跟踪是对某一图像序列或者视频中某一特定目标的定位，即对该序列本次跟踪任务来说，具有目标不变性，因此本小节介绍一种逐任务驱动的CNN，简称多域CNN，用于目标跟踪。

该网络模型是由Nam等人[21]提出的，把目标跟踪问题转化为一个个二分类问题，作为二分类问题，只需要考虑候选区域是目标或者不是目标。但是这个过程不是直接实现的，因为来自不同图像序列的训练数据可能具有不同的对于目标和背景的概念，即在某个序列中的目标可能是在其他图像序列中的背景。但是，所有图像序列中的目标表示都会存在一些通用的、常见的共同特征，例如图像的边角形状组合、颜色等基本信息，对光照强度变化、运动模糊、尺度变换等的健壮性。为了提取满足要求的有用的特征，图像的通用信息与序列所含目标的特定信息通过如图7-22的网络模型进行学习。

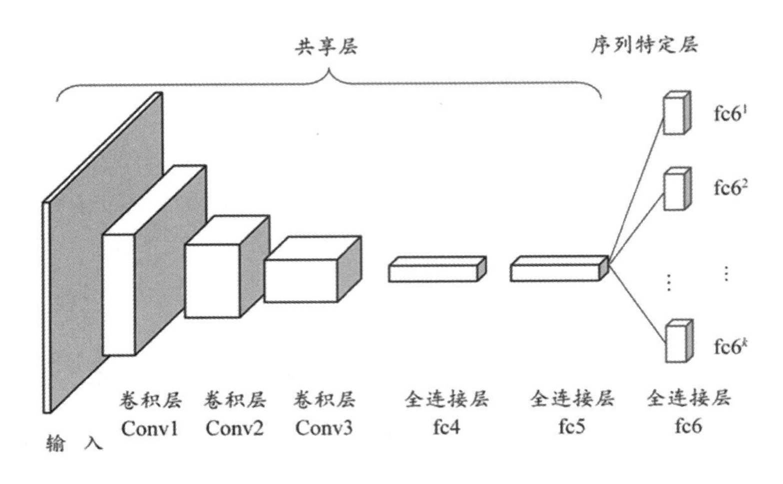

图 7-22 逐任务驱动的 CNN

该模型采用的网络结构与经典的图像分类网络结构相似，但层数比 AlexNet、VGGNet 等常用的网络结构少得多。因为简单的网络架构在目标跟踪方面更加有效，首先，目标跟踪的目的仅仅是区分两个类，即目标和背景，这比一般的视觉识别问题的复杂性小得多；其次，深层的 CNN 对于精确的目标定位并不是特别有效，因为图像的空间信息倾向于随着网络深度的增加越来越稀疏；再次，由于目标跟踪中的目标通常较小，所期望的候选框输入尺寸就可以设置得比较小，这就自然而然地减少了网络的深度；最后，由于网络需要在线训练和测试，所以较小的网络在目标跟踪问题中显然更加迅速和有效。实验证明，当使用更大的网络进行目标跟踪测试时，算法准确性降低，并且运算速度显著下降。

关于网络参数的初始化，网络前三层结构与 VGG-M 相同，直接采用 ImageNet 预训练的参数进行迁移学习，其余各层采用随机初始化。之后采用随机梯度下降的方法进行参数的训练，需要注意的是，由于该网络是逐任务驱动的，因此在每一次迭代中，网络只对该序列对应的特定分支进行更新。即在第 k 次迭代中，只使用来自第 $k \bmod K$ 个序列的训练样本组成小批量来更新网络的全连接层 $\mathrm{fc6}^{k \bmod K}$ 分支，直到网络收敛或者达到了预定的迭代次数，这样，迭代过程才会停止。通过这个学习过程，可以在共享层中获得更有效的通用特征表示。当该逐任务驱动的学习完成后，序列特定层 $\mathrm{fc6}^{k}-\mathrm{fc6}^{K}$ 的 K 个分支将因不再具有价值而被一个新的初始化分支 fc6 代替，以方便后续新序列的特定目标跟踪任务。在此后的在线跟踪中，将对新的序列特定层和全连接层的参数进行微调。通过这个逐任务驱动的网络的学习过程，与特定序列无关的信息会被学习到并保存在共享层中，这些共享信息是非常有用的泛化特征表示。

7.4.2 中心对比 CNN 目标跟踪算法

在上一小节中介绍了逐任务驱动的 CNN 用于目标跟踪，该方法的特点在于将跟踪问题转化为一个二分类问题来解决。为了解决各序列以及各跟踪任务中目标的特有性问题，该算法在学习阶段采用了逐任务驱动的方式，对每一个任务都做二分类分支。这样尽管取得了不错的训练效果，但同时也存在着严重的弊端。首先，由于是逐任务驱动的，网络结构与训练集的数据数目相关，这就要求针对不同的训练集，必须为其定制调整网络结构，即训练网络的网络结构不能在不同的训练集上复用和泛化；其次，当训练集的数目明显增多时，网络结构也随之增广，不具备良好的优雅性。

为解决上述问题，本小节考虑在训练过程中，摒弃将跟踪问题转化为分类问题的思想，回到任务本身，在寻找最佳目标时，其实是一个不断对候选样本进行比较并择优的过程，即把跟踪问题转化为相似性学习的问题。这就要求在训练阶段，使模型学到这样一种能力，即在不同帧中目标的不同形态都能获得较好的相似性向量表示，以方便在线跟踪阶段时的判别。

首先，对于网络模型的选择，考虑到 CNN 越高层越抽象，抽象的特征越接近于语义特征，对类内差异不敏感，而目标跟踪要跟踪的是某一个特定的对象，需要对类内差异敏感，在特征提取上要考虑兼顾判别性与语义性才能达到更好的平衡。因此网络结构选用层数较少的小模型，具体网络模型参数如表 7-5 所示。

表 7-5　CNN 结构参数

层结构	Conv1	Conv2	Conv3	full4	full5
层参数	滤波器：7×7×96 步长：2	滤波器：5×5×256 步长：2	滤波器：3×3×512 步长：1	512 随机失活	512 随机失活

其次，是对损失函数的确定。对于相似性学习，常用的损失函数为对比损失函数，用对比损失函数来衡量一对向量的相似性。对比损失函数公式为：

$$L(x_1,x_2)=\frac{1}{2}y_{1,2}\|\boldsymbol{f}_1-\boldsymbol{f}_2\|_2^2+\frac{1}{2}(1-y_{1,2})\max\left(0,\epsilon^2-\|\boldsymbol{f}_1-\boldsymbol{f}_2\|_2^2\right) \tag{7-73}$$

其中 $\boldsymbol{f}$ 代表经过 CNN 映射后得到的向量，$y_{1,2}$ 代表数据对 (x_1,x_2) 的类别标签，同类时值为 1，不同类时值为 0。为了方便获得并处理输入数据对 (x_1,x_2)，网络结构上一般采用有两支输入的 Siamese 网络结构，即双胞胎网络。Siamese 网络结构使用方便，但对于输入数据要求较高，一般需要预先对输入数据严格配对并加标签后方可送进网络进行处理，为了处理方便，本小节对对比损失函数进行改进，提出了中心对比损失函数，使得可以在单支网络中完成相似性损失的计算，简化了输入预处理流程。

$$L(x_a,x_p,x_n)=\frac{1}{2}\|f_p-f_a\|_2^2+\frac{1}{2}\max\left(0,\epsilon^2-\|f_n-f_a\|_2^2\right) \tag{7-74}$$

在式(7-74)中，f 代表经过 CNN 映射后网络最后一层的抽取向量，下角标 p 代表正样本，下角标 $\boldsymbol{a}$ **代表基向量**，即实验中对应实际目标经过 CNN 以后映射的向量，下角标 n 代表负样本，符号 ϵ 代表安全距离。通过该损失函数约束，以期达到的目标是使得正样本尽量接近基向量，使得负样本远离基向量，保持在安全距离之外，否则就会有相应 L1 范数距离的惩罚。

可以看出，该损失函数的计算涉及三种样本的输入，即正样本、负样本和基样本。而为了只用一个单支网络单输入就完成该式的计算，对于输入，本小节加了一个小小的控制。

由于网络训练时采取小批量随机梯度下降的方式，每次迭代和计算都是以小批量为单位进行的，即每次参与计算的样本是多个而不是一个，因此在每次参与计算的样本中按照一定规则放入三种不同的样本，这样就能够完成在单支网络中实现三种样本的相似性计算。

离线训练完成后，可以认为网络已经可以作为一个良好的特征提取器来对图像进行特征提取了。由于训练时旨在拉大正负样本的特征之间的距离，在线跟踪时提取的特征应当有较好的区分度，再使用一个二分类器就能很好地分出目标和背景。本小节基于中心对比CNN的目标跟踪方法整体流程如图7-23所示。

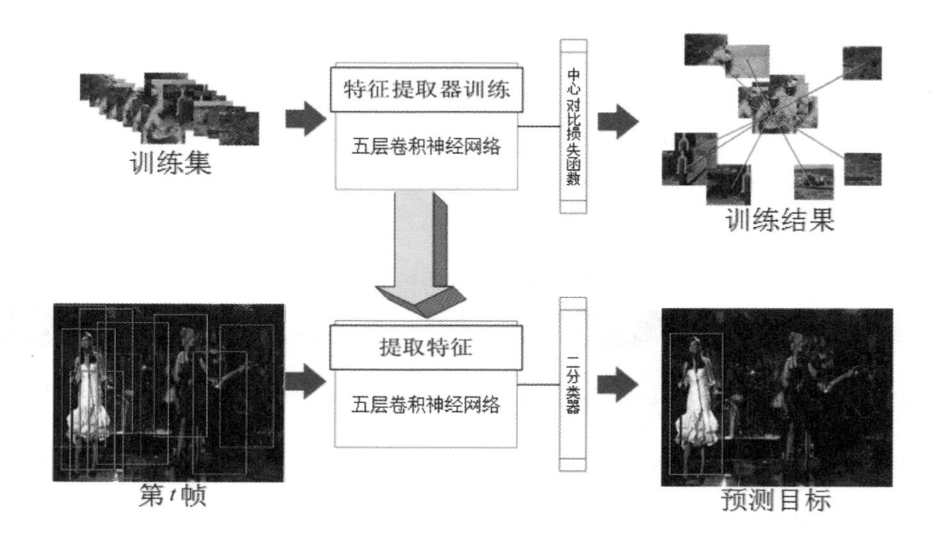

图7-23　基于中心对比CNN算法流程

在本小节中，所有实验所采纳的数据集均为OTB2015数据集，该数据集包含100个长度为100～2000帧不等的视频序列，内容广泛且不易跟踪，涵盖光照变化（IV）、尺度变化（SV）、遮挡（OCC）、目标形变（DEF）、运动模糊（MB）、快速运动（FM）、平面内旋转（IPR）、非平面旋转（OPR）、超出视野（OOV）、背景抖动（BC）、分辨率低下（LR）等11种挑战。

在训练集和测试集的划分上，本小节采取4∶1的比例进行分配，80个序列用于训练网络，其余20个序列用于在线跟踪，在训练集和测试集不存在任何交叉的前提下，使得训练集和测试集尽量涵盖各种目标跟踪过程中可能遇到的挑战。

为了定量评价实验效果，以CLE和VOR作为评价标准进行定量的分析。参与对比的方法有经典跟踪算法TLD（Tracking-Learning-Detection）、STRUCK和MDNet，近年来一些优秀的算法如KCF、SRDCF（Spatially Regularized Discriminative Correlation Filters）、SRDCFdecon以及其他一些使用深度学习的方法C-COT、HDT（Hedged Deep Tracker）、CNN-SVM等。其中为了使得评价更加客观，本小节对MDNet算法重新进行了训练和测试，以保证训练集和测试集与本小节算法的一致性，并以MDNet-vot作为算法简写。整体算法对比评测结果如图7-24所示。

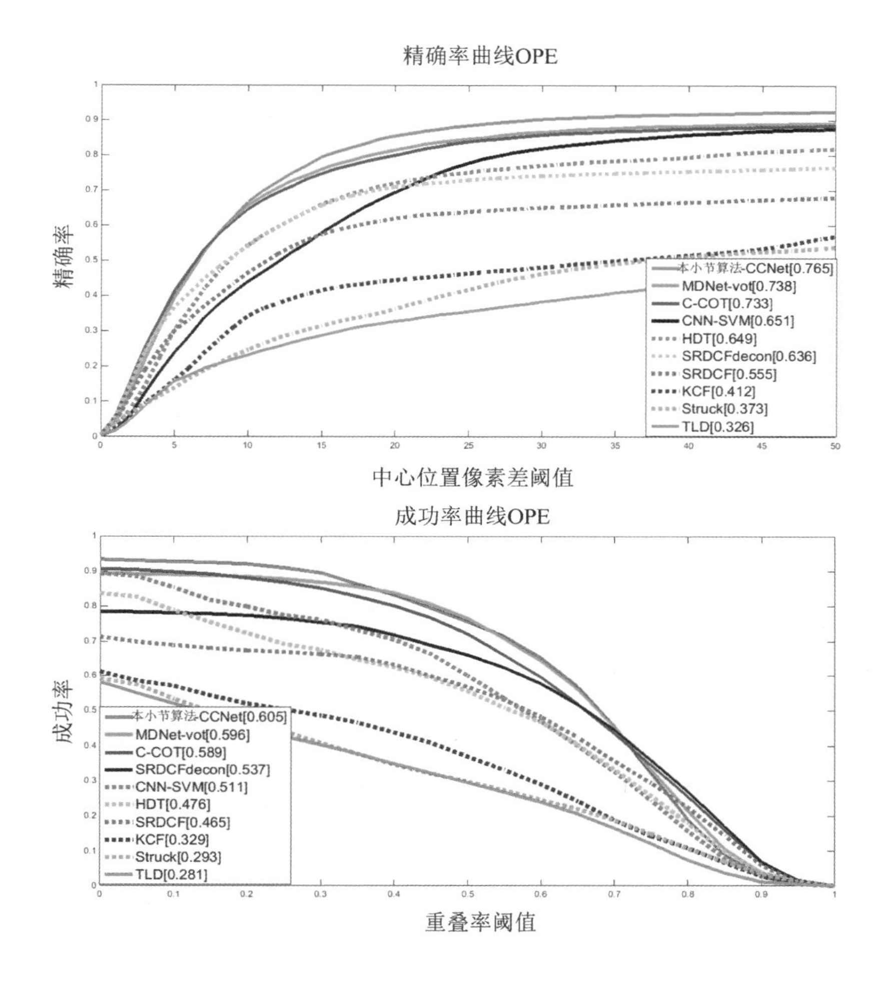

图 7-24　精确率图（上）、成功率图（下）

绘制出的精确率和成功率曲线如图 7-24 所示。无论是采用 CLE 准则还是采用 VOR 准则，本小节所提出的算法（CCNet）在整体性能上都取得了突出的效果。

图 7-24 展示了在阈值的整个变化范围内各种算法的综合评测结果，而通常情况下，认为当 VOR 分数大于 0.5 时，跟踪结果是可靠的，同样，在 CLE 准则下，认为 CLE 分数小于 20 时，跟踪是成功的。表 7-6 展示了在取 VOR 分数为 0.5、CLE 分数为 20 时几种算法的比较结果，并将最高得分以粗体标示出来。

表 7-6　各种跟踪算法结果比较

算法	CLE@20	VOR@0.5	算法	CLE@20	VOR@0.5
CCNet（本算法）	**0.8547**	0.7554	SRDCF-decon	0.7097	0.6612
MDNet-vot	0.8145	**0.7645**	SRDCF	0.6193	0.5661
C-COT	0.7994	0.7207	KCF	0.4438	0.37
CNN-SVM	0.6937	0.5988	Struck	0.3617	0.2976
HDT	0.7205	0.5532	TLD	0.3274	0.2947

本小节算法在大部分测试序列上都表现良好，这也充分证实了 CNN 提取特征的有效性，但是在序列 Singer2 上却不能正确跟踪目标。仔细观察后发现该序列的基准目标框里除了包含目标还包含了一些边缘杂物（如显示屏），而算法受边缘杂物的干扰，错误地认定了边缘物品为目标，因而出现大范围的目标丢失现象。

分析其原因，认为是在设计 CNN 时，为了减少相似目标的干扰，追求能提取更多的判别信息从而缩减了网络的层数，使得网络对语义信息理解不够造成的。为了证实这一猜想，本小节在原网络的基础上又添加了一层全连接层 full6，其参数同 full5，并在同样的数据集上重新进行了离线训练和在线跟踪用于对比。

此外，为了对比目标表示的健壮性与目标变化的连续性两种因素的重要性，在实验的训练阶段设置了乱序训练和顺序训练两种模式。乱序训练即不考虑帧与帧之间的关系，每次送进网络的图像所在帧都是随机的，能够增强算法的健壮性。而顺序训练即按照帧的先后顺序依次将图像送进网络训练，能够较好地学习到目标变化的连续性。需要强调的是，本小节实验均以乱序训练作为基准。实验定性分析对比结果如图 7-25 所示。

图 7-25　不同方法定性比较结果，图中序列从上到下依次为 Basketball、Bolt、Human3、Matrix、Singer2 和 Skating2-1（其中 CCNet 为基准算法，CCNet-full6 为添加全连接层 full6 后的对比算法，CCNet-full6-inOrder 为考虑连续性即训练序列是顺序时的对比算法）

由图 7-25 可以看出，添加 full6 全连接层之后，网络抽取的特征对语义信息理解更为丰富，体现在对 Singer2 序列上跟踪效果明显变好。但是语义信息的丰富也使得判别信息减少，因此在相似目标出现时，如序列 Bolt 和序列 Skating2-1，添加了 full6 全连接层的网络模型表现明显不如原算法。而训练序列是否有序相对来说影响较小，主要是在目标速度较快时略显优势（如序列 Matrix）。综上所述，在网络模型的选择上有时要根据序列特点综合考虑。

7.4.3　小运动优先的视觉目标跟踪算法

上一小节介绍了用中心对比 CNN 用于目标跟踪的方法，在该算法中，将目标跟踪分为离线训练和在线跟踪两部分。其中在训练阶段将跟踪问题转化为相似性学习问题，来学习正负样本与真实标记目标的相似性，接着在跟踪阶段，依旧采用判断的方式，使用二分类器来完成目标与背景的判断。该方法准确率高且健壮性好，但是由于在线跟踪时每次遇到的都是全新的序列，因此，需要每次都重新训练二分类器。其次，为了保证网络对目标变化的适应性，会定期和不定期地对网络参数进行在线微调，这些都造成了严重的时间开销和计算开销。本小节旨在寻求一种更为简便快捷的方法，使得网络离线训练完成以后不再进行在线参数的变更。

借鉴于训练阶段的思想，本小节考虑在在线跟踪阶段放弃使用二分类器分类的方法，依然沿用相似性的方法，把目标跟踪问题当作相似性样本图像匹配的问题来看。同时，为了避免相似性目标的干扰，在相似性匹配以后再加入小运动优先的空间约束，从而快速、准确地定位到要跟踪的目标。

本小节在离线训练阶段分为两方面的工作。首先依然是 CNN 的训练，网络模型的选择和训练方式同上一小节，因此不再重复介绍，损失函数依然沿用中心对比损失函数来计算正负样本同真实标记目标之间的相似性损失。其次是空间约束函数的统计拟合，这是本小节重点介绍的部分。

在实际生活中，我们可以观察发现，物体在空间中往往是连续移动的。即给定任意一个对象的位置不确定的视频或者图像序列，好的跟踪算法应该能够预测到目标出现的位置极大概率位于其先前观察到的位置附近，也就是说，较小的运动优于较大的运动。因此，本小节利用训练数据对小运动规律建模以作为跟踪过程中的空间约束条件。

由于目标倾向于平滑运动，假设在 $t-1$ 帧目标边界框表示为 $\left(c_x, c_y, w, h\right)$，其中 c_x 为边界框中心横坐标，c_y 为边界框中心纵坐标，w 为边界框宽度，h 为边界框高度，则在第 t 帧，目标边界框 $\left(c_x', c_y', w', h'\right)$ 可以表示为：

$$\begin{cases} c_x' = c_x + wx \\ c_y' = c_y + hy \\ w' = w^* \gamma_w \\ h' = h\gamma_h \end{cases} \tag{7-75}$$

其中 x, y, γ_w, γ_h 分别为边界框对应的变化量，在这里为要拟合的随机变量，本小节对训练集的约 48000 张图像进行了目标位置边界框的统计及拟合（根据统计规律，选用拉普拉斯函数进行拟合），其统计拟合图如图 7-26 所示。

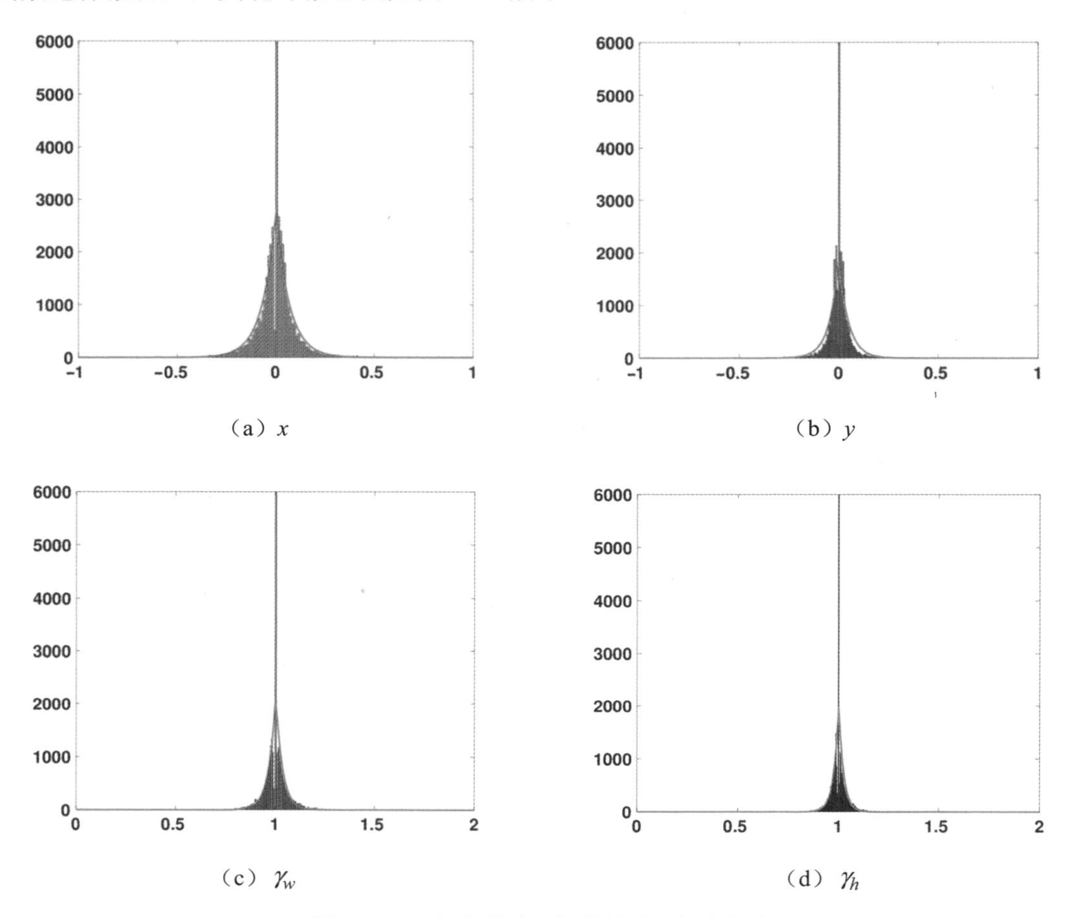

（a）x　（b）y　（c）γ_w　（d）γ_h

图 7-26　目标位置边界框的统计及拟合曲线

在获得边界框变化量的拟合函数后，就可以把对应变量的函数值作为空间约束得分来择选最佳候选样本了。

在离线阶段完成 CNN 模型的训练后，就可以在在线跟踪阶段直接使用而不用针对新序列重新训练了。所使用的网络结构见表 7-5，神经网络的最后一层全连接层的输出将作为候选样本的特征向量参与相似性的计算。算法流程如图 7-27 所示。

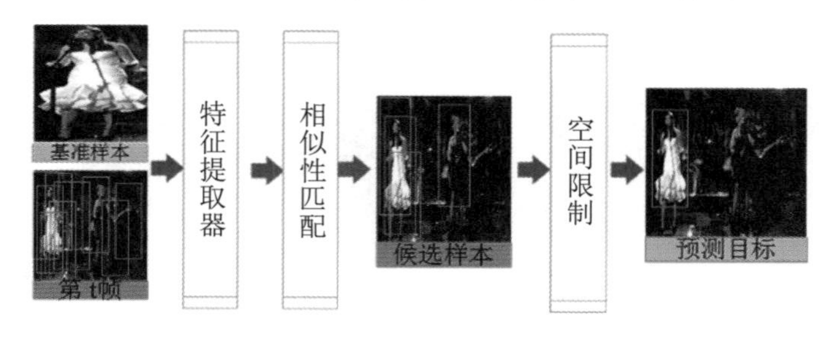

图 7-27　目标跟踪算法流程

在采样得到候选样本图像以后，所有的样本图像都会被送入训练好的 CNN，然后抽取 CNN 最后一层全连接层的输出作为样本向量，计算样本向量与基准向量的相似性得分，筛选出符合要求的若干样本，最后再计算这些样本的空间约束得分，总得分最高的将作为最佳样本进行跟踪结果的输出。相似性得分 S_{sim} 的计算公式为：

$$s_{\text{sim}} = \frac{1}{1+\exp\left(\|f_s - f_a\|_2^2 - \dfrac{\epsilon^2}{4}\right)} \tag{7-76}$$

其中 f_s 代表采样样本经过 CNN 以后的映射向量，f_a 代表基准样本的映射向量，ϵ 代表容忍距离。相似性的计算公式源于网络训练时采用的中心对比损失函数，只是在这里转化成了概率的形式，所采样本与基准样本越接近，概率就越大，相似性得分也就越高。

在完成相似性得分计算以后，大部分不满足要求的样本被过滤掉，剩余的样本需要通过再次计算空间约束得分来进行二次筛选。空间约束得分秉承小运动优先的准则，相比于目标的上一位置，空间位置变动越小相应的得分就越高，位置变动模型符合拉普拉斯函数规律，函数参数已在离线训练环节利用训练数据集拟合得到。因此空间约束得分 S_{spt} 的计算公式为：

$$S_{\text{spt}} = \prod_{v} L(v) \tag{7-77}$$

$$L(v) = \frac{1}{2\lambda} e^{-\frac{|v-\mu|}{\lambda}} \tag{7-78}$$

其中 v 的取值为 $(x, y, \gamma_w, \gamma_h)$。

本算法的整体思想是用相似性的方法来找到最理想的样本作为预测的目标状态进行输出。为了简化运算，提高跟踪速度，算法采用的 CNN 不会在第一帧再训练，也不会在后续帧中边训练边调整参数，即所有的参数训练只会在离线阶段完成，因此大大提高了跟踪速度。

此外，对于相似性的计算，基准样本的选取是至关重要的一步。一般认为视频或者图像序列是连续的，那么图像序列中的目标也是连续变化的，在所有帧图像中，当前帧中的目标应当是与上一帧的目标差异最小，也最为相似的。因此在每次处理当前帧图像时，对于待选的样本应当选取上一帧的预测目标作为基准样本来计算相似性，完成样本的初步筛选。但是，当目标被遮挡或者上一帧目标预测失误时，会对之后的目标跟踪带来毁灭性的影响。作为补充，第一帧的目标状态是算法运行前就给定的，被认为是最纯净没有被污染且没有被遮挡的理想的目标状态，因此本算法在依赖上一帧预测目标进行相似性计算的同时会衡量算法失败的可能，当所有样本的最高相似度不足 0.1 时会认为基准目标有误，需要矫正。当连续失败十次时，基准目标会被重置为第一帧的目标状态。

本小节的实验数据集和参数设置与上一小节相同。绘制出的精确率和成功率曲线如图 7-28 所示。与同类算法相比，无论是采用 CLE 准则还是采用 VOR 准则，本小节所提出的算法在整体性能上都取得了不错的效果。

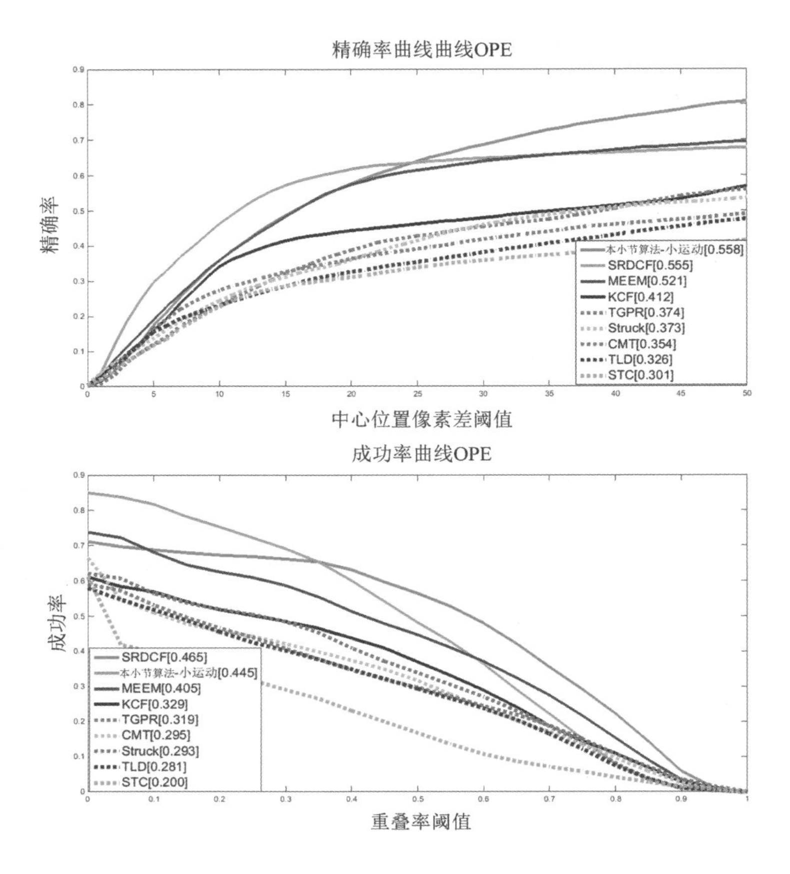

图 7-28　精确率图（上）、成功率图（下）

由图 7-28 可以看出，在精确率图中，在低阈值的情况下，SRDCF 算法表现较好，但是在高阈值情况下，本小节的算法表现较为突出。同样，在成功率图中，在低阈值的情况下，本小节的算法表现较好，而随着阈值的增大，渐渐被 SRDCF 算法取代。

在表 7-7 中展示了在取 VOR 为 0.5、CLE 为 20 时几种算法的比较结果，并将最高得分以粗体标示出来。

表 7-7　各种跟踪算法结果比较表格

算法	CLE@20	VOR@0.5	算法	CLE@20	VOR@0.5
Ours（本算法）	0.5845	0.5245	SRDCF	**0.6193**	**0.5661**
MEEM	0.5832	0.4871	KCF	0.4438	0.37
TGRP	0.3837	0.3488	Struck	0.3617	0.2976
CMT	0.3616	0.3192	TLD	0.3274	0.2947

本算法主要侧重于使用较好的特征应用到一个相似性学习加空间限制的框架里，因此在定性分析时，主要考虑相关性比较强的 MEEM（Multiple Experts using Entropy Minimization）、STC（Spatio-temporal Context）以及 TGRP 算法，MEEM 是一种多专家判断框架，STC 利用了空间信息限制，TGRP 采用了 CNN 的迁移学习，这些算法的训练过程

也都是在离线阶段完成的，从而保证了在线跟踪的时效性。四种算法在六个较有挑战的序列上的跟踪结果如图 7-29 所示。

图 7-29　不同算法在部分序列（Bolt、Human3、Human6、Matrix、Motor Rolling 和 Soccer）上的跟踪效果图

从图 7-29 可以看出，所有序列都具有复杂的背景干扰和不易跟踪的目标，算法 TGRP 和 STC 在部分序列上表现不佳，而本小节的算法和 MEEM 算法能够应对大部分的挑战。但是在序列 Human6 上，MEEM 算法在目标的尺寸判断上有较大失误，而本小节的算法得益于空间小运动平滑运动的限制，在目标尺寸上表现较好。

在上一小节的基础上，本小节致力于提高目标跟踪速度，把跟踪问题转化为相似性判断问题，且为了防止相似目标的干扰，引入了小运动优先的限制。本小节算法摒弃了对 CNN 的在线再训练，这在提高跟踪速度的同时不可避免地有一些精度的损失，尽管在与同类相关算法做比较时，取得了还不错的效果，但是与有在线再训练的算法相比，差异仍比较明显。因此，下一步工作应当致力于在保持速度的同时提升算法的精度，力求兼顾速度与精度。

7.5 目标跟踪未来趋势

对于目标跟踪算法来说，精度和速度的平衡问题是永恒不变的话题。如何找到跟踪精度更高和运行速度更快的目标跟踪算法是该领域一直以来的追求。

目标跟踪技术发展至今，该领域内近年来的算法基本上分为两大流派，即相关滤波法和深度学习方法。相关滤波跟踪算法在保证较高跟踪精度的同时，还在运行速度上有着较大的优势。而深度学习方法作为后起之秀已逐渐壮大，尽管深度学习方法在运行速度上普遍难以达到相关滤波法的水平，但其发展潜力巨大，并且在研究人员的努力之下，深度学习方法在近年的目标跟踪竞赛中性能名列前茅，已成为业界主要研究方向。

对基于深度学习的目标跟踪算法来说，未来的研究大致有两个趋势。一个趋势是寻找到高效的在线学习的算法。在现有的方法中，离线学习是主流，如何针对具体的目标，在离线学习的基础上对模型进行快速高效的在线更新，是提升跟踪算法性能的关键因素。另一个趋势是神经网络的结构设计，大致分为两个发展方向：一是为了提升跟踪精度而去寻找更适合学习目标跟踪任务的网络架构；二是寻找到更高效的小规模神经网络，在保证可接受的跟踪精度下，提升跟踪速度，用于实际工程。此外，当前大部分目标跟踪任务只能完成短时跟踪，在长时跟踪任务中仍存在很多亟待解决的问题。

本章参考文献

[1] YUAN X T, LIU X, YAN S. Visual classification with multitask joint sparse representation[M]. IEEE Press, 2012. https://ieeexplore.ieee.org/abstract/document/6220250.DOI:10.1109/TIP.2012.2205006.

[2] JIA X, LU H, YANG M H. Visual tracking via adaptive structural local sparse appearance model[J]. 2012, 157(10):1822-1829. https://ieeexplore.ieee.org/abstract/document/6247880/. DOI: 10.1109/CVPR.2012.6247880.

[3] AVIDAN S. Ensemble tracking [J]. IEEE Transactions on Pattern Analysis and Machine Intelligence, 2007, 29(2):261-271. https://ieeexplore.ieee.org/abstract/document/4042701. DOI: 10.1109/TPAMI.2007.35.

[4] MEI X, LING H. Robust visual tracking using ℓ1 minimization[C]. 2009 IEEE 12th international conference on computer vision. IEEE, 2009: 1436-1443. https://ieeexplore.ieee.org/abstract/document/5459292. DOI: 10.1109/ICCV.2009.5459292.

[5] MEI X, LING H. Robust visual tracking and vehicle classification via sparse representation[M]. IEEE Computer Society, 2011. https://ieeexplore.ieee.org/abstract/document/5740923/. DOI: 10.1109/TPAMI.2011.66.

[6] WANG H, REN M, YANG J, et al. Object tracking with revised SMOG model[C]. Proceedings of SPIE, 2007, 6788(1). https://doi.org/10.1117/12.748682.

[7] BABENKO, YANG, and BELONGIE. Visual tracking with online multiple instance learning[C]. 2009 IEEE Conference on computer vision and Pattern Recognition. IEEE, 2009. https://ieeexplore.ieee.org/abstract/document/5206737. DOI: 10.1109/CVPR.2009.5206737.

[8] GRABNER H, BISCHOF H. On-line boosting and vision[C]. IEEE Computer Society Conference on Computer Vision and Pattern Recognition. 2006:260-267. https://ieeexplore.ieee.org/abstract/document/1640768/. DOI: 10.1109/CVPR.2006.215.

[9] HARE S, GOLODETZ S, SAFFARI A, et al. Struck: structured output tracking with kernels[J]. IEEE transactions on pattern analysis and machine intelligence, 2015, 38(10): 2096-2109. https://ieeexplore.ieee.org/abstract/document/7360205/. DOI: 10.1109/TPAMI.2015.2509974 .

[10] GAO J, LING H, HU W, et al. Transfer learning based visual tracking with gaussian processes regression[C]. European conference on computer vision. Springer, Cham, 2014: 188-203. https://link.springer.com/chapter/10.1007/978-3-319-10578-9_13.

[11] HONG S, YOU T, KWAK S, et al. Online tracking by learning discriminative saliency map with convolutional neural network[C]. International conference on machine learning. 2015: 597-606. http://proceedings.mlr.press/v37/hong15.pdf.

[12] WANG N, LI S, GUPTA A, et al. Transferring rich feature hierarchies for robust visual tracking[J]. Computer Science, 2015. https://arxiv.org/pdf/1501.04587.pdf.

[13] WANG N, YEUNG D Y. Learning a deep compact image representation for visual tracking[C]. Advances in neural information processing systems. 2013: 809-817. https://papers.nips.cc/paper/5192-learning-a-deep-compact-image-representation-for-visual-tracking.pdf.

[14] BOLME D S, BEVERIDGE J R, DRAOER B A, et al. Visual object tracking using adaptive correlation filters[C]. Computer Vision and Pattern Recognition. IEEE, 2010:2544-2550. https://ieeexplore.ieee.org/abstract/document/5539960. DOI: 10.1109/CVPR.2010.5539960.

[15] HONG Z, CHEN Z, WANG C, et al. Multi-store tracker (muster): a cognitive psychology inspired approach to object tracking[C]. Proceedings of the IEEE conference on computer vision and pattern recognition. 2015: 749-758. https://openaccess.thecvf.com/content_cvpr_2015/papers/Hong_MUlti-Store_Tracker_MUSTer_2015_CVPR_paper.pdf.

[16] HENRIQUES J F, CASEIRO R, MARTINS P, et al. High-speed tracking with kernelized correlation filters[J]. IEEE transactions on pattern analysis and machine intelligence, 2014, 37(3): 583-596. https://ieeexplore.ieee.org/abstract/document/6870486/. DOI: 10.1109/TPAMI.2014.2345390.

[17] DANELLJAN M, HÄGER G, KHAN F S, et al. Accurate scale estimation for robust

visual tracking[C]. British Machine Vision Conference. 2014:65.1-65.11. https://www.diva-portal.org/smash/get/diva2:785778/FULLTEXT01.pdf.

[18] DENG J, DONG W, SOCHER R, et al. ImageNet: A large-scale hierarchical image database[C]. Computer Vision and Pattern Recognition, 2009. CVPR 2009. IEEE Conference on. IEEE,2009: 248-255. https://ieeexplore.ieee.org/abstract/document/5206848/. DOI: 10.1109/CVPR.2009.5206848.

[19] HONG S, YOU T, KWAK S, et al. Online tracking by learning discriminative saliency map with convolutional neural network[C]. International conference on machine learning. 2015: 597-606. http://proceedings.mlr.press/v37/hong15.pdf.

[20] RUSSAKOVSKY O, DENG J, SU H, et al. ImageNet large scale visual recognition challenge[J]. International Journal of Computer Vision, 2015, 115(3):211-252. https://arxiv.org/pdf/1409.0575).

[21] NAM H, HAN B. Learning multi-domain convolutional neural networks for visual tracking[C]. Proceedings of the IEEE conference on computer vision and pattern recognition. 2016:4293-4302. https://openaccess.thecvf.com/content_cvpr_2016/papers/Nam_Learning_Multi-Domain_Convolutional_CVPR_2016_paper.pdf.

[22] MA C, HUANG J B, YANG X, et al. Hierarchical convolutional features for visual tracking[C]. IEEE International Conference on Computer Vision. IEEE Computer Society, 2015:3074-3082. https://www.cv-foundation.org/openaccess/content_iccv_2015/papers/Ma_Hierarchical_Convolutional_Features_ICCV_2015_paper.pdf.

[23] DANELLJAN M, ROBINSON A, KHAN F S, et al. Beyond correlation filters: learning continuous convolution operators for visual tracking[C]. European Conference on Computer Vision. Springer, Cham, 2016:472-488. https://arxiv.org/pdf/1608.03773.pdf.

[24] TAO R, GAVVES E, SMEULDERS A W M. Siamese instance search for tracking[C]. Computer Vision and Pattern Recognition. IEEE, 2016:1420-1429. http://openaccess.thecvf.com/content_cvpr_2016/papers/Tao_Siamese_Instance_Search_CVPR_2016_paper.pdf.

[25] BERTINETTO L, VALMADRE J, HENRIQUES J F, et al. Fully-convolutional siamese networks for object tracking[C]. European Conference on Computer Vision. Springer, Cham, 2016:850-865. https://arxiv.org/pdf/1606.09549.pdf.

第 8 章　行人再识别

行人再识别，也称行人重识别，是利用计算机视觉技术判断图像或者视频序列中是否存在某个或某些特定行人的技术，普遍被认为是图像检索的一个子问题。其主要目的是匹配非重叠摄像机视角下具有相同身份的行人图像，使监控系统能够自动地从行人图像库中查找出具有特定身份的行人，从而提高查找速度，降低人力物力损耗。行人再识别，是非常贴近应用的一项应用，尤其是其高度专门地面向公共安全领域，因此在研究过程中需要增强其可解释性，以便提高使用者的心理接受能力。而深度学习作为优秀的主流算法，其可解释性却是短板。因此本章在概述行人再识别算法的基础上，重点介绍 3 种将手工特征和深度特征相融合的具体算法，最后对行人再识别技术的未来趋势进行讨论。

8.1　行人再识别技术概述

本节概要介绍了行人再识别技术，首先介绍了行人再识别技术的基本理论和模型，然后对现有算法进行概述，最后介绍了与行人再识别技术相关的评价标准。

8.1.1　行人再识别技术基本理论与模型

行人再识别系统一般是在多个非重叠视域下采集行人视频，图 8-1 展示了一个基础的行人再识别系统流程。图中以两个摄像头的非重叠视域中行人再识别系统为例，假设任务为从 B 拍摄的图像集（备选集）中找出 A 图像集中已指定的行人（查询图片）。这里简单介绍一下行人再识别系统的工作流程和关键技术。首先，摄像头 A 和 B 各拍摄到一段视频，系统使用行人跟踪和检测算法将视频中的行人检测出来，得到两个图像集。随后，系统分别提取查询图片和备选集中的所有图片。然后，采用所选的度量方法计算查询图片特征与所有备选图片特征之间的相似度分数。最后，再将相似度分数从高到低进行排序，得到排序列表。排序越靠前就代表对应的备选图片和查询图片属于同一个行人身份的概率越大。由此，依靠人工检索就可以对摄像机 A 拍摄到的查询图片的行人身份进行快速地再识别。

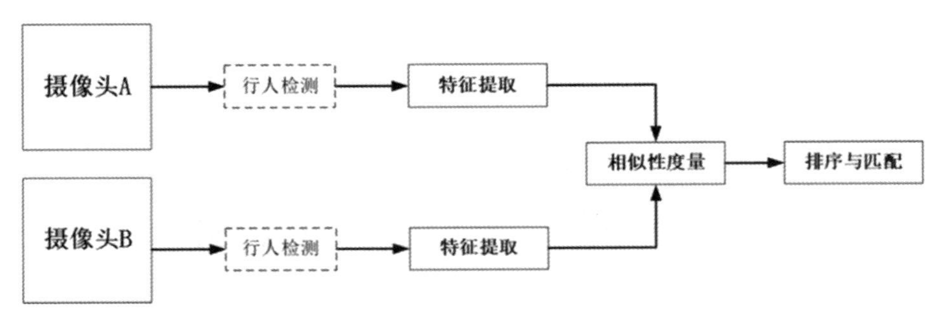

图 8-1　行人再识别系统流程

8.1.2　行人再识别技术简介

行人再识别课题是计算机视觉领域的热门研究方向之一，其巨大的应用价值吸引了国内外诸多研究人员的注意。特征表示和度量学习是行人再识别技术的两个主要研究点，当前研究人员已经提出了许多用于高效提取图像特征和学习具有判别力的度量方法的优秀算法。

1. 基于特征表示的方法

特征表示是指从原始图像中提取出能准确表达整幅图像信息的描述符，是所有与图像识别相关的任务都必须面对的问题。在行人再识别任务中，提取出具有判别力且健壮性强的特征，来表示行人的外观对于再识别的运算效率和匹配精度都有很大的益处。根据提取特征所使用的方法不同，行人再识别中的图像特征又可划分为手工设计特征和深度学习特征。

在早期，融合多种基础外观描述符的手工特征获得了一定程度的性能提升。2008 年，Gray 和 Tao 等人[1]将行人图像划分成多个水平条，使用 RGB、YC_bC_r和 HS 共 8 个颜色通道和亮度通道上的 21 个纹理滤波器提取出了局部集成特征，然后再使用 Adaboost 算法在多个纹理特征和颜色特征中选出性能最佳的组合，由此获取表达图像的最佳特征。2012 年，Mignon 等人[2]以图像水平条为特征提取单元，使用 RGB、YUV 和 HSV 通道和 LBP 纹理直方图构造了一种用于表达图像的特征向量。2013 年至 2014 年期间，香港中文大学的赵瑞等人[3][4][5]多次在研究中在 10 像素×10 像素的图像采样块中提取 LAB 颜色直方图和 SIFT 描述符，将这些基础描述符组合起来表示行人图像并取得了较好的效果。2014 年，Das 等人[6]提出在图像中的行人头部区域、躯干区域和腿部区域分别提取 HSV 颜色直方图，将它们组合起来表达行人图像。杨洋等人[7]提出使用 SCNCD（基于显著颜色名的颜色描述符，Salient Color Names Based Color Descriptor）作为整体图像的颜色特征。2015 年，中国科学院大学的廖胜才等人[8]提出了 LOMO（局部最大发生，LOcal Maximal Occurrence）描述符。该特征融合了 HSV 颜色空间的直方图信息和 SILTP 纹理信息，结合 XQDA（Cross-view Quadratic Discriminant Analysis）度量方法在当时达到了很高的行人再识别精度。同年，清华大学的郑良等人[9]提出从图像的每个局部块中提取 11 维的颜色名描述符，然后将它们聚合成表示图像全局的词袋描述符。与当时的许多先进图像描述符相比，该特征在性能上具有竞争力。

以 CNN 为代表的深度学习方法凭借其强大的学习能力和模型表达能力，在提取图像特征表达图像信息上远远好于传统的图像视觉表示方法。2014 年，香港中文大学的李伟等人[10]首次在行人再识别任务中使用深度学习方法，提出了一种基于卷积神经网络的网络模型 FPNN（滤波器配对神经网络，Filter Pairing Neural Network）。凭借卷积神经网络强大的表达能力，FPNN 提取的深度特征结合简单的欧氏距离就达到了当时的最佳水平。2015 年，Ahmed 等人[11]在 FPNN 中增加输入间的邻域差值计算和块总结操作，使得改进版网络提取出的图像特征更具判别性和健壮性。2017 年，中国科学院的李党伟等人[12]在 CNN 中加入多个空间变换网络用于定位行人图像的头部区域、上身躯干区域和腿部区域，然后结合图像全局特征和局部区域特征表达行人图像，达到了当时的先进水平。2018 年，李伟等人[13]在 CNN 中引入了多种注意力机制并使注意力机制间可以交互促进，提升了卷积神经网络表达具有错位问题的行人图像的能力。

2. 基于度量学习的方法

在行人再识别任务中，度量学习方法的中心思想是拉近同一行人的所有图片的特征，并且将不同行人的图片特征尽可能推远。该方法旨在学习到一个度量空间，在这个空间里同一行人的任意两个图片特征之间的距离都大于任意不同行人的图片特征之间的距离。一个良好的距离度量对于一个行人再识别系统是至关重要的，因为图像的高维视觉特征通常不能获取到样本差异下的不变因素[14]。根据在度量方法的学习过程中是否需要使用带标签数据进行训练，度量方法可分为有监督度量和无监督度量。

无监督度量方法可直接计算图像特征之间的距离，再根据距离确定图像之间的相似程度。常用的无监督度量方法有欧氏距离、余弦距离和巴氏距离。其中，欧氏距离作为最直观最常用的距离度量方法，计算的是两个特征点之间的空间直线距离；余弦距离则可视为特征长度归一化之后的欧氏距离，注重两个特征向量之间的夹角大小；巴氏距离则常用于评估分类任务中类之间的可分离性。假设两张行人图像经过特征提取之后得到的 $\boldsymbol{n}$ 维特征向量分别为 $\boldsymbol{X}=(\boldsymbol{x}_1,\boldsymbol{x}_2,\dots,\boldsymbol{x}_n)$ 和 $\boldsymbol{Y}=(\boldsymbol{y}_1,\boldsymbol{y}_2,\dots,\boldsymbol{y}_n)$，则这两张行人图像之间的欧氏距离为：

$$d_E(\boldsymbol{X},\boldsymbol{Y})=\sqrt{\sum_{i=1}^{n}(\boldsymbol{x}_i-\boldsymbol{y}_i)} \tag{8-1}$$

余弦距离为：

$$d_C(\boldsymbol{X},\boldsymbol{Y})=\frac{\sum_{i=1}^{n}\boldsymbol{x}_i\boldsymbol{y}_i}{\sqrt{\sum_{i=1}^{n}\boldsymbol{x}_i^2}\sqrt{\sum_{i=1}^{n}\boldsymbol{y}_i^2}} \tag{8-2}$$

巴氏距离为：

$$d_B(\boldsymbol{X},\boldsymbol{Y})=-\ln\left(\sum_{i=1}^{n}\sqrt{\boldsymbol{x}_i\boldsymbol{y}_i}\right) \tag{8-3}$$

考虑到特征的不同维度对相似度计算的贡献度不同，研究人员先后开发出了一系列有监督度量方法。这类度量方法使用带标签的数据进行训练，从数据中学习能够更准确反映样本间相似性的度量空间。当用于训练确定度量空间所需的参数的数据足够多且具有一般性时，所学到的有监督度量方法通常比无监督度量方法性能更好。2000 年，Maesschalck 等人提出了马氏距离[15]，该度量方法通过使用特征空间的线性缩放和旋转来扩展欧氏距离。同样，以 $\boldsymbol{X}=(\boldsymbol{x}_1,\boldsymbol{x}_2,\ldots,\boldsymbol{x}_n)$ 和 $\boldsymbol{Y}=(\boldsymbol{y}_1,\boldsymbol{y}_2,\ldots,\boldsymbol{y}_n)$ 分别表示两张行人图像的特征，用于确定度量空间的半正定矩阵为 $\boldsymbol{M}\in R^{d\times d}$，则两个图像特征之间的马氏距离可表示为：

$$d_{\boldsymbol{M}}(\boldsymbol{X},\boldsymbol{Y})=\sqrt{(\boldsymbol{X}-\boldsymbol{Y})^{\mathrm{T}}\boldsymbol{M}(\boldsymbol{X}-\boldsymbol{Y})} \tag{8-4}$$

2007 年至 2009 年期间，一系列经典的度量学习方法被提出，如信息理论度量学习方法[16]、最大间隔最近邻方法[17]和逻辑判别度量学习方法[18]。随着行人再识别任务需处理的行人图像数量越来越大，上述经典的度量学习方法会对行人再识别系统产生巨大的计算负担，因此不适合扩展到大规模数据的应用场景中。2012 年，Koestinger 等人[19]以马氏距离为基础，通过似然比检验来判断一对待检验图像是否相似，提出了 KISSME（Keep It Simple and Straight Forward MEtric）方法。似然比检验函数表示为：

$$\delta(\boldsymbol{X},\boldsymbol{Y})=\log\frac{p((\boldsymbol{X}-\boldsymbol{Y})\mid H_0)}{p((\boldsymbol{X}-\boldsymbol{Y})\mid H_1)} \tag{8-5}$$

其中，H_0 和 H_1 分别为待检验图像对相似的原假设和待检验图像对不相似的备选假设。该方法抛弃了通过高计算负担的迭代算法计算度量矩阵的方法，从基于统计推断假设的等价约束中学习度量空间，在效率和精度上都超过了之前的有监督度量学习算法。2015 年，中国科学院的廖胜才等人[8]提出了 KISSME 算法的改进版本 XQDA。该方法通过学习行人图像类内差的协方差矩阵和类间差的协方差矩阵来获得一个子空间，在低维子空间中使用 KISSME 算法确定一个度量学习函数。随着深度学习被广泛应用于计算机视觉领域，研究者们将特征表示和度量学习两个步骤统一到一个深度学习模型当中，在训练如何提取高性能的特征的同时学习一个判别能力很强的度量方法，利用两者之间的互补性提升两者之间的契合度。

8.1.3 评价标准

本小节介绍了行人再识别的一些评价标准，如 Rank-*N* 准确率、CMC 曲线、准确率-召回率曲线和 mAP。

1. Rank-*N* 准确率

Rank-*N* 准确率就是在完成相似度排序之后，在前 *N* 个候选图像中出现正确行人图像的查询示例数占查询总数的比例。在查询图像数量足够多时，Rank-*N* 准确率能准确地刻画算法在任意一次查询中要找的行人锁定在 *N* 个之内的概率。假设候选集中有且只有一张正确图片，在排序后的第 k 位出现正确图像的概率为 $p(k)$，则 Rank-N 准确率可由式(8-6)计算。

$$\text{Rank-}N=\sum_{k=1}^{N}p(k) \tag{8-6}$$

常用的 Rank-N 准确率有 Rank-1、Rank-5 和 Rank-10。Rank-1 准确率表示首位识别准确率，即准确匹配的概率，这个数值越高说明算法性能越好。

2. CMC 曲线

CMC 曲线（累积匹配曲线，Cumulative Match Characteristic Curve）反映了模型的 Rank-k 准确度，表明了查询样本与不同大小的候选集中的样本正确匹配的概率，无论候选集中有多少个正确匹配的样本，只以第一个正确的匹配为衡量标准进行累积。例如，给定查询样本，通过计算查询样本与所有候选集样本的相似度，并给出相似度由近到远的排序列表，在该列表中，位于第二、第五和第十的样本均为正确匹配的样本，则在 CMC 曲线上，只有位于第二位的正确匹配被累加，即计算 Rank-2、Rank-5 和 Rank-10 时，只计算第一次出现的正确匹配。CMC 曲线则是 k 与 Rank-k 的对应关系曲线。这种评判标准符合人们的思想，即计算第一次出现正确匹配的累积概率，判断该模型进行正确分类的准确度，也就是说，在 Rank-k 中，k 值越小处的 Rank-k 值越大，如 Rank-1 越大，表明第一个候选样本就能够正确匹配的概率越大，说明该模型的分类性能越好，相反，如果到最后一个排序处才得到正确匹配，说明模型的分类性能很差。因此，CMC 曲线能够较好地反映行人再识别算法的识别能力。

3. 准确率-召回率曲线

在多数机器学习的应用场景如信息检索、自然语言处理和推荐系统中，常使用准确率和召回率参数作为评价指标。行人再识别任务在候选样本集中查询目标样本，可以视为能否查询到正确匹配的分类问题，可以运用检索问题中常用的指标进行衡量。准确率-召回率曲线反映了准确率和召回率之间的相互关系，是衡量机器学习模型的基本指标。

准确率（查准率）：

$$P=\frac{\mathrm{TP}}{\mathrm{TP}+\mathrm{FP}} \tag{8-7}$$

召回率（查全率）：

$$R=\frac{\mathrm{TP}}{\mathrm{TP}+\mathrm{FN}} \tag{8-8}$$

将准确率与召回率的对应关系绘制成曲线，即得到该候选集的准确率-召回率曲线。两个数值是相互影响的，准确率表征了模型仅仅预测出匹配样本的能力，而召回率表征了模型将所有匹配样本识别出来的能力。在理想情况下，准确率和召回率都取得较高的数值，则表明算法的性能好，但在通常情况下，准确率高则召回率低，召回率高则准确率低，需要在两者之间进行权衡以达到最好的性能。后来，为了更好地表达两者的关系，引入了 F-Measure 对两者进行加权调和平均，计算方法为：

$$F=\frac{\left(1+\alpha^2\right)P\times R}{\alpha^2\left(P+R\right)} \tag{8-9}$$

可以看出，F 综合了 P 和 R 的结果，当 F 较高时，模型性能更好。

4. mAP

准确率-召回率曲线所围成封闭区域的面积（准确率与召回率的乘积）称为平均精度，将所有查询结果的值进行平均称为算法的 mAP。显而易见，mAP 综合考虑了查询的准确率和召回率，因此比 CMC 曲线更能精确地表征算法的查询性能。当候选集中只有一两个匹配样本时，适合选择 CMC 作为评价指标；当候选集中有多个匹配样本时，选择 CMC 指标可能无法区分查询性能，因此需要综合考虑 mAP 指标。

8.2 基于 AdaRank 进行特征集成的行人再识别算法

本节将介绍一种基于 AdaRank 进行特征集成的行人再识别算法[20]，其中手工特征采用拓展到时间域的 LOMO3D 特征（以 HSV 直方图表示颜色特征和 SILTP3D 特征表示纹理特征），这样能从连续的视频帧中提取更多的信息，并通过三维卷积神经网络提取深度特征，同时使用三维梯度直方图特征和局部特征集成特征作为辅助的特征提取方法，最后使用 AdaRank 算法集成特征和度量方法，提高排序能力，下面将分别从算法特点、算法细节和实验结果几个方面进行详细阐述。

8.2.1 算法特点

该算法主要有四个特点：①对现有的三维梯度直方图特征进行了改进，使之更适用于图像序列形式的行人再识别数据集；②根据现有的 LOMO 特征，提出了加入时间信息的 LOMO3D 特征；③提出均衡使用欧氏距离度量和马氏距离度量的三维卷积神经网络，并在训练时采用了选择性使用训练样本的策略；④利用集成算法 AdaRank，将传统特征与深度神经网络生成的特征结合起来。

8.2.2 算法细节

本小节首先论述改进的手工特征和三维卷积神经网络，然后对 AdaRank 特征集成算法进行详细介绍。

1. 改进的手工特征

本算法提出了一种基于 AdaRank 的深度特征和传统特征的集成算法，算法的整体框架见后文。在特征提取阶段，首先，对所有的行人图像进行 Retinex（视网膜皮层）预处理，增强图像色彩；然后，对 LOMO 特征进行改进，得到三维形式的局部最大发生（LOMO3D，3-dimensional LOcal Maximal Occurrence）特征；进而构造 3D 卷积神经网络，训练后用于提取深度特征；最后，使用三维梯度直方图特征和局部特征集成两种较为先进的特征作为辅助的特征提取方法。在度量学习阶段，从现有的度量学习方法中选取了 3 种性能最优的算法：KISSME 方法、大间距近邻分类的距离度量学习和基于核方法的局部费舍判别分析。通过将特征与度量算法组成笛卡尔乘积可以得到一系列弱排序器，在集成阶段，利用 AdaRank 算法可以集成这些弱排序器，最终得到一个强排序器。

1）改进的三维梯度直方图

在计算梯度直方图时，需要先在不同区域计算梯度向量。由于必须考虑不同的空间和时间尺度，这些区域不仅在特定位置上有变化，而且在周围范围内也会有变化。直方图是对数据进行统计，而统计好的值需要存放，bin 就是统计的区间，bin 中的数值是从数据中计算出的特征的统计量，例如图像的梯度、方向和色彩等图像特征的统计量。

二维图像上的梯度直方量化方法是通过将圆形等分为若干个扇形，并根据扇形张角所在的区间进行直方统计的。同理，在三维空间中，可以利用正多面体对梯度进行量化统计。在这里，将二十面体作为三维梯度的量化工具。

给定一个正 N 面体，让它的重心位于三维欧几里得坐标系的原点。为了量化三维梯度矢量 $\bar{\boldsymbol{g}}_b$，首先将 $\bar{\boldsymbol{g}}_b$ 在坐标系原点和所有面中心位置的轴线上进行投影。令 $\boldsymbol{P}$ 表示 n 个面中心点的位置坐标 $\boldsymbol{p}_1,\boldsymbol{p}_2,\dots,\boldsymbol{p}_n$：

$$\boldsymbol{P}=(\boldsymbol{p}_1,\boldsymbol{p}_2,\dots,\boldsymbol{p}_n)^{\mathrm{T}} \quad \textit{with} \quad \boldsymbol{p}_i=(x_i,y_i,t_i)^{\mathrm{T}} \tag{8-10}$$

则 $\bar{\boldsymbol{g}}_b$ 的投影 $\hat{\boldsymbol{q}}_b$ 可以通过式(8-11)计算。

$$\hat{\boldsymbol{q}}_b=(\hat{q}_{b1},\dots,\hat{q}_{bn})^{\mathrm{T}}=\frac{\boldsymbol{P}\cdot\bar{\boldsymbol{g}}_b}{\bar{\boldsymbol{g}}_{b2}} \tag{8-11}$$

因此，$\hat{\boldsymbol{q}}_b$ 中的 $\hat{q}_{bi}$ 表示梯度向量 $\bar{\boldsymbol{g}}_b$ 在经过第 i 个面中心点 $\boldsymbol{p}_i$ 的轴线上的归一化投影。即 $\hat{q}_{bi}=\|\boldsymbol{p}_i\|_2\cdot\cos\angle(\boldsymbol{p}_i,\bar{\boldsymbol{g}}_b)=\|\bar{\boldsymbol{g}}_b\|_2^{-1}\cdot\boldsymbol{p}_i^{\mathrm{T}}\cdot\bar{\boldsymbol{g}}_b$。如果将多面体中的相对面归入一个 bin，则 bin 的数量可以减半。

由于在梯度方向完美贴合某根轴线时，它只能归入一个 bin 中，因此，要给得到的 $\hat{q}_b$ 加一个阈值。通过比较两个相邻轴线 $\boldsymbol{p}_i$ 和 $\boldsymbol{p}_j$，阈值规定为 $t=\boldsymbol{p}_i^{\mathrm{T}}\cdot\boldsymbol{p}_j$。对 $\hat{\boldsymbol{q}}_b$ 中所有元素减去 t 值，并将负数置为 0。根据所得到的直方图 $\hat{\boldsymbol{q}}_b'$ 计算梯度幅值的分布情况：

$$\hat{\boldsymbol{q}}_b=\frac{\|\bar{\boldsymbol{g}}_b\|_2\times\hat{\boldsymbol{q}}_b'}{\|\hat{\boldsymbol{q}}_b'\|_2} \tag{8-12}$$

给定一个立方体 $\boldsymbol{c}=(x_c,y_c,t_c,w_c,h_c,l_c)^{\mathrm{T}}$，将 $\boldsymbol{c}$ 分为 $S\times S\times S$ 个子块 $\boldsymbol{b}_i$，在这些子块所构成的集合中计算直方图。对每个子块 $\boldsymbol{b}_i$ 计算相应的平均梯度 $\bar{g}_{b_i}$，然后根据式(8-12)利用多面体量化为 $\boldsymbol{q}_{b_i}$。然后对所有子块 $\boldsymbol{b}_i$ 的平均梯度 $\boldsymbol{q}_{b_i}$ 进行求和计算，能够得到区域 c 的直方图 $\boldsymbol{h}_c$：

$$\boldsymbol{h}_c=\sum_{i=1}^{S^3}q_{b_i} \tag{8-13}$$

接下来可以利用积分视频求子块的平均梯度及沿坐标轴方向的任意尺度的直方图。设采样点$\boldsymbol{s}=(x_s,y_s,t_s,\sigma_s,\tau_s)^T$在视频序列中的位置为$(x_s,y_s,t_s)^{\mathrm{T}}$，$\tau_s$和$\sigma_s$和分别决定了该采样点的时间尺度和空间尺度。对于$s$周边宽$w_s$、高$h_s$和长$l_s$的局部支持区域$\boldsymbol{r}_s=(x_r,y_r,t_r,w_r,h_r,l_r)^{\mathrm{T}}$，计算$\boldsymbol{s}$最终描述符$d_s$的区域范围为式(8-14)。

$$w_s=h_s=\sigma_0\sigma_s,\ l_s=\tau_0\tau_s \tag{8-14}$$

参数σ_0和τ_0描述了$\boldsymbol{s}$周围的支持区域的相对大小。

局部支持区域$\boldsymbol{r}_s$被分为$M\times M\times N$个小块（cell），表示为$\boldsymbol{c}_i$。对每个小块，根据式(8-14)计算方向直方图。最后将所有的直方图按照顺序拼接在一起，得到一个特征向量$\boldsymbol{d}_s=(d_s,\dots,d_{M^2N})^{\mathrm{T}}$。在原始特征中，参数设置如下：$\sigma_0=8$，$\sigma_s=6$，$M=4$，$N=4$。

通过分析行人再识别数据集的特点，本算法对三维梯度直方图特征进行了改进。由于本实验所用数据集中的样本为不等长的图像序列，在提取三维梯度直方图特征并计算直方图后，所得到的特征为维度不相等的向量，无法直接进行相似度计算。因此在计算直方图描述符时，本算法引入了滑动窗的方法。我们规定，进行直方图计算的子序列长度应为L_T，即为滑动窗的长度。假设样本序列长度为L_O，那么该样本序列所包含的有重叠的滑动窗的个数为：

$$n=\left\lfloor\frac{L_O}{L_T}\right\rfloor \tag{8-15}$$

其中，$\lfloor x\rfloor$表示不大于x的最大整数，那么滑动窗的移动步长为：

$$\mathrm{step}=\left\lfloor\frac{L_O-L_T}{n}\right\rfloor \tag{8-16}$$

通过对每个滑动窗中的三维梯度直方图算子计算直方图描述符，我们可以得到每个子序列的三维梯度直方图特征。在利用这些特征进行相似度计算时，会根据不同的特征计算模式采用不同的特征选择机制，具体做法将在下文进行详细阐述。

2）LOMO3D 特征

廖胜才等人[8]提出了局部最大发生特征，描述水平方向出现的最大局部特征。首先，将图片尺寸调整为 128 像素×48 像素，并划分为有重叠区域的 10×10 方块，重叠比例为 0.5。进而，对于每个方块提取三个尺度下的 HSV 直方图和 SILTP[21]直方图。最后，综合考虑在同一水平位置的所有方块，将这些方块中所得到的直方图的不同 bin 一一对应起来，取其中的最大值为该位置的 bin 赋值，得到最终的直方图特征。

原始的 LOMO 特征仅仅考虑了二维图像上空间域水平方向出现的最大特征，本算法将这一思想拓展到时间域，因而能够从连续的视频帧中提取更多的信息。本算法仍然用 HSV 直方图表示颜色特征。为了描述纹理特征，本算法将原始尺度不变的三值模式特征进行了改进，不仅可以表示空间上的纹理关系，还可以表示时间上的纹理关系。这种新的纹理特征被命名为 SILTP3D 特征。

在计算机视觉领域，在对图像纹理特征进行描述时，一种常用的特征是 LBP 特征。在计算纹理特征时，首先将彩色图片转化为灰度图片，然后将特征算子定义为式(8-17)。

$$T = t\left(g_c, g_0, g_1, \ldots, g_{P-1}\right) \tag{8-17}$$

其中，g_c 表示局部区域中间像素点的灰度值，$g_p\left(p = 0,1,\ldots,P-1\right)$ 表示以 g_c 为圆心半径为 $R(R>0)$ 的圆上的 P 个像素点的灰度值，这些像素点构成一个旋转对称的相邻点集合，表示为 G_P。在图像中，假设 $\left(x_c, y_c\right)$ 为中心像素点的坐标，那么相邻点的坐标 g_p 可以表示为 $\left(x_c + R\cos\left(2\pi p / P\right), y_c - R\sin\left(2\pi p / P\right)\right)$。图 8-2 给出了 P 和 R 取值不同的三种旋转对称的相邻点集合。如果中心像素的值从相邻像素点的值中减去，则局部纹理可以表示为中心像素值和相邻像素差值的联合分布，且这一过程没有信息损失：

$$T = t\left(g_c, g_0 - g_c, g_1 - g_c, \ldots, g_{P-1} - g_c\right) \tag{8-18}$$

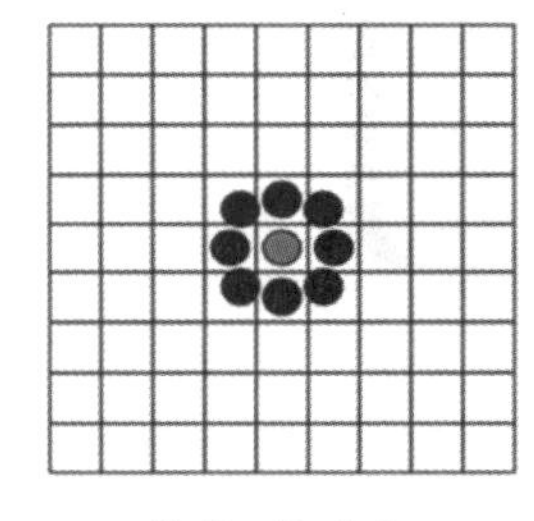

P=8，R=1.0

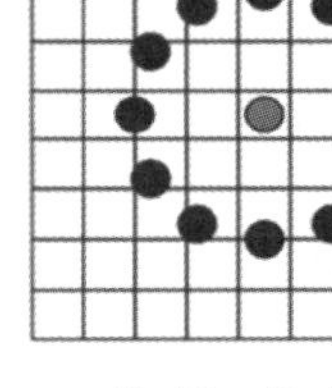

P=12，R=2.5

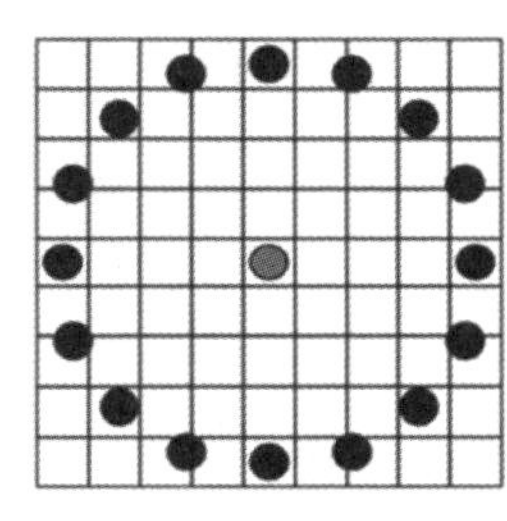

P=16，R=4.0

图 8-2　LBP 算法原理

基于独立性假设，对式(8-18)进行因式分解：

$$T \approx t\left(g_c\right) t\left(g_0 - g_c, g_1 - g_c, \ldots, g_{P-1} - g_c\right) \tag{8-19}$$

其中，由于 $t(g_c)$ 与纹理无关，所以很多关于原始联合分布下纹理特征的信息，在计算差值之后被保留下来：

$$T \approx t\left(g_0 - g_c, g_1 - g_c, \ldots, g_{P-1} - g_c\right) \tag{8-20}$$

对于恒定或缓慢变化的区域，差值接近于零。在斑点处，所有差值都比较大。在边界处，某些方向的差值大于其他方向的差值。尽管差值分布灰度不变，但会受到缩放的影响，为了使灰度值对于任何单调变换保持不变性，在这里只考虑差值的符号：

$$T \approx t\left(s(g_0 - g_c), s(g_1 - g_c), \ldots, s(g_{P-1} - g_c)\right) \tag{8-21}$$

其中：

$$s\left(x\right) = \begin{cases} 1, & x \geq 0 \\ 0, & x < 0 \end{cases} \tag{8-22}$$

接下来，对像素点(x_c,y_c)进行 LBP 编码：

$$\mathrm{LBP}_{P,R}(x_c,y_c)=\sum_{p=0}^{P-1}s(g_p-g_c)2^p \tag{8-23}$$

SILTP 特征是 LBP 特征的改进版本，与 LBP 特征相比，SILTP 特征对于噪声和尺度的变化都具有健壮性，如图 8-3(a)所示。原始 SILTP 特征是根据目标像素点在同一静态图像上的临近像素点来计算的。SILTP3D 将计算特征时的考虑范围拓展到前后帧，即同时考虑目标像素点在空间上和时间上的临近像素点，如图 8-3(b)所示。

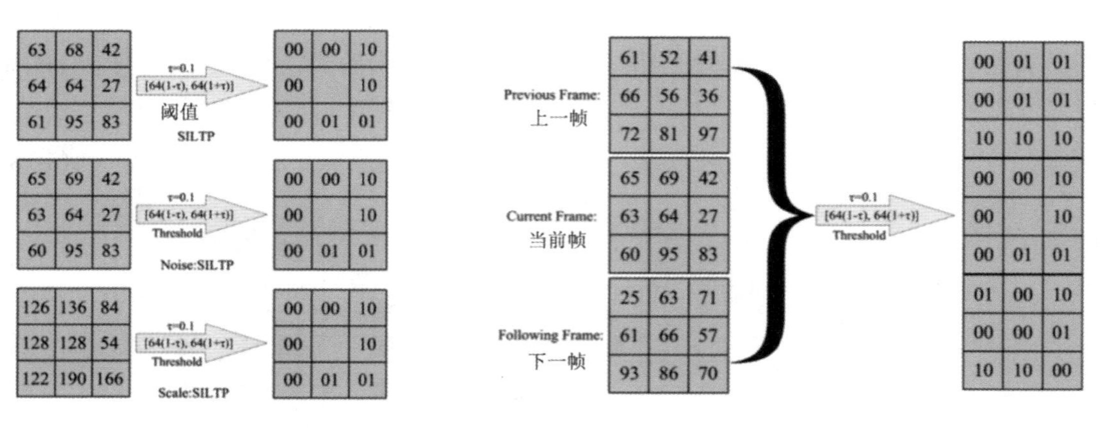

（a）原始 SILTP　　（b）SILTP3D

图 8-3　原始 SILTP 特征与 SILTP3D 特征

给定一个像素位置(x_c,y_c)，SILTP 编码如式(8-24)所示。

$$\mathrm{SILTP}_{N,R}^{\tau}(x_c,y_c)=\bigoplus_{k=0}^{N-1}s_\tau(I_c,I_k) \tag{8-24}$$

其中，I_k指的是第 k 个相关像素点的灰度值，I_c指的是中心像素的灰度值，N指的是相关像素点的个数，这些像素点分布在半径为R的球形区域上，也就是前后帧到当前帧中心像素点距离为R的点，以及当前帧到中心像素距离为R的点。在计算过程中，相邻帧之间的距离等同于相邻像素之间的距离，均表示为单位长度。⊕表示二进制字符串的串联运算符。τ是一个尺度因子，表示比较的范围。s_τ是一个分段函数，定义如式(8-25)所示。

$$s_\tau=\begin{cases}01, & \text{if}\quad I_k>(1+\tau)I_c\\ 10, & \text{if}\quad I_k<(1+\tau)I_c\\ 00, & \text{其他}\end{cases} \tag{8-25}$$

如图 8-3 所示，SILTP3D 的表示范围由原有的 8 个像素点扩展到现在的 26 个，这样可描述的范围更大，所包含的信息更多，特征的表达能力更强。

提取 LOMO3D 特征的具体过程如图 8-4 所示。首先，研究人员对图像序列中的每一张图像进行 Retinex 预处理，降低因图像质量造成类内差异所带来的干扰。将处理后的多帧图像堆叠在一起，构成一个长方体，该长方体的高和宽分别为图像的高 H 及图像的宽 W，长方体的深度为图像序列的帧数 D。对 HSV 特征和 SILTP3D 特征进行直方统计的单位为宽 w_c、高 h_c 和深度 d_c 的子块，则每个子块所包含的像素数为 $w_c \times h_c \times d_c$。在划分子块时，令块与块之间存在重叠区域，且重叠区域占子块体积的比例为 β，那么可以得到各个方向上的步长分别为 βh_c（垂直方向）、βw_c（水平方向）和 βd_c（时间方向），因而在三个方向上的子块个数分别为 $(H-h_c)/\beta h_c+1$、$(W-w_c)/\beta w_c+1$ 和 $(D-d_c)/\beta d_c+1$。然后，与原始 LOMO 特征同理，综合考虑在同一水平位置的 $((W-w_c)/\beta w_c+1)\times((D-d_c)/\beta d_c+1)$ 个子块，将这些方块中所得到的直方图的不同 bin（特征直方）一一对应起来，取其中的最大值为该位置的 bin 赋值，得到最终的直方图特征。

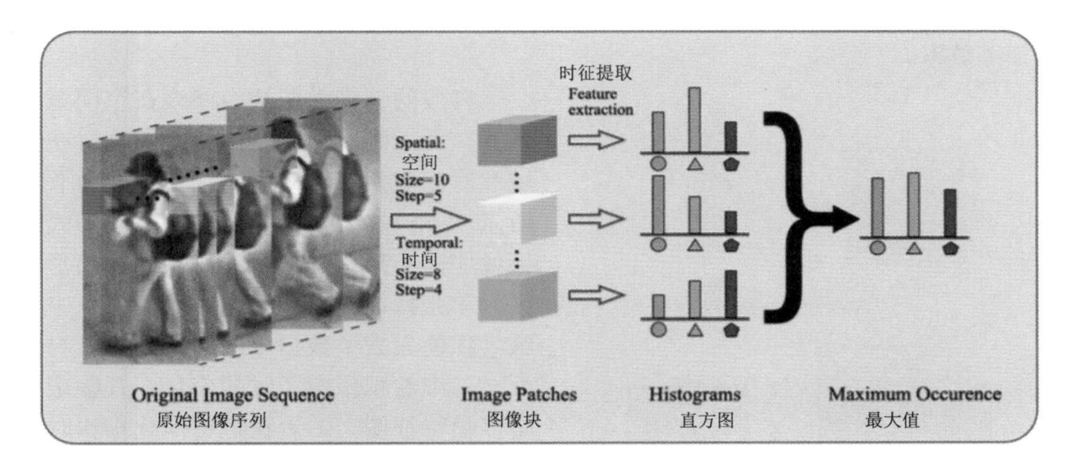

图 8-4　LOMO3D 提取过程

设 HIST_i^j 为水平子块集合中第 j 个子块的第 i 种特征，即有：

$$\mathrm{HIST}_i^j=\left\{\mathrm{hist}_{i1}^j,\mathrm{hist}_{i2}^j,\ldots,\mathrm{hist}_{im}^j\right\} \tag{8-26}$$

其中，$\mathrm{hist}_{ik}^j\,(k=1,2,\ldots,m)$ 表示第 i 种特征的第 k 个 bin 的值，m 表示 bin 的总数。那么最大化操作表示为式(8-27)。

$$\mathrm{HIST}_i=\left\{\mathrm{hist}_{i1},\mathrm{hist}_{i2},\ldots,\mathrm{hist}_{im}\right\} \tag{8-27}$$

其中，

$$\mathrm{hist}_{ik}=\max\left(\mathrm{hist}_{ik}^1,\mathrm{hist}_{ik}^2,\ldots,\mathrm{hist}_{ik}^{\left(\frac{W-w_c}{\beta w_c}+1\right)\times\left(\frac{D-d_c}{\beta d_c}+1\right)}\right) \tag{8-28}$$

本算法参数设置如下：$D=20$，$d=8$，$h=10$，$w=10$，$\beta=0.5$，原始图像尺寸为 128×64。我们提取了 $8\times8\times8$ 个 bin 的 HSV 直方特征、$\mathrm{SILTP}_{6,3}^{0.3}$ 以及 $\mathrm{SILTP}_{6,5}^{0.3}$。因此在一个图像序列中总共有 $24\times11\times4=1056$ 个子块，其中处于同一水平位置的有 $11\times4=44$ 个子块。

为了得到多尺度信息，我们在垂直方向和水平方向对图像进行了两次二倍的池化操作，分别从不同尺寸图像中得到特征，最后将所有得到的特征连接起来，得到图像序列的LOMO3D特征表示。

2. 三维卷积神经网络

近年来，深度学习方法越来越受人瞩目，它对线性和非线性关系有着强大拟合能力，在行人再识别领域也有出色的表现。然而，现有的大多数卷积神经网络的输入数据是单张图像，没有对时域信息进行有效利用。由于视频 / 图像序列形式的数据比单张图像形式的数据蕴含着更多的潜在信息，本算法所利用的模型为能够同时提取空间信息和时间上的连贯性信息的三维卷积神经网络，该模型主要有两个创新点：第一，通过均衡使用线性变换，综合利用欧氏距离和马氏距离的优点；第二，有选择地使用训练样本，防止模型过拟合，提高训练效率。

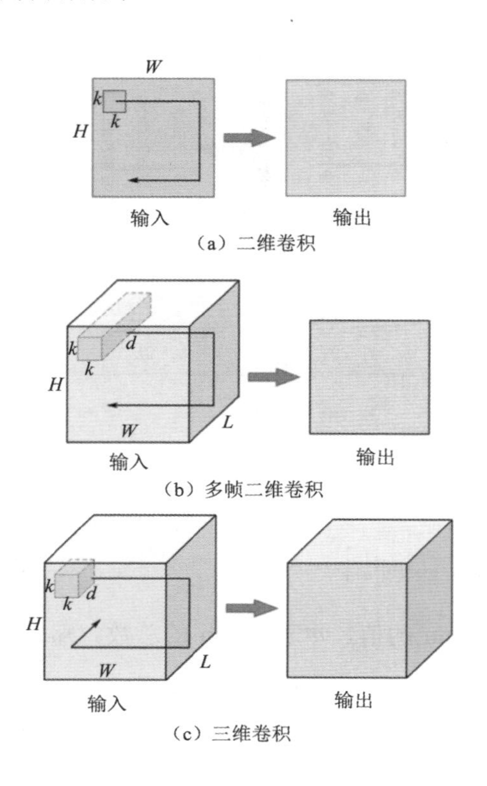

图 8-5　二维卷积与三维卷积的对比

典型的二维卷积神经网络在空间域进行计算，而三维卷积神经网络能够同时在空间域和时间域进行计算，二者的差异如图 8-5 所示。不论输入数据为单张图像的形式还是图像序列的形式，二维卷积层的输出形式始终为单张特征图。那么在后续的计算中，二维卷积便失去了数据中的时间信息。与之相反，三维卷积保留了时间信息，其输出模式是多帧特征图。二者在进行池化操作时的工作原理是一样的。为方便阐述，我们定义如下变量符号：在经过全连接层之前，立体数据的尺寸表示为$C \times L \times H \times W$，其中$C$是通道数，$L$是帧数，$H$和$W$分别为帧的高和宽。卷积核的尺寸定义为$d \times k \times k$，其中沿时间方向深度为$d$，沿垂直方向的高度和沿水平方向的宽度均为$k$。

模型结构示意图如图 8-6 所示，为孪生网络结构，我们向每个分支输入一组图像序列。每个卷积层之后都跟随着一个批量归一化层、一个 ReLU 激活层和一个 Dropout 层。批量归一化层的加入提高了网络的稳定性和准确性，并加速了收敛。Dropout 层在系统中引入随机性，以降低过拟合的风险。在分支的末端设置两个全连接层，其中第二个全连接层可以看作改进的线性映射。两个分支中同一位置的层进行参数共享。

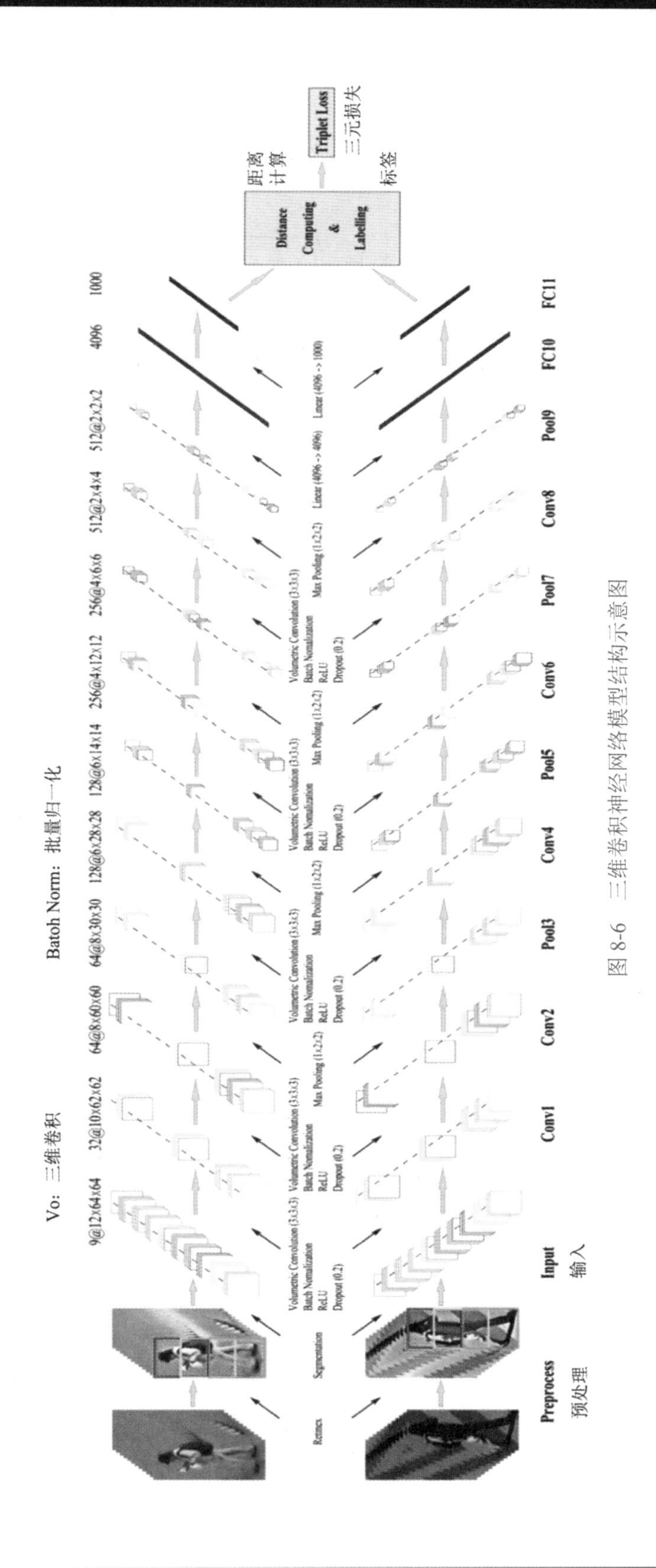

图 8-6 三维卷积神经网络模型结构示意图

向量 $\boldsymbol{x}_1$ 和 $\boldsymbol{x}_2$ 的欧氏距离表示为：

$$d_O(\boldsymbol{x}_1,\boldsymbol{x}_2)=\sqrt{(\boldsymbol{x}_1-\boldsymbol{x}_2)^{\mathrm{T}}(\boldsymbol{x}_1-\boldsymbol{x}_2)} \tag{8-29}$$

而前面提到的马氏距离表示为：

$$d_{\boldsymbol{M}}(\boldsymbol{x}_1,\boldsymbol{x}_2)=\sqrt{(\boldsymbol{x}_1-\boldsymbol{x}_2)^{\mathrm{T}}\boldsymbol{M}(\boldsymbol{x}_1-\boldsymbol{x}_2)} \tag{8-30}$$

其中，$\boldsymbol{M}$ 是一个对称的半正定矩阵。在第 2 章中我们提到，度量学习的初衷是找到最优的 $\boldsymbol{M}$ 矩阵，使得经过该矩阵映射后所求得的距离中，类间间距尽可能大，类内间距尽可能小。然而，由于有了“半正定”这一约束，再学习 $\boldsymbol{M}$ 矩阵成为了一个难题。因此需要对这一问题进行转化。对于任意矩阵 $\boldsymbol{W}$，$\boldsymbol{W}^{\mathrm{T}}\boldsymbol{W}$ 总是半正定的，因此可以对 $\boldsymbol{M}$ 矩阵进行因式分解 $\boldsymbol{M}=\boldsymbol{W}^{\mathrm{T}}\boldsymbol{W}$。可以通过学习 $\boldsymbol{W}$ 简化原有问题。上式可被分解为：

$$\begin{aligned}d_{\boldsymbol{M}}(\boldsymbol{x}_1,\boldsymbol{x}_2)&=\sqrt{(\boldsymbol{x}_1-\boldsymbol{x}_2)^{\mathrm{T}}\boldsymbol{W}^{\mathrm{T}}\boldsymbol{W}(\boldsymbol{x}_1-\boldsymbol{x}_2)}\\&=\sqrt{\left(\boldsymbol{W}^{T}(\boldsymbol{x}_1-\boldsymbol{x}_2)\right)^{\mathrm{T}}\left(\boldsymbol{W}^{\mathrm{T}}(\boldsymbol{x}_1-\boldsymbol{x}_2)\right)}\\&=\left\|\boldsymbol{W}^{\mathrm{T}}(\boldsymbol{x}_1-\boldsymbol{x}_2)\right\|_2\end{aligned} \tag{8-31}$$

内积 $\boldsymbol{W}^{\mathrm{T}}(\boldsymbol{x}_1-\boldsymbol{x}_2)$ 可被进一步分解为 $\boldsymbol{W}^{\mathrm{T}}\boldsymbol{x}_1-\boldsymbol{W}^{\mathrm{T}}\boldsymbol{x}_2$。如图 8-7 所示，在深度学习模型中，这一运算可以通过一对全连接层及一个减法层来实现。

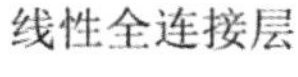

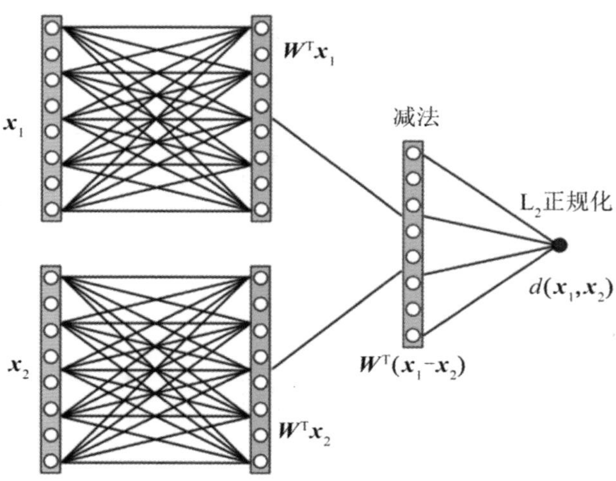

图 8-7　神经网络层实现向量减法和内积运算

在图 8-7 中，给定输入样本 $\boldsymbol{x}$，可以将全连接层的输出视为 1000 维的特征 $\Psi(\boldsymbol{x})$，然后数据进入一个距离计算和样本标记的层。设输入样本组的大小为 n 个样本，则每轮迭代中通过将两个分支之间的样本两两匹配产生 n^2 个样本对。样本 $\boldsymbol{x}_1$ 和 $\boldsymbol{x}_2$ 之间的距离定义为：

$$d\left(\boldsymbol{x}_1^i,\boldsymbol{x}_2^j\right)=\left\|\Psi\left(\boldsymbol{x}_1^i\right)-\Psi\left(\boldsymbol{x}_2^j\right)\right\|_2 \tag{8-32}$$

其中 $i,j=1,2,\ldots,n$ 。然后，根据式(8-33)对成对样本进行标记。

$$\mathrm{Sign}\left(\boldsymbol{x}_1^i,\boldsymbol{x}_2^j\right)=\begin{cases}1, & if \quad I\left(\boldsymbol{x}_1^i\right)=I\left(\boldsymbol{x}_2^j\right)\\ 0, & \text{otherwise}\end{cases} \tag{8-33}$$

其中 $I\left(\boldsymbol{x}_k^i\right)(k=1,2)$ 是样本 $\boldsymbol{x}_k^j$ 的身份。

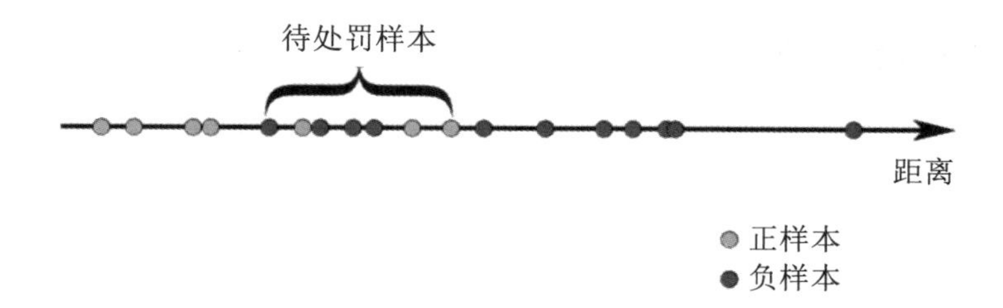

图 8-8　正负样本分布图

我们对由样本两两构成的样本对的性质做如下定义：如果包含的两个行人样本属于同一身份，则该样本对为正样本；如果包含的两个行人样本属于不同身份，则该样本对为负样本。模型的复杂性使得训练十分耗时。为了提高训练速度，我们有选择地选择样本进行参数更新，而不是考虑全部参数。如图 8-8 所示，我们关心的是正样本和负样本混合在一起的区域。我们的目标不仅仅是区分正样本和负样本，还要让这两种样本之间存在一定的间隔，以增强算法的健壮性。

给定一组数据，首先计算通过两个子网络计算得到所有样本的特征表示，然后将这两组样本两两组合成样本对并计算二者之间的距离。假设所有正样本的两个样本之间最大的间距为 D_p，所有负样本的两个样本之间最小的间距为 D_n。正样本损失定义如式(8-34)所示。

$$L_p=\frac{1}{N_p}\sum_{\substack{\mathrm{Sign}\left(\boldsymbol{x}_1^i,\boldsymbol{x}_2^j\right)=1,\\ d\left(\boldsymbol{x}_1^i,\boldsymbol{x}_2^j\right)>D_n-m}} d\left(\boldsymbol{x}_1^i,\boldsymbol{x}_2^j\right) \tag{8-34}$$

其中，N_p 表示相关正样本的个数，m 表示间隔。负样本损失定义如式(8-35)所示。

$$L_n=\frac{1}{N_n}\sum_{\substack{\mathrm{Sign}\left(\boldsymbol{x}_1^i,\boldsymbol{x}_2^j\right)=0,\\ d\left(\boldsymbol{x}_1^i,\boldsymbol{x}_2^j\right)<D_p+m}} \max\left(t-d\left(\boldsymbol{x}_1^i,\boldsymbol{x}_2^j\right),0\right) \tag{8-35}$$

其中，t 是一个阈值，当负样本的两个样本之间的间距小于 t 时，则对其进行惩罚。本算法的模型按照经验将参数设置为 m=2，t=10。

此外，考虑到在度量时马氏距离和欧氏距离的性能各有优势——前者的区分性能较好，后者的泛化性能较好。因此我们引入一个平衡变量 λ，用来平衡这两种距离度量。在损失函数中加入如式(8-36)所示的正则化项。

$$L_b=\frac{\lambda}{2}\left\|\boldsymbol{W}\boldsymbol{W}^{\mathrm{T}}-I_F^2\right\| \tag{8-36}$$

当λ很大时，距离度量由欧氏距离主导；当λ很小时，距离度量由马氏距离主导。结合前面的式(8-34)和式(8-35)，模型的整体损失函数如式(8-37)所示。

$$L = L_p + L_n + L_b \tag{8-37}$$

继而利用梯度下降和反向传播技术对模型进行训练。训练完成后，全连接层的输出即为根据输入样本计算得出的深度特征。

3. AdaRank 特征集成算法

这里介绍 AdaRank 集成原理和 AdaRank 优势分析。

1）AdaRank 集成原理

AdaBoost通过最小化训练数据的指数损失函数，巧妙地构造了一个线性模型。本算法所使用的AdaRank方法[22]被看作一种提高排名能力的方法。以将多个“弱排序器”进行集成，得到“强排序器”，系统的整体性能大幅度提升。如图8-9所示，本算法将前面所述的特征与度量学习方法两两组合，共有39种组合形式，视为39个“弱排序器”。进而使用AdaRank算法对这些“弱排序器”进行集成。

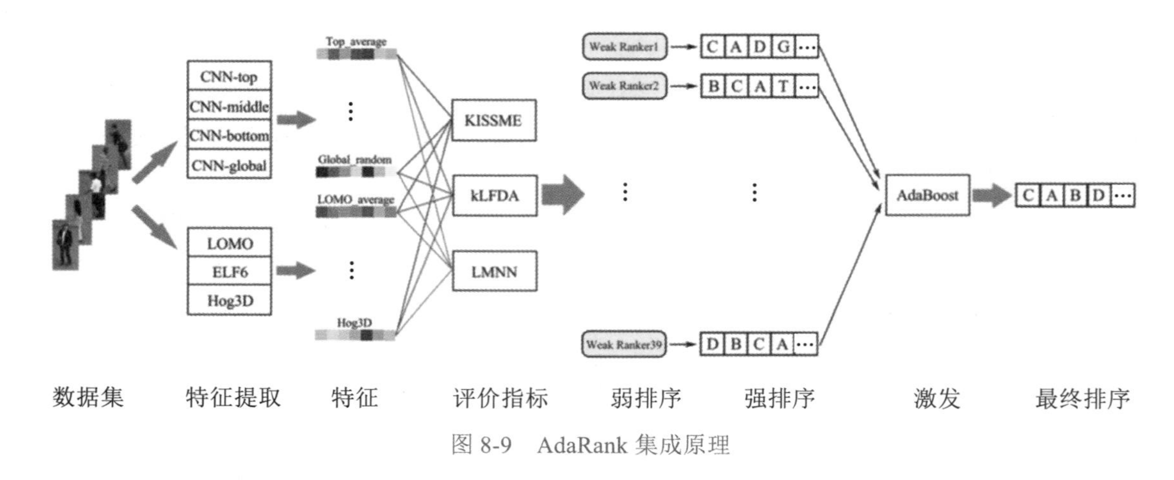

图 8-9　AdaRank 集成原理

设$F = \{f_k, k = 1,2,\cdots,l\}$是一组弱排序器，$l$为弱排序器的个数。在训练阶段，设有一组探测样本$P = \{p_i, i = 1,2,\cdots,m\}$和一组备选样本$G = \{g_i, i = 1,2,\cdots,n\}$，由$p_i$和$g_i$组成的样本对表示为$H_{i,j}$。$W_t = \{W_t(x_i), i = 1,2,\cdots,m\}$表示第$t$轮迭代时所有探测样本的权重分布。$f_k(x_i)$表示第$k$个弱排序器对于第$i$个探测样本生成的备选样本排列。$\text{Rank}_k(x_i)$表示正确匹配的样本在$f_k(x_i)$中的位置。$E_k(i)$表示对$f_k(x_i)$的一种评估。在原始的 AdaRank 中，评估函数表示如式(8-38)所示。

$$E_k(i) = \begin{cases} 1, & \text{rank}\left(x_i^g, h\left(p_{i,g}\right)\right) < \beta \\ -1, & \text{其他} \end{cases} \tag{8-38}$$

针对行人再识别具体问题，我们需要对排序结果进行相应的奖励或惩罚，考虑到正确样本排名越靠后，得分应该越低，即得分应该与排名呈线性关系，从而可以在更新权重时更为精准。因此在本算法中，将评估规则修改为式(8-39)。

$$E_k(i)=\max\left(0,1-\beta\left(\text{Rank}_k(x_i)-d\right)\right) \tag{8-39}$$

其中，按照经验将 β 设为 0.02，将 d 设置为 7。

$\alpha_t\,(t=1,2,\ldots,T)$ 是弱排序器的权重分布，其中 t 表示迭代轮数。AdaRank 的目标是将弱排序器进行线性组合，构成一个强排序器：

$$F=\sum_t \alpha_t f_t \tag{8-40}$$

其中 f_t 是第 t 轮迭代中的最优弱排序器。

在初始化时，所有样本拥有相等的权重。然后 AdaRank 根据它们在每一轮迭代中的表现，对表现不佳的样本加重权重。这样做的原因可以理解为这些样本在后面的迭代中将吸引更多关注，训练弱排序器来解决这些“难题”。AdaRank 的详细算法如下。

算法 1　AdaRank

输入： f、x、y，以及评价标准 E

输出： 最终的排序结果 F

初始化：$W_t(x_i)=\dfrac{1}{m}$

对于 $t=1,2,\ldots,T$，开始迭代

　　计算：

　　$\eta_k=1-\sum_{i=1}^{m}W_t(x_i)E_k(i)$

　　选择：

　　$k^*=\arg\max_k \eta_k$

　　令 $f_t=f_{k^*}$，$\eta=\eta_k$

　　计算：

　　$\alpha_t=\dfrac{1}{2}ln\dfrac{1-\eta}{\eta}$

　　更新权重分布：

　　$W_{t+1}(x_i)=\dfrac{W_t(x_i)E_k(i)}{\sum_{j=1}^{m}W_t(x_j)E_k(j)}$

结束循环

返回 $F=\sum_t \alpha_t f_t$

2）AdaRank 优势分析

AdaRank 是一个简单但功能强大的方法，而且可以从理论上进行证明。此外，与排序支持向量机、RankBoost 和 RankNet 等其他现有的学习方法相比，AdaRank 有如下优势。

第一，只要度量是基于查询问题的，而且取值范围在[-1,1]区间，AdaRank 就能够集成该性能度量，而行人再识别的度量满足这一条件。相比之下，现有的方法只减少与信息检索测量方法松散相关的损失函数。

第二，AdaRank 的学习过程比现有的其他学习算法效率更高。假设迭代总次数为 T，特征数目为 k，参考样本和备选样本的总数目分别为 m 和 n，那么 AdaRank 的时间复杂度可以表示为 $O\left(\left(k+T\right)\cdot m\cdot n\log n\right)$，其中 k 表示特征数目，T 表示迭代次数，m 是参考样本的总数目，n 是备选样本的总数目。而其他算法如 RankBoost 的时间复杂度为 $O\left(T\cdot m\cdot n^2\right)$。

第三，跟现有方法相比，在进行排名时，AdaRank 采用了更为合理的框架。在 AdaRank 中，样本与查询相对，而在其他算法中，样本对应的是单个样本对。因此，AdaRank 不存在下列缺点：①现有的方法必须服从一个假设，即来自同一参考样本的样本对是独立分布的，而现实情况显然并不符合这一假设。AdaRank 则不存在这样的问题；②对于行人再识别问题来说，将正确匹配的样本排在前几名是至关重要的，而其他方法并不能专注于前几位排名。虽然已经提出了纠正这个问题的几种方法，然而似乎并没有从根本上解决问题。相比之下，由于性能度量可以用于支持正确匹配的样本在前几位的排名，AdaRank 可以自然地专注于样本列表前几位的训练。

8.2.3 实验结果

本小节通过对数据集的介绍和性能分析，展示了基于 AdaRank 进行特征集成的行人再识别算法的实验结果。

1. 数据集

截至目前，对于行人再识别算法的性能测试主要在以下数据集上进行。

VIPeR 数据集包含 632 个不同身份的行人样本对，这些样本图像都是在不同光照条件下从任意角度拍摄的，所有图像都被缩放到 128 像素×48 像素，同时还提供了行人方向的标签。由于其复杂性和图像的低分辨率，有些样本匹配甚至人眼都很难完成，因此很少有研究人员只在 VIPeR 数据集上发表他们的定量结果。

iLIDS-VID 数据集是由两个非重叠的摄像机视野中观察到的行人组成的，拍摄地点是机场的到达大厅。它包括 300 个不同行人的共 600 个图像序列，即每个行人有分别来自两个摄像头的一对图像序列。每个视频序列的长度（即图像个数）从 23 帧到 192 帧不等，平均长度为 73 帧。由于人与人之间的相似性、相机视野中光照和视角变化、杂乱的背景和随机遮挡等因素，iLIDS-VID 数据集非常具有挑战性。为了方便评估基于单镜头的人在该数据集上的重识别方法，iLIDS-VID 数据集还通过从每个人的图像序列中随机选择一个图像，提供了一种基于静态图像的版本。

PRID2011 数据集由多个行人轨迹中提取的图像组成，这些轨迹是由两个不同的静态监控摄像头记录的。从这些摄像头拍摄的图像，在视角变化和照明、背景和相机特性等方面存在鲜明差异。由于图像是从行人的运动轨迹中提取出来的多帧，因此每个摄像头视野中的行人都有几种不同的姿势。其中一个视野有 385 个行人轨迹，另一个视野有 749 个行人轨迹。在这些行人轨迹中，有 200 个同时出现在两个视野中。该数据集提供了两个版本，一个表示单镜头场景，一个表示多镜头场景。在多镜头版本中，每个行人都有多张图像（至少 5 张），确切的数字取决于一个人的行走路径和速度以及遮挡。在单镜头版本中，每个人只包含一个（随机选择的）轨迹图像，也就是两个视野各有一张图像。

用于行人再识别的 ETHZ 数据集是从原始的 ETHZ 视频数据集中生成的。原 ETHZ 数据集用于人体检测，由四个视频序列构成。与其他利用多摄像头拍摄图像的数据集不同的是，ETHZ 数据集使用移动的摄像头捕捉图像。尽管所拍摄图像在视角方面的差异较小，但是在光照、尺度、遮挡、行人外貌、姿势等方面都有很大差异。

CAVIAR4REID 数据集由在 Lisbon 的一个购物中心拍摄的图像序列组成。该数据集包含 26 个图像序列，分别在两个不同的角度进行拍摄，每张图像的分辨率为 384×288 像素，行人状态包括独自步行、与人会面、逛街、进出商店等，且每个行人所在的矩形区域已经被准确分割出来。数据集中共有 72 个不同身份的行人，其中 50 个在两个视角中均被拍到，22 个仅在一个视角中出现。每个行人、每个视角都提供了一组图像，以便最大限度地改变分辨率、光照条件、遮挡和姿势变化，从而对行人再识别任务提出挑战。

3DPeS 数据集是从一个真正的监控设置中捕捉的，由八个不同的监视摄像头视野组成，拍摄地点是校园一角，拍摄时长为若干天。摄像头之间的光照关系几乎是恒定不变的，但行人在一天之中，在明亮或阴暗的区域被记录了多次，在某些情况下，光线条件发生了强烈的变化。根据相机的位置和方向，行人被进行不同程度地缩放，统一为 704×576 像素的未压缩图像。数据集包含 200 个行人的图像序列并给出了背景图像、关键帧的行人分割子图以及 150 人以上的参考剪影。

CUHK01 数据集是由两个视野不相交的摄像头捕捉的，共包含 971 个行人的 3884 张图片，每个行人均有四张图像，每个摄像头视野下均有两张。CUHK02 数据集是 CUHK01 的扩充，不同的是它包含四个摄像头视野，共有 1816 个行人的 7264 张图像。CUHK03 数据集是第一个规模足以支撑深度学习算法的数据集，它包含 1360 个行人的共 13164 张图像。CUHK 推出的三个数据集均为手动切割，图像质量较高。

本实验使用的数据集包括 VIPeR、CUHK、iLIDS-VID、PRID2011 等。

2. 性能分析

1）LOMO3D 特征性能分析

在图 8-10 中展示了 LOMO3D 各参数取值、各成分以及与其他特征的对比结果，分析后可以得出以下结论。

- LOMO3D 在 PRID2011 数据集上的性能优于在 iLIDS-VID 数据集上的性能，可能是因为 PRID2011 画面较清晰，而 LOMO3D 的健壮性欠佳。
- 序列长度与性能呈现正相关关系，即序列越长，所包含的信息越丰富。
- 在 iLIDS-VID 数据集上，SILTP 描述符性能明显优于 HSV 描述符；在 PRID2011

数据集上却相反。这可能是因为 iLIDS-VID 的背景比较杂乱。

- 相比较其他描述符，LOMO3D 在 CMC 的排名性能上有明显优势。

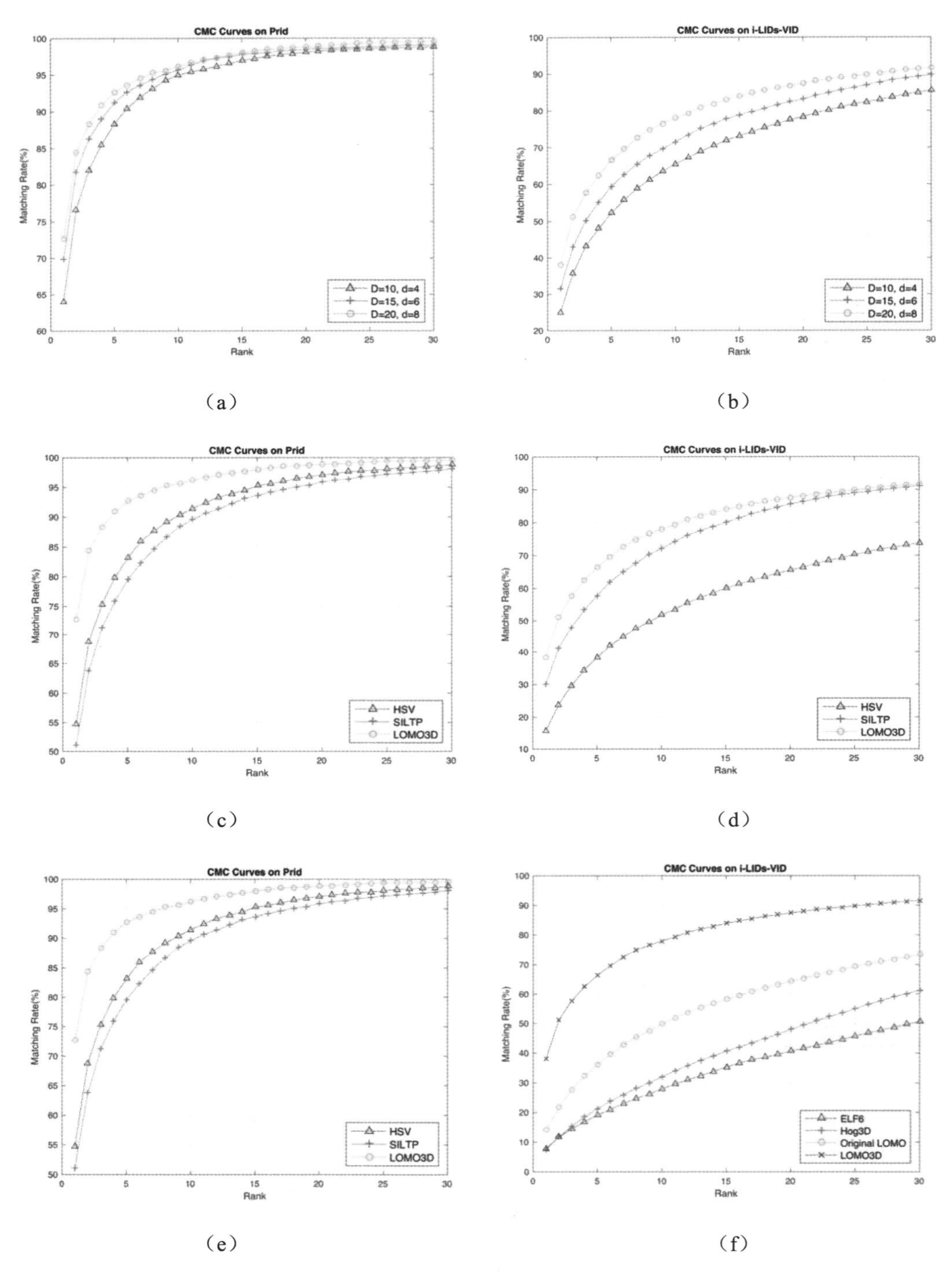

图 8-10　LOMO3D 对比实验结果

2）三维卷积神经网络性能分析

图 8-11 展示了三维卷积神经网络各成分贡献以及与二维卷积神经网络的对比结果，分析后可以得出以下结论。

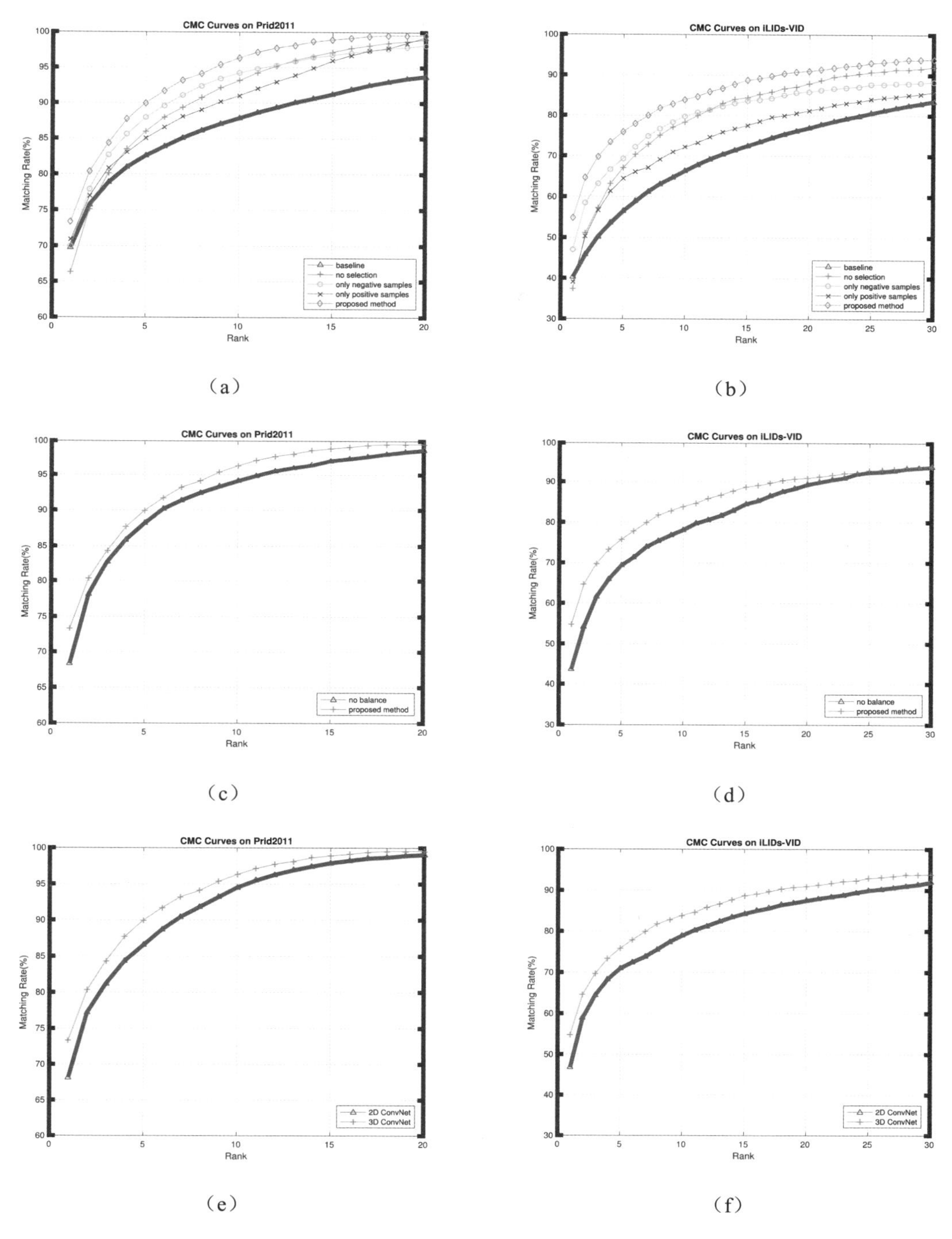

图 8-11　三维卷积神经网络对比实验结果

- 与 LOMO3D 相似，模型在 PRID2011 数据集上的性能优于在 iLIDS-VID 数据集上的性能，可能与使用了 PRID2011 样本进行训练有关，也可能与 iLIDS-VID 本身的图像质量不佳有关。
- 在训练阶段，负样本的贡献比正样本要多，可能是因为在计算梯度时选用了更多的负样本。
- 如果不对样本进行选择，迭代相同次数后训练得到的模型性能明显偏低；欧氏距离和马氏距离的结合提高了模型的性能。
- 引入平衡参数、均衡使用欧氏距离和马氏距离这一改进提高了模型的整体性能。
- 尽管二维卷积神经网络性能已经非常好，但是在图像序列形式的数据集上，三维卷积神经网络性能优于二维卷积神经网络。

3）AdaRank 模型性能分析

图 8-12 展示了 AdaRank 集成模型各成分贡献对比结果，分析后可以得出以下结论。

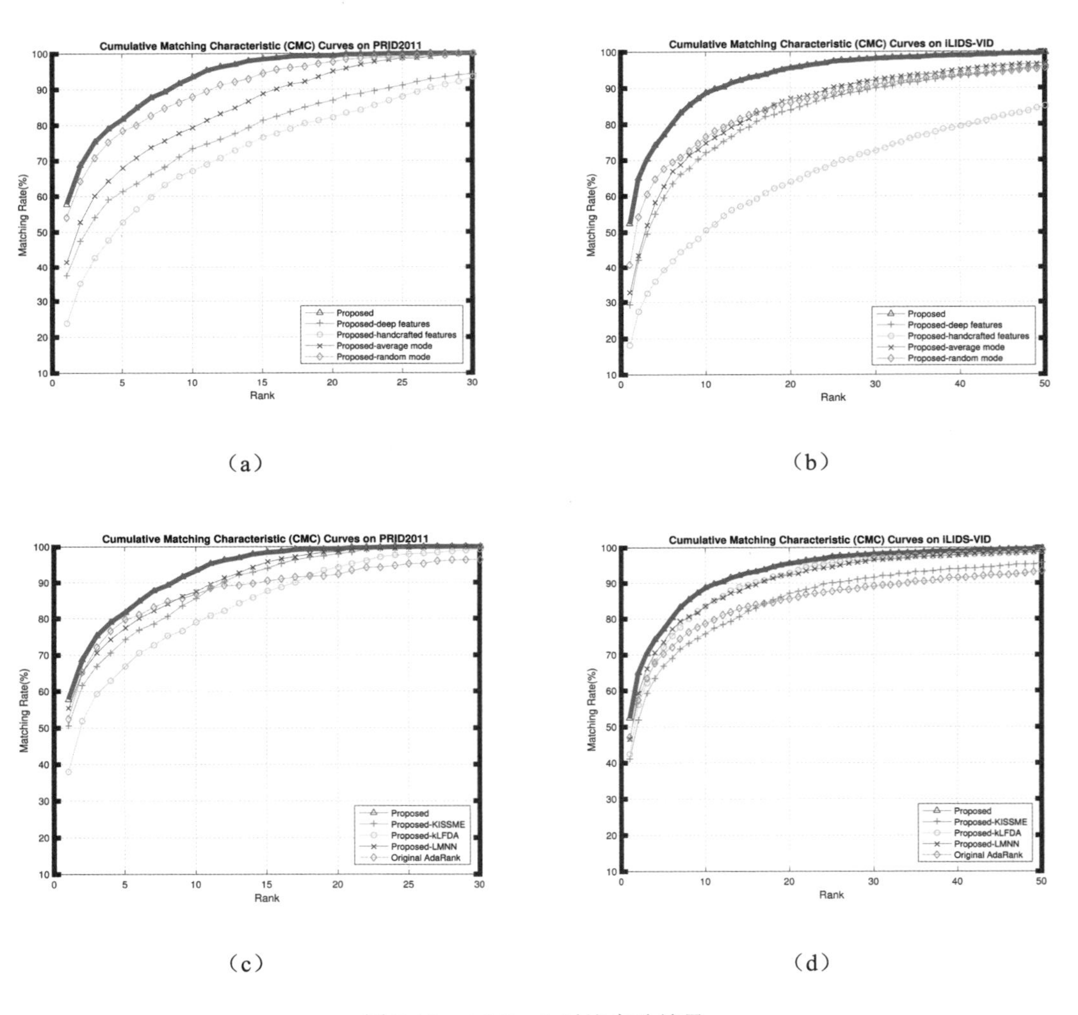

图 8-12　AdaRank 对比实验结果

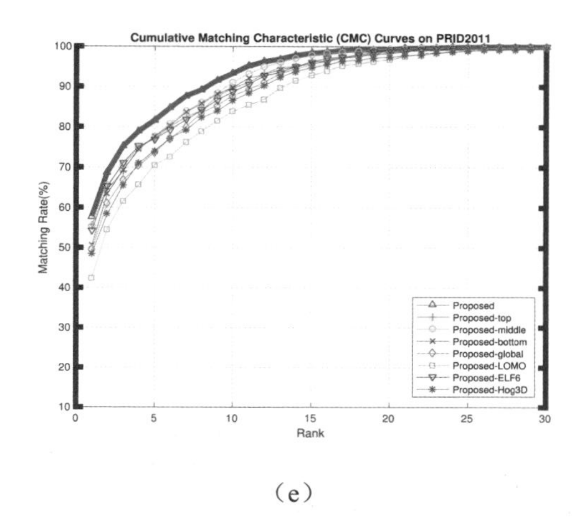

（e）

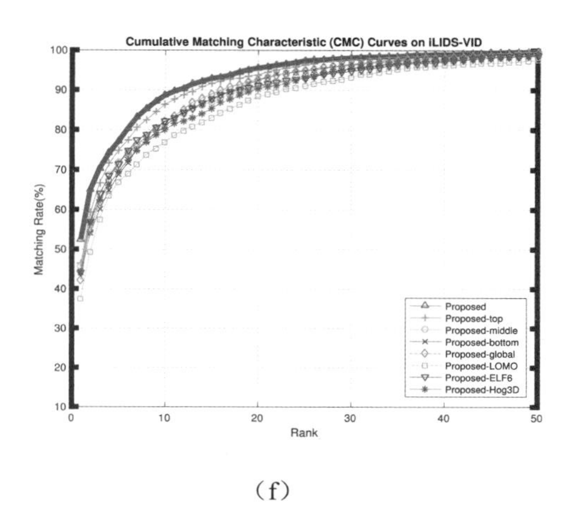

（f）

图 8-12 AdaRank 对比实验结果（续）

ab：

Proposed：AdaRank 集成模型（对比为 AdaRank 集成模型各成分贡献）

Proposed-deep features：使用深度特征

Proposed-handcrafted features：使用手工提取特征

Proposed-average mode：使用平均模式

Proposed-random mode：使用随机模式

cd：

Proposed：AdaRank 集成模型（对比为不同度量贡献）

Proposed-KISSME：使用 KISSME 度量

Proposed-kLFDA：使用 kLFDA 度量

Proposed-LMNN：使用 LMNN 度量

Original AdaRank：无集成的初始 AdaRank

ef：

Proposed：AdaRank 集成模型（对比为各种深度和手工提取特征贡献）

Proposed-top：深度特征中使用上部分区域

Proposed-middle：深度特征中使用中间部分区域

Proposed-bottom：深度特征中使用下部分区域

Proposed-global：深度特征中使用上部分区域

Proposed-LOMO：手工特征中使用 LOMO 特征

Proposed-ELF6：手工特征中使用 ELF6 特征

Proposed-Hog3D：手工特征中使用 Hog3D 特征

- 在 iLIDS-VID 数据集上传统特征性能优于深度特征，这可能是因为用于训练三维卷积神经网络的 PRID2011 数据集在图像质量、拍摄场景、光照条件等方面与 iLIDS-VID 数据集有较大差异。
- 在 iLIDS-VID 数据集上，KISS 度量的性能优于另外两种度量；在 PRID2011 数据集上，kLFDA 的性能优于另外两种度量。
- 在所有特征中，LOMO3D 的性能最好，可能是因为相对于其他特征，尤其是其他传统特征，LOMO3D 能够提取更多的、更有判别力的空间域和时间域的颜色及纹理信息。
- 在深度特征中，上半部分区域的贡献最小，因为这部分区域中背景所占比例较大且包含的行人身份信息较少。
- 本算法对 AdaRank 评估函数进行的改进使得算法性能相对于原始算法有了明显的提升。
- 在手动提取特征的三种模式中，多镜头匹配模式性能优于平均模式和随机模式，这可能是因为平均模式和随机模式损失了一部分信息，使得特征的描述能力下降。

4）系统整体性能对比

表 8-1 显示了本算法提出的算法与当前较为先进的行人再识别算法在 iLIDS-VID 数据集上的性能对比。从中可以看出，本算法所提出的方法在排名性能上明显优于其他先进算法，特别是在 Rank-1、Rank-5 和 Rank-10 的指标上优势更明显。从现有算法在这两个数据集上的表现来看，PRID2011 上的性能普遍优于 iLIDS-VID，分析原因有以下两点：第一，从图像数目来看，iLIDS-VID 数据集的备选样本数大于 PRID2011 数据集；第二，从图像质量来看，PRID2011 数据集的图像质量明显优于 iLIDS-VID 数据集，后者由于遮挡、背景杂乱等因素对算法性能提出了更高的要求。

表 8-1　本算法与当前先进算法在 iLIDS-VID 数据库上的性能对比

算　法	iLIDS-VID			
	r=1	r=5	r=10	r=20
HOGHOF+DTW[23]	5.3	16.3	29.7	44.7
Salience[24]	10.2	24.8	35.5	52.9
HOG3D+DVR[8]	23.3	42.4	55.3	68.4
CS-FAST3D+DVR[18]	28.4	54.7	66.7	78.1
Color+LFDA[12]	28.0	55.3	70.6	88.0
eSDC+MS-SDALF+DVR[16]	41.3	63.5	72.5	83.1
AdaRank	**52.3**	**77.1**	**88.7**	**95.5**

8.3　基于增强深度特征的行人再识别算法

本节将介绍一种基于增强深度特征的行人再识别算法[25]，其中手工特征采用的是以颜色直方图和 LBP 为基础的 LOMO 特征[8]，这在一定程度上能应对光照强度变化和拍摄视角变化，然后将这个手工特征结合到引入注意力机制的识别验证网络中，下面将分别对算法特点、算法细节和实验结果进行详细阐述。

8.3.1　算法特点

本算法针对行人再识别算法中存在的问题，提出了一个基于增强深度特征的行人再识别方法。首先，该方法以识别—验证网络为基础，在其中引入了多级注意力机制用于提取具有强判别力的深度特征。其中，区域级注意力机制能够定位行人图像的关键区域，从而应对由检测误差导致的错位问题；通道级注意力和像素级注意力分别能够在通道水平和像素水平上校正特征图响应，使网络提取出更加准确的行人深度特征。然后，该方法将手工特征植入卷积神经网络之中并使其参与到最终特征的构造过程中，由此利用手工特征和卷积神经网络特征之间的互补性。最后，本算法设计了一个特征重建模块用于学习一种融合手工特征和深度特征的高效方法，由此得到的增强型深度特征将同时具有两类特征的优点。

8.3.2 引入注意力机制的网络模型

本小节分别从算法和实验结果两部分引入注意力机制的网络模型。

1. 算法

本节首先以识别—验证模型[26]为基础网络，通过在特征提取网络中引入多等级注意力机制来得到增强型识别—验证网络。首先，选取 ResNet-50 作为特征提取网络的基础，在其中加入区域级注意力网络定位图像中的关键区域，加入像素级注意力网络校正区域特征图和全局特征图的响应，旨在提取更加具有判别力以及健壮性更强的特征。改进后的特征提取网络结构如图 8-13 所示。

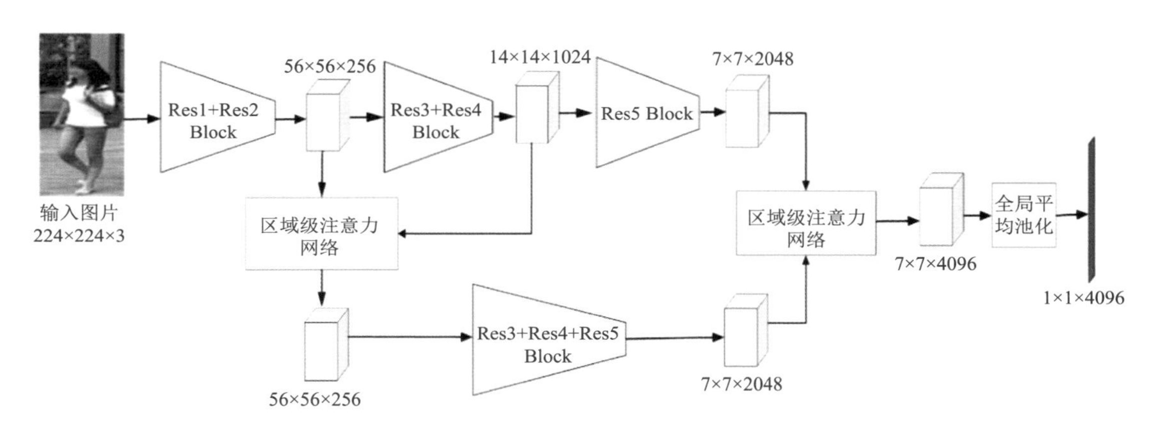

图 8-13 改进后的特征提取网络结构

改进后的特征提取网络包含两个分支、一个区域注意力网络、一个像素级注意力网络和一个全局平均池化层。其中，上分支被称为主分支，由 ResNet-50 中的五个下采样块组成，用于提取图像的全局特征图；区域级注意力网络以主分支的高级特征图和低级特征图为输入，提取低级特征图中的关键区域；下分支被称为局部分支，由 ResNet-50 中的三个下采样块组成，用于提取图像关键区域的特征图；像素级注意力网络融合全局特征图和关键区域特征图，然后将融合后的特征图送到全局平均池化层得到最终的图像特征。输入一个尺寸为 224×224×3 的行人图像，改进后的特征提取网络将提取出一个维度为 4096 的特征向量。

1）区域级注意力机制

由于行人再识别任务面临着遮挡、视角变化和检测误差等问题，使得从行人图像中发现关键区域是非常重要的。为了解决背景过多和行人身体部分缺失的问题，关键思想是使用注意力机制定位图像中行人的位置并且对图像做相应的空间变换。当图像中存在过多的背景时，需要采取裁剪图像策略；当图像中出现行人身体部分缺失时，需要在相应的图像边界上补零。这两种措施都需要获取仿射变换的参数。在本算法中，区域级注意力机制是通过在识别验证模型的特征提取网络（ResNet-50）中加入区域级注意力网络实现的，而这个区域注意力网络实际上是 STN（空间变换网络，Spatial Transformer Network）[27]的一种改进。区域级注意力网络的结构如图 8-14 所示。

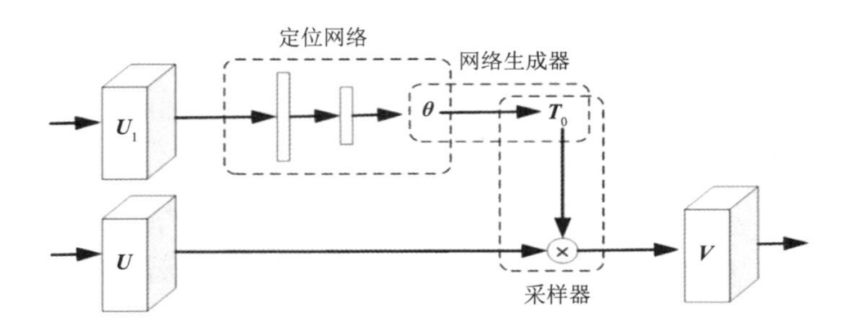

图 8-14　区域级注意力网络的结构

假设输入图像的尺寸是标准输入尺寸 224×224×3，那么区域级注意力网络则从主分支获得两个输入激活张量。这两个张量的尺寸分别为 56×56×256 和 14×14×1024，它们分别被称为 Res2 特征图和 Res4 特征图。Res2 特征图是原始输入图像的浅层特征图，反映了行人图像的局部模式信息。而 Res4 特征图由于离分类层更近，它包含行人图像的语义信息和图像中行人的位置信息。因此，Res4 特征图更加适用于提取仿射变换的参数，在 Res2 特征图上进行仿射变换不仅可以定位行人图像的关键区域，还能减少局部分支的参数数量，提高模型的计算效率。

区域级注意力网络由三个部分组成：定位网络、网格生成器和采样器。定位网络以特征图 $\boldsymbol{U}_1 \in R^{H\times W\times C}$ 为输入，输出一个向量 $\boldsymbol{\theta}$ 。具体地说，定位网络包含一个 Res5 块、一个全局平均池化层和一个全连接层。定位网络对尺寸为 14×14×1024 的 Res4 特征图进行卷积、池化和内积计算之后得到一个六维向量 $\boldsymbol{\theta}$ 。这个向量 $\boldsymbol{\theta}$ 将作为变换参数来产生图像网格，仿射变换过程可公式化为：

$$\begin{pmatrix} x_i^s \\ y_i^s \end{pmatrix} = T_{\boldsymbol{\theta}} \begin{pmatrix} x_i^t \\ y_i^t \\ 1 \end{pmatrix} = \begin{bmatrix} \theta_{11} & \theta_{12} & \theta_{13} \\ \theta_{21} & \theta_{22} & \theta_{23} \end{bmatrix} \begin{pmatrix} x_i^t \\ y_i^t \\ 1 \end{pmatrix} \tag{8-41}$$

其中，(x_i^s, y_i^s)为输入特征图上源像素点的坐标，(x_i^t, y_i^t)为输出特征图上目标像素点的坐标。在向量$\boldsymbol{\theta}$ 的六个参数中，θ_{11}、θ_{12}、θ_{21}和θ_{22}负责缩放和旋转变换，θ_{13}和θ_{23}分别负责在 x 轴和 y 轴上的平移变换。在实验中，特征图的坐标被归一化到[−1,1]范围内。也就是说，坐标(−1,−1)代表特征图的左上角像素，坐标(1,1)代表特征图的右下角像素。例如，如果：

$$T_{\boldsymbol{\theta}} = \begin{bmatrix} \theta_{11} & \theta_{12} & \theta_{13} \\ \theta_{21} & \theta_{22} & \theta_{23} \end{bmatrix} = \begin{bmatrix} 0.7 & 0 & 0.1 \\ 0 & 0.7 & -0.1 \end{bmatrix} \tag{8-42}$$

则输出特征图(−1,−1)位置的像素值等于输入特征图(−0.6,−0.8)位置的像素值。我们使用二进制线性采样器来补全缺失的像素，在定位超出输入特征图范围的像素点上填零。这样的话，就获得了一个从原始特征图 $\boldsymbol{U}$ 到局部特征图 $\boldsymbol{V}$ 的映射函数：

$$V_{(m,n)}^{c}=\sum_{x^s}^{H}\sum_{y^d}^{W}U_{(x^s,y^s)}^{c}\max\left(0,1-\left|x^t-m\right|\right)\max\left(0,1-\left|y^t-n\right|\right) \tag{8-43}$$

其中 $V_{(m,n)}^{c}$ 是输出特征图在通道 c 位置 (m,n) 上的像素，$U_{(x^s,y^s)}^{c}$ 是输入特征图在通道 c 位置 (x^s,y^s) 上的像素。如果 (x^t,y^t) 和 (m,n) 相距很近，二进制线性采样器就会将 $U_{(x^s,y^s)}^{c}$ 的像素值赋给输出特征图的 $V_{(x^t,y^t)}^{c}$。

在特征提取网络中引入区域级注意力机制，网络能学习到定位行人图像中关键区域的方法。区域级注意力机制是通过一个区域级注意力网络来建模的。这个区域级注意力网络是一个可微分的模型，它在每次前传时做一次针对当前输入的空间变换，生成一个局部特征图。主分支的全局特征图和区域分支的局部特征图将在后续的像素级注意力网络中进行融合，生成融合特征图。

2）通道级注意力机制

通过引入区域级注意力机制，特征提取网络的上下两条支路分别提取输入图像的全局特征图和关键区域局部特征图。这些特征图数量众多且对于准确表达行人图像的重要性不同，因此需要对这些特征图进行有权重的融合。为了实现这一目的，本算法通过压缩-激励模块建立通道级注意力机制。压缩-激励模块的结构示意图如图 8-15 所示。

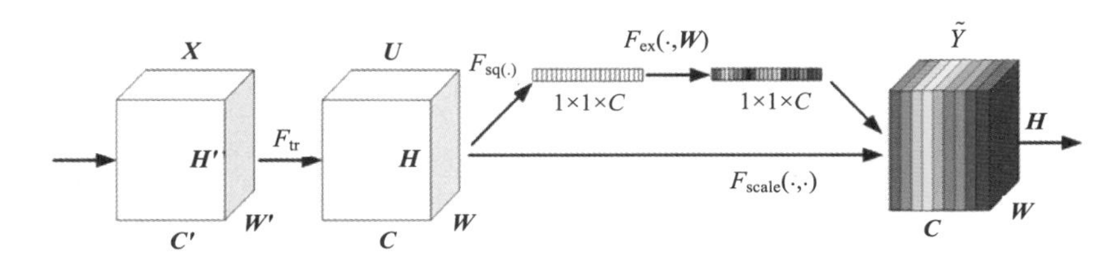

图 8-15　压缩-激励模块的结构示意图

压缩-激励模块是一个可以布置在任意给定变换 $\boldsymbol{U}=F_{\text{tr}}(\boldsymbol{X})$ 之后的计算单元。这一模块最常被接在卷积层之后，假设 F_{tr} 是一个卷积操作，$\boldsymbol{V}=[v_1,v_2,\ldots,v_C]$ 表示学到的 C 个通道的卷积核，F_{tr} 所执行的操作可得到输出 $\boldsymbol{U}=[u_1,u_2,\ldots,u_C]$，其中 u_c 可以表示为：

$$\boldsymbol{u}_c=\boldsymbol{v}_c*\boldsymbol{X}=\sum_{s=1}^{c'}v_c^s*X^s \tag{8-44}$$

在这里，*表示卷积，$\boldsymbol{v}_c=\left[v_c^1,v_c^2,\ldots,v_c^{c'}\right]$，$\boldsymbol{X}=\left[x^1,x^2,\ldots,x^{c'}\right]$，而 v_c^s 是一个对应于 $\boldsymbol{X}$ 的当前通道的一个二维卷积核。由于总输出是所有通道的输出之和，$\boldsymbol{v}_c$ 间接地表示着各通道之间的依赖性，同时也混合着由滤波器捕获到的局部空间相关性[28]。因此，由卷积表达的通道关联性具有局部性。为了使有信息的特征能够被后续的层更有效地利用，网络必须增强对有用特征的敏感程度。压缩-激励模块通过使特征图每个通道上的值的计算都能受到全局信息的影响来提高有用特征的作用。为了实现这一点，压缩-激励模块通过压缩和激励两个步骤对通道之间的相互依赖关系进行显式建模，根据通道特征图之间的相互关系来校正每个通道的滤波响应。

为了解决卷积神经网络中每个学到的具有局部感受野的滤波运算无法利用感受野之

外的区域的上下文信息这一问题，压缩-激励模块将通道间的相互依赖关系提供给特征图的每个通道。首先，该模块将特征图压缩成一个向量，向量的每一个元素代表每一张特征图的空间信息。这个压缩操作是通过使用全局平均池化实现的，从而得到了所有通道的统计信息。假设通道的统计信息为 $z \in R^C$，则它的第 c 个元素的值是通过式(8-45)计算的：

$$z_c = F_{\text{sq}}\left(u_c\right) = \frac{1}{H \times W}\sum_{i=1}^{H}\sum_{j=1}^{W} u_c\left(i,j\right) \tag{8-45}$$

为了利用压缩操作所聚合的特征图全局信息，压缩-激励模块在压缩操作之后接了一个激励操作来全面地获取所有通道的相互依赖性。这个激励操作具有两个特点：①灵活方便，可以学习通道间的非线性相互作用；②不互斥，多个通道可以同时被增强。这两个特性是由一个由 Sigmoid 激活函数实现的一个门限机制带来的，这个门限机制可以表示为：

$$s = F_{\text{ex}}\left(z,\boldsymbol{W}\right) = \sigma\left(g\left(z,\boldsymbol{W}\right)\right) = \sigma\left(\boldsymbol{W}_2\delta\left(\boldsymbol{W}_1 z\right)\right) \tag{8-46}$$

其中，δ 代表非线性激活函数 ReLU，$\boldsymbol{W}_1 \in R^{C/r \times C}$ 以及 $\boldsymbol{W}_2 \in R^{C \times C/r}$ 代表两个全连接层。为了限制模型的复杂度并提高泛化性能，两个全连接层的设计采用了瓶颈结构。第一个全连接层 $\boldsymbol{W}_1$ 起到了降维的作用，第二个全连接层 $\boldsymbol{W}_2$ 起到了恢复维度的作用，维度变化的比例为 r。同时，在两个全连接层中有一个 ReLU 函数用于增强维度变化过程中的非线性。整个压缩-激励模块的最终输出通过使用激励步骤得到的激活向量缩放输入的特征图得到，可表示为：

$$\widetilde{x_c} = F_{\text{scale}}\left(\boldsymbol{u}_c, s_c\right) = s_c \cdot \boldsymbol{u}_c \tag{8-47}$$

其中，$\tilde{\boldsymbol{X}} = \left[\widetilde{x_1}, \widetilde{x_2}, \ldots, \widetilde{x_C}\right]$，而 F_{scale} 表示特征图 $\boldsymbol{u}_c \in R^{H \times W}$ 与标量 s_c 的逐通道相乘。

3）像素级注意力机制

根据上一小节可知，通道级注意力机制的作用在于能够对全局特征图和局部特征图在通道层面上进行有权重的融合。但是，通道级注意力机制在矫正特征图响应时的粒度是一个通道，即对整个通道执行重要性增强或重要性抑制。这对于通过矫正特征图响应来改善图像特征这一目标来说不是最优的，因为它无法在增强某个像素点的同时抑制与该像素点在同一特征图上的另一个像素点。为了解决这一问题，本算法将通道级注意力机制改进成像素级注意力机制，对全局特征图和局部特征图联合进行逐像素的特征图响应校正，突出特征图中具有重要作用的像素点，抑制特征图中对于准确表达行人特征无关紧要的像素点。

像素级注意力机制是通过在特征提取网络中加入像素级注意力网络来实现的，其网络结构如图 8-16 所示。像素级注意力网络的输入是一个全局特征图 $\boldsymbol{X}_1 \in R^{H \times W \times C_1}$ 和一个区域特征图 $\boldsymbol{X}_2 \in R^{H \times W \times C_2}$，它们在长度和宽度上具有相同的尺寸。像素级注意力机制的目的是得到一个显著性权重图 $\boldsymbol{A} \in R^{H \times W \times C}$，使用这个权重图来逐像素地校正全局特征图和区域特征图的响应。由于空间和通道之间存在一定的独立性，可以把显著性权重图按照空间和通道方式做如式(8-48)所示的因式分解。

$$\boldsymbol{A} = \boldsymbol{S} \times \boldsymbol{C} \tag{8-48}$$

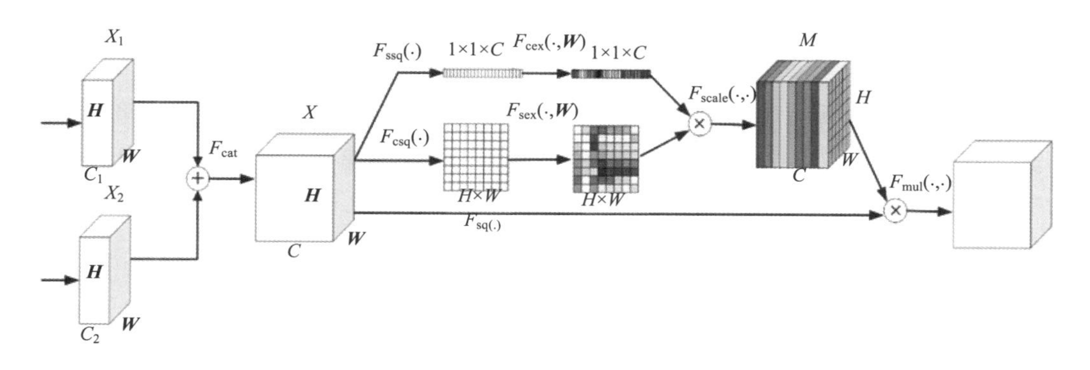

图 8-16　像素级注意力网络的结构示意图

其中，$\boldsymbol{S}\in R^{h\times w\times 1}$和$\boldsymbol{C}\in R^{1\times 1\times c}$分别代表空间层面上和通道层面上的注意力图。注意力向量因式分解是通过设计两个分支单元来实现的：一个分支用来建模空间注意力$\boldsymbol{S}$，这个空间注意力在通道维度上是共享的；另一个分支用来建模通道注意力$\boldsymbol{C}$，这个通道注意力在给定通道的所有像素点上是共享的。通过这种分而治之思想的设计，像素级注意力$\boldsymbol{A}$可以通过$\boldsymbol{S}$和$\boldsymbol{C}$的张量相乘得到高效的计算，也避免了繁重的矩阵计算。

像素级注意力被分解成空间注意力和通道注意力。其中，空间注意力是由一个三层的子网络实现的。这个子网络包含一个通道间的全局平均池化层、一个卷积层和一个反卷积层组成。与普通的全局平均池化层相比，通道间的全局平均池化层是对平面上的每个位置计算一个值，这个值为该位置在所有通道上的值的平均，用公式可表示为：

$$S_{\text{squeeze}}=F_{\text{csq}}\left(\boldsymbol{X}\right)=\frac{1}{C}\sum_{i=1}^{c}\boldsymbol{X}_{1:h,1:w,i} \tag{8-49}$$

其中，$F_{\text{csq}}()$代表通道全局平均池化操作，$\boldsymbol{X}$是输入的全局特征图和局部特征图在通道上级联之后特征图。通道全局平均池化的设计既可以实现空间显著性的计算，又可以降低后续卷积层的输入尺寸。为了使每个位置上的显著性计算利用到其他位置的信息，通道平均池化层之后接了一个卷积层和一个对应的反卷积层。卷积层利用局部感受野特性压缩输入的显著性特征图，对应的反卷积层再将压缩后的显著性特征图恢复到进行卷积操作之前的尺寸，由此得到一个受平面位置的显著性影响的显著性特征图。卷积和反卷积操作可公式化表示为：

$$\text{S}_{\text{exctation}}=F_{\text{sex}}\left(S_{\text{squeeze}}\right)=\delta\left(\boldsymbol{W}_2^s*\delta\left(\boldsymbol{W}_1^s*S_{\text{squeeze}}\right)\right) \tag{8-50}$$

其中，$F_{\text{sex}}()$代表空间上的激励操作，$\boldsymbol{W}_1^s$和$\boldsymbol{W}_2^s$分别代表卷积层和反卷积层的参数，δ表示非线性激活函数 ReLU。在完成通道上的压缩操作和空间上的激励操作后，$S_{\text{exctation}}$带有每个平面位置的显著性权重。

像素级注意力中的通道注意力是由一个三层的压缩-激励子网络[28]建模的。这个子网络由一个全局平均池化层和两个全连接层组成。全局平均池化层通过压缩操纵将分布在平面空间的特征信息聚合成一个通道信号，公式化表示为：

$$C_{\text{squeeze}} = F_{\text{ssq}}(\boldsymbol{X}) = \frac{1}{h \times w} \sum_{i=1}^{h} \sum_{j=1}^{w} \boldsymbol{X}_{i,j,1:c} \begin{pmatrix} 1 & 0 \\ 0 & 1 \end{pmatrix} \tag{8-51}$$

其中，$F_{\text{ssq}}()$ 代表平面空间上的全局平均池化操作。信号 C_{squeeze} 传递着联合特征图的每个通道的滤波器响应，为接下来的激励操作提供了通道间依赖性建模所需的全部信息。通道注意力中的激励操作可表示为：

$$C_{\text{excitation}} = F_{\text{cex}}(C_{\text{squeeze}}) = \delta\left(\boldsymbol{W}_2^c \delta\left(\boldsymbol{W}_1^c C_{\text{squeeze}}\right)\right) \tag{8-52}$$

其中，$F_{\text{cex}}()$ 代表通道上的激励操作；$\boldsymbol{W}_1^c \in R^{c/r \times c}$ 和 $\boldsymbol{W}_2^c \in R^{c \times c/r}$ 代表两个全连接层的参数，这两个全连接层组成了一个系数为 r 的瓶颈结构；δ 表示非线性激活函数 ReLU。在完成平面空间上的压缩操作和通道上的激励操作后，$C_{\text{excitation}}$ 带有每个通道的显著性权重。最后，平面位置的显著性权重和通道上的显著性权重相乘得到了输入特征图的每个像素上的权重，如式(8-53)所示。

$$M = F_{\text{scale}}\left(S_{\text{exctation}}, C_{\text{excitation}}\right) = S_{\text{exctation}} \odot C_{\text{excitation}} \tag{8-53}$$

其中，$F_{\text{scale}}()$ 表示特征图缩放操作，$\odot$ 表示扩展与对应像素相乘运算。在得到输入特征图的所有像素的权重 $\boldsymbol{M}$ 之后，输入特征图的每个像素都将乘上各自的权重来获得校正后的特征图，如式(8-54)所示。

$$\boldsymbol{Y} = F_{\text{mul}}(\boldsymbol{M}, \boldsymbol{X}) = \boldsymbol{M} \cdot \boldsymbol{X} \tag{8-54}$$

其中，$F_{\text{mul}}()$ 表示矩阵的对应元素相乘函数。

2. 实验结果

本部分通过对数据集的介绍和性能分析展示了引入注意力机制的网络模型的实验结果。

1）数据集

本算法在 Market-1501[9]、CUHK03[10]和 VIPeR[29]三个数据集上进行实验。其中 Market-1501 和 CUHK03 都是大规模的行人再识别数据集，对卷积神经网络的训练比较有利。

Market-1501 由部署在某大学校园的六个摄像头拍摄到的行人图像组成，包括五个分辨率为 1280×1080 的高清摄像头和一个分辨率为 720×576 的普通清晰度摄像头。该数据集一共包含 1501 个行人的 32668 张图像，并且每个行人至少被两个不同的摄像机拍到。该数据集中的行人图片存在普遍的错位问题，与实际应用场景更加接近。

CUHK03 由六个摄像机收集得到，包含 1467 个行人的 14097 张图片，每个行人身份平均拥有 9.6 张图片。该数据集提供两种版本的行人图像，为了使实验能更准确地刻画本算法方法在现实场景中的效果，本算法在实验中采用由检测器检测出的行人图像。该数据集常用的数据划分策略有两种，考虑到基于卷积神经网络的方法需要大量的训练数据充分训练模型，本算法的实验在使用 CUHK03 数据集时均采用随机选取 1367 个行人身份的所有图片作为训练集，剩下的 100 个行人身份的所有图片作为测试集这种划分策略。

VIPeR 数据集由 632 个行人的 1264 张图片组成，每个行人均有在两个监控区域不重叠的摄像头下拍摄到两张图片。该数据集是一个挑战性非常大的数据集，每张图片都存在不同程度的光照强度、视角和行人姿势的变化，而且图像的分辨率较低。在行人紧致框的获取方法上，该数据集使用的是人工标注的方法。另外，由于该数据集行人身份数量和图像数量都很小，因此对基于卷积神经网络的算法的支持性不高，需要在训练模型的时候采用迁移学习的方法对模型进行微调。本实验按照最常用的对半划分法，即随机选取 316 个行人身份的 632 张图像组成训练集，将其余的 316 个行人身份的 632 张图像作为测试集。

2）实验结果与分析

在本小节中，先给出引入注意力机制的识别—验证模型在 Market-1501、CUHK03 和 VIPeR 三个数据集上的测试结果，将其与一些经典的和目前较为先进的行人再识别算法相比较；然后给出在 Market-1501 数据集上的一些消融实验的结果，证明区域注意力机制、通道注意力机制和像素注意力机制的有效性和三者之间的互补性。

引入多级注意力机制的识别—验证模型在 Market-1501 数据集上的性能如表 8-2 所示（表中“—”表示该项数据无法获取）。可以看到，识别—验证模型在引入多级注意力机制后达到了 87.07%的 Rank-1 准确率和 68.42%的 mAP 值，在准确率上超过了许多经典算法并且与一些当今较为先进的新算法相比也具有竞争力。具体地，引入多级注意力机制的识别—验证模型在识别准确率上远超经典的传统方法 LOMO[8]，这体现了卷积神经网络在表达图像上的优势。引入多级注意力机制的识别—验证模型超过了 MSCAN[12]、JLML[30]和 AACN[31]在内的一系列基于深度学习的算法，验证了识别—验证模型结构和注意力机制的优势。相比于联合使用多尺度信息的 DPFL 算法[32]，本算法的引入多级注意力机制的识别—验证模型方法在性能上是有竞争力的，在引入新的增强方法之后可在性能上实现赶超。

表 8-2　在 Market-1501 数据集上与其他算法的性能对比

算法	Rank-1(%)	Rank-5(%)	Rank-10(%)	Rank-20(%)	mAP(%)
LOMO+XQDA[8]	43.8	—	—	—	—
Gated-CNN[36]	65.88	—	—	—	39.55
MR B-CNN[37]	66.36	85.01	90.17	—	41.17
Spindle Net[38]	76.9	91.5	94.6	96.7	—
PDC[34]	84.14	92.73	94.92	96.82	63.41
PIE+KISSME[39]	79.33	90.76	94.41	96.52	55.95
PAR[28]	81	92	94.7	—	63.4
MSCAN[12]	80.31	—	—	—	57.53
JLML[30]	85.1	—	—	—	65.5
SVDNet[35]	82.3	92.3	95.2	—	62.1
DPFL[32]	**88.9**	—	—	—	**73.1**
AACN[31]	85.9	—	—	—	66.87
识别查验证模型+多级注意力机制	87.07	**94.81**	**96.44**	**97.75**	68.42

这里给出引入多级注意力机制的识别—验证模型在 CUHK03 和 VIPeR 数据集上与一些算法的对比结果。本实验采用的是 DPM 检测版本的 CUHK03 数据集，包含一些背景过

多和行人部分缺失的检测错误。本算法中的引入多级注意力机制的识别—验证模型取得了83.28%的 Rank-1 准确率和 84.71%的 mAP 值，超过了很多先进的方法。这说明引入注意力机制能够很好地解决由检测错误导致的一些困难。由于 VIPeR 数据集数据量小而且图像分辨率低，当前的很多算法没能取得很好的性能。在 VIPeR 数据集上，本算法中的引入多级注意力机制的识别—验证模型取得了 51.3%的 Rank-1 准确率，超过了包含 LOMO[8]、DNS[33]、PDC[34]和 JLML[35]在内的一系列算法。虽然引入多级注意力机制的识别—验证模型在准确率上不如 DPFL、AACN 和 Spindle Net 算法，但是在进一步融合手工特征之后，本算法方法的再识别准确率将超过这些算法。

为了证明区域级注意力机制、通道级注意力机制和像素级注意力机制的有效性，本小节在 Market-1501 数据集上进行了消融实验。首先，使用通道级注意力代替像素级注意力，得到的新网络结构表示为识别—验证模型+区域级注意力+通道级注意力；然后将通道注意力网络换成普通的级联操作，得到的新网络结构表示为识别—验证模型+区域级注意力+级联；最后，将区域注意力机制去除，得到网络结构为识别—验证模型。所有的网络结构都在相同的实验设置下进行训练和测试，实验结果采用 CMC 曲线表示。图 8-17 给出了此次消融实验的对比结果。

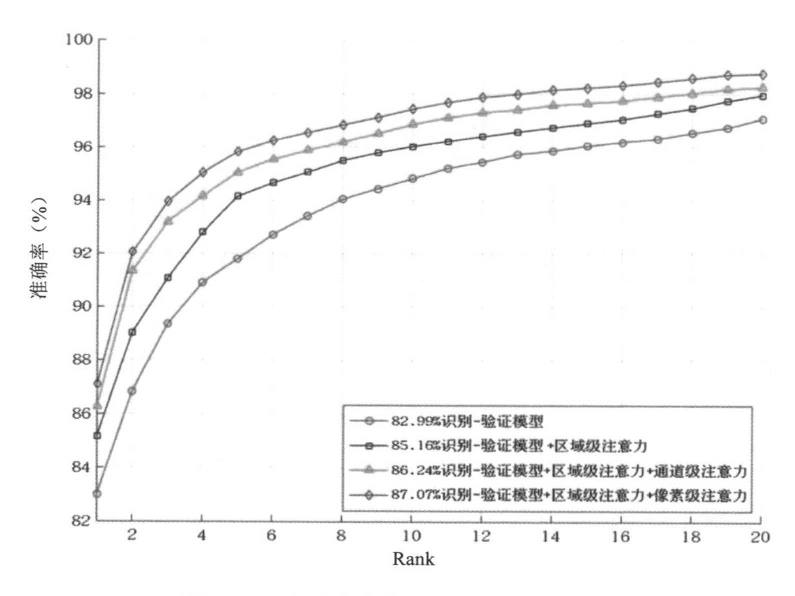

图 8-17　消融实验中各网络的 CMC 曲线

在消融实验中，被作为基础模型的识别—验证模型获得了 82.99%的 Rank-1 准确率，超过了 Gated-CNN[36]、MSCAN[12]和 SVDNet[35]等算法。这证明了识别—验证模型具有良好的行人图像表达能力，适合作为基础模型。在识别—验证模型中引入区域级注意力机制之后，算法在 Rank-1 准确率上提高了 2.17%。这说明通过区域级注意力机制定位行人图像中的关键区域可以为表达图像提供更精确的行人信息，从而提取出更加有判别力的行人图像特征。在使用通道级注意力机制代替普通的特征图级联操作之后，算法在 Rank-1 准确率上进一步提高了 1.08%。这证明了通道级注意力能够通过校正特征图响应更有效地实现全局特征图和区域特征图的融合。进一步地，在将通道注意力机制改进成像素级注意力机制之后，算法的 Rank-1 准确率又提高了 0.83%。这证明了对通道级注意力机制的改进是有益的，像素级注意力机制能够更精细地调整特征图响应，强调关键像素点的重要性。总体而言，由 CMC 曲线可以直观地发现对识别—验证模型的每一次改进都能使算法的性能得到提升，证明了多级注意力机制的有效性。

8.3.3　引入手工特征：LOMO 特征融合到多级注意力识别—验证网络

本小节介绍将 LOMO 特征融合到多级注意力识别—验证网络（即引入手工特征）部分的算法和实验细节，通过 8.3.2 节和 8.3.3 节最终实现了学习高效融合手工特征和深度特征的特征重建模块。

1. 算法

本小节分别通过手工特征的引入、特征融合方法和融合特征的识别与验证三方面详细阐述了算法中引入手工特征部分的算法。

1）手工特征的引入

传统的手工特征和由深度学习算法提取的深度特征是两种不同类型的图像特征。传统的手工特征提取方法以一种固定的方法对图像进行分割、统计、滤波和组合等处理，提取出刻画图像颜色、纹理或形状等方面特性的描述符。通常，这些手工特征的性能一般，但是提取方便且在刻画图像特定类型的信息上具有很强的针对性。例如，颜色直方图和颜色名特征能较为准确地描述图像的颜色信息，LBP 特征能够较全面地刻画图像的纹理特性。将这些基础的手工特征组合到一起形成中级手工特征，能够实现良好的图像表达能力。深度特征借助卷积神经网络强大的学习能力和大规模图像数据提供的海量信息获得了全面刻画图像的能力，在对图像的表达能力上优于传统的手工特征。但是，深度特征的提取需要一个额外的学习过程，提取速度较慢且不能很好地针对特定的干扰因素提取健壮性强的图像特征。大多数现有的基于深度学习的行人再识别算法都没有注意到手工特征在描述特殊环境下的行人图像上具有独特的优势。尽管一些方法将深度特征和手工特征级联在一起表达行人图像，但是也没有获得足够好的效果，因为这些方法没能充分地开发两类特征之间的互补性。

为了进一步增强网络提取行人图像特征的性能，本小节在多级注意力识别—验证模型的基础上融合图像的手工特征。通过将行人图像的手工特征引入到卷积神经网络之中，并使其参与到最终特征的构造之中，使得识别—验证模型的特征提取网络在提取深度特征的过程受到手工特征的约束，然后将深度特征和手工特征融合成最终的增强型特征。融合手工特征的识别—验证模型结构如图 8-18 所示。该网络包含上下两个分支，这两个分支结构一样且参数是共享的。在使用多级注意力机制特征提取网络提取深度特征时，该网络也提取图像的手工特征并将手工特征降维至与深度特征维度相同的 4096 维。然后，深度特征和手工特征将被送入特征重建模块进行融合，得到一个维度仍然是 4096 的融合特征。网络每次输入两张行人图像，在提取到两张输入图片的融合特征后，上下分支将分别根据输入图片的融合特征识别它们的身份，验证模块将对这两个融合特征进行特征对比和身份异同验证。

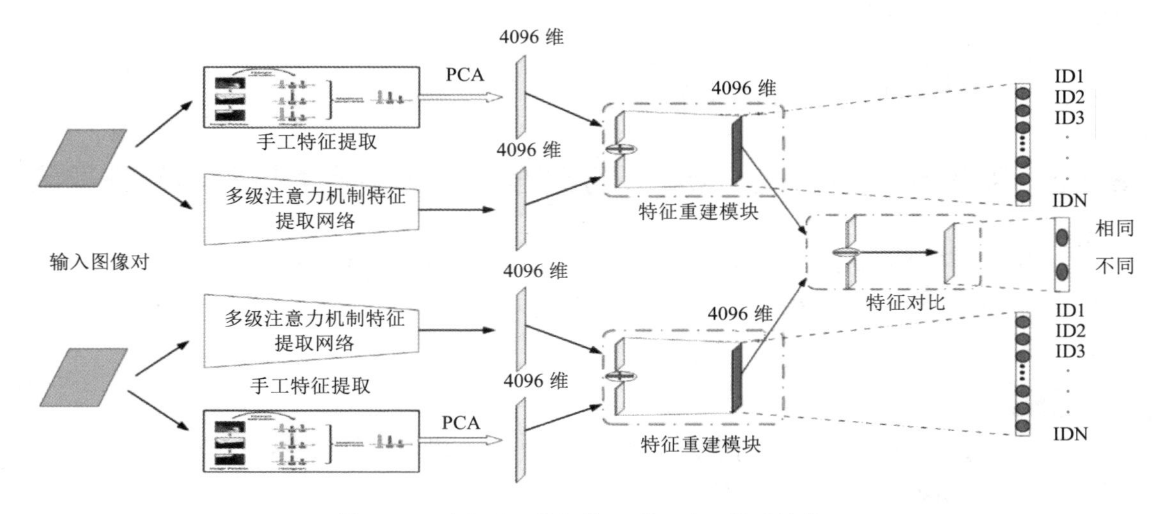

图 8-18　融合手工特征的识别—验证模型结构

在行人再识别任务中，颜色是准确表示图像中的行人所需的关键信息的，而行人服饰的纹理也能对识别行人提供可靠的信息。LOMO 特征[8]是以颜色直方图和 LBP 为基础的中级手工特征，能够在一定程度上应对光照强度变化和拍摄视角变化，具有较好的行人图像表达能力。因此，本小节选择 LOMO 特征作为手工特征融合到多级注意力识别—验证网络中。在模型的训练过程中，由于手工特征被输入到网络中参与前向传播，网络的识别损失和验证损失将受到手工特征的影响。梯度的后向传播将指导多级注意力机制特征提取网络学习提取与手工特征互补的深度特征，而且网络将学习到一个能高效地融合深度特征和手工特征的方法。这样，网络就能充分开发深度特征和手工特征之间的互补性，提取到同时具有深度特征的强判别力特性和 LOMO 特征在应对光照变化和视角变化上的独特优势。

2）特征融合方法

利用手工特征增强深度神经网络的一个关键问题是如何高效地融合行人图像的手工特征和深度特征。由于提取方式不同，手工特征和深度特征可以视为对图像在不同角度上的表达。因此，这两类特征之间存在着较大的差异。如果将这两类特征刚性地级联在一起，它们之间的差异将导致级联后的特征成为一个次优融合特征，不能很好地表示图像的信息。另外，有一些基于多类特征融合的行人再识别算法在特征融合上采用特征向量相加的方法。这类方法运算量低，而且融合后的特征维度与原特征的维度相同，不会增加存储图像特征所需的空间。但是这类方法在不同特征的数值数量级不同时的性能将受到严重的影响，数值数量级不同将导致各类特征在相加之后受到增强或抑制，融合后得到的特征将只具备数值数量级大的特征的性质。

为了寻找到一个高效的融合方法，本小节在网络中构造了一个特征重建模块用于融合 LOMO 特征和深度特征。特征重建模块将学习到一种方式将深度特征和 LOMO 特征投影到一个统一的特征空间中。在这个特征空间中，两类特征能从互补的方面表达同一张行人图像，而且元素的数值数量级差距将被缩小。为了尽可能减少模型的总参数量和运算量，特征重建模块仅由一个特征级联层、一个全连接层、一个 ReLU 激活函数和一个 Dropout 层组成，Dropout 也叫随机失活。在获取图像的 LOMO 特征 F_{LOMO} 和基础深度特征 F_{CNN} 之后，特征级联层将它们级联成一个 8192 维的级联特征 F_{Concat}，表示为：

$$F_{\text{Concat}}=[F_{\text{CNN}},F_{\text{LOMO}}] \tag{8-55}$$

在得到基础深度特征和手工特征的级联特征之后，特征重建模块将执行式(8-56)的操作输出最终的融合特征。

$$F_{\text{Fusion}}=\delta\left(\boldsymbol{W}_f\cdot F_{\text{Concat}}\right) \tag{8-56}$$

其中，$\delta()$ 代表 ReLU 非线性激活函数；$\boldsymbol{W}_f$ 代表特征重建模块中的全连接层；Dropout 层的系数定为 0.5，代表每个神经元失活的概率为 0.5。

特征重建层输出的融合特征同时由两个识别损失和一个验证损失监督。通过后向传播算法，特征重建层中的参数将在每次迭代中得到更新，最终学得一个合适的方法融合基础深度特征和手工特征。特征重建模块对于整体网络而言是很重要的，因为它能够消除深度特征和手工特征之间的表达鸿沟。本小节也进行了消融实验来证明特征重建模块的重要性。

3）融合特征的识别与验证

在训练过程中，输入两张行人图像，特征重建模块将输出它们的融合特征 F_{Fusion1} 和 F_{Fusion2}，网络的上下分支将分别对 F_{Fusion1} 和 F_{Fusion2} 进行身份标签预测。同时，网络将对这两个融合特征进行对比，计算两个特征之间的差异，由此预测这两张行人图像是否具有同样的身份标签。

在身份标签预测过程中，融合特征 F_{Fusion} 将先经过一个全连接层，这个全连接层根据融合特征计算出一个含有 N 个元素的张量，代表当前处理的行人图像在各个标签上的得分。全连接层执行的操作如式(8-57)所示。

$$\vec{V}=[v_1,v_2,\ldots,v_N]=W_{\text{fc1}}\cdot F_{\text{Fusion}} \tag{8-57}$$

其中，W_{fc1} 代表全连接层的参数，N 为训练数据中包含的行人身份数。之后，Softmax 层将对这些得分进行归一化处理，输出一个 N 维向量。这个 N 维向量代表当前处理的行人图像被预测成各个标签的置信概率。归一化处理如式(8-58)所示。

$$\widehat{p_i}=\frac{\exp(v_i)}{\sum_{j=1}^{N}\exp(v_j)}\quad i=1,2,\ldots,N \tag{8-58}$$

其中，$\widehat{p_i}$ 表示输入图像被预测成第 i 个标签的概率。在得到所有的概率 $\hat{p}$ 之后，采用交叉熵损失函数计算预测结果和真实标签之间的误差，这个误差也被称为识别损失，定义如式(8-59)所示。

$$L_I(\hat{p},\text{id})=\sum_{i=1}^{N}-p_i\log\left(\widehat{p_i}\right) \tag{8-59}$$

其中，id 为输入图片的真实标签，用于确定真实概率 p_i，表示为式(8-60)。

$$p_i = \begin{cases} 1 & 当 i = \mathrm{id} \\ 0 & 当 i \neq \mathrm{id} \end{cases} \tag{8-60}$$

如此，识别损失可以简化表达为式(8-61)。

$$L_I\left(\hat{p},\mathrm{id}\right) = -\log\left(\widehat{p}_{\mathrm{id}}\right) \tag{8-61}$$

在图像对标签的检验过程中，两个融合特征 F_{Fusion1} 和 F_{Fusion2} 将同时输入到特征对比层中生成一个对比特征。对比特征携带着两张输入图像之间的差异信息，用于预测输入图像对的标签是否相同。对比特征层对输入的两个融合特征执行逐元素相减平方运算，如式(8-62)所示。

$$F_s = (F_{\mathrm{Fusion1}} - F_{\mathrm{Fusion2}})^2 \tag{8-62}$$

然后，对比特征 F_s 将经过一个全连接层进行二分类，得到一个代表图像对标签异同预测得分的二维向量。该全连接层操作可表示为式(8-63)。

$$\vec{\boldsymbol{S}} = \left[s_1, s_2\right] = W_{\mathrm{fc}2} \cdot F_s \tag{8-63}$$

其中，$W_{\mathrm{fc}2}$ 代表验证子网络的全连接层的参数。然后，Softmax 层将对这两个得分进行归一化处理，把它们转化成表示将图像对预测成相同和不同的两个概率。此处的 Softmax 运算可表示为式(8-64)。

$$\widehat{q_i} = \frac{\exp\left(s_{\mathrm{i}}\right)}{\sum_{j=1}^{N}\exp\left(s_j\right)} \quad i = 1,2 \tag{8-64}$$

其中，$\hat{q}_1$ 为将两张输入图像的标签预测为相同的置信概率，$\hat{q}_2$ 为将两张输入图像的标签预测为不同的置信概率。与识别过程一样，验证过程也使用交叉熵损失函数计算二分类结果与真实标签之间的误差，验证损失定义如式(8-65)所示。

$$L_V\left(\hat{q},\mathrm{id}_1,\mathrm{id}_2\right) = \sum_{i=1}^{2} -q_i \log\left(\widehat{q_i}\right) \tag{8-65}$$

其中，id_1 和 id_2 分别为两张输入图像的身份标签，用于确定图像对标签值的真实概率分布，表示为式(8-66)。

$$q_i = \begin{cases} 1 & 当 \mathrm{id}_1 = \mathrm{id}_2 \\ 0 & 当 \mathrm{id}_1 \neq \mathrm{id}_2 \end{cases} \tag{8-66}$$

在模型的训练阶段，两个识别损失和一个验证损失将组成一个加权损失来指导网络中所有非固定参数的更新，网络的总体损失可表示为式(8-67)。

$$L_{\mathrm{All}} = 0.5L_{I1} + 0.5L_{I2} + L_V \tag{8-67}$$

2. 实验细节

首先，本小节在 Market-1501、CUHK03（检测器版本）和 VIPeR 三个数据集上进行了实验，通过与一些先进算法的性能对比来证明本算法算法的高效性。然后，在 Market-1501 数据集上进行了一些消融实验，证明了引入手工特征的有效性。此外，本小节也证明了对应的实验验证特征重建模块的重要性。

本算法在多级注意力识别—验证模型的基础上，引入手工特征改进了模型的结构。通过实验测试，引入手工特征的模型在 Market-1501 数据集上取得了 89.32%的 Rank-1 准确率、96.34%的 Rank-5 准确率、98.41%的 Rank-10 准确率、99.23%的 Rank-20 准确率和 71.08%的 mAP。本算法与一些较为先进的算法的性能对比结果如表 8-3 所示。由表 8-3 可知，本小节提出的算法在 Rank-*N* 准确率和 mAP 上均达到了最高的水平。值得一提的是，在融合手工特征之后，本算法在 Rank-1 准确率上从 87.07%提高到了 89.32%，在 mAP 值上从 68.42%提高到了 71.08%，实现了对 DPFL 算法的超越。

表 8-3　在 Market-1501 数据集上与其他算法的性能对比

算法	Rank-1(%)	Rank-5(%)	Rank-10(%)	Rank-20(%)	mAP(%)
LOMO+XQDA[8]	43.8	—	—	—	—
Gated-CNN[36]	65.88	—	—	—	39.55
MR B-CNN[37]	66.36	85.01	90.17	—	41.17
Spindle Net[38]	76.9	91.5	94.6	96.7	—
PDC[34]	84.14	92.73	94.92	96.82	63.41
PIE+KISSME[39]	79.33	90.76	94.41	96.52	55.95
PAR[28]	81	92	94.7	—	63.4
MSCAN[12]	80.31	—	—	—	57.53
JLML[30]	85.1	—	—	—	65.5
SVDNet[35]	82.3	92.3	95.2	—	62.1
DPFL[32]	88.9	—	—	—	73.1
AACN[31]	85.9	—	—	—	66.87
本算法	**89.32**	**96.34**	**98.41**	**99.23**	**71.08**

在 CUHK03（检测器版）数据集上，本算法取得了 86.45%的 Rank-1 准确率、98.01%的 Rank-5 准确率、98.89%的 Rank-10 准确率、99.76%的 Rank-20 准确率和 86.42%的 mAP。从实验结果可以发现，在 Rank-5 之后，随着 *N* 的增大，Rank-*N* 准确率的上升幅度明显降低。这是由于本算法在 Rank-5 上已经达到了很高准确率，正常的样本通常都能在最终排序的前五位得到正确匹配，而一些异常样本很难从候选集中找出正确的匹配图像。本算法与一些先进算法在 CUHK03 数据集上的性能超过了包括 PDC[34]、JLML[30]、PAR[28]和 SVDNet[35]在内的一系列算法。虽然本算法在 Rank-1 准确率上落后于 AACN 算法[31]，但是在 Rank-5、Rank-10 和 Rank-20 上超过了 ACCN 算法。

由于 VIPeR 是一个规模很小的数据集，基于深度学习的方法通常在该数据集上不能取得和 Market-1501 数据集相近的准确率。而本算法在深度学习方法的基础上，结合了传统的手工特征，由此缓解由于训练数据不足导致的训练后得到的模型性能弱化问题。本算法方法在 VIPeR 数据集上的性能相比于一系列经典的和先进的算法取得了最佳的性能。通过对比可知，本算法在 Rank-1 准确率上大幅超过了经典的 LOMO+XQDA 算法[8]，以约 1%的优势超过了后来提出的 Spindle Net 算法[39]，显示了在深度神经网络中融合手工特征的优势。

为了证明引入手工特征的有效性以及特征重建模块的重要性，本小节进行了一些消融实验。首先，将本算法模型中的特征重建模块替换成简单的向量相加操作，以同样的实验设置训练该网络并测试模型的性能。然后，将融合手工特征的网络模型与本算法模型相比，定量分析引入手工特征带来的性能提升。所有的消融实验均在 Market-1501 数据集上进行，实验结果如图 8-19 所示。

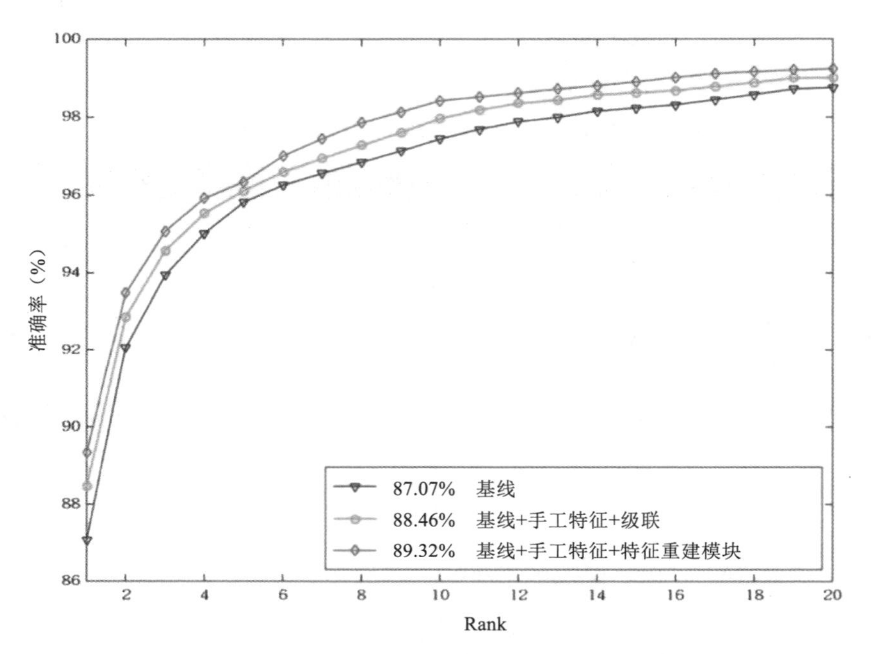

图 8-19 消融实验中各网络的 CMC 曲线对比图

由此次消融实验得到的 CMC 曲线可以看出，引入手工特征之后，多级注意力识别—验证模型的性能得到了一定程度的提升。一方面，Rank-1 准确率从 87.07%提升到了 88.46%。这说明手工特征和深度特征之间具有互补性，引入手工特征改进深度神经网络的结构能使网络提取出更加有判别力的特征。另一方面，通过构建特征重建模块来进行特征融合能进一步提升模型的性能。使用特征重建模块的网络的 CMC 曲线在引入特征重建层之后，网络在 Rank-1 准确率上从 88.46%提升到了 89.32%。这说明了特征重建模块能够更加高效地利用手工特征和深度特征之间的互补性，以一种更加适合的方法将两者融合成增强型深度特征。

最后，为了直观地感受算法改进前后的再识别效果变化，图 8-20 展示了一些测试示例。在图 8-20 中，左边第一列图片是测试时的查询图片，其后第一行是识别—验证模型测试结果的前五排序，第二行是本算法对识别—验证模型进行改进之后的前五排序结果。候选排序图片中红框表示错误行人图像，绿框表示正确匹配的图像。根据图中的第一个测试示例可以看出，本算法能更好地应对图像背景过多的问题，使正确的候选图片排名更靠前。从第二个测试示例可知，在网络中融合注重颜色和纹理的 LOMO 特征之后，模型更能准确识别行人身份的颜色信息和纹理信息（如图中行人的红色书包），提升再识别的准确率。

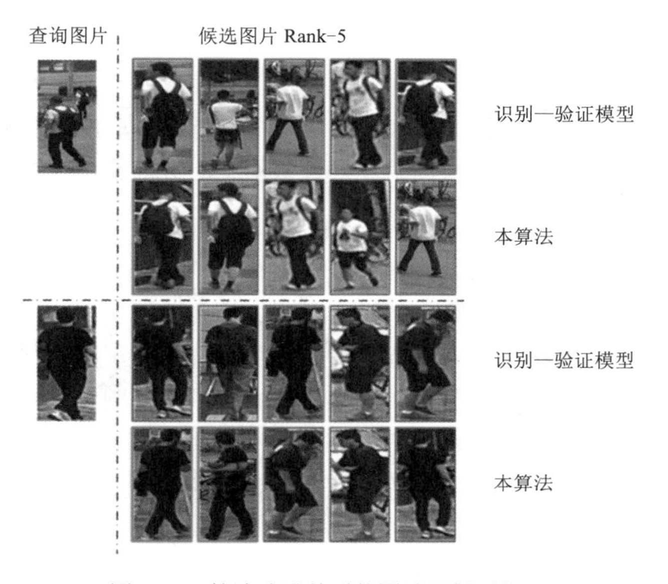

图 8-20　算法改进前后的测试示例对比

8.4　基于属性和身份特征融合的行人再识别算法

本节介绍了一种基于属性和身份特征融合的行人再识别算法[40]，其中手工特征采用集成局部特征（颜色和纹理）的方式，将手工特征与深度特征融合提取属性特征向量，并设计网络同时提取行人的整体和局部特征以丰富特征表现力，通过特征距离序列重排序方法得到优化结果，下面将分别对算法特点、算法细节和实验结果进行详细阐述。

8.4.1　特点

针对行人再识别问题设计的基于属性和身份特征融合的算法有如下特点。

① 提出了一种优化的属性预测子网络。本算法将传统的手工特征（颜色、纹理等）融入深度神经网络，充分融合了两者的优势，得到更具判决力的属性特征。

② 设计了加权的属性预测损失。本算法结合不同属性类别的样本分布比例，为每一个属性类别设置各自的权重，很好地解决了样本分布不均对于模型性能的影响。

③ 提出了一种多区域的行人身份特征提取子网络。本算法在全局特征的基础上对特征图进行区域分割，以获取到更多的局部信息，提取出表示能力更强的行人特征。

④ 提出了一种特征距离序列重排序的方法。在得到初始的距离序列后，本算法定义了 k-交叉最近邻，从而对初始的特征排序进行了调整，得到优化的距离序列。

8.4.2 算法

本小节分别从引入属性特征、多区域的行人身份特征提取网络和距离度量序列重排序三个方面对基于属性和身份特征融合的行人再识别算法进行了详细介绍。

1. 引入属性特征

本算法设计了一种 RAP（改进的属性预测子网络，Refined Attribute Prediction）用于提取行人的属性特征向量，并运用多个属性标签进行属性识别和预测。该子网络结合了传统的手工特征和新兴的卷积神经网络特征，行人图片输入后，同时进行手工特征提取过程和 CNN 的学习过程，然后将两个支路的输出特征向量进行融合，得到最终的属性特征表示，从而进行属性预测。在本小节的后续内容中，将分别介绍手工特征的设计和提取过程、CNN 的网络结构和训练过程，最后针对该问题设计了属性预测的损失函数。

1）手工特征与深度特征融合提取属性特征向量

这里将分别介绍手工特征提取和深度特征提取。

（1）手工特征提取

在实际的行人再识别应用中，由于视角、光照、背景杂乱和遮挡等的显著影响，在非重叠的摄像机视域下的行人外观往往具有差异性。手动提取的特征，旨在克服再识别任务中非交叉视角下的外观变化这一难题，若将这些特征连接为一个新的特征向量，会得到更具辨识力和可靠性的特征描述符。

本算法采用集成局部特征的方式，包括图像的颜色和纹理特征通道。颜色特征来自三个独立的色彩空间：RGB、YUV 和 HSV。选择不同色彩空间，会影响到颜色信息的描述效果，因此不同色彩空间的特征通道相互集成能够增加颜色信息的多样性，形成更具分辨力的特征描述符。

颜色直方图是一种描述图像颜色信息的统计特征，通过将图像划分为若干个局部区域，并将颜色空间分割为若干个区间，统计每个图像区域内落在各个区间的像素个数，从而得到图像的颜色直方图特征。由于 YUV 空间的 Y 分量和 HSV 空间的 V 分量均代表亮度，因此本算法提取了 RGB、YUV 和 HS 八个颜色通道的直方图，作为颜色特征描述符。

此外，本算法使用了两组纹理滤波器，Schmid[41]和 Gabor[42]。每个纹理特征通道是滤波器和亮度通道卷积的结果。

Schmid 滤波器定义如式(8-68)所示。

$$F(\gamma,\sigma,\tau)=\frac{1}{Z}\cos\left(\frac{2\pi\tau\gamma}{\sigma}\right)e^{-\frac{\gamma^2}{2\sigma^2}} \tag{8-68}$$

其中，γ 为半径，Z 为标准化常量，参数 τ 和 σ 被设置为以下 13 组值：(2,1)、(4,1)、(4,2)、

(6,1)、(6,2)、(6,3)、(8,1)、(8,2)、(8,3)、(10,1)、(10,2)、(10,3)和(10,4)。这些滤波器起初用于模型的旋转不变性，在本算法中用于实现视角和姿势的不变性。除 Schmid 滤波外，还设计了 8 组不同参数值的 Gabor 滤波器，共提取了 21 个通道的纹理特征。

本算法的手工特征提取具体实施方法是：输入图像尺寸为 256×128，先将输入图像沿水平方向均分为不重叠的 16 个条带，然后针对每个条带，提取 8 个通道的颜色直方图特征（RGB、YUV、HS）和 21 个通道的纹理特征（13 个 Schmid 滤波器和 8 个 Gabor 滤波器），共 29 个通道，每个通道特征由 16 维向量表示。将 16 个条带的特征向量进行 L1 归一化后相串联，得到 16×16×29 维的初始手工特征向量，然后，对于每个条带的 16×29 维特征，运用主成分分析方法，将高维特征映射到低维（100 维）空间，再将所有条带的 100 维特征串联，最终得到 1600 维的特征向量。

（2）深度特征提取

本算法设计了一个七层的卷积神经网络提取行人的深度属性特征，如图 8-21 所示。该子网络包含五层具有可调参数的卷积层和两层全连接层。

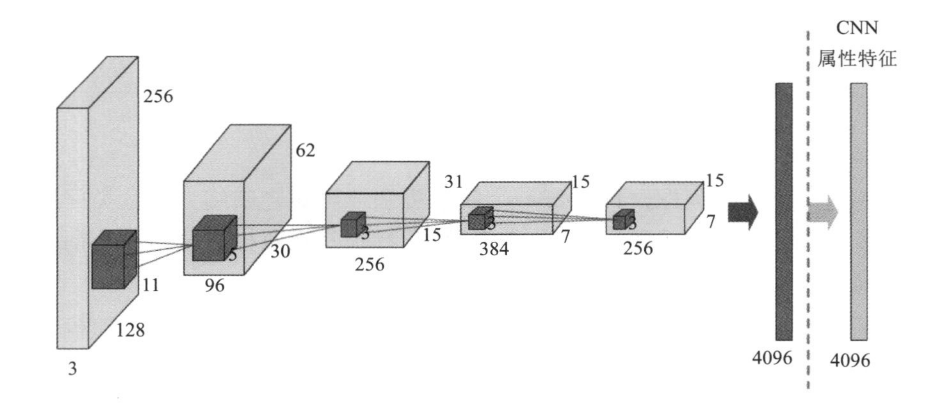

图 8-21 CNN 属性特征提取网络结构

在每个卷积层之后，加入了最大池化层和局部响应归一化层，最大池化层的作用是充分利用图像的局部静态属性，在很小的域内选择像素值最大的点来代表该域的水平，可以选择出对于卷积响应最大的像素值，去除对模型作用不大的部分，且降低了特征的维度，减小了模型的运算复杂度。此外，局部响应归一化层能够对局部神经元的贡献创建竞争机制，使得其中响应比较大的值变得相对更大，并抑制其他反馈较小的神经元，从而增强模型的泛化能力。网络选择了非线性的 ReLU 激活函数，它可以将一些神经元的输出置为 0，从而有效缓解过拟合，并且只要某一神经元受到正向的触动，就可以激活该神经元进行学习，从而保证训练的时间要求。

该网络首先运用卷积、池化交替的操作进行特征图运算，通过由大到小不同尺寸的卷积核提取输入图像的特征，共有 Conv1、Conv2、Conv3、Conv4 和 Conv5 五层卷积层，并在 Conv1、Conv2 和 Conv5 之后增加了最大池化层。卷积-池化操作后是两层全连接层，层中的每个结点都与上一层的所有结点相连，即将之前的特征相应全部结合起来，以得到具有判别力的类别信息。在全连接层之后引入 Dropout 策略，在每轮训练时随机失活某些神经元，从而避免训练过程中的过拟合问题。第二层全连接层输出 4096 维的向量，作为提取到的 CNN 属性特征。各层的参数详见表 8-4。

表 8-4　CNN 属性特征提取网络参数

层名称	层类型	输出尺寸	层参数
Conv1	卷积	62×30	[11×11，64]，stride=4
Pool1	池化	31×15	3×3 max pool，stride=2
Conv2	卷积		[5×5，256]，pad=2
Pool2	池化	15×7	3×3 max pool，stride=2
Conv3	卷积		[3×3，384]，pad=1
Conv4	卷积		[3×3，384]，pad=1
Conv5	卷积		[3×3，256]，pad=1
Pool5	池化	7×4	3×3 max pool，stride=2
fc1	全连接	4096	
fc2	全连接		

2）加权的属性预测损失函数

属性预测是一个分类问题，针对每一个属性类别，可将之归结为二分类问题，因此属性预测属于多类别的二分类问题。在二分类问题中，特别是正负样本分布不均衡的情况下，常选择交叉熵损失函数作为优化的目标。

熵的定义来源于信息论，是用来表征信息中所含信息量的大小的。若随机变量 x 的概率分布为 $p(x)$，则其信息熵的计算方法为：

$$H(X)=-\sum_{x}p(x)\log p(x) \tag{8-69}$$

若随机变量 x 的两个独立的概率分布为 $p(x)$ 和 $q(x)$，则使用相对熵（又称 KL 散度、KL 距离）来衡量这两个分布的差异程度：

$$\begin{aligned}\mathrm{D}_{\mathrm{KL}}\mathrm{X}&=-\sum_{x}p(x)\log\left(\frac{p(x)}{q(x)}\right)\\&=-\sum_{x}p(x)\left(\log p(x)-\log q(x)\right)\\&=-\sum_{x}p(x)\log p(x)+\sum_{x}p(x)\log q(x)\\&=H(X)+\sum_{x}p(x)\log q(x)\end{aligned} \tag{8-70}$$

由式(8-70)可知，$\mathrm{D}_{\mathrm{KL}}\mathrm{X}$ 越小，表明分布 $p(x)$ 和 $q(x)$ 越接近。

在机器学习中，令 $p(x)$ 为训练样本的分布，$q(x)$ 为模型预测的分布，为了描述模型预测分布与样本分布的差异程度，可以使用两分布的相对熵来度量。而当训练样本固定时，

其 $p(x)$ 固定，也就是信息熵 $H(X)$ 固定，因此公式(8-70)中的第二项可以视为描述两分布差异程度的度量，称为“交叉熵”，其定义如式(8-71)所示。

$$H(p,q)=\sum_{x}p(x)\log q(x) \tag{8-71}$$

在本算法的行人属性预测任务中，针对每个属性类别，$p(x)$ 为在属性类别下的训练集属性分布（即属性标签）。模型预测的结果为介于 0～1 的概率值，用 $q(x)$ 表征，该值越接近 1，表明具有该属性的概率越大，越接近 0，表明具有该属性的概率越小。我们希望预测概率值 $q(x)$ 与原始样本的属性分布 $p(x)$ 越接近越好，当两者的交叉熵越小时，它们的差异程度越小，表明两者越接近，说明预测结果很接近原始属性值，模型预测的精度越高。因此，选择两个分布的交叉熵作为优化的目标。

行人属性预测并不是只预测一种属性，它是一个多标签分类问题，而且与标准的多级分类问题不同，行人属性之间并不相互独立，某些属性之间存在一定的相关性。传统的多级分类问题常常将各个类别的交叉熵直接相加，将它们的和作为整体的损失进行优化，定义如式(8-72)所示。

$$L=-\frac{1}{N}\sum_{i=1}^{N}\sum_{m=1}^{M}y_{i,m}\log\left(p_{i,m}\right)+\left(1-y_{i,m}\right)\log\left(1-p_{i,m}\right) \tag{8-72}$$

其中，M 为属性类别数目，N 为训练样本数目，$p_{i,m}$ 为预测概率值，$y_{i,m}$ 为样本的属性标签。

式(8-72)虽然能够考虑到所有的类别，但是由于属性类别的特殊性，其在样本间分布是非均匀的，且各属性类别间是不独立的，即有些属性几乎不出现，而相对而言某些属性出现频率很大，如“是女性”和“是长头发”同时出现的可能性较大；“没有头发”这一属性几乎没有正样本，而“是男性”这一属性相比之下则有较多正样本。这就意味着，简单的交叉熵求和损失不能充分协调这些相关性，因此，本算法设计了一种加权的交叉熵损失来进行属性均衡，即在交叉熵损失的每一项乘以一个权重，权重由该属性对应的正样本占所有训练样本的比例决定，这样针对不同的属性类别，根据其正负样本的分布情况决定惩罚项的大小，有效平衡了不同属性的分布不均问题。计算公式如式(8-73)所示。

$$L_{\mathrm{RAP}}=-\frac{1}{N}\sum_{i=1}^{N}\sum_{m=1}^{M}w_m(y_{im}\log\left(p_{im}\right)+\left(1-y_{im}\right)\log\left(1-p_{im}\right)) \tag{8-73}$$

式(8-73)中的 w_m 即权重项，它的计算公式为：

$$w_m=\begin{cases}e^{\frac{1}{r_m}} & y_m=1\\ e^{\frac{1}{1-r_m}} & y_m=0\end{cases} \tag{8-74}$$

其中，r_m 为训练集中属性 m 的正样本比例（即训练集中属性 m 标签为 1 的样本数目占所有样本数目的比值）。

下面，结合式(8-73)和式(8-74)进行分析。

当属性标签为 1（$y_{i,m}=1$）时，第二项为 0，损失项为$-\log\left(p_{i,m}\right)$，在$0<p_{i,m}<1$时是单调减函数：预测值$p_{i,m}$越接近 1，与标签越接近，惩罚越小；相反，预测值$p_{i,m}$越接近 0，与标签越不同，惩罚越大。由式(8-74)的第一种情况可知，当正样本（标签为 1）比例越大时，w_m越小，结合$-\log\left(p_{im}\right)$的减函数特性，该项的损失越大，也就是对占比大的属性类别惩罚越大；相反，当正样本比例越小时，对该类别的惩罚越小。

当属性标签为 0（$y_{i,m}=0$）时，第一项为 0，损失项为$-\log\left(1-p_{i,m}\right)$，在$0<p_{i,m}<1$时是单调增函数：预测值$p_{i,m}$越接近 0，与标签越接近，惩罚越小；相反，预测值$p_{i,m}$越接近 1，与标签越不同，惩罚越大。由式(8-74)的第二种情况可知，当正样本比例越大时，w_m越大，结合$-\log\left(1-p_{i,m}\right)$的增函数特性，该项的损失越大，也就是对占比大的属性类别惩罚越大；相反，当正样本比例越小时，对该类别的惩罚越小。

综上，对于出现频率较大的属性类别，在损失项中给予更大的权重，而对于几乎不出现的属性类别，则给予更小的惩罚，这样可以自适应地平衡训练集样本类别的差异性，有效减少过拟合，从而提高属性预测的可靠性。

2. 多区域的行人身份特征提取网络

本算法设计了 PBM（基于分块的模型，Part-Based Model）来提取多区域的行人身份特征。具体来说，采用“一分为四”的设计，将原行人图像的卷积特征图分为不重叠的四块，然后四个子块分别作为其对应子网的输入，每个子网设计了相应的身份分类损失。在本算法的后续内容中，首先介绍该子网络的框架结构，然后设计了一种改进的身份分类损失来提高分类性能。

1）分块的行人身份特征提取

现有深度神经网络大多以整张图片作为输入进行网络训练，通过线性、非线性的映射和拟合，抽象出图片中丰富的信息，作为表征该图片的描述符，该描述符去掉了一些无关的信息冗余，尽可能地保留了针对目标任务的有效信息，相比传统的手动设计的特征，具有更高的效率和自适应性，且达到性能的提升。在行人再识别任务中，目标是匹配不重叠视域下的特定行人，因此所提取的特征是否能够充分地描述该行人的信息，并且有效地与不同行人区分开来，是实现再识别准确性的关键。

以整张行人图片作为输入，经过 CNN 的卷积和池化等运算，特征向量是对整幅图片抽象化的结果，其中难免忽略了某些细节信息；而如果以图像局部作为输入，学习的结果只是基于该区域的局部信息，考虑到人体是一个相互作用和相互关联的系统整体，这些局部信息不可能描述人体的宏观特征及其各部分之间的关联。基于此，本算法设计了一种多区域的行人特征提取网络，采用“由整体到局部”的策略，同时提取行人的整体和局部特征，丰富了特征的表现力。

选择 ResNet-50 作为基准网络[43]，ResNet-50 称为残差网络，层的输入来源于上面两层的输出，利用了网络跨层之间的信息融合，可以在网络层数加深时，不增加额外的训练参数，从而提高训练的速度，更好地进行网络的优化，是一种性能优异的分类网络。基准网络的输入图片尺寸为 224×224 像素，改变了原始行人图片的比例，本算法考虑到行人身体的比例关系，将输入图片尺寸统一调整为 256×128 像素，即高、宽之比为 2∶1，这样更符合行人的身体结构，进行分割后提取的局部特征更加精确。经实验证明，256×128 像素大小的输入图像训练的网络性能更高。

输入图像首先经过 ResNet-50 的 Block1、Block2、Block3 和 Block4 四个残差单元，残差单元采用 1×1 卷积核、3×3 卷积核和 1×1 卷积核交替的方式，既加深了网络的深度，又减少了参数量，同时达到了减小特征图尺寸、增加特征图通道数的目的，从而提高模型的训练效率和训练结果的有效性。每个残差单元相当于对图像进行下采样，输出尺寸在长和宽上均减半，因此经过四个残差单元后，输出特征图尺寸变为 16×8，作为提取的全局特征图。详细的层参数和输出特征图尺寸如表 8-5 所示。

表 8-5　ResNet-50 各层结构

层名称	输出尺寸	层参数
Conv1	128×64	[7×7，64]，stride=2
Pool1	64×32	3×3 max pool，stride=2
Conv2_x		$\begin{bmatrix} 1\times1, & 64 \\ 3\times3, & 64 \\ 1\times1, & 256 \end{bmatrix}\times3$
Conv3_x	32×16	$\begin{bmatrix} 1\times1, & 128 \\ 3\times3, & 128 \\ 1\times1, & 512 \end{bmatrix}\times4$
Conv4_x	16×8	$\begin{bmatrix} 1\times1, & 256 \\ 3\times3, & 256 \\ 1\times1, & 1024 \end{bmatrix}\times6$

此时，将全局特征图沿水平方向分为不重叠的四块，这四块具有一定的语义含义，分别对应行人的头部、上身、下身和脚，然后分别送入对应的子网络层进行局部特征的运算，如图 8-22 所示，四个子网络层具有相同的结构：一个全局平均池化层、一个全连接层和一个身份分类损失层。全局平均池化层的作用是对每个通道的 4×8 个值取平均值，来代替该通道的响应，消除极端响应值的影响，化为一维的局部特征向量。四个子网络中的全连接层共享相同的参数。对四个子网络分别计算损失函数的好处是，在训练过程中可以同时促使四个子网络提取到对身份分类有用的信息，并且各个损失之间相互作用，得到最优的参数，从而提取到具有最强表示力的行人特征。图 8-22 中的 GAP 代表全局平均池化层，FC 代表全连接层。

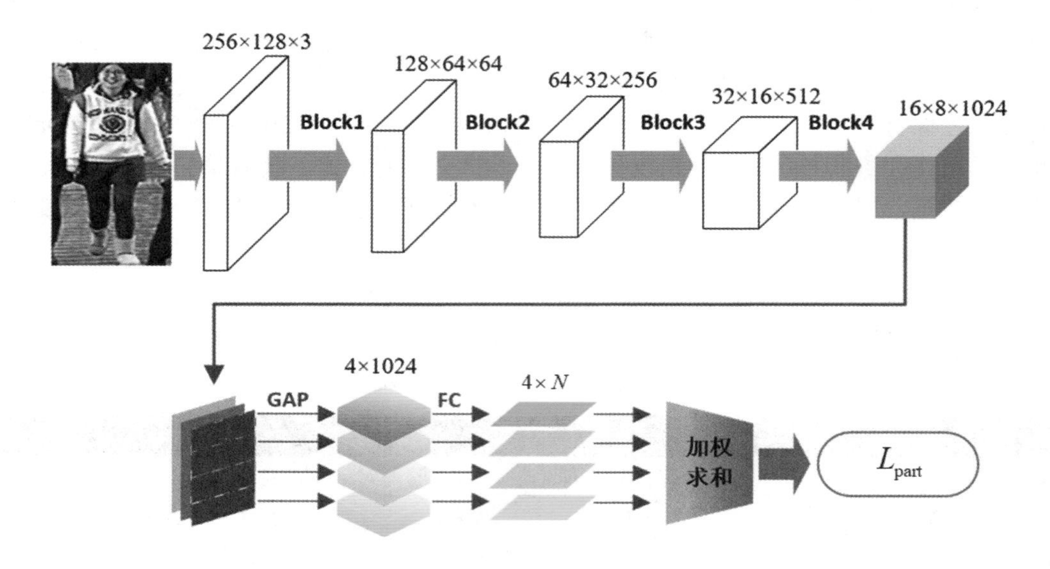

图 8-22　多区域的行人身份特征提取子网络结构

2）行人身份分类损失函数设计

假设行人身份类别数为 N，则上面提到的四个子网络的全连接层结点数目为 N，通过寻找合适的映射矩阵，将 1024 维的局部特征向量映射为 N 维的向量，然后计算出该图片区域 x 属于每个行人类别的概率，其计算公式如式(8-75)所示。

$$p_n = \frac{\exp\left(w_n x + b_n\right)}{\sum_{i=1}^{N}\exp\left(w_i x + b_i\right)} \tag{8-75}$$

其中，$n \in \{1,2,\ldots N\}$，w_n和 b_n 分别为网络层的权重和偏置参数，在训练过程中通过梯度下降进行更新和优化。

通过式(8-75)可以得到样本属于每个类别的概率，介于(0,1)之间，然后将各个类别的概率值进行求和得到该子网络的 Softmax 损失：

$$L_i = -\sum_{n=1}^{\mathrm{N}} q_n \log\left(p_n\right) \tag{8-76}$$

其中，i 为四个子网络其中之一，即 $i = 1,2,3,4$ 。q_n 表示样本的身份标签与预测结果是否相同，令 l 表示样本的身份标签，则有：

$$q_n = \begin{cases} 1 & n = l \\ 0 & n \neq l \end{cases} \tag{8-77}$$

对于每个子网络分别计算 Softmax 分类损失，分别得到 L_1、L_2、L_3 和 L_4。然而，由于不同身体部位对特征表示的重要性不同，例如，上身部分的特征（衣服颜色、衣服种类等）对区分不同行人更为重要，而脚部的特征则几乎无法区分行人，重要性很低，因此，本算法采用增加重要性权重的思想，对四个子网络的损失进行加权集成，各自的权重由网络在训练过程中自主学习，通过梯度下降进行优化，最终获得最优值。集成的身份分类损失计算见式(8-78)。

$$L_{\text{part}} = \sum_{i=1}^{4} w_i L_i \tag{8-78}$$

其中，w_i 为各个身体部位对应的重要性权重，通过网络的训练过程自主学习和优化，其梯度计算公式为：

$$\frac{\partial L_{\text{part}}}{\partial L_i} = w_i \tag{8-79}$$

$$\frac{\partial L_{\text{part}}}{\partial w_i} = L_i \tag{8-80}$$

通过反向传播，沿逆梯度方向进行参数更新，优化网络结构，得到适合于各局部的权重量，从而得到最优的行人再识别网络模型。

在本小节中，ResNet-50 能够提取较丰富的整体特征，通过将整体特征图进行区域分割，可以得到对应不同身体部位的分块特征图，再将分块后的特征图分别作为对应子网络的输入，进而获得相应的局部特征，并且各子网络有各自的身份分类损失监督，通过网络的训练和更新，可以得到较为丰富的局部特征，以弥补整体特征的不足，提高最终特征的判别力。此外，针对不同区域的重要性差异，设计了局部损失加权集成层，网络在训练过程中自主学习不同局部损失的权重，各局部损失与其权重相乘后再求和，使得集成损失更符合判别的需要，得到的模型更具健壮性和判别力。

3. 距离度量序列重排序

本算法将行人再识别问题归结为图像检索问题来处理，给定一个摄像机拍摄到的探测样本，希望在非交叉摄像机视野的候选图库中搜索出包含相同行人的图像。首先，提取探测样本和所有候选样本的特征向量，然后选择一种合适的距离度量算法计算该探测样本与所有候选样本特征间的距离，之后对所有的距离进行相似度排序。获得初始的排序列表后，如果能够加入 Re-ranking 的步骤，使得相关性高的样本获得更高的排序级别，则该排序列表的可靠性更高，从而得到更精确的匹配结果。

重排序算法最大的优势是不需要引入新的训练样本，并且可直接应用在任何初始排序列表中，从而更简便易操作。重排序性能的好坏直接取决于初始列表的质量，现有方法大多利用初始列表中排名最前的 k 张图像特征之间的相似性关系，称为 k-最近邻[44]。可以假设，若探测样本也位于它的某个 k-最近邻样本的前 k 近邻中，则认为该 k-最近邻样本是正确匹配的可能性更大，基于此，本算法对初始排序列表进行了重排序优化。

令探测样本为 p，候选样本集 $G=\{g_i \mid i=1,2,\dots,N\}$，计算 p 与 g_i 的马氏距离，获得初始的距离排序：$L(p,\text{G})=\{g_1,g_2,\dots,g_{\text{N}}\}$，其中 $d_M(p,g_k)<d_M(p,g_{k+1})$。然后，定义 p 的 k-最近邻为：

$$N(p,k)=\{g_1,g_2,\dots,g_k\},\left|N(p,k)\right|=k \tag{8-81}$$

其中，|·|表示集合中的元素个数。

对于$N(p,k)$中的任意样本g_i，同理可得到其k-最近邻$N(g_i,k)$。据此可以得到对于p的k-交叉最近邻的定义：若$p\in N(g_i,k)$，则g_i为k-交叉最近邻，用公式表示为：

$$R(p,k)=\{g_i \mid g_i\in N(p,k)\wedge p\in N(g_i,k)\} \tag{8-82}$$

为了简化距离运算，本算法采用 Jaccard 相似度计算方法进行距离计算[45]。该方法通过比较p与g_i的k-交叉最近邻集合中元素的方法进行距离计算。具体来讲，若g_i为p的匹配样本，则两者的k-交叉最近邻集合应该有交集，且$R(p,k)$与$R(g_i,k)$的重复元素越多，两者的相似度越大。基于此，两者的距离可以重新定义为：

$$d_J(p,g_i)=1-\frac{|R(p,k)\cap R(g_i,k)|}{|R(p,k)\cup R(g_i,k)|} \tag{8-83}$$

这种距离度量方式大大简化了距离运算，降低了计算复杂度，从而获得高效的重排序性能。由于重排序的结果在很大程度上受到初始排序的影响，且大多数现有方法没有考虑到初始排序的重要性，因此，本算法对两种度量得到的距离进行加权求和，同时考虑到两种距离的影响，即：

$$d(p,g_i)=\alpha d_M(p,g_k)+(1-\alpha)d_J(p,g_i) \tag{8-84}$$

α为平衡因子，用于平衡两种距离的重要性影响，当α=1 时，结果由初始马氏距离决定，当α=0 时，结果由 Jaccard 距离决定。本算法将α设置为 0.5。

行人再识别问题有两大特点：一是行人图片存在着类间混淆，即不同的行人具有相似的外观，容易造成排序结果的错误，因此有必要加强对距离排序的约束条件，对初始距离排序进行优化；二是利用训练得到的模型提取的行人特征维度较大，直接计算马氏距离会带来较大的时间消耗，不利于识别的实时性，因此引入了 Jaccard 度量方式。若候选集容量为N，则原始计算方法的运算复杂度为$o(N^2)$，查询复杂度为$o(N^2\log N)$，而 Jaccard 度量的运算复杂度为$o(N)$，查询复杂度为$o(N\log N)$。若在实际应用中，预先计算好原始的距离排序列表，则在查询匹配阶段可通过 Jaccard 度量的方式大大降低查询时间。

8.4.3 实验

本小节通过对数据集的介绍和性能分析，展示了基于属性和身份特征融合的行人再识别算法的实验结果。

1. 数据集

CUHK01 数据集由 Li 等人于 2012 年提出[46]。该数据集共包含 971 个行人的图片，这些图片来自两个不交叉的摄像头拍摄，在每个摄像头视野下，每个行人均有两张图片，这两张图片在外观上存在较大的差异，增大了样本的类内差异性。因此，在整个数据集上，每个行人有四张图片，总共 3884 张行人图片，图像大小统一缩放为 160×60 像素。通常，以 871 张行人身份的图片作为训练集进行模型训练，其余 100 个行人的图片作为测试集。同一张行人的图片存在姿势、角度等的变化，为了测试行人再识别算法在小规模数据集上的性能，常选择此数据集进行实验。

Market1501 数据集由 Zheng 等人于 2015 年提出[9]。该数据集共有六个不重叠的摄像头，部署在大学校园内的不同位置，共捕捉到 32668 张行人图片。这些图片来自 1501 个行人，其中 701 个行人身份用于训练，其余 700 个行人用于性能测试。此外，作者给出了训练集、查询集和候选集的样本划分情况：训练集样本数为 12936，查询集样本数为 3368，候选集样本数为 19732。该数据集由于样本规模较大，且每个摄像头视野下的行人图片相对较多，能够提供丰富的训练样本，包含了行人姿势、角度等的变化，利于进行大规模深度网络的学习。在目前基于深度学习的算法中，该数据集因规模较大、摄像头视野多且同一行人的样本丰富，被研究者们广泛使用。

DukeMTMC-reID 数据集是 DukeMTMC 数据集的子集，DukeMTMC 数据集是一个多目标和多摄像机的大规模视觉追踪数据集，其中共有超过 2700 张行人的图片被八个摄像机镜头捕获并标记，通过全帧、帧级地面实况、校准信息等，可以用于视觉追踪等研究工作[47]。根据不同的研究目的，该数据集衍生出一些子数据集，其中，Zheng 等人于 2017 年运用 DukeMTMC-reID 进行了行人再识别的算法研究[48]。该数据集包括来自八个摄像机视野的 1812 个行人的图片，其中有 1404 张行人的图片出现在两个以上的摄像机镜头下，其余的 408 张行人的图片是干扰图像。在 Zheng 等人的研究工作中，将 702 个行人身份用于训练，其余 702 个行人身份用于测试，经统计，共 16522 张训练图像、2228 张查询图像以及 17661 张候选图像，之后的大多数研究工作也采用此设置。

为了完成属性预测和身份分类的双重任务，已有的行人属性数据集只有属性标签，且都是由一些小规模数据集集成的整体数据集，无法满足身份分类的需要。Lin 等人在 Market1501 和 DukeMTMC-reID 数据集上进行了属性标签的标注，使得该数据集同时具备多重属性和身份标签[49]，本算法选择这两个已标注的数据集，并参考这个标注方法，手动标注了 CUHK01 数据集。由于几个数据集的拍摄地点、目标行人、季节等的差异，造成了行人外观在衣服种类、颜色等方面的多种变化，因此无法遵循统一的属性类别标注标准，故而在三个数据集上分别设置了不同的属性标签。

2. 性能分析

本部分分别从属性预测子网络、多区域的行人身份特征提取子网络、特征度量方法和整体网络这四个方面对算法的实验结果进行了分析。

1）属性预测子网络的性能分析

为了验证属性预测子网络的性能，本算法在三个数据集上各训练了三种不同的网络模型，以分析对比不同网络设置的影响，三个网络的设置如下。

- w=0.5：包括手工特征和 CNN 特征，损失函数求和时不设置加权项，统一设置为 0.5。
- CNN：去掉手工特征，只提取 CNN 特征，损失函数求和时进行加权。

- RAP：本算法的 Refined Attribute Prediction 网络，包括手工特征、CNN 特征和加权的交叉熵损失函数。

图 8-23 展示了均衡权重项的损失函数、只提取 CNN 特征和 RAP 三种实验设置下，分别在三个数据集上的实验测试结果，通过对比和分析，可以得出如下结论。

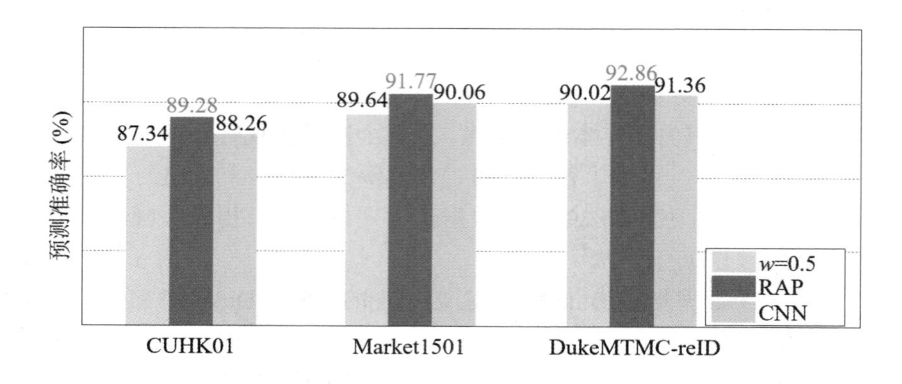

图 8-23　属性预测子网络对比实验结果

- 在三组数据集上，本算法的 RAP 性能均优于只提取 CNN 特征网络和权重项相同损失的网络，说明 RAP 确实优化了属性预测的模型，带来了预测准确率的提高。
- 对比发现，Market1501 数据集和 DukeMTMC-reID 数据集上的预测准确率要高于 CUHK01 数据集，可能是因为 CUHK01 数据集规模较小，训练样本量远小于其他两个大型数据集，造成特征的表示力欠缺。
- 就每个数据集来看，CNN 网络的准确率均高于均衡权重损失的网络，说明对交叉熵损失求和时考虑不同属性类别的样本分布情况更能够有效提高预测准确率，也就是样本分布不均衡对于结果的影响较为突出。

2）多区域的行人身份特征提取子网络的性能分析

为了验证多区域的行人身份特征提取子网络的性能，本算法在三组数据集上分别训练了两种不同的网络模型，具体的网络设置如下。

- GBM（基于全局的模型，Global-Based Model）：基于全局特征提取的网络模型，输入图像经过 Block1～4 后不进行水平分块，直接通过 GAP 提取特征向量。
- PBM：基于多区域特征提取的网络模型，输入图像经过 Block1～4 后进行“一分为四”操作，四个子块各自进入子网络进行身份分类，即本算法提出的方法。

图 8-24 展示了在全局特征提取模型和多区域特征提取模型下，对三组数据集分别进行特征提取和再识别性能测试的结果。通过对比分析，得到如下结论。

- 在三组数据集上，PBM 的行人再识别准确率均高于 GBM 结构，表明 PBM 的设计能够提取到更具判别力的特征向量，从而提高了再识别准确率。

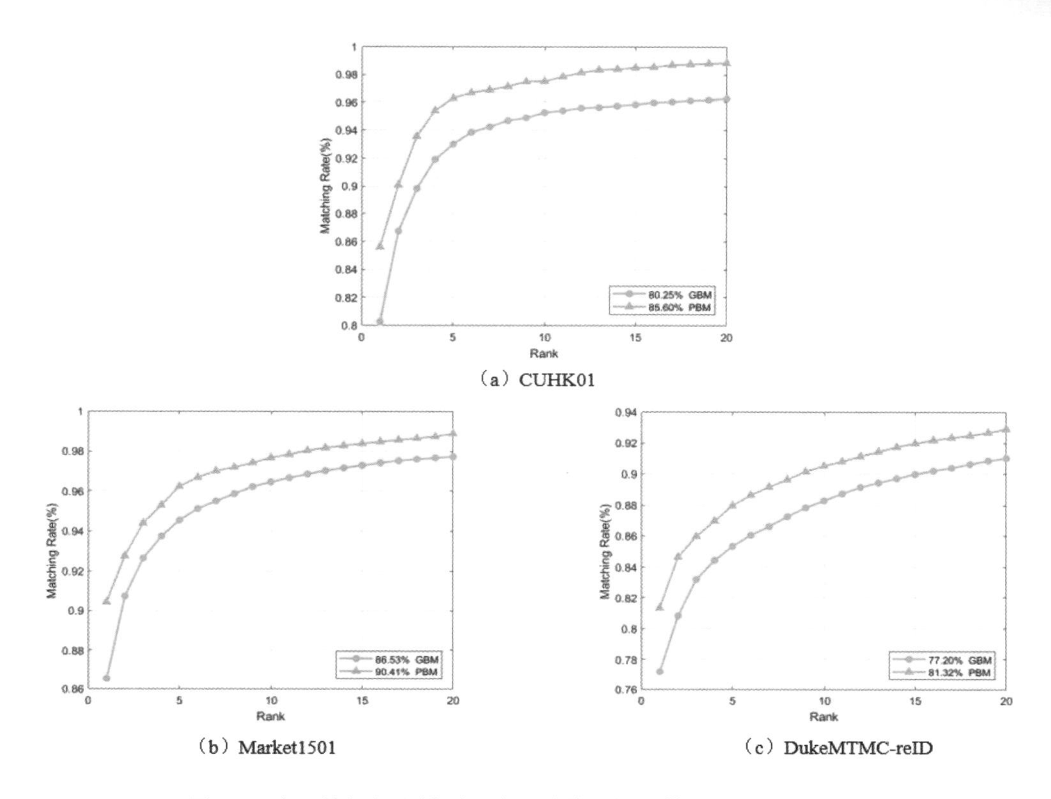

（a）CUHK01

（b）Market1501

（c）DukeMTMC-reID

图 8-24 全局特征提取模型和多区域特征提取模型的对比实验结果

3）特征度量方法的性能分析

为了测试多种特征度量方法的性能，以及验证重排序算法对于优化排序的有效性，本算法在测试阶段，针对三组数据集分别运用了三种特征度量方法，共设计了以下六组对比实验。

- Euclidean：欧氏距离度量。
- Euclidean + Re-ranking：欧氏距离度量特征相似度，然后进行重排序。
- XQDA：交叉二次判决分析度量。
- XQDA + Re-ranking：交叉二次判决分析度量特征相似度，然后进行重排序。
- KISSME：保持简单和直接的度量。
- KISSME + Re-ranking：KISSME 度量特征相似度，然后进行重排序。

图 8-25 展示了 CUHK01 数据集在以上三种度量方法进行初始排序的基础上，再分别进行重排序之后，各自的 CMC 曲线。表 8-6 列出了 Market1501 和 DukeMTMC-reID 两个大型数据集上的 mAP 值。通过对比和分析，得到如下结论。

- 在三个数据集上，初始度量加上重排序过程后，匹配准确率一致性得到提升，特别是在 Rank 取值较小处提升更为明显，说明重排序方法确实对初始排序进行了优化，使得匹配样本的排序更靠前。
- 在 CUHK01 数据集上，总体来看，XQDA 度量方法的性能最优，KISSME 度量方法的性能次之，欧氏距离度量的性能最差，可能是因为 XQDA 度量能够更好地缩短该数据集上的同类样本间的距离，并且增大异类样本的间距。

- 在 Market1501 和 DukeMTMC-reID 数据集上，KISSME 度量的性能优于 XQDA 度量。即使 XQDA 重排序之后在 Rank1 和 Rank2 处的准确率高于 KISSME 初始度量，但随着 Rank 值的增大，KISSME 仍然高于 XQDA，表明 Rank 的前几位对重排序的影响更大，总体来讲，KISSME 的度量性能要好于 XQDA。

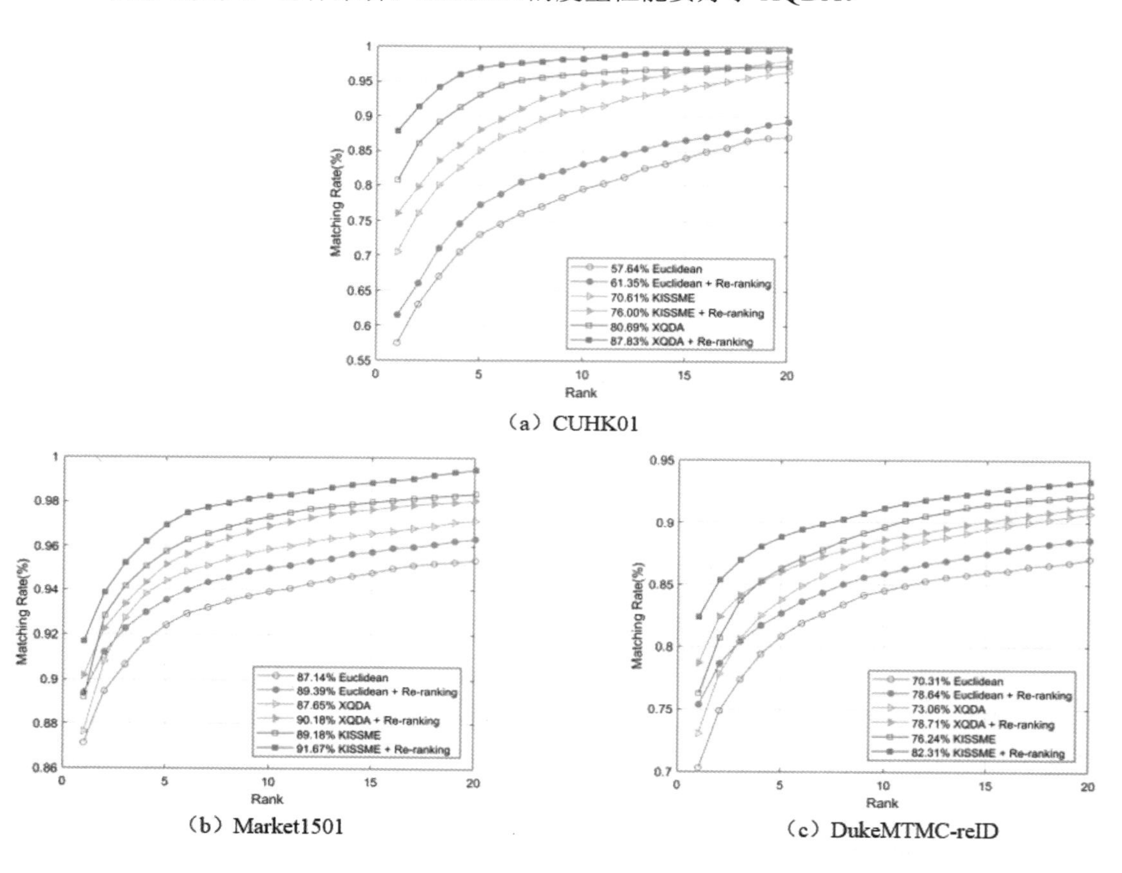

图 8-25　三种特征度量方法以及重排序后的对比实验结果

表 8-6　重排序对两个数据集的 mAP 影响对比

数据集	度量方法	Euclidean	XQDA	KISSME
Market1501	初始度量	63.71	72.91	78.63
	Re-ranking	75.63	81.48	84.94
DukeMTMC-reID	初始度量	59.56	62.82	66.47
	Re-ranking	70.69	71.52	75.03

4）整体网络的性能分析

图 8-26 展示了四种网络结构在 CUHK01 数据集上测试时的 CMC 曲线，可以看出：

- PBM 性能要优于 GBM 的性能，表明多区域的特征提取方法能够提取到表示能力更强的特征；
- GBM 和 PBM 加上 RAP 子网络后，性能相比原始网络的性能有了明显提高，表明属性特征能够提供更多的、更具判别力的颜色和纹理等信息，从而增强行人特征的辨识能力。

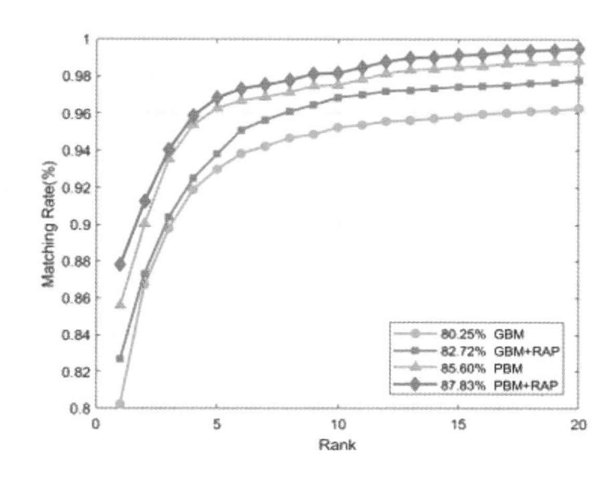

图 8-26　网络整体性能的对比实验结果

表 8-7 展示了本算法的 PBM+RAP 网络和现有先进算法在 CUHK01 数据集上的性能对比结果。可以看出，本算法方法的识别准确率要明显优于其他方法；CUHK01 上的优势更为突出，原因可能是 CUHK01 数据集规模较小，且图像质量较清晰无太多的干扰，通过深度网络更容易提取到优质的特征向量；其他两个大规模数据集的训练样本差异性大，存在较多的遮挡和背景杂乱的样本，对算法的性能提出了更高的要求。

表 8-7　本算法算法与现有先进算法在 CUHK01 数据集上的性能对比

算法	CUHK01		
	Rank-1	Rank-5	Rank-10
KISSME[19]	29.40	57.67	72.43
Ensembles[50]	53.40	76.30	84.40
PersonNet[51]	71.14	90.07	95.00
SIR-CIR[52]	72.50	91.00	95.50
SD-CNN[53]	51.20	—	—
BSTCNN[54]	73.70	—	—
DDN-IM[55]	79.67	94.00	96.33
GBM	86.53	94.55	96.46
GBM+RAP	89.32	95.13	96.80
PBM	90.41	96.24	97.67
本算法	**91.67**	**96.95**	**98.26**

8.5 行人再识别未来趋势

本节对行人再识别技术的未来进行了展望，具体分析如下。

（1）实际应用中，行人再识别应是一个端到端系统，包括行人检测、行人追踪和行人再识别几个模块。而现有的行人再识别领域的研究都是基于单一的“行人再识别”这一模块，所选数据集都是经过边界框裁剪的单个行人图像，这与实际应用中复杂的环境是有较大差异的，行人检测和行人追踪这些过程的性能，将会直接影响行人再识别的结果，也就是各个模块之间是相互关联的，需要将各个模块综合考虑，使其综合效果达到最佳。此外，针对这种端到端的多模块系统，如今还没有成熟的研究策略，也没有一套完备的性能评测指标，因此在未来的工作中，需要将该任务作为一个系统来综合研究，并且制定出能够评价系统整体性能的指标。

（2）现有的行人再识别公开数据集，大多是通过摄像头的采集，然后经过人工裁剪和标注得到的，这些步骤需要庞大的工作量，因此限制了数据集的进一步扩大，而随着研究的深入，现有的数据集已经不能完全满足研究的需要。因此，一方面，需要提出一些针对端到端系统的数据集，来支撑基于行人检测、行人追踪和行人再识别这一系统的研究，现有的单纯的行人图片组成的数据集无法支持这方面的研究；另一方面，可以考虑如何充分借鉴现有的数据集，从其中与行人相关的数据库中提取出可以进行该领域研究的图像序列，也可以减轻人工标注的工作量。可以使用生成式对抗网络和其他的数据扩增方法增加用于训练模型的数据量，提升训练出的模型的性能。提高模型泛化能力，使其能够适用于任意场景，是未来行人再识别在模型泛化能力方面值得研究的方向之一。

（3）外观不变性是目前处理行人再识别问题的基本假设。通常在较短时间内，行人不会改变他们的衣物穿着。但是实际环境中，在时间跨度较大的情况下，同一个行人在多个摄像头下的外观可能发生大幅变化。因此，如何充分利用行人的其他特征信息，例如行人的步态信息、姿势信息和运动趋势，有效地处理外观改变的情况，是未来行人再识别技术在高可靠方面值得研究的方向之一。

（4）目前的研究工作基于深度学习的方法占据主流，但是其识别率还有一定的提升空间。可以考虑运用更精细的行人身体结构划分方法，根据不同的姿势划分出身体的各部位，从而提取更精确的局部特征，这种方法能够有效地解决局部不对齐问题，并且已有相关的研究工作，可以作为今后的一个探索方向。可以设计更加有针对性、学习能力更强的特征重建模块，使模型可以学习到更加高效的特征融合方法，更充分地利用手工特征和深度特征之间的互补性。

（5）行人再识别可以看作特殊的图像检索问题，如何提高检索的准确率是决定匹配精度的关键。因此，一些图像检索中的优化方法也可以“移植”到行人再识别的特征度量阶段，例如，通过重排序策略优化特征距离的排序列表，将具有更大匹配概率的样本的排序提前，从而提高匹配的准确度。在重排序方法的研究中，还可以提出更多的调整序列的策略，尽可能使得同类样本的排序更靠前，未来也可以在这个方面进行深入研究。

（6）在实际应用场景中，通常要求行人再识别算法拥有实时检索的能力。也就是说，算法在特征提取、相似度计算和排序匹配上所需的时间要尽可能少。为了满足实时性要求，可以采用一些模型压缩方法，例如模型裁剪、参数精度调整和去除低作用参数，来对模型进行加速。因此，未来的行人再识别系统应该从时间损耗和准确率两方面考虑其性能。

本章参考文献

[1] GRAY D, TAO H. Viewpoint invariant pedestrian recognition with an ensemble of localized features[A].European conference on computer vision, 2008: 262-275.

[2] MIGNON A, JURIE F. Pcca: A new approach for distance learning from sparse pairwise constraints[A].Computer Vision and Pattern Recognition, 2012: 2666-2672.

[3] ZHAO R, OUYANG W, WANG X. Unsupervised salience learning for person re-identification[A].Proceedings of the IEEE Conference on Computer Vision and Pattern Recognition, 2013: 3586-3593.

[4] ZHAO R, OUYANG W, WANG X. Person re-identification by salience matching[A]. Proceedings of the IEEE International Conference on Computer Vision, 2013: 2528-2535.

[5] ZHAO R, OUYANG W, WANG X. Learning mid-level filters for person re-identification [A].Proceedings of the IEEE Conference on Computer Vision and Pattern Recognition, 2014: 144-151.

[6] DAS A, CHAKRABORTY A, ROY-CHOWDHURY A K. Consistent re-identification in a camera network[A].European Conference on Computer Vision, Cham: Springer, 2014: 330-345.

[7] YANG Y, YANG J, YAN J, et al. Salient color names for person re-identification [A].European conference on computer vision, Cham: Springer, 2014: 536-551.

[8] LIAO S, HU Y, ZHU X, et al. Person re-identification by local maximal occurrence representation and metric learning[A].Proceedings of the IEEE conference on computer vision and pattern recognition, 2015: 2197-2206.

[9] ZHENG L, SHEN L, TIAN L, et al. Scalable person re-identification: A benchmark [A].Proceedings of the IEEE International Conference on Computer Vision, 2015: 1116-1124.

[10] LI W, ZHAO R, XIAO T, et al. Deepreid: Deep filter pairing neural network for person re-identification[A].Proceedings of the IEEE Conference on Computer Vision and Pattern Recognition, 2014: 152-159.

[11] AHMED E, JONES M, MARKS T K. An improved deep learning architecture for person re-identification[A].Proceedings of the IEEE Conference on Computer Vision and Pattern

Recognition, 2015: 3908-3916.

[12] LI D, CHEN X, ZHANG Z, et al. Learning deep context-aware features over body and latent parts for person re-identification[A].Proceedings of the IEEE Conference on Computer Vision and Pattern Recognition, 2017: 384-393.

[13] LI W, ZHU X, GONG S. Harmonious attention network for person re-identification [A].Proceedings of the IEEE Conference on Computer Vision and Pattern Recognition, 2018: 2285-2294.

[14] ZHENG L, YANG Y, HAUPTMANN A G. Person re-identification: Past, present and future[J]. arXiv preprint arXiv:1610.02984, 2016.

[15] MAESSCHALCK R D, JOUAN-RIMBAUD D, MASSART D L. The Mahalanobis distance[J]. Chemometrics & Intelligent Laboratory Systems, 2000, 50(1):1-18.

[16] DAVIS J V, KULIS B, JAIN P, et al. Information-theoretic metric learning[A]. Proceedings of the 24th international conference on Machine learning, ACM, 2007: 209-216.

[17] WEINBERGER K Q, SAUL L K. Fast solvers and efficient implementations for distance metric learning[A].Proceedings of the 25th international conference on Machine learning, ACM, 2008: 1160-1167.

[18] GUILLAUMIN M, VERBEEK J, SCHMID C. Is that you? Metric learning approaches for face identification[A].ICCV 2009-International Conference on Computer Vision, IEEE, 2009: 498-505.

[19] KOESTINGER M, HIRZER M, WOHLHART P, et al. Large scale metric learning from equivalence constraints[A].Proceedings of the IEEE Conference on Computer Vision and Pattern Recognition, 2012: 2288-2295.

[20] ZHENG S, LI X, JIANG Z, et al. LOMO3D descriptor for video-based person re-identification[A].2017 IEEE Global Conference on Signal and Information Processing(GlobalSIP).2017:672-676.

[21] LIAO S, ZHAO G, KELLOKUMPU V, et al. Modeling pixel process with scale invariant local patterns for background subtraction in complex scenes. Computer Vision and Pattern Recognition. IEEE, 2010:1301-1306.

[22] XU J, Li H. Adarank: a boosting algorithm for information retrieval[C].Proceedings of the 30th annual international ACM SIGIR conference on Research and development in information retrieval. 2007: 391-398.

[23] BURER S, MONTEIRO R D C. A nonlinear programming algorithm for solving semidefinite programs via low-rank factorization[J]. Mathematical Programming, 2003, 95(2):329-357.

[24] FISHER R A. THE USE OF MULTIPLE MEASUREMENTS IN TAXONOMIC PROBLEMS[J]. Annals of Human Genetics, 1936, 7(2):179-188.

[25] GUO T, WANG D, JIANG Z, et al. Deep Network with Spatial and Channel Attention for Person Re-identification[A]. 2018 IEEE Visual Communications and Image Processing

(VCIP). IEEE, 2018:1-4.

[26] ZHENG Z, ZHENG L, YANG Y. A discriminatively learned cnn embedding for person re-identification[J]. ACM Transactions on Multimedia Computing, Communications, and Applications (TOMM), 2018, 14(1): 13.

[27] JADERBERG M, SIMONYAN K, ZISSERMAN A. Spatial transformer networks[A]. Advances in neural information processing systems, 2015: 2017-2025.

[28] ZHAO L, LI X, ZHUANG Y, et al. Deeply-Learned Part-Aligned Representations for Person Re-identification[A].IEEE International Conference on Computer Vision, 2017: 3239-3248.

[29] GRAY D, BRENNAN S, TAO H. Evaluating appearance models for recognition, reacquisition, and tracking[A].IEEE International Workshop on Performance Evaluation for Tracking and Surveillance, Citeseer, 2007, 3(5): 1-7.

[30] LI W, ZHU X, GONG S. Person Re-Identification by Deep Joint Learning of Multi-Loss Classification[J]. Twenty-Sixth International Joint Conference on Artificial Intelligence, 2017: 145-154.

[31] XU J, ZHAO R, ZHU F, et al. Attention-Aware Compositional Network for Person Re-identification[A].The IEEE Conference on Computer Vision and Pattern Recognition, 2018: 2119-2128.

[32] CHEN Y, ZHU X, GONG S. Person re-identification by deep learning multi-scale representations[A].IEEE International Conference on Computer Vision, 2017: 114-122.

[33] ZHANG L, XIANG T, GONG S. Learning a discriminative null space for person re-identification[A].Proceedings of the IEEE conference on computer vision and pattern recognition, 2016: 1239-1248.

[34] SU C, LI J, ZHANG S, et al. Pose-driven deep convolutional model for person re-identification[A].IEEE International Conference on Computer Vision, IEEE, 2017: 3980-3989.

[35] SUN Y, ZHENG L, DENG W, et al. Svdnet for pedestrian retrieval[A]. IEEE International Conference on Computer Vision, 2017: 3800-3808.

[36] VARIOR R R, HALOI M, WANG G. Gated siamese convolutional neural network architecture for human re-identification[A].European Conference on Computer Vision, Cham: Springer, 2016: 791-808.

[37] USTINOVA E, GANIN Y, LEMPITSKY V. Multi-region bilinear convolutional neural networks for person re-identification[A].Advanced Video and Signal Based Surveillance, 2017: 1-6.

[38] ZHAO H, TIAN M, SUN S, et al. Spindle net: Person re-identification with human body region guided feature decomposition and fusion[A].Proceedings of the IEEE Conference on Computer Vision and Pattern Recognition, 2017: 1077-1085.

[39] ZHENG L, HUANG Y, LU H, et al. Pose invariant embedding for deep person

re-identification[J]. arXiv preprint arXiv:1701.07732, 2017.

[40] HU X, GUO X, JIANG Z, et al. Person Re-Identification by Refined Attribute Prediction and Weighted Multi-Part Constraints [A]. IEEE Global Conference on Signal and Information Processing, IEEE, 2018: 410-414.

[41] SCHMID, C. Constructing models for content-based image retrieval[A]. IEEE International Conference on Computer Vision and Pattern Recognition, IEEE, 2001: 39-45.

[42] FOGEL I, SAGI D. Gabor filters as texture discriminator[J]. Biological Cybernetics, 1989, 61(2): 103-113.

[43] HE K, ZHANG X, REN S, et al. Deep residual learning for image recognition[A]. IEEE International Conference on Computer Vision and Pattern Recognition, IEEE, 2016: 770-778.

[44] ZHONG Z, ZHENG L, CAO D, et al. Re-ranking person re-identification with k-reciprocal encoding[A]. IEEE International Conference on Computer Vision and Pattern Recognition, IEEE, 2017: 3652-3661.

[45] BAI S, BAI X. Sparse contextual activation for efficient visual re-ranking[J]. IEEE Transactions on Image Processing, 2016, 25(3): 1056-1069.

[46] LI W, ZHAO R, WANG X. Human re-identification with transferred metric learning[A]. Asian Conference on Computer Vision, Springer, 2012: 31-44.

[47] RISTANI E, SOLERA F, ZOU R, et al. Performance measures and a data set for multi-target, multi-camera tracking[A]. European Conference on Computer Vision, Springer, 2016: 17-35.

[48] ZHENG Z, ZHENG L, YANG Y. Unlabeled samples generated by gan improve the person re-identification baseline in vitro[J]. arXiv preprint arXiv:1701.07717, 2017.

[49] LIN Y, ZHENG L, ZHENG Z, et al. Improving person re-identification by attribute and identity learning[J]. arXiv preprint arXiv:1703.07220, 2017.

[50] PAISITKRIANGKRAI S, SHEN C, HENGEL A V D. Learning to rank in person re-identification with metric ensembles[A]. IEEE International Conference on Computer Vision and Pattern Recognition, IEEE, 2015: 1846-1855.

[51] WU L, SHEN C, HENGEL A V D. Personnet: Person re-identification with deep convolutional neural networks[J]. arXiv preprint arXiv:1601.07255, 2016.

[52] WANG F, ZUO W, LIN L, et al. Joint learning of single-image and cross-image representations for person re-identification[A]. IEEE International Conference on Computer Vision and Pattern Recognition, IEEE, 2016: 1288-1296.

[53] WANG S, DUAN L, YANG N, et al. Person re-identification with deep dense feature representation and Joint Bayesian[A]. IEEE International Conference on Image Processing, IEEE, 2017: 3560-3564.

[54] LIU H, HUANG W. Body structure based triplet convolutional neural network for person re-identification[A]. IEEE International Conference on Acoustics, Speech and Signal

Processing, IEEE, 2017: 1772-1776.

[55] ZHANG Y, WANG W, WANG J. Deep discriminative network with inception module for person re-identification[A]. IEEE International Conference on Visual Communications and Image Processing, IEEE, 2017: 1-4.

第 9 章　图像压缩

数字图像信息的快速传输和实时处理，离不开图像压缩技术。

对图像和视频进行压缩是十分必要的，举个例子：一部 120 分钟的 720P 的电影所占用的存储空间有多大？

首先 720P 视频的分辨率一般为 1280×720 像素，颜色通道假设为 RGB 三通道，每通道用 8bit（比特）即 1Byte（字节）存储，则每一帧所占据的存储空间为 1280×720×3 = 2764800 Bytes。对于视频来说，假设视频为 24 帧每秒，这样 120 分钟的视频就需要 120×60×24×（1280×720×3）= 477757440000 Bytes = 444.95（GB）。而存储高清视频的蓝光光碟也不过只有 50GB 的容量。所以如果视频不压缩的话，存储和传输的成本会大幅度提高。图像压缩技术除了直接服务于单张图像的压缩，更是视频压缩的基础内容。本章首先简要介绍图像压缩技术以及常用的传统方法，然后分别介绍不需要传输辅助信息、需要传输辅助信息和可选择是否传输辅助信息这三种基于深度学习的图像压缩方法，最后对图像压缩的趋势做了总结。

9.1　有损压缩和无损压缩

图像压缩按照是否有信息损失，可分为有损压缩和无损压缩。这两种压缩都利用了图像信息的冗余。冗余可分为三种：心理视觉冗余、像素间冗余（包括空间冗余和时间冗余）和统计冗余。心理视觉冗余指的是图像中不受关注的部分，比如一张人的图像，人身后的背景是相对不受关注的部分，也就是心理视觉冗余。像素间冗余中的空间冗余指的是像素与其相邻像素之间的相关性带来的冗余，比如图像中一片蓝天的像素值都是相近的，就可以用同一个值来表示，以减少空间冗余。像素间冗余中的时间冗余主要指的是视频中相邻帧的相似性带来的冗余，利用相邻帧之间的运动连续性，存储相邻帧之间的运动信息代替逐帧存储，可以减少时间冗余。统计冗余指的是在编码阶段，码字之间的相关性带来的冗余，可以利用熵编码来消除。下面分别对有损压缩和无损压缩进行简单介绍。

9.1.1　无损压缩

无损压缩是在解压时可以无失真地恢复原始图像的压缩过程，即我们任何时候都可以从无损压缩过的图像中恢复原来的信息。但压缩率是受到数据统计冗余度的理论限制的，一般为 2∶1 到 5∶1，通常使用的无损压缩方法有哈夫曼编码、游程编码、算术编码等。由于压缩率的限制，无损压缩占用空间大，仅使用无损压缩方法是无法满足图像和数字视频的存储和传输要求的。常见的无损压缩方法有 GIF（图形交换格式，Graphics Interchange Format）和 PNG（便携式网络图形，Portable Network Graphics）。

9.1.2　有损压缩

有损压缩是利用了人类对图像中的某些频率成分不敏感的特点，过程中舍弃了一定的信息的压缩过程。舍弃的信息在解码端是无法恢复的，我们不可能从经过有损压缩得到的数据恢复原来的图像。虽然图像不能完全恢复，但是舍弃的一般是高频信息，对理解原始图像的影响很小，并且能较大程度地提高压缩率。经典的有损压缩方法有 JPEG（联合图像专家组，Joint Photographic Experts Group）、JPEG 2000（联合图像专家组 2000，Joint Photographic Experts Group 2000）和 BPG（更好的可移植图形，Better Portable Graphics）。

9.2　经典的有损图像压缩方法

在日常生活中使用的图像压缩方法以有损压缩为主。本节对经典的有损压缩方法进行介绍。

9.2.1　JPEG

JPEG 英文全拼为 Joint Photographic Experts Group，指的是由联合图像专家组开发的图像压缩格式，其文件扩展名为.jpg 或.jpeg。它用有损压缩的方式去除图像的冗余信息，在获得较高的压缩率的同时能保留大部分信息，让图像保持较好的视觉效果。JPEG 处理图像的关键步骤包括：将图像切割成 8×8 的图像块；对于每一个图像块进行 DCT（离散余弦变换，Discrete Cosine Transform）变换，得到变换后的系数；对系数进行量化；量化后对每个图像块进行扫描，得到最终的编码比特流。

JPEG 方法也存在缺点：由于上面步骤中存在对 DCT 系数的量化，因此 JPEG 是有损压缩，同时也因为分块处理，缺乏全局多尺度的考虑，从而导致当压缩率比较高时，压缩后的图像容易产生块效应。

9.2.2　JPEG 2000

考虑到 JPEG 的问题，人们尝试引入新的正交变换，并以此为基础推出 JPEG 2000 压缩格式。JPEG 2000 相对于 JPEG 的主要不同是：JPEG 2000 使用了多尺度小波变换进行图像表达，不会产生块效应。JPEG 2000 实现了更复杂的渐进传输：解码时，接收端会先得到低分辨率部分的码字，先解压得到低分辨率图像，再获得后续码字，逐步增进分辨率，补充图像细节。此外，JPEG 2000 还具有“感兴趣区域”特性，不同的区域可以选择不同的压缩质量，还可以选择指定的部分先解压缩。

JPEG 2000 具有应用灵活的特性，码字可以在任意位置截断，截断前的部分可被解码为一张低分辨率的图像。当需要更高压缩率时，直接丢弃后方的码字即可。在压缩性能方面，JPEG 2000 相比于 JEPG 通常可以提高 20%以上。

9.2.3 BPG

BPG 由法国程序员 Fabrice Bellard 开发，是基于 HEVC（高效率视频编码，High Efficient Video Coding）帧内编码的静态图像格式。在相同图像质量下，BPG 的文件大小只有 JPEG 的一半左右。目前由于专利和软硬件支持问题，BPG 还不能被广泛使用。

9.3 基于深度学习的图像压缩技术

传统的图像压缩方法往往以手工设计的变换为基础。随着深度学习不断发展，得益于 CNN 对非线性变换的拟合能力，基于深度学习的压缩方法往往能比传统方法具有更好的性能。基于深度学习的图像压缩基本框架包括 CNN 编码器、量化、熵编码和 CNN 解码器几个模块，并且 CNN 编码器和 CNN 解码器可以端到端联合优化。9.4 节至 9.6 节介绍了三种基于深度学习的压缩算法。

9.4 基于空间能量压缩的图像压缩

本节将介绍一个基于空间能量压缩的图像压缩算法[1]，该算法在应用时不包含辅助信息的传输。本节从算法特点、算法细节和实验几个方面进行了阐述。此外，算法细节部分包含对子带编码系统的介绍。

9.4.1 算法特点

在图像压缩领域，先前的压缩方法只使用率失真优化原则，几乎没有人考虑空间上的能量是否被很好地压缩，深度网络的潜力有没有被完全发掘。所以本算法提出，对于单张图像压缩，将基于空间能量压缩的惩罚项添加到损失函数中，以获得更好的压缩性能。

9.4.2 算法细节

本算法提出的网络结构如图 9-1[1]所示。

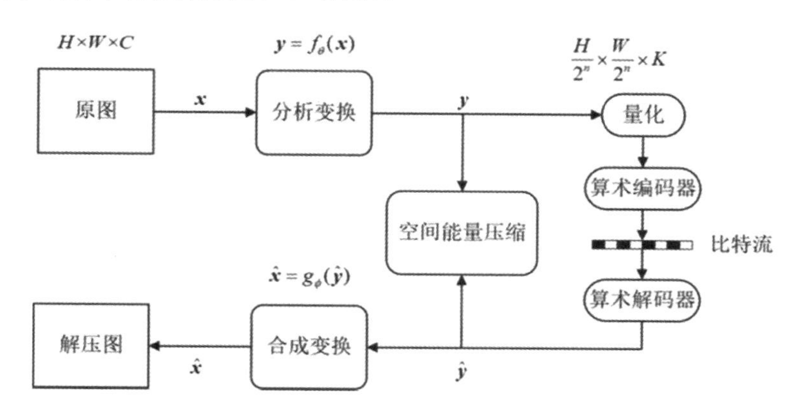

图 9-1 基于空间能量压缩的图像压缩网络结构

给定一张图像，一个压缩系统在编码端可以被视为分析变换 f，在解码端可以被视为合成变换 g。$\boldsymbol{x}$ 是原图，$\boldsymbol{y}$ 是压缩后的数据、网络的输出（latent representation），$\hat{\boldsymbol{y}}$ 是 $\boldsymbol{y}$ 量化后的结果，$\hat{x}$ 是重建的图像，θ 和 ϕ 分别是分析变换 f 和合成变换 g 中的参数。f 和 g 都采用 CNN 来实现，如图 9-2[1]所示。

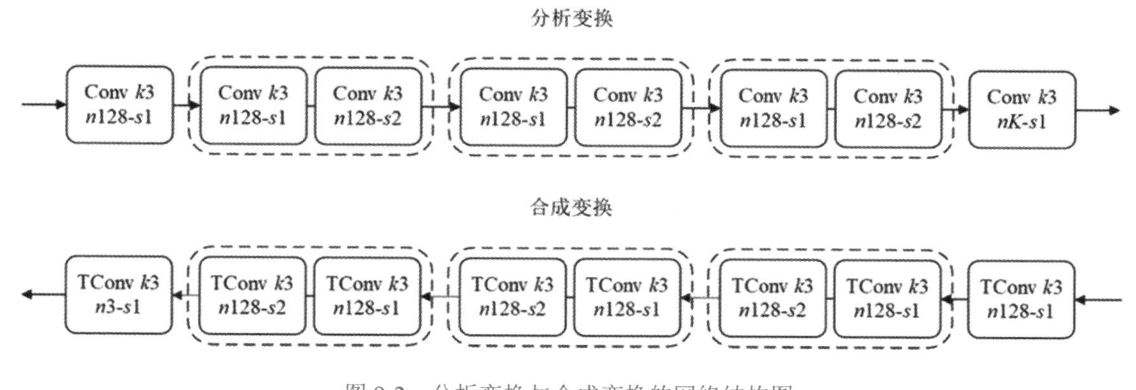

图 9-2 分析变换与合成变换的网络结构图

其中 Conv 表示卷积操作，TConv 表示反卷积操作，k 表示卷积核尺寸，n 表示卷积核的数目，s 表示步长，K 表示网络输出的通道数。AE（Arithmetic Encoder）和 AD（Arithmetic Decoder）分别代表算术编码器和算术解码器。图中每个虚线框作为一个单元，包含两次卷积。经过每一个虚线框，图像的尺寸缩小/扩大二倍，通过步长为 2 的卷积/反卷积实现。实际上，由于内存限制，本算法选择 $n=3$（两端各有三个虚线框），$K=48$，H 和 W 设置为 128。

本算法如此设计网络结构的原因[2]：通过先对图像进行卷积然后进行上采样，而不是先进行上采样然后进行卷积，可以更有效地实现超分辨率。

关于量化和编码步骤，通过实验发现，不同的量化方式对压缩表现影响很小，所以使用了简单的加性均匀噪声近似（additive uniform noise approximation）。编码时使用全分解熵模型。

最初的、未考虑空间能量压缩的损失函数如式(9-1)[1]所示。

$$J(\theta,\phi;\boldsymbol{x})=\lambda D(\boldsymbol{x},\hat{\boldsymbol{x}})+R(\hat{\boldsymbol{y}}) \tag{9-1}$$

其中 D 函数衡量原图和解压图像的差异，R 代表对量化后的数据编码需要的比特数。两者通过参数 λ 权衡。

接下来，本算法将空间能量压缩纳入考虑范围。分析变换将输入 $\boldsymbol{x}$ 转换为具有 K 个通道的压缩数据 $\boldsymbol{y}$，并从子带编码系统的角度看待 $\boldsymbol{y}$（每个通道类比为每个频带）。在子带编码系统中，对于任意变换（不需要是非正交的），K 个通道的能量都可以满足

$$\sigma_{\boldsymbol{y}}^2 = A_k \sigma_{\boldsymbol{x}}^2 \tag{9-2}$$

$$\sigma_{\boldsymbol{r}}^2 = \sum_{k=0}^{K-1} B_k \sigma_{\boldsymbol{q}}^2 \tag{9-3}$$

其中 σ^2 表示方差，也代表能量。

其中 $\boldsymbol{q}$ 是每个空间通道的量化误差：

$$\boldsymbol{q}=\hat{\boldsymbol{y}}-\boldsymbol{y} \tag{9-4}$$

其中 $\boldsymbol{r}$ 是图像的重建误差：

$$\boldsymbol{r} = \hat{\boldsymbol{x}} - \boldsymbol{x} \tag{9-5}$$

A_k 表示分析变换中通道的能量分布，由原图 $\boldsymbol{x}$ 和优化参数 θ 确定，B_k 衡量量化误差对合成变换中指定通道重建误差的影响程度，由量化误差和合成变换中参数 ϕ 确定。A_k 和 B_k 的尺寸均为 $K\times 1$。其中 A_k 可以通过计算 $\boldsymbol{x}$ 和 $\boldsymbol{y}$ 的方差得到；B_k 通过构造 K 个伪压缩数据 $\boldsymbol{c}_k$ 来估计，$\boldsymbol{c}_k$ 具有和 $\boldsymbol{y}$ 相同的形状。$\boldsymbol{c}_k$ 的第 k 个通道中数字全为 1，其他通道中数字全为 0。通过将这些 $\boldsymbol{c}_k$ 作为 $\hat{\boldsymbol{y}}$ 分别单独送入预训练好的合成变换网络中，将输出的 $\hat{\boldsymbol{x}}$ 的方差作为对应第 k 个通道的 B_k。

接下来的优化依赖于式(9-6)[1]：

$$\min\{\sigma_{\boldsymbol{r}}^2\} \propto \prod_{k=0}^{K-1}\left(A_k B_k\right) \tag{9-6}$$

接下来，结合子带编码（Sub-band Coding）和参考文献[3]对该式进行证明。子带编码系统将信号分解成不同频带分量来去除信号相关性，再将分量分别进行取样、量化、编码，从而得到一组互不相关的码字，再进行传输，如图 9-3[3]所示。$x(n)$ 是发送的信号，$\hat{x}(n)$ 是重建信号。$h_k(n)$、$g_k(n)$ 为发送和接受端对应频带的滤波器。

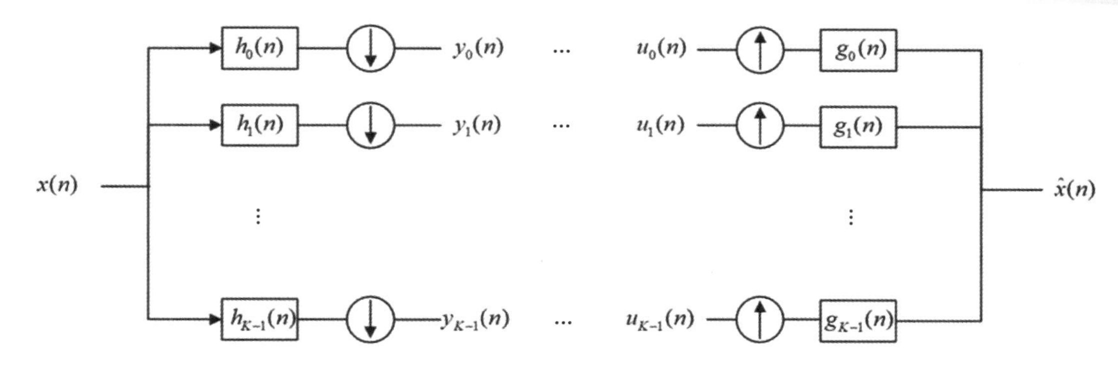

图 9-3　子带编码系统

$r(n)=x(n)-\hat{x}(n)$ 表示重建误差，$q_k(n)=y_k(n)-u_k(n)$ 表示量化误差，σ^2 代表方差，$\sigma_{y_k}^2$ 代表子带 k 的能量，我们定义 A_k 和 B_k 满足

$$\sigma_{y_k}^2 = A_k\sigma_x^2 \tag{9-7}$$

$$\sigma_r^2 = \sum_{k=0}^{K-1} B_k\sigma_{q_k}^2 \tag{9-8}$$

因此 A_k 代表子带 k 的能量系数，所以可以表示子带编码系统每个子带能量的分布。B_k 表示每个子带的量化误差对编码重建误差的影响系数。

接下来，定义 $\alpha_k=\dfrac{N_k}{N}$ 且 $\sum\limits_{k=0}^{K-1}\alpha_k=1$，其中 N_k 表示子带 k 的输入数据数目，N 表示全体输入数据数目，可以认为 α_k 是每个子带的输入数据比例。

假设子带编码有恒定的编码速率 R，R_k 表示单位时间内子带 k 被分配的比特数，即

$$\sum_{k=0}^{K-1}\alpha_k R_k = R(const) \tag{9-9}$$

我们的目的就是在编码速率恒定的条件下，最小化重建误差的方差 σ_r^2，即能量。这里我们的问题就是选择合适的 R_k，即比特分布，使 σ_r^2 最小。

利用拉格朗日乘数法计算有约束条件的极值：

$$\sigma_r^2=\sum_{k=0}^{K-1} B_k\sigma_{q_k}^2+\lambda(\sum_{k=0}^{K-1}\alpha_k R_k) \tag{9-10}$$

根据参考文献[4]有：

$$\sigma_{q_k}^2 \simeq \varepsilon^2 2^{-2R_k}\sigma_{y_k}^2 \tag{9-11}$$

其中 ε 为常数，且

$$\sigma_{y_k}^2 = A_k\sigma_x^2 \tag{9-12}$$

则

$$\frac{\partial \sigma_r^2}{\partial R_0} = B_0 \varepsilon^2 2^{-2R_0} (-2\ln 2) \sigma_{y_0}^2 + \lambda \alpha_0 = 0 \tag{9-13}$$

$$\frac{\partial \sigma_r^2}{\partial R_1} = B_1 \varepsilon^2 2^{-2R_1} (-2\ln 2) \sigma_{y_1}^2 + \lambda \alpha_1 = 0 \tag{9-14}$$

$$\cdots$$

得到

$$\sigma_r^2 = \frac{\lambda}{2\ln 2} \tag{9-14}$$

$$\lambda = \frac{2\ln 2 B_0 \varepsilon^2 2^{-2R_0} \sigma_{y_0}^2}{\alpha_0} = \frac{2\ln 2 B_1 \varepsilon^2 2^{-2R_1} \sigma_{y_1}^2}{\alpha_1} = \frac{2\ln 2 B_2 \varepsilon^2 2^{-2R_2} \sigma_{y_2}^2}{\alpha_2} = \cdots \tag{9-15}$$

因此

$$\min\{\sigma_r^2\} = \prod_{k=0}^{K-1} \left(\frac{A_k B_k}{\alpha_k} \right)^{\alpha_k} \cdot \varepsilon^2 2^{-2R} \sigma_x^2 \tag{9-16}$$

即

$$\min\{\sigma_r^2\} \propto \prod_{k=0}^{K-1} (A_k B_k) \tag{9-17}$$

回到图像领域，这个关系也同样适用。所以在恒定速率限制下，想让重建误差越小，就让 $\prod_{k=0}^{K-1}(A_k B_k)$ 最小，这样空间能量也得到了最优压缩。

所以本算法提出在损失函数中添加惩罚项来规范 A_k 和 B_k 。

首先，需要将能量尽可能集中在几个通道中。方法是 A_k 中每个数除以 A_k 的和来归一化，用归一化的 A_k 衡量 $\mathbf{y}_k$ 的能量分布。例如，如果对于第 e 个通道， $A_k[e] = 0.8$ ，则 80%的能量分配在第 e 个通道中。

接下来，使用能量分布的熵构造惩罚项：

$$P = \mathrm{E}[-A_k \log_2 A_k] \tag{9-18}$$

经过几次迭代后，大多数能量集中在仅一个或几个通道上，而其他通道则几乎没有能量。

将能量最大的那个通道的下标定为 e，接下来将对应的 $B_k[e]$ 最小化以使 $A_k B_k$ 最小化，此时将惩罚项修改为：

$$P = B_k[e] \tag{9-19}$$

最终的损失函数为：

$$J(\theta, \phi; x) = \lambda D(x, \hat{x}) + R(\hat{y}) + \beta P(A_k B_k) \tag{9-20}$$

此处 $P(A_kB_k)$ 并不是一个固定的式子，而是指上面描述过程。

9.4.3 实验结果

训练集使用 ImageNet 中裁剪的 128×128 图像块。测试集使用包含 24 个未压缩的 768×512 图像的柯达无损图像数据库和包含多种高分辨率图像的 CVPR CLIC 验证集。

评价指标使用 MS-SSIM（多尺度结构相似度，Multi-Scale-Structural Similarity），得益于空间能量压缩，该方法在 MS-SSIM 这项指标上表现最好，与其他压缩方法相比，在高比特率下具有更好的性能。

为了证明空间能量压缩的有效性，本算法使用同样的网络结构，不考虑空间能量压缩，进行了消融实验，结果表明在考虑空间能量的情况下，压缩性能更好。

9.5 利用卷积神经网络进行内容加权的图像压缩

本节将介绍一个基于内容加权的重要性图的图像压缩算法[5]，本算法能够将更多的比特分配给图像中细节更多的部分，在应用时需要传输重要性图作为辅助信息。以下从算法特点、算法细节和实验结果几个方面进行介绍。

9.5.1 算法特点

尽管基于深度学习的图像压缩的工作已经有很多，但仍有许多问题亟待解决：

① 如何解决量化器的不可微分特性？

② 由于学习目标是同时最小化压缩率和失真，因此我们要衡量熵率。如何连续地近似用离散码元定义的离散熵率？

因此，本算法的目标就是解决量化和熵率预测问题。

本算法提出的解决办法如下。

有损压缩是一个优化问题，其优化目标是率失真，优化对象是编码器、量化器和解码器（同时优化）。其中，量化器和离散熵预测是不可微分的，因此要将压缩系统用 CNN 替换是很困难的。本算法认为可以根据图像的局部内容，来决定图像中每一个区域的重要性，从而控制每一个区域的比特率分配，从而替换掉离散熵估计。

此外，本算法还采用了一个二元机（binarizer）来实现量化功能。为了让二元机在反向传播过程中可微分，本算法引入了一个代理函数（proxy function），在反向传播中代替不可微分的操作。此时，编码器、解码器、二元机和重要性图是可以端到端优化的。为了实现无损压缩，本算法还引入了卷积熵编码器。

9.5.2 算法细节

本算法提出的网络结构如图 9-4[5]所示。

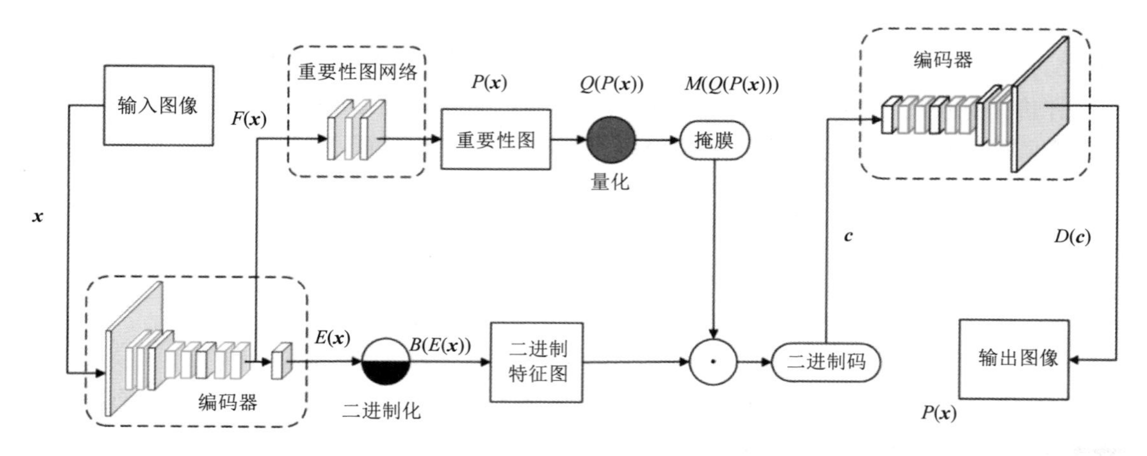

图 9-4 基于内容加权的图像压缩网络结构

现有的深度学习方法，为每一个位置都分配相同长度的码元。显然，局部信息量是空域变化的，因此比特率也应该是空域变化的。因此本算法提出了一个基于内容权重的重要性图（content-weighted importance map），是一个与输入同尺寸的图，每一个点的值是一个非负数值，指示编码长度。此时，重要性图各点求和，就可以作为压缩率的连续预测，进而作为压缩率控制器。此时，我们就不再需要预测熵率了。

为了实现上述目标，本算法引入内容加权的重要性图 $P(\boldsymbol{x})$，目的是控制比特率的分配。首先，给定一个输入图像 $\boldsymbol{x}$，用 $\boldsymbol{e}=E(\boldsymbol{x})\in\mathbb{R}^{n\times h\times w}$ 来表示图像进入编码器后编码器的输出，其中包括 n 个大小为 $h\times w$ 的特征图。$\boldsymbol{p}=P(\boldsymbol{x})$ 表示大小为 $h\times w$ 的重要性图，为非负。特别地，当 $\frac{l-1}{L}\le \boldsymbol{p}_{i,j}<\frac{l}{L}$ 时，在空间位置 (i,j) 处，只编码并保存前 nl/L 个比特，即 $\left\{\boldsymbol{e}_{1ij},\dots,\boldsymbol{e}_{\frac{nl}{L}ij}\right\}$。其中 L 表示重要性等级数，n/L 表示每一个重要性等级的比特数。在空间位置 (i,j) 处，其他的比特位 $\left\{\boldsymbol{e}_{(\frac{nl}{L}+1)ij},\dots,\boldsymbol{e}_{nij}\right\}$ 则都被自动设置为 0，并且在代码运行时不需要保存。通过这种方式，可以为内容丰富的区域分配更多的比特，这有助于保留纹理细节而对位速率的影响很小。而且，重要性图 $\sum_{i,j}\boldsymbol{p}_{i,j}$ 用作压缩率的连续估计，并且可以直接用作压缩率控制器。在传输过程中传输的数据是：图 9-4 中的重要性图 $P(\boldsymbol{x})$ 和二进制码。重要性图作为必要的辅助信息，也需要传输。

在传统方法中，编码是基于上下文（context）的。为此，本算法采用了参考文献[6]提出的 CABAC（基于上下文的自适应二进制算术编码，Context-based Adaptive Binary Arithmetic Coding），进一步压缩二进制码和重要性图。

内容加权图像压缩框架由四个组件组成，即卷积编码器、二元机、重要性图网络和卷积解码器。给定输入图像 $\boldsymbol{x}$，卷积编码器通过堆叠卷积层定义非线性分析变换，并输出 $E(\boldsymbol{x})$。二元机 $B(E(\boldsymbol{x}))$ 将 1 分配给高于 0.5 的编码器输出，将 0 分配给其他输出。重要性图网络将编码器的中间特征图作为输入，并产生内容加权的重要性图 $P(\boldsymbol{x})$。用舍入函数来量化 $P(\boldsymbol{x})$，然后在量化的 $P(\boldsymbol{x})$ 的引导下产生具有相同大小 $B(E(\boldsymbol{x}))$ 的掩膜：$M(P(\boldsymbol{x}))$。然后根据 $M(P(\boldsymbol{x}))$ 修剪二进制码。最后，解码器定义非线性合成变换以产生解压图像。

接下来具体介绍一下编码器、解码器和二元机。

编码器和解码器都是全卷积网络，可以通过反向传播进行训练。编码器网络由三个卷积层和三个残差块组成，每个残差块都具有两个卷积层。类似于参考文献[7]中的单个图像超分辨率，本算法从残差块中删除了批量归一化操作，并凭经验发现它有助于抑制平滑区域中的视觉压缩伪像。

首先将输入图像 $\boldsymbol{x}$ 与 128 个大小为 8×8、步幅为 4 的卷积核进行卷积，然后加上一个残差块。其次，将特征图与 256 个大小为 4×4、步幅为 2 的卷积核进行卷积，然后再加上两个残差块以输出中间特征图 $F(\boldsymbol{x})$。最后，$F(\boldsymbol{x})$ 与 m 个大小为 1×1 的滤波器卷积以产生编码器输出 $E(\boldsymbol{x})$。应注意的是，对于小于 0.5 BPP（比特每像素，Bits Per Pixel）的低压缩率模型，$n=64$，其他情况 $n=128$。解码器 $D(\boldsymbol{c})$ 的网络架构与编码器的网络架构对称，其中 $\boldsymbol{c}$ 是图像 $\boldsymbol{x}$ 的编码。

二元机很简单，首先对特征图取 sigmoid 函数，输出大于 0.5 的则归为 1，否则为 0，$\boldsymbol{e}_{kij}$ 表示空间位置(i,j)处第 k 个比特：

$$B\left(\boldsymbol{e}_{kij}\right)=\begin{cases}1, & \text{if } \boldsymbol{e}_{kij}>0.5 \\ 0, & \text{if } \boldsymbol{e}_{kij}\leq 0.5\end{cases} \tag{9-21}$$

在反向传播时，二元机被一个代理函数近似：

$$\tilde{B}\left(\boldsymbol{e}_{kij}\right)=\begin{cases}1, & \text{if } \boldsymbol{e}_{kij}>1 \\ \boldsymbol{e}_{kij}, & \text{if } 1\leq \boldsymbol{e}_{kij}\leq 0 \\ 0, & \text{if } \boldsymbol{e}_{kij}<0\end{cases} \tag{9-22}$$

此处代理近似函数是用参考文献[8]里提出的“梯度直通估算器”（straight-through estimator on the gradient）方法得到的，简单来说就是权值的量化有两种方式：利用 Sign 函数和随机量化，虽然理论上随机量化要好一点，但实践中为了计算方便一般用 Sign 函数。

但是 Sign 函数没有不为 0 的梯度，所以用 Htanh 函数来代替，两个函数如图 9-5 所示。

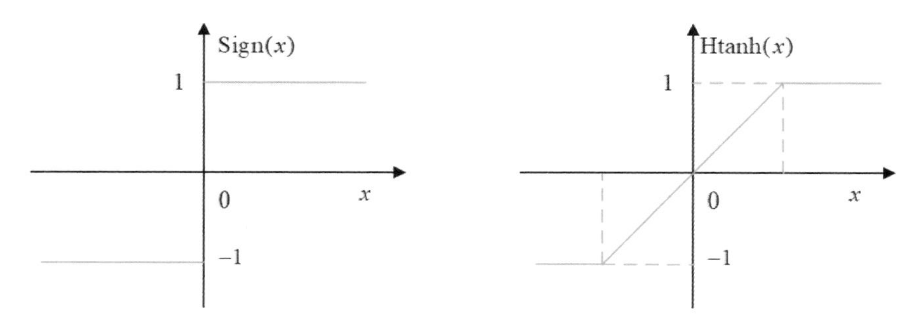

图 9-5　Sign 函数和 Htanh 函数

所以，$\tilde{B}\left(\boldsymbol{e}_{kij}\right)$的梯度很容易得到：

$$\tilde{B}'\left(\boldsymbol{e}_{kij}\right)=\begin{cases}1, & \text{if } 1\leq \boldsymbol{e}_{kij}\leq 0\\ 0, & \text{otherwise}\end{cases} \tag{9-23}$$

接下来继续介绍重要性图。通常量化后的码长度在空间上是不变的，然后使用熵编码来进一步压缩代码。实际上，压缩图像不同部分的难度应该有所不同。与具有明显对象或丰富纹理的图像相比，图像中的平滑区域更易于压缩。因此，应将较少的位分配给平滑区域，而将更多的位分配给具有复杂结构和细节的区域。而且，当图像的整个编码长度受到限制时，这种分配方案也可以用于编码速率控制。

因此引入了内容加权的重要性图，用于位分配和压缩率控制。它是一个只有一个通道的功能图，其大小应与编码器输出的大小相同。重要性图的值在(0,1)的范围内。部署重要性图网络通过从输入图像$\boldsymbol{x}$中学习重要性图来实现。重要性图网络以编码器最后一个残差块的中间特征图$F(\boldsymbol{x})$作为输入，并使用由三个卷积层组成的网络来生成重要性图：$\boldsymbol{p}=P(\mathbf{x})$。用$h\times w$表示重要性图$\boldsymbol{p}$的大小，用$n$表示编码器输出的特征图的数量。为了指导位分配，应该首先将$\boldsymbol{p}$中的每个元素量化为不大于n的整数，然后生成大小为$n\times h\times w$的重要性掩膜$\boldsymbol{m}$。给定$\boldsymbol{p}$中的$\boldsymbol{p}_{ij}$元素，量化器到重要性的映射定义为：

$$Q\left(\boldsymbol{p}_{ij}\right)=l-1,\ \text{if } \frac{l-1}{L}\leq \boldsymbol{p}_{ij}<\frac{l}{L}, l=1,\cdots,L \tag{9-24}$$

其中L是重要度，并且$n \bmod L=0$，每一个重要性等级都对应于n/L位，如上所述$\boldsymbol{p}_{ij}\in(0,1)$，因此，$Q\left(\boldsymbol{p}_{ij}\right)$仅具有$L$个类型的不同数量值，即$0,\cdots,L-1$。应当注意的是，$Q\left(\boldsymbol{p}_{ij}\right)=0$表示没有比特被分配给该位置，其所有信息在解码阶段基于其上下文被重建。以这种方式，重要性图不仅可以被视为熵率估计的替代方案，而且可以自然地将上下文考虑进来。

有了$Q(\boldsymbol{p})$，重要性掩膜$\boldsymbol{m}=M(\boldsymbol{p})$便可以用式(9-25)[5]表示。

$$\boldsymbol{m}_{kij}=\begin{cases}1, & \text{if } k\leq \frac{n}{L}Q\left(\boldsymbol{p}_{ij}\right)\\ 0, & \text{else}\end{cases} \tag{9-25}$$

其中k的取值为$0,1,\cdots,L-1$。图像$\boldsymbol{x}$的最终编码结果可以表示为$\boldsymbol{c}=M(\boldsymbol{p})\circ B(\boldsymbol{e})$，其中$\circ$表示对应位置乘法运算。注意：在代码中应该考虑量化的重要性图$Q(\boldsymbol{p})$，因此$\boldsymbol{m}_{kij}=0$的所有比特都可以从$B(\boldsymbol{e})$中排除。这样，每个位置(i,j)不再需要n比特来量化，只需要$\frac{n}{L}Q\left(\boldsymbol{p}_{ij}\right)$比特来量化。

最后，在反向传播中，应计算$\boldsymbol{m}$相对于$\boldsymbol{p}_{ij}$的梯度。由于量化操作和掩膜操作，几乎所有地方的梯度都是0。为了解决这个问题，本算法将$\boldsymbol{m}$重写为$\boldsymbol{p}$的函数：

$$\boldsymbol{m}_{kij}=\begin{cases}1, & \text{if } \left\lceil \frac{kL}{n}\right\rceil < L\boldsymbol{p}_{ij}\\ 0, & \text{else}\end{cases} \tag{9-26}$$

其中⌈ ⌉是向上取整。本算法采用了上述的梯度直通估算器来获取梯度，从而得到：

$$\frac{\partial \boldsymbol{m}_{kij}}{\partial \boldsymbol{p}_{ij}} = \begin{cases} L, \text{ if } L\boldsymbol{p}_{ij} - 1 \le \left\lceil \frac{kL}{n} \right\rceil < L\boldsymbol{p}_{ij} + 1 \\ 0, \text{ else.} \end{cases} \tag{9-27}$$

接下来介绍的模型训练部分。通常，所提出的内容加权图像压缩系统可以公式化为率失真优化问题，即目标是使失真损失和速率损失的总和最小化。引入参数γ以平衡压缩率和失真。X是一组训练数据，而$\boldsymbol{x} \in X$是来自该组的图像。

为了同时最小化压缩率和失真，损失函数设为两个加权组合：

$$L = \sum_{x \in \mathcal{X}} \{ L_D(\boldsymbol{c}, \boldsymbol{x}) + \gamma L_R(\boldsymbol{x}) \} \tag{9-28}$$

其中 $\boldsymbol{c}$ 表示输入图像 $\boldsymbol{x}$ 的编码。$L_D(\boldsymbol{c},\boldsymbol{x}) = \|D(\boldsymbol{c}) - \boldsymbol{x}\|_2^2$ 表示失真损失，$L_R(\boldsymbol{x})$ 表示速率损失。

为了避免速率在优化过程中趋向于 0，本算法设置了一个阈值r。若重要性图的求和小于r，则将损失视为0；若重要性图的求和大于r，则损失为超出r的部分，如式(9-29)[5]所示。

$$\mathcal{L}_R(\boldsymbol{x}) = \begin{cases} \sum_{i,j} (P(\boldsymbol{x}))_{ij} - r, & \text{if } \sum_{i,j} (P(\boldsymbol{x}))_{ij} > r \\ 0, & \text{otherwise} \end{cases} \tag{9-29}$$

$\sum_{i,j} (P(\boldsymbol{x}))_{ij}$ 就是对重要性图各个点的求和。总的损失是训练批次中每一张图像损失的总和。

在实际训练时，本算法先抛开重要性图网络，让编码器解码器主体先收敛，然后按学习率不同，分三个阶段训练整个网络，学习率分别是10^{-4}、10^{-5}和10^{-6}。每个阶段都训练到损失函数不再下降为止。

接下来介绍编码的过程：二进制编码和卷积熵编码器。本算法采用的是基于上下文的自适应二进制算术编码方法 CABAC，令 $\boldsymbol{c}$ 为n个二进制位图的代码，$\boldsymbol{m}$ 为对应的重要性掩膜。为了对 $\boldsymbol{c}$ 进行编码，本算法修改编码时间表，重新定义上下文，并使用 CNN 进行概率预测。对于编码时间表，从左到右并逐行编码每个二进制位，然后跳过那些相应重要性掩膜为 0 的位。如图 9-6[5]所示。

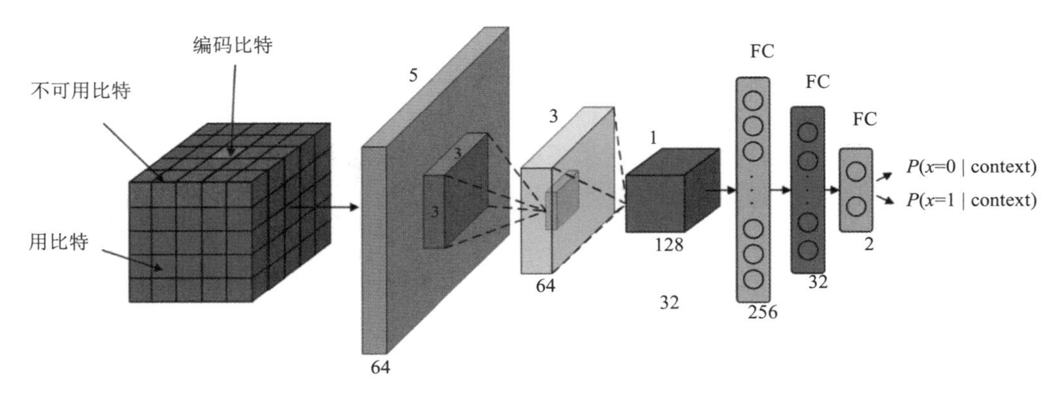

图 9-6　编码过程图示

在卷积熵编码器的 CNN 中，红色块代表要预测的位，黑色块表示不可用位，蓝色块代表可用位。

上下文建模：用 $\boldsymbol{c}_{kij}$ 表示代码 $\boldsymbol{c}$ 的二进制位。通过考虑来自邻域和相邻二进制代码映射的二进制位，将 $\boldsymbol{c}_{kij}$ 的上下文定义为 $CNTX\left(\boldsymbol{c}_{kij}\right)$。$CNTX\left(\boldsymbol{c}_{kij}\right)$ 是一个 5×5×4 的长方体，进一步将 $CNTX\left(\boldsymbol{c}_{kij}\right)$ 中的位分为两组：可用位和不可用位。可用位代表可以用来预测 $\boldsymbol{c}_{kij}$ 的那些比特。不可用位包括：①要预测的比特 $\boldsymbol{c}_{kij}$；②具有重要度映射值为 0 的比特；③边界外的比特；④由于编码顺序，当前未编码的比特。

在这里，通过以下方式重新定义 $CNTX\left(\boldsymbol{c}_{kij}\right)$。

① 将 0 分配给不可用的位。

② 将 1 分配给具有值为 0 的可用位。

③ 将 2 分配给值为 1 的可用位。

概率预测：本算法引入 CNN 模型进行概率预测，卷积熵编码器 $En\left(CNTX\left(\boldsymbol{c}_{kij}\right)\right)$ 以长方体为输入，并输出 $\boldsymbol{c}_{kij}$ 位为 1 的概率。因此，用于学习熵编码器的损失可以写为：

$$L_E=\sum_{i,j,k}\boldsymbol{m}_{kij}\left\{\boldsymbol{c}_{kij}\log_2\left(En\left(CNTX\left(\boldsymbol{c}_{kij}\right)\right)\right)+\left(1-\boldsymbol{c}_{kij}\right)\log_2\left(1-En\left(CNTX\left(\boldsymbol{c}_{kij}\right)\right)\right)\right\} \tag{9-30}$$

编码量化重要性图：将卷积熵编码器扩展到量化的重要性图。利用二进制算术编码，采用了许多二进制代码图来表示量化的重要性图，然后训练卷积熵编码器以压缩二进制代码图。

9.5.3 实验结果

关于实验部分，本算法模型在 ImageNet 的子集上进行训练，其中包含约 10000 个高质量图像。这些图像被裁剪成 128×128 像素的图像块并利用这些图像块来训练网络。训练后，在 Kodak PhotoCD 图像数据集上使用有损图像压缩指标对模型进行测试。使用 SSIM（结构相似度，Structural Similarity）、MS-SSIM 和 PSNR（峰值信噪比，Peak Signal to Noise Ratio）评估图像失真。在时间复杂度方面，压缩柯达数据集中的图像大约需要 0.48 秒。

就 PSNR 而言，BPG 具有最佳性能。JPEG 2000 和 Ball´e[9]与本算法的结果非常相似，但远高于 JPEG。在 SSIM 和 MS-SSIM 方面，本算法具有与 BPG 相似的性能，并且胜过所有其他三种竞争方法，包括 JPEG、JPEG 2000 和 Ball´e 。由于 SSIM 和 MS-SSIM 与 PSNR 相比更符合人类视觉感知，因此这些结果表明，本算法在视觉质量方面表现出色。

本算法的模型在每个速率上都达到了最佳的视觉质量，证明了模型在保留锐利边缘和细腻纹理方面的优势。

随着压缩率的增加，更多的比特将分配给弱边缘和中尺度纹理。最后，当压缩率较高时，小尺寸纹理也将分配更多位。在本算法中，网络学习到的重要性图与人类的视觉感知是一致的，这也可以解释本算法的模型在保留结构、边缘和纹理方面的优越性。

9.6　基于生成式对抗网络的图像压缩

本节将介绍一个基于 GAN（生成式对抗网络，Generative Adversarial Networks）的，适应于低码率的图像压缩算法[10]。下面分别从算法特点、算法细节和实验结果几个方面进行了阐述。

9.6.1　算法特点

现在已经有很多基于深度学习的图像压缩方法可以达到最好的传统压缩方法的水平，但是当比特率特别低的时候，效果就会急剧恶化，因为这些方法都是对整个图像进行压缩，当比特率特别低的时候，很难去完整地表示整个图像。同时由于图像在特别低压缩率的时候，失真已经变得十分严重，并且这个时候很难再用 PSNR 和 SSIM 对生成质量进行评价。

为了解决低比特率下无法对整幅图像进行编码的问题，本算法提出了用 GAN 进行压缩的方法，思想其实很简单，就是在编码器编码的时候，并不对完整的图像进行编码，而是只对其中的一部分进行编码，至于其他的部分则交给解码器，这里的解码器也不再是传统意义上的解码器，而是用一个 GAN 代替了解码器，对于没有进行编码的部分，解码器自动生成。如果想要人为规定哪一部分需要编码，哪一部分需要生成，则需要一个二进制掩膜作为辅助信息，在应用时也需要随压缩后图像的码流一起传输。

9.6.2　算法细节

这里的算法提出了两种网络结构。第一种结构不限定生成器生成哪一部分，而是在训练的过程中让模型自己决定哪一部分进行生成。这样做是合理的，因为生成器生成的图像虽然和原始的图像之间存在一定差距，但是在低比特率的情况下，生成的图像质量不一定比编码得到的差；第二种结构限定哪一部分需要生成，哪一部分需要编码。考虑如下场景，在视频通话中，我们并不在意背景是什么，我们在意的是视频中人的形象更多一些，因此，我们可以只对人进行编码，而背景则由生成器自动生成。通过 GAN 自动生成的方式，就可以在低比特率下为重要的信息分配更多的比特率，为不重要信息分配更少的比特率甚至不分配。这两种结构分别称为全局生成压缩和选择性生成压缩，结构图分别如图 9-7[10]和图 9-8[10]所示。

图 9-7 所示的结构叫作全局生成压缩，意思就是并不限定哪一部分进行生成，而是由模型自己对全局进行判断，决定哪一部分进行生成，可以看到编码器和量化部分与普通的压缩模型区别不大，只是用一个生成器 G 代替了解码器，最后再加一个判别器 D 来评价生

成器 G 生成结果的质量。可以看到，在输入端，不仅有原始图像 $\boldsymbol{x}$，还有一个图像的语义分割图 $\boldsymbol{s}$，其目的在于把后面的 GAN 变成条件 GAN，从而提升性能，可以理解成语义分割图为 GAN 决定哪一部分进行生成提供了参考。

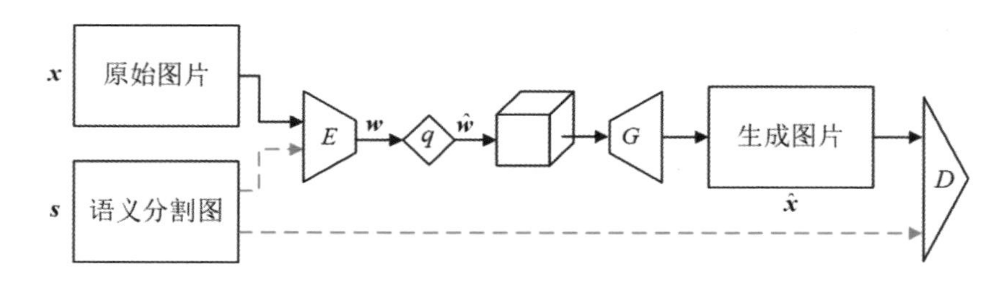

图 9-7　全局生成压缩网络结构图

图 9-8 所示的结构叫作选择性生成压缩。可以看到这幅图和第一个图的主要区别在于多了一个 F 和 $\boldsymbol{m}$，这里 F 的作用是变换语义分割图的尺寸，$\boldsymbol{m}$ 是一个二进制掩膜，像素的值只有 0 和 1，是 1 的代表需要编码的部分，是 0 的代表用生成器生成的部分，在传输时，$\boldsymbol{m}$ 需要作为辅助信息一同传输，用来指导生成器 G 需要生成哪些部分。

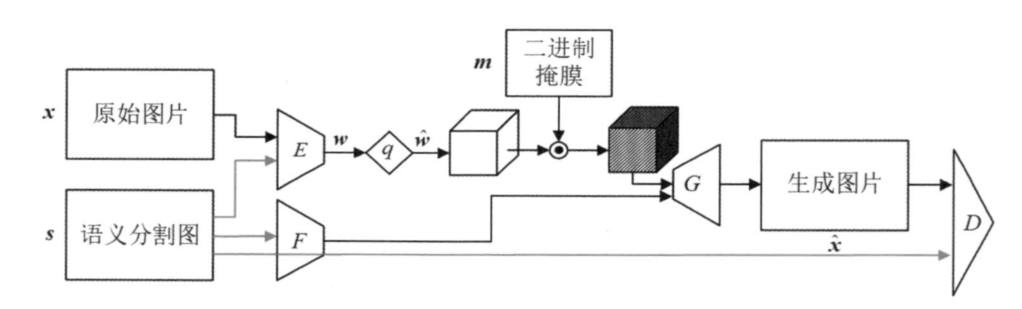

图 9-8　选择性生成压缩网络结构图

训练时使用的损失函数分为两部分，第一部分如式(9-31)[10]所示。

$$\mathcal{L}_{\text{GAN}} = \max_D \quad \mathbb{E}[f(D(\boldsymbol{x}))] + \mathbb{E}[g(D(G(\boldsymbol{z})))] \tag{9-31}$$

其中 $\boldsymbol{z}$ 是生成器的输入，这是一个简单的 GAN 的损失函数，因为用 GAN 作为解码器，所以需要用到 GAN 的损失函数对网络进行训练。这个公式可以这么理解：最大化第一部分的目的是让 D 对真实图像的正确判别率尽量高，最大化第二部分的目的是让判别器将生成器生成的结果判断成真实图像的概率尽可能大。

第二部分如式(9-32)[10]所示。

$$\mathbb{E}[d(\boldsymbol{x}, \hat{\boldsymbol{x}})] + \beta H(\hat{\boldsymbol{w}}) \tag{9-32}$$

这一部分是压缩中常用的损失函数，其实就是一个率失真函数，第一部分是生成结果和原始图像的失真，第二部分是压缩后的比特数，在压缩的过程中需要对两者进行权衡，是要更好的图像效果还是要更低的比特率，这里通过超参数 β 实现了权衡。

最终的损失函数为：

$$\min_{E,G}\max_{D}\mathbb{E}[f(D(\boldsymbol{x}))]+\mathbb{E}[g(D(G(\boldsymbol{z}))]+\lambda\mathbb{E}[d(\boldsymbol{x},G(\boldsymbol{z}))]+\beta H(\hat{\boldsymbol{w}}) \tag{9-33}$$

将这两部分组合在一起，联合进行训练，λ 和 β 是超参数，在控制 GAN 性能的同时保证在失真和压缩率之间找到一个比较好的权衡。

9.6.3　实验结果

低比特率下传统的 PSNR 和 SSIM 不适于用来评价，本算法选择用原图像和解压图像的语义分割图的 IoU 和人的主观感受作为评价指标。IoU 是用在语义分割中的评价方法，因为在低比特率下，图像的细节失真已经很严重，这个时候，图像整体结构反而更重要，所以本算法用这种方法作为评价标准。在调查人的主观感受的时候，为了公平，作者找了很多人进行投票，这种方式是合理的，因为图像压缩最后还是要给人看的，那么人的主观感受就是一个很重要的评价标准。

本算法选择对比原始图像和解压图像的分割图的 IoU。在低比特率的情况下，可以保留图像的大致结构。

关于找人进行肉眼观看图像的主观感受的实验，本算法得到的结果更被人们所认可，更符合人们的主观评价标准。

本算法最大的贡献是提供了全新的思路，用 GAN 代替了编码的过程，这样就可以在极低的比特率下保证图像的整体效果了，这种替代的想法很值得学习。

本算法存在的问题主要在于：需要一个语义分割图作为辅助，这就要求网络还需要一个语义分割网络进行辅助，这无疑会导致额外的开销和时间的耗费。

9.7　图像压缩未来趋势

图像压缩技术在日常生活中使用非常广泛。目前人们主要使用的还是传统图像压缩方法，分为无损压缩和有损压缩。常见的无损压缩格式有 GIF 和 PNG，常见的有损压缩格式有 JPEG、JPEG 2000 和 BPG。

深度学习由于可以利用 CNN 来代替复杂的非线性的分析变换和生成变换过程，所以也可以应用于图像压缩领域。目前，由于传统压缩算法运算效率高且易于实现，业界主要使用的还是基于分块的传统图像压缩方法。基于深度学习的图像压缩利用 CNN 来代替复杂的非线性的分析变换和生成变换过程，可以很好地完成特定应用场景（如虚拟现实和安防监控）中的图像压缩任务。算法的未来研究趋势在于如何开发更有效的基于神经网络的编解码结构，以更精确地进行帧内预测，同时在保证图像质量的前提下减少编码的比特数。

本章参考文献

[1] CHENG Z, SUN H, TAKEUCHI M, et al. Learning image and video compression through spatial-temporal energy compaction[C]. Proceedings of the IEEE Conference on Computer Vision and Pattern Recognition. 2019: 10071-10080.

[2] SHI W, CABALLERO J, HUSZÁR F, et al. Real-time single image and video super-resolution using an efficient sub-pixel convolutional neural network[C]. Proceedings of the IEEE conference on computer vision and pattern recognition. 2016: 1874-1883.

[3] KATTO J, YASUDA Y. Performance evaluation of subband coding and optimization of its filter coefficients[J]. Journal of visual communication and image representation, 1991, 2(4): 303-313.

[4] JAYANT N S, NOLL P. Digital coding of waveforms: principles and applications to speech and video[J]. Englewood Cliffs, NJ, 1984: 115-251.

[5] LI M, ZUO W, GU S, et al. Learning convolutional networks for content-weighted image compression[C]. Proceedings of the IEEE Conference on Computer Vision and Pattern Recognition. 2018: 3214-3223.

[6] MARPE D, SCHWARZ H, WIEGAND T. Context-based adaptive binary arithmetic coding in the H. 264/AVC video compression standard[J]. IEEE Transactions on circuits and systems for video technology, 2003, 13(7): 620-636.

[7] LIM B, SON S, KIM H, et al. Enhanced deep residual networks for single image super-resolution[C]. Proceedings of the IEEE conference on computer vision and pattern recognition workshops. 2017: 136-144.

[8] COURBARIAUX M, HUBARA I, SOUDRY D, et al. Binarized neural networks: training deep neural networks with weights and activations constrained to+ 1 or-1[J]. arXiv preprint arXiv:1602.02830, 2016.

[9] BALLÉ J, LAPARRA V, SIMONCELLI E P. End-to-end optimized image compression[C]. 5th International Conference on Learning Representations, ICLR 2017. 2017.

[10] AGUSTSSON E, TSCHANNEN M, MENTZER F, et al. Generative adversarial networks for extreme learned image compression[C]. Proceedings of the IEEE International Conference on Computer Vision. 2019: 221-231.

第 10 章　超分辨率重建

超分辨率图像重建是指通过某种方法从已有的低分辨率图像中恢复其对应的高分辨率图像。相较于低分辨率图像，高分辨率图像往往包含更多的图像细节，可以提供更多的信息。因此，图像超分辨率技术被广泛应用于医学图像处理、卫星图像处理、视频传输和城市安防等领域。除此之外，由于图像超分辨率技术可以带来更多的图像细节，其也被用来提高其他任务（如语义分割、目标识别和目标跟踪等）的解决方案的性能。

超分辨率重建是一个经典的图像处理任务。由于从高分辨率图像到低分辨率图像存在着不同程度的信息损失，一张低分辨率图像可以有一组不同的高分辨率图像与其相对应，所以超分辨率重建本质上是一个典型的不适定问题。换句话说，其解决方案不是唯一的，这不仅需要我们找到一种超分辨率方法，可将图像低分辨率空间映射到对应的高分辨率空间，还要在可能的解中选择最合适的一个，这使得超分辨率重建变得极具挑战性。

10.1　超分辨率技术概述

本节首先介绍超分辨率技术的基本理论与模型，然后分别介绍三类超分辨率算法：基于插值的算法、基于重建的算法和基于学习的算法。

10.1.1　超分辨率技术的基本理论与模型

为获得好的重建性能，我们需要知道实际中的低分辨率图像是如何产生的，通过分析低分辨率图像的产生过程，设计更好的超分辨率方法。低分辨率图像产生的原因包括光学系统中的衍射（光学模糊）、拍摄过程中拍摄物体与拍摄设备的相对运动（运动模糊）、传输和光学设备性能不足导致的分辨率降低（下采样）以及成像过程中的加性噪声。低分辨率图像的产生过程如图 10-1 所示。

图 10-1 中的图像退化过程用数学公式表达为：

$$y = MBDx + n \tag{10-1}$$

其中 x 为原始高分辨率图像。y 为获取得到的低分辨率降质图像。M 表示图像的几何运动矩阵，主要包括图像的平移、旋转等。B 为模糊矩阵，主要代表大气折射、感光传感器效应、非理想相机镜头、镜头抖动和场景内物体相对于相机的运动等。D 代表图像的下采样矩阵，主要表示传感器阵列对于自然图像的下采样。n 表示图像获取过程中所受到的独立加性噪声，对于一般的相机来说 n 通常为独立同分布高斯白噪声。

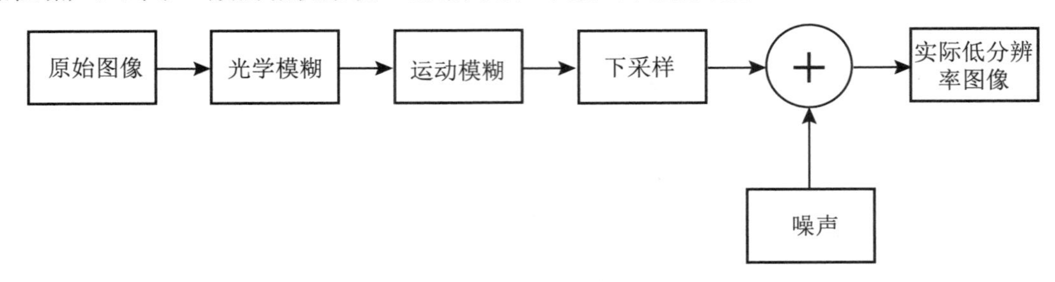

图 10-1　实际低分辨率图像的生成模型

超分辨率算法可以通过处理低分辨率图像，重建出高分辨率图像。从真实标注图像到低分辨率图像的转化过程是有信息损失的，因此低分辨率图像与真实标注图像之间的关系应该是一个一对多的映射，这使得超分辨率问题是一个不适定问题，即超分辨率问题求解的函数 F 不是唯一的。另外，由于在真实标注图像到低分辨率图像的转化过程中存在信息损失，所以超分辨率算法重建的高分辨率图像无法和真实标注图像完全一致。因此，超分辨率算法的目的就是要寻找函数 F，使得：

$$F(I_{\mathrm{LR}})=I_{\mathrm{HR}}\rightarrow I_{\mathrm{GT}} \tag{10-2}$$

图10-2所示为超分辨率问题的整体模型结构，这里的 H' 即图10-1中模型对应的函数。在图像重建应用中，低分辨率图像的来源是 I_{ALR}（传感器直接采集的低分辨率图像）。但在超分辨率算法评估时和在基于学习的超分辨率算法训练时，所用的 I_{LR}（训练用的低分辨率图像）往往是通过下采样函数 H 对高分辨率图像下采样得到的，所以这个函数主要是双三次插值下采样。由于 I_{ALR} 生成的条件各不相同，H' 也是各不相同的，所以用下采样函数 H 生成的 I_{LR} 与 I_{ALR} 是有差别的。

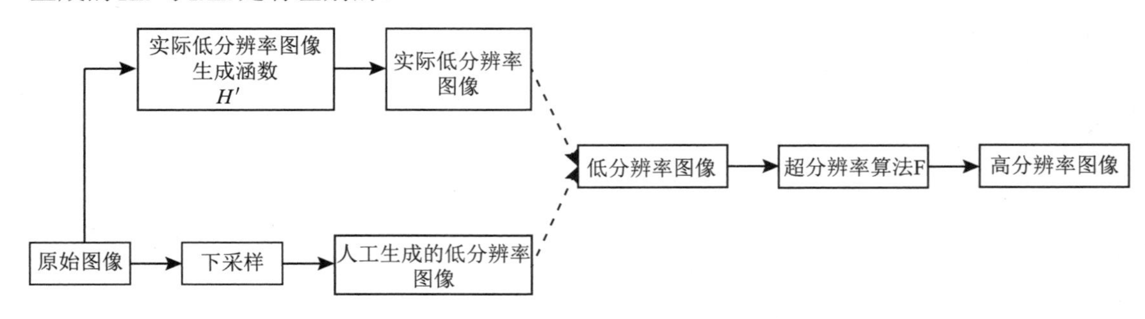

图 10-2　超分辨率问题的整体模型结构

如果设计的超分辨率算法 F 不能适应 I_{LR} 和 I_{ALR} 的差别，就会导致两个问题。一是算法在重建 I_{LR} 上效果很好，但在重建 I_{ALR} 上效果很差。二是算法在某一些种类的 I_{ALR} 上重建效果很好，但在另一些种类的 I_{ALR} 上重建效果很差。

要解决第一个问题，若基于插值和基于重建这两种方法，除了设计新的算法以外几乎没有其他解决方案；而基于学习的超分辨率算法一般是寻找更优的函数 H'，来生成更接近实际低分辨率图像的图像，缩小人工生成的低分辨率图像与实际低分辨率图像的差异。要解决第二个问题，若基于插值和基于重建这两种方法，同样是除了设计新的算法以外几乎没有其他解决方案；而基于学习的超分辨率算法一般是改造 F 的结构，来提升 F 学习低分辨率图像到高分辨率图像映射关系的能力，或是扩大训练集，提供更多种类的图像，帮助 F 学习更多的映射关系。

如果从真实标注图像降质到低分辨率图像没有信息损失，F 应该是 H' 的反函数，但是因为实际图像的生成函数 H' 是不适当的，加上有信息损失，所以 F 一般取为 H' 的近似函数 H 的反函数 H^1。H^1 虽然对图像的重建效果并不理想，但是用 H^1 预处理低分辨率图像对重建高质量的高分辨率图像有一定的帮助。

10.1.2　超分辨率技术概述

从超分辨率技术首次提出以来，至今已有超过半个世纪的历史。随着图像处理技术以及便携式摄像设备的快速发展，人们日常生活中的图像和视频数量呈爆炸式增长，人们对高质量的视频图像的需求越来越大，使得超分辨率技术受到研究人员的广泛关注并取得了重大的进展。超分辨率算法主要分为三类：基于插值的算法、基于重建的算法和基于学习的算法。

1. 基于插值的算法

常见的插值方法有最邻近插值、双线性插值法和双三次插值法等。这种方法实现起来很容易，它们利用预定义的函数，不需要其他训练得到的数据就可以对低分辨率图像进行重建。但是，其重建的图像往往过于平滑，使得一些图像细节可能会因此丢失，比如变化较大的图像边缘，图像中的复杂的纹理等。为了改善图像局部平滑性假设带来的问题，一些研究人员提出了针对图像局部纹理结构的新的插值方法[1][2][3]。然而，由于缺少高频信息，基于插值的方法在纹理区域很难得到清晰的高频细节。

2. 基于重建的算法

超分辨率重建本质上是一个不适定问题，即它的解决方案不是唯一的，这就需要我们在求解过程中添加一些先验知识，来约束超分辨率问题的解空间，从而得到更合适的重建结果。Tsai 等人[4]创新性地提出结合多幅低分辨率图像，以及分别对低分辨率图像和目标原始图像进行离散傅里叶变换和连续傅里叶变换的方法，来重建高分辨率图像。但是这种方法只能处理空间不变的噪声模型，难以在处理过程中添加先验信息以约束解空间。Stark 等人[5]提出了基于凸集投影的超分辨率重建算法，该算法简单且运算速度快，灵活地加入先验知识，但未考虑噪声影响，且对图像边缘的重建结果较差。后面的研究[6][7]对算法不足之处做了改进。Irani 等人[8]提出基于迭代反投影法的超分辨率重建算法，该算法将由估计的超分辨率图像模拟得到的低分辨率图像与观测的实际低分辨率图像相减得到误差，这个过程不断迭代，直到“误差能量”达到最小。该算法计算量小且收敛速度快。Rasti 等人[9]提出将双三次下采样和双三次插值增加到每次的迭代反投影算法的迭代中，减少了每次迭代的均方误差，但该算法存在由于双三次插值带来的重建图片边缘模糊问题。Tom 等人[10]提出基于最大似然算法的重建算法，该算法将超分辨率问题变为最大似然问题，利用 EM

（期望最大化，Expectation-Maximization）算法在离散频域内求解问题。Schulte[10]提出最大后验概率法的重建算法，相较于最大似然模型，该算法增加了 Huber- Markov Gibbs 先验模型，通常也称为正则项，将超分辨率问题变为一个求有约束条件的最优解问题。随后，Chantas、Shen 等人分别做了基于最大后验概率的超分辨率方法的不同改进[12][13]。

3. 基于学习的重建算法

其核心思想是学习高分辨率图像和对应的低分辨率图像对之间的映射关系。基于稀疏表达是基于学习的图像超分辨率算法中的具有代表性的一种。其中，学习字典由高分辨率图像块和低分辨率图像块联合训练得到，每个低分辨率图像块都可以表示为来自对应的低分辨率字典的原子的稀疏线性组合，字典中通过训练得到的系数表示权重[14]。Yang 等人首先提出使用两个耦合字典来学习低分辨率图像和高分辨图像之间的非线性映射[14]。Song 等人提出一种视频超分辨率重建的字典学习算法[15]——字典实时学习，该算法假设高分辨率图像中存在可用的稀疏关键帧。为避免重建图像中明显的边缘效应，算法中通常使用重叠的图像块进行运算，这导致相当大的计算开销，影响算法的效率。稀疏编码在超分辨率领域取得了较好的成绩，后续的工作[16][17][18]也主要集中在如何优化字典训练算法与模型调整上。以上这些基于稀疏表示的超分辨率重建算法主要是通过训练高低分辨率字典及相应的稀疏表示系数完成超分辨率重建。而稀疏编码需要耗费大量的时间，因此此类算法的速度很慢。

基于深度学习的超分辨率算法也是一种基于学习的算法。通过深度学习技术，计算机可以通过算法发掘并学习图像的特征。相比其他基于学习的算法，基于深度学习的算法不必明确指出要学习的特征，从而提高了超分辨率算法对图像间差别的适应性。但是由于网络使用大量的全连接层，参数数量和运算量都很大，过去的计算机无法满足这样的计算需求，而且参数数量过多使网络容易过拟合，基于学习的超分辨率算法虽然可以对图像间差别有很好的适应性，但是过拟合的深度学习网络就没有这样的适应性了。CNN（卷积神经网络，Convolutional Neural Network）的出现解决了上述问题。CNN 使用卷积层替代全连接层，可以大幅降低运算量，也大幅减少了参数的数目（视输入图像的大小，参数数目和运算量减少到千分之一到十万分之一不等）。这样，基于深度学习的超分辨率算法减少了过拟合的可能性，运算量也下降到计算机可以承担的程度。

Dong 等人[20]首次将 CNN 应用于超分辨率问题中，提出了一个包含三个卷积层的网络，称为 SRCNN（超分辨率卷积神经网络，Super-Resolution Convolutional Neural Network），相较于之前的算法，SRCNN 在速度和准确率方面取得了显著的提高。

它先使用双三次插值算法将低分辨率图像的分辨率提升到与目标高分辨率图像相同的分辨率，然后再通过网络输出重建后的高分辨率图像。在 SRCNN 中，将网络分成三个部分，第一部分提取输入低分辨率图像的特征，第二部分对这些特征进行非线性映射，第三部分用这些处理后的特征重建高分辨率图像。

虽然 SRCNN 显著地提升了重建的准确性和速度，但是它未关注网络结构的细节，整体网络层次较浅，网络结构的设计较为简单，故 SRCNN 存在一些可改进的方向。其中一个改进方向是降低运算量。SRCNN 使用经过双三次插值算法进行上采样的图片作为输入，网络处理的是与高分辨率图像等大的图像，如果可以直接使用低分辨率图像，就能减少网络处理的像素点个数，进而降低运算量。同时 SRCNN 使用了 9×9 和 5×5 的大卷积层，将这些卷积层拆成数个 3×3 的小卷积层，就可以在不缩小感受野的前提下降低参数数目，进而减少运算量。

Dong 等人[20]在 SRCNN 的基础上进行改进，提出一种快速的超分辨率算法，称为 FSRCNN（快速超分辨率卷积神经网络，Fast Super-Resolution Convolutional Neural Network）。它直接将低分辨率图像输入网络，仅在网络输出高分辨率图像前使用反卷积层提升图像的分辨率，由于直接使用了低分辨率图像，网络的运算量降低了。同时 FSRCNN 改进了网络结构，将 SRCNN 中较大的卷积层，拆分成串联的数个较小的卷积层，使两者有大小相等的感受野，参数个数和运算量都减少了。因此 FSRCNN 的网络层数提升到了五层，并取得了比 SRCNN 更好的重建效果。

Shi 等人[21]提出了一种名叫 ESPCN（高效亚像素卷积神经网络，Efficient Sub-Pixel Convolutional neural Network）的算法，用于替代 FSRCNN 中的反卷积层，以此来提升分辨率。相比于反卷积层，亚像素卷积层有两个优势。一是反卷积层要在输入图像周围填充 0，这会给重建图像添加与输入图像无关的信息，影响重建图像的质量，而亚像素卷积层完全利用输入图像生成的特征图，不会添加与输入图像无关的信息。二是亚像素卷积层没有参数和运算量，而反卷积层需要进行正常的卷积运算，因此改用亚像素卷积层可以进一步减少参数数目和运算量。用亚像素卷积层替代反卷积层后，ESPCN 取得了比 FSRCNN 更好的重建效果。尽管[20][21]使用原始低分辨率图片作为输入，进一步改善了图像重建性能和速度，但是它们的网络层次较浅，网络的表达能力有限。为了进一步利用 CNN 在多层次特征提取方面的优势，之后很多基于 CNN 的超分辨率方法在网络结构方面，如深度、宽度和连接方式等方面进行改进。

10.2　基于深度残差网络注意力机制的图像超分辨率重建

本节将介绍一种基于深度残差网络的图像超分辨率算法[22]，该算法在深度残差网络的基础上加入残差中的残差和通道注意力机制这两种模块，加速了网络的训练速度，同时增强了网络的特征辨别学习能力。以下分别从存在的问题、提出的解决方案、具体实现细节和实验结果比较分析四个方面进行阐述。

10.2.1　存在的问题

近年来，基于深度卷积网络的超分辨率算法相较于传统的方法在重建质量上取得了显著的提升。网络深度变得越来越深，网络连接也更加复杂，设计也更巧妙。用于单图像超分辨率的 EDSR（增强深残差网络，Enhanced Deep Residual Networks for Single Image Super-Resolution）和 MDSR（多尺度深度超分辨率，Multi Scale Deep Super-Resolution）这些很深的网络所取得的显著性能提升表明，网络的深度对于图像超分辨率重建来说是至关重要的。但是越深的网络就越难以训练，而且单纯地堆叠残差块来增加网络深度很难再带来改进。

越深的网络是否会带来越好的结果以及如何设计非常深的可训练的网络仍需要进一步研究。

尽管基于深度神经网络的方法已经取得了很大进步，但是它们绝大多数都平等地处理通道级的特征。图像超分辨率的目的是要从低分辨率图片中尽可能多地恢复高频细节来重建高分辨率图像，而低分辨率图像中包含着很多可以被直接传输到输出端的低频信息，因此平等地对待所有通道的特征会使网络缺乏跨通道的特征判别学习能力，进一步限制了深度卷积网络的表达能力。

10.2.2 提出的解决方案

为了解决上述问题，本算法提出了一种深度残差通道注意力网络。

针对网络深度及可训练性的问题，本算法提出了一种残差中的残差结构来构造非常深的网络并使之可以成功训练。在残差中的残差结构里，残差组是基本模块，长跳连用来进行粗浅的残差学习。而在残差组模块中又有多个相对简单的残差通道注意力模块进行叠加，并且使用短跳连进行更细致的残差学习。长短跳连和残差通道注意力模块中的跳连允许输入的低分辨率图像中丰富的低频信息直接通过恒等映射向后传播，不占用网络的计算资源，使网络的主体部分专注于学习高频信息，加速了网络的训练。

针对先前许多网络无差别地处理通道级特征的问题，本算法在网络中加入了通道注意力机制，通过考虑通道之间的相互依赖性来自适应地处理不同通道的特征，进而增强网络的特征辨别学习能力。

10.2.3 具体实现细节

1. 总体网络结构

如图 10-3 所示，RCAN（残差信道注意网络，Residual Channel Attention Networks）主要由四部分构成：浅层特征提取、残差中的残差深层特征提取、上采样模块和重建模块。

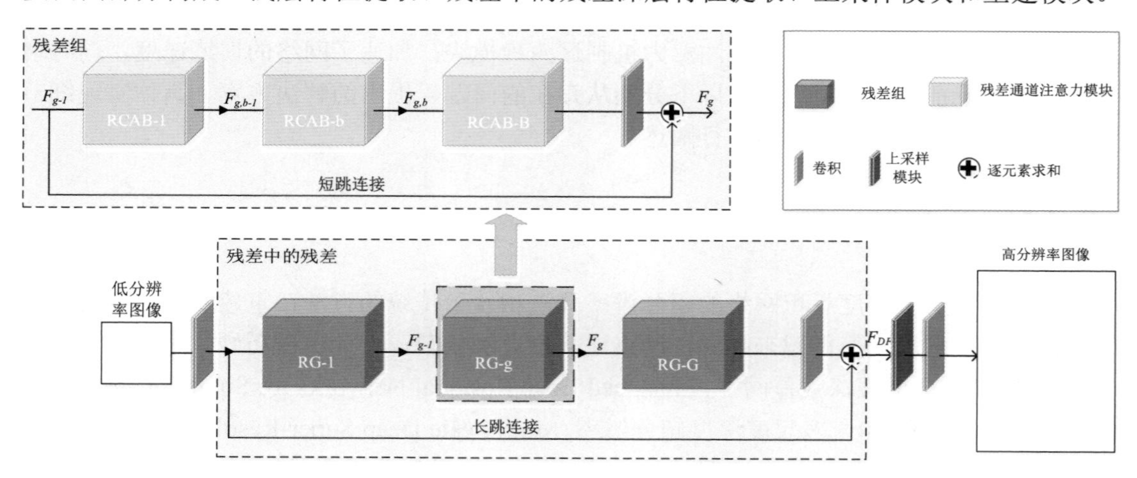

图 10-3　总体网络结构

浅层特征提取只使用了一个卷积层，提取出的浅层特征用作之后深层特征提取模块的输入。上采样模块有很多备选的方法，比如反卷积、最近邻插值+卷积，还有 ESPCN。这些后处理的上采样方法已经被证明比前处理的上采样方法在计算复杂度和性能上都更有效率。最后的重建模块也只使用了一个卷积层。

损失函数有很多种，包括最小绝对值误差损失、最小平方误差损失、感知损失和对抗损失。为了展示 RCAN 网络的有效性，本算法使用了和先前方法中相同的最小绝对值误差损失函数，并通过随机梯度下降进行优化。

因为这几个模块与先前的方法非常相似，所以本算法把重点放在了残差中的残差、通道注意力机制和残差通道注意力模块上。

2. 残差中的残差

在残差中的残差模块中包含了 G 个残差组和长跳连。每个残差组又包含 B 个内部有短跳连的残差通道注意力模块。这样的残差中的残差结构允许非常深的 CNN（超过 400 层）进行训练。

参考文献[10]已经提出堆叠残差块和长跳连可以用来构建很深的 CNN。在视觉识别任务中，堆叠残差块甚至可以做到构建达 1000 层的可训练网络。但是在图像超分辨率任务中，使用这种方式构建的非常深的网络训练起来非常困难，同时也几乎没有表现上的提升。受超分辨率残差网络和 EDSR 的启发，本算法提出了残差组作为更深的网络的基础模块。第 g 个残差组可以使用下式[22]表示：

$$F_g = H_g\left(F_{g-1}\right) = H_g\left(H_{g-1}\left(\ldots H_{1(F_0)}\ldots\right)\right) \tag{10-3}$$

其中 H_g 表示第 g 个残差组的函数，F_{g-1} 和 F_g 分别是第 g 个残差组的输入和输出。注意：单纯地堆叠很多残差组并不能得到很好的效果，本算法在网络中加入了长跳连使训练变得稳定，同时长跳连也使网络通过残差学习得到了更好的表现。总体来说，长跳连不仅可以使残差组之间的信息流动更加轻松，也使残差中的残差粗浅地学习残差信息成为可能。

在低分辨率的输入和特征图中有很多的冗余信息，而超分辨率的目标是恢复更有用的信息。为了更进一步地利用残差学习，本算法在每个残差组中堆叠了 B 个残差通道注意力模块。在第 g 个残差组中的第 b 个残差通道注意力模块可以用下式[22]表示：

$$F_{g,b} = H_{g,b}\left(F_{g,b-1}\right) = H_{g,b}\left(H_{g,b-1}\left(\ldots H_{g,1}\left(F_{g-1}\right)\ldots\right)\right) \tag{10-4}$$

其中 $F_{g,b-1}$ 和 $F_{g,b}$ 分别是第 g 个残差组中的第 b 个残差通道注意力模块的输入输出，对应的函数用 $H_{g,b}$ 表示。为使网络主体能够专注于更有信息量的特征（残差信息），本算法在 RACB 中加入了短跳连。拥有了长短跳连，更多的冗余低频信息就可以在训练过程中更容易地通过旁路传输。为了更进一步地做到有辨识力的学习，本算法将更多的注意力放到了利用通道注意力机制进行通道级的特征尺度调节。

3. 通道注意力机制

先前的基于 CNN 的超分辨率方法平等地处理低分辨率的通道级特征，这对于实际使用是不够灵活的。为了使网络注重更有信息量的特征，本算法利用了特征通道间的相互依赖性，也就是通道注意力机制，如图 10-4 所示。

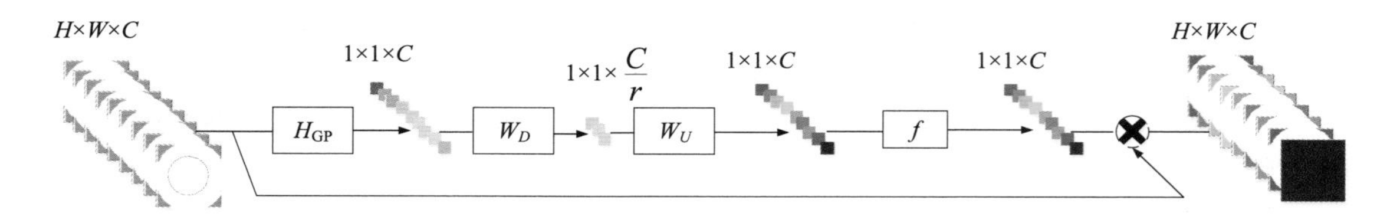

图 10-4 通道注意力机制

关键是如何对每一个通道级的特征生成不同的注意力。这里主要有两点考虑：第一点，在低分辨率空间的信息中有冗余的低频成分和有价值的高频成分。低频部分似乎比较平坦。高频部分通常是区域，充满边缘、纹理和其他细节。第二点，卷积层中的每个滤波器都有一个局部感受野，因此卷积之后的输出就不能再利用这个局部感受野之外区域的上下文信息了。

基于这些分析，本算法通过使用全局平均池化将通道级的全局空间信息转化为通道描述符。如图 10-4 所示，令 X 为输入，有着 C 个 $H\times W$ 大小的特征图。通道级的统计值 z 可以通过在空间维度上压缩 X 得到，z 的第 c 个元素为[22]：

$$z_c = H_{\mathrm{GP}}\left(x_c\right) = \frac{1}{H*W}\sum_{i=1}^{H}\sum_{j=1}^{W}x_c\left(i,j\right) \tag{10-5}$$

其中 $x_c(i,j)$ 是特征图 x_c 的 (i,j) 位置处的像素值，H_{GP} 表示全局池化函数。这种通道统计值可以看作局部描述符的集合，其统计值有助于表示整个图像。除了全局平均池化，这里还可以引入更复杂的聚合技术。

为了通过全局平均池化从聚合的信息中完全获得通道间的相互依赖信息，本算法引入了门机制。门机制需要满足两个条件。首先，它必须能够学习通道之间的非线性相互作用。其次，由于需要强调多个通道级的特征而不是热激活，因此它必须学习一种非相互排斥的关系。在这里，本算法选择了使用 Sigmoid 函数来实现简单的门机制[22]：

$$s = f\left(W_U\delta\left(W_D z\right)\right) \tag{10-6}$$

其中 $f(\cdot)$ 和 $\delta(\cdot)$ 分别表示 Sigmoid 函数和 ReLU 函数。W_D 是卷积层的权重集合，这个卷积层用作缩小倍数为 r 的通道下采样。在被 ReLU 函数激活之后，低维度的信号通过一个通道上采样层放大 r 倍，卷积层的权重集合为 W_U。然后就得到了最终的通道统计值 s，用来对输入进行尺度调节[22]：

$$\hat{x}_c = s_c \times x_c \tag{10-7}$$

其中s_c和x_c分别是调整系数和第c个通道上的特征图。有了通道注意力机制，残差通道注意力模块的残差成分就被自适应地进行了尺度调节。

4. 残差通道注意力模块

如前所述，残差组和长跳连允许网络的主要部分集中于低分辨率特征中更有信息量的部分。通道注意力在通道间提取通道统计值，进一步提高网络的辨别能力。

同时，受残差块的启发，本算法将通道注意力机制整合到了残差块中，提出了残差通道注意力模块，如图 10-5 所示。

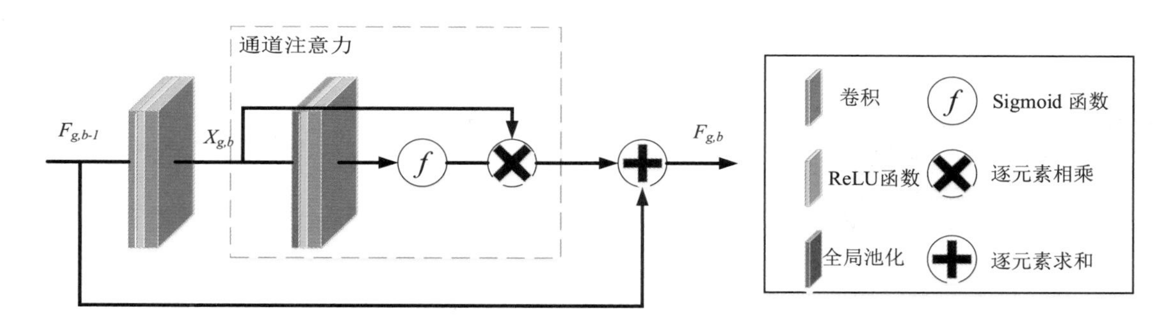

图 10-5　残差通道注意力模块

对于第g个残差组中的第b个 RB 来说，有[22]：

$$F_{g,b} = F_{g,b-1} + R_{g,b}\left(X_{g,b}\right)\cdot X_{g,b} \tag{10-8}$$

其中$R_{g,b}$表示通道注意力函数，$F_{g,b}$和$F_{g,b-1}$是残差通道注意力模块的输入和输出。残差部分主要由两个堆叠的卷积层得到[22]：

$$X_{g,b} = W_{g,b}^{2}\delta\left(W_{g,b}^{1}F_{g,b-1}\right) \tag{10-9}$$

其中$W_{g,b}^{1}$和$W_{g,b}^{2}$是残差通道注意力模块中两个堆叠的卷积层的权重集合。

本算法的 MDSR 和 EDSR 中的残差块可以看作残差通道注意力模块的特例。MDSR 中的残差块没有尺度调节操作，相当于将中残差通道注意力模块的通道注意力机制设为恒等映射。而对于 EDSR 中残差块的恒定尺度调节（比如 0.1）来说，相当于将通道注意力机制设为一个恒定的系数（0.1）。EDSR 虽然引入了通道级特征的尺度调节来训练很宽的网络，但是没有考虑通道间的相互依赖，也就是没有使用通道注意力机制。

10.2.4　实验结果比较分析

1. 消融实验

为了证明提出的残差中的残差结构的作用，本算法针对长短跳连做了消融实验。本算法将残差组的数量设为 10，每个残差组中有 20 个残差通道注意力模块，网络一共有超过 400 层卷积层。表 10-1[22]展示了长短跳连的作用。当去掉长短跳连后，不管是否使用通道注意力机制，Set5 上的 PSNR 都相对较低。例如，在第一列，PSNR 是 37.45 dB。加入残差中的残差后，性能达到了 37.87 dB。当添加通道注意力时，可以使用残差中的残差将性能从 37.52 dB 提高到 37.90 dB。这说明简单地叠加残差块并不适用于实现非常深的、功能强大的图像超分辨率网络。单独使用长短跳连都可以提高网络性能，两者同时使用时可以进一步获得更好的效果。这些比较表明，长短跳连对于非常深的网络是必不可少的。它们也证明了本算法提出的残差中的残差结构对非常深的网络的有效性。

表 10-1 残差中的残差和通道注意力在 Set5（2×）上的最佳 PSNR（dB）值

残差中的残差	LSC	×	✓	×	✓	×	✓	×	✓
	SSC	×	×	✓	✓	×	×	✓	✓
通道注意力		×	×	×	×	✓	✓	✓	✓
在 Set5(2×)上的峰值信噪比		37.45	37.77	37.81	37.87	37.52	37.85	37.86	37.90

基于以上的观察和讨论，本算法进一步展示了通道注意力机制的影响。当比较前四列和后四列的结果时，我们可以看出有通道注意力机制的网络比没有的网络表现得更好，非常深的可训练网络可以达到非常高的性能。这样的深度网络很难得到进一步的改善，但是我们通过通道注意力机制做到了。即使没有残差中的残差，通道注意力机制也可以将性能从 37.45 dB 提高到 37.52 dB。这些都比较有力地证明了通道注意力机制的有效性，并表明对通道级特征的自适应关注确实提高了性能。

2. 在双三次插值退化模型上的效果

本算法与 SRCNN、FSRCNN、稀疏编码网络、利用极深卷积网络实现精确的图像超分辨率、拉普拉斯金字塔网络、记忆网络、EDSR、多退化无噪声超分辨率网络、高分辨率密集深反投影网络以及 RDN（残差密集网络，Residual Dense Network）这 10 种方法进行了比较。本算法也使用了自集成方法进一步改善 RCAN 的功能，标记为 RCAN+。

表 10-2[22]展示了在二、三、四、八倍超分辨率上的定量比较结果。RCAN+在所有数据集和所有放大倍数上的效果都是最好的，即使没有使用自集成技术，RCAN 也超越了大部分其他的方法。

另外，当放大倍数增大时，RCAN 对 EDSR 的超越就越来越大。RCAN 通过通道注意力机制自适应地调节特征尺度，而不是像在 EDSR 中那样不断地调节。通道注意力机制允许 RCAN 进一步关注具有更多信息量的特征。这一观察结果表明，非常深的网络深度和通道注意力机制提高了性能。

如前所述，在双三次插值退化模型中，高频信息的重构是非常重要也是非常困难的，尤其是在放大倍数较大的情况下。本算法提出的残差中的残差结构使网络主题学习残差信息。通道注意力机制通过自适应地调整通道特征来增强网络的表示能力。

表 10-2　BI 退化模型的定量结果，最佳结果加粗表示，次佳结果突出加下划线

Method	scale	Set5		Set14		B100		Urban100		Manga109	
		PSNR	SSIM	PSNR	SSIM	PSNR	SSIM	PSNR	SSIM	PSNR	SSIM
Bicubic	×2	33.66	0.9299	30.24	0.8688	29.56	0.8431	26.88	0.8403	30.80	0.9339
SRCNN[1]	×2	36.66	0.9542	32.45	0.9067	31.36	0.8879	29.50	0.8946	35.60	0.9663
FSRCNN[2]	×2	37.05	0.9560	32.66	0.9090	31.53	0.8920	29.88	0.9020	36.67	0.9710
VDSR[4]	×2	37.53	0.9590	33.05	0.9130	31.90	0.8960	30.77	0.9140	37.22	0.9750
LapSRN[6]	×2	37.52	0.9591	33.08	0.9130	31.08	0.8950	30.41	0.9101	37.27	0.9740
MemNet[9]	×2	37.78	0.9597	33.28	0.9142	32.08	0.8978	31.31	0.9195	37.72	0.9740
EDSR[10]	×2	38.11	0.9602	33.92	0.9195	32.32	0.9013	32.93	0.9351	39.10	0.9773
SRMDNF[11]	×2	37.79	0.9601	33.32	0.9159	32.05	0.8985	31.33	0.9204	38.07	0.9761
D-DBPN[16]	×2	38.09	0.9600	33.85	0.9190	32.27	0.9000	32.55	0.9324	38.89	0.9775
RDN[17]	×2	38.24	0.9614	34.01	0.9212	32.34	0.9017	32.89	0.9353	39.18	0.9780
RCAN(ours)	×2	38.27	0.9614	34.12	0.9216	32.41	0.9027	33.34	0.9384	39.44	0.9786
RCAN+ours	×2	**38.33**	**0.9617**	**34.23**	**0.9225**	**32.46**	**0.9031**	**33.54**	**0.9399**	**39.61**	**0.9788**
Bicubic	×3	30.39	0.8682	27.55	0.7742	27.21	0.7385	24.46	0.7349	26.995	0.8556
SRCNN[1]	×3	32.75	0.9090	29.30	0.8215	28.41	0.7863	26.24	0.7989	30.48	0.9117
FSRCNN[2]	×3	33.18	0.9140	29.37	0.8240	28.53	0.7910	26.43	0.8080	31.10	0.9210
VDSR[4]	×3	33.67	0.9210	29.78	0.8320	28.83	0.7990	27.14	0.8290	32.01	0.9340
LapSRN[6]	×3	33.82	0.9227	29.87	0.8320	28.82	0.7980	27.07	0.8280	32.21	0.9350
MemNet[9]	×3	34.09	0.9248	30.00	0.8350	28.96	0.8001	27.56	0.8376	32.51	0.9369
EDSR[10]	×3	34.65	0.9280	30.52	0.8462	29.25	0.8093	28.80	0.8653	34.17	0.9476
SRMDNF[11]	×3	34.12	0.9254	30.04	0.8382	28.97	0.8025	27.57	0.8398	33.00	0.9403
RDN[17]	×3	34.71	0.9296	30.57	0.8468	29.26	0.8093	28.80	0.8653	34.13	0.9484
RCAN(ours)	×3	34.74	0.9299	30.65	0.8482	29.32	0.8111	29.09	0.8702	34.44	0.9499
RCAN+ours	×3	**34.85**	**0.9305**	**30.76**	**0.8494**	**29.39**	**0.8122**	**29.31**	**0.8736**	**34.76**	**0.9513**
Bicubic	×4	28.42	0.8104	26.00	0.7027	25.96	0.6675	23.14	0.6577	24.89	0.7866
SRCNN[1]	×4	30.48	0.8628	27.50	0.7513	26.90	0.7101	24.52	0.7221	27.58	0.8555
FSRCNN[2]	×4	30.72	0.8660	27.61	0.7550	26.98	0.7150	24.62	0.7280	27.90	0.8610
VDSR[4]	×4	31.35	0.8830	28.02	0.7680	27.29	0.0726	25.18	0.7540	28.83	0.8870
LapSRN[6]	×4	31.54	0.8850	28.19	0.7720	27.31	0.7270	25.21	0.7560	29.09	0.8900
MemNet[9]	×4	31.74	0.8893	28.26	0.7723	27.40	0.7281	25.50	0.7630	29.42	0.8942
EDSR[10]	×4	32.46	0.8968	28.80	0.7876	27.71	0.7420	26.64	0.8033	31.02	0.9148
SRMDNF[11]	×4	31.96	0.8925	28.35	0.7787	27.49	0.7337	25.68	0.7731	30.09	0.9024
D-DBPN[16]	×4	32.47	0.8980	28.82	0.7860	27.72	0.7400	26.38	0.7946	30.91	0.9137
RDN[17]	×4	32.47	0.8990	28.81	0.7871	27.72	0.7419	26.61	0.8028	91.00	0.9151
RCAN(ours)	×4	32.63	0.9002	28.87	0.7889	27.77	0.7436	26.82	0.8087	31.22	0.9173
RCAN+ours	×4	**32.73**	**0.9013**	**28.98**	**0.7910**	**27.85**	**0.7455**	**27.10**	**0.8142**	**31.65**	**0.9208**

（续表）

Bicubic	×8	24.40	0.6580	23.10	0.5660	23.67	0.5480	20.74	0.5160	21.47	0.6500
SRCNN[1]	×8	25.33	0.6900	23.76	0.5910	24.13	0.5660	21.29	0.5440	22.46	0.6950
FSRCNN[2]	×8	20.13	0.5520	19.75	0.4820	24.21	0.5680	21.32	0.5380	22.39	0.6730
SCN[3]	×8	25.59	0.7071	24.02	0.6028	24.30	0.5698	21.52	0.5571	22.68	0.6963
VDSR[4]	×8	25.93	0.7240	24.26	0.6140	24.49	0.5830	21.70	0.5710	23.16	0.7250
LapSRN[6]	×8	26.15	0.7380	24.35	0.6200	24.54	0.5860	21.81	0.5810	23.39	0.7350
MemNet[9]	×8	26.16	0.7414	24.38	0.6199	24.58	0.5842	21.89	0.5825	23.56	0.7387
MSLapSRN[7]	×8	26.34	0.7558	24.57	0.6273	24.65	0.5895	22.06	0.5963	23.90	0.7564
EDSR[10]	×8	26.96	0.7762	24.91	0.6420	24.81	0.5985	22.51	0.6221	24.69	0.7841
D-DBPN[16]	×8	27.21	0.7840	25.13	0.6480	24.88	0.6010	22.73	0.6312	25.14	0.7987
RCAN(ours)	×8	27.31	0.7878	25.23	0.6511	24.98	0.6058	23.00	0.6452	25.24	0.8029
RCAN+ours	×8	**27.47**	**0.7913**	**25.40**	**0.6553**	**25.05**	**0.6077**	**23.22**	**0.6524**	**25.58**	**0.8092**

3. 在模糊—下采样退化模型上的效果

本算法进一步将该方法应用到超分辨率图像的模糊—下采样退化模型中，这也是目前常用的方法。如表 10-3[22]所示，RDN 在所有的数据集上都达到了非常好的效果，然而 RCAN 在 RDN 的基础上有很大的进步。使用自集成技术之后，RCAN+得到了更好的效果。这一比较结果也表明，研究更深的网络对图像超分辨率任务具有很大的潜力。

表 10-3 BD 降解模型的定量结果，最佳结果加粗表示，次佳结果加下划线

Method	Scale	Set 5		Set 14		B100		Urban 100		Manga 109	
		PSNR	SSIM	PSNR	SSIM	PSNR	SSIM	PSNR	SSIM	PSNR	SSIM
Bicubic	×3	28.78	0.8308	26.38	0.7271	26.33	0.6918	23.52	0.6862	25.46	0.8149
SPMSR[44]	×3	32.21	0.9001	28.89	0.8105	28.13	0.7740	25.84	0.7856	29.64	0.9003
SRCNN[1]	×3	32.05	0.8944	28.80	0.8074	28.13	0.7736	25.70	0.7770	29.47	0.8924
FSRCNN[2]	×3	26.23	0.8124	24.44	0.7106	24.86	0.6832	22.04	0.6745	23.04	0.7927
VDSR[4]	×3	33.25	0.9150	29.46	0.8244	28.57	0.7893	26.61	0.8136	31.06	0.9234
IRCNN[15]	×3	33.38	0.9182	29.63	0.8281	28.65	0.7922	26.77	0.8154	31.15	0.9245
SRMDNF[11]	×3	34.01	0.9242	30.11	0.8364	28.98	0.8009	27.50	0.8370	32.97	0.9391
RDN[17]	×3	34.58	0.9280	30.53	0.8447	29.23	0.8079	28.46	0.8582	33.97	0.9465
RGAN(ours)	×3	34.70	0.9288	30.65	0.8462	29.32	0.8093	28.81	0.8647	34.38	0.9483
RGAN+(ours)	×3	**34.83**	**0.9296**	**30.76**	**0.8479**	**29.39**	**0.8106**	**29.04**	**0.8682**	**34.76**	**0.9502**

4. 在目标识别上的表现

图像超分辨率还可以作为高级视觉任务（如目标识别）的预处理步骤。对目标识别性能进行的评价进一步验证了该算法的有效性。如表 10-4[22]所示，RCAN 实现了 Top-1 和 Top-5 的最低错误率。这些比较进一步证明了 RCAN 具有强大的表示能力。

表 10-4　目标识别表现结果，最好结果加粗表示

Evaluation	Bicubic	DRCN[19]	FSRCNN[2]	PSyCo[45]	ENet-E[8]	RCAN	Baseline
Top-1 error	0.506	0.477	0.437	0.454	0.449	**0.393**	0.260
Top-5 error	0.266	0.242	0.196	0.224	0.214	**0.167**	0.072

5. 模型大小分析

本算法对模型大小和性能进行了比较，如图 10-6 所示。虽然 RCAN 是最深的网络，但是它的参数数量比 EDSR 和 RDN 的参数数量少。RCAN 和 RCAN+实现了更高的性能，在模型大小和性能之间有更好的权衡。这也表明，更深层次的网络可能比更广的网络更容易获得更好的性能。

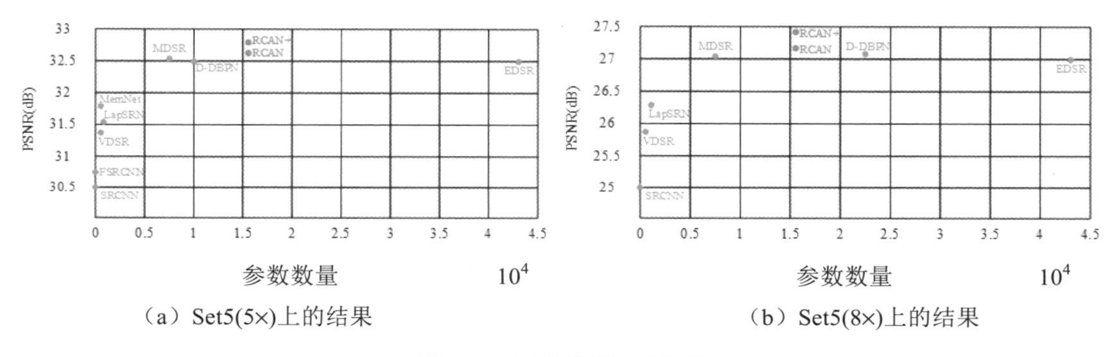

（a）Set5(5×)上的结果　　（b）Set5(8×)上的结果

图 10-6　可变性卷积偏移量

10.3　基于增强的可变形卷积网络的视频超分辨率

本节将介绍一种基于可变形卷积的视频超分辨率算法[23]，该算法通过融合金字塔级联和可变形卷积、时空注意力机制，提高了网络的卷积能力和表征能力。以下分别从存在的问题、提出的解决方案、算法具体实现细节和实验结果比较分析四个方面进行阐述。

10.3.1　视频超分辨率

视频超分辨率技术更加复杂，不仅需要生成细节丰富的一帧帧图像，还要保持图像之间的连贯性。与单张图像超分辨率不同的是，时间对齐非常重要。视频超分辨率除了可以利用帧内信息，还可以利用帧间信息，即时间冗余。通过对相邻帧信息的利用，视频超分辨率与单张图像超分辨率相比能有效降低信息冗余，最终得到图像更清晰、更一致的重建视频。

10.3.2 存在的问题

较早的研究将视频超分辨率视为图像恢复的简单扩展，没有充分利用相邻帧之间的时间冗余。最近的研究通过更复杂的流程解决了上述问题，该流程通常由四个部分组成，即特征提取、对齐、融合和重建。当视频包含遮挡、剧烈运动和严重模糊时，对齐和融合模块的设计仍存在巨大的挑战。

以下分别介绍对齐和融合两方面存在的挑战。

1. 对齐

大多数现有方法通过明确地估计参考帧及其相邻帧之间的光流场来执行对齐操作。另一个研究分支是通过动态滤波或可变形卷积来隐式实现运动补偿。但是，对于基于光流的方法来说，精确的流估计和精确的变形对齐是较为困难和耗时的。在运动幅度较大的情况下，很难显式或隐式地执行运动补偿。

2. 融合

从对齐的帧中融合特征是视频超分辨率任务中的另一个关键步骤。大多数现有的方法要么使用卷积来对所有帧进行特征融合，要么采用递归网络来逐渐融合多个帧。跨时间尺度动态融合的时间自适应网络在过去被提出过，然而这些现有的方法都没有考虑每一帧隐含的视觉信息。不过，因为一些帧或帧内的区域没有较好地对齐或者受到模糊的影响，所以不是所有的相邻帧都有益于重建。

10.3.3 针对存在的问题提出的解决方案

对于上述存在的问题，本小节介绍两种有效的基本理论与结构。

1. 可变形卷积

可变形卷积与普通卷积相比，其学习了额外的偏移量，如图 10-7 所示。这使网络能够获得偏离其常规局部领域的信息，从而提高了卷积的能力。

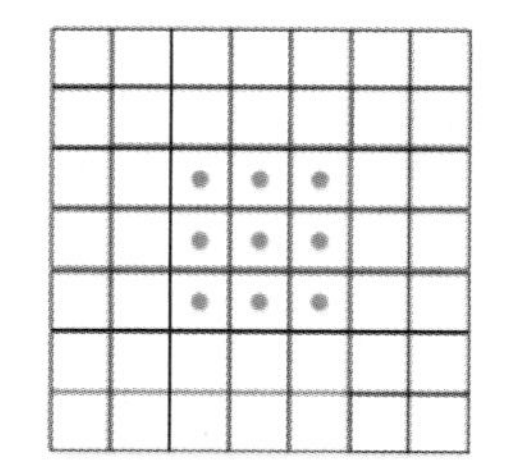
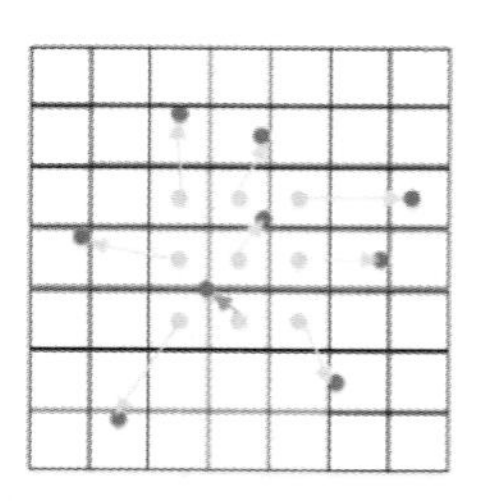
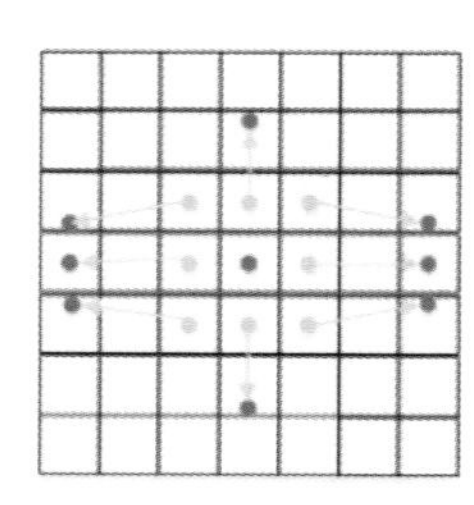
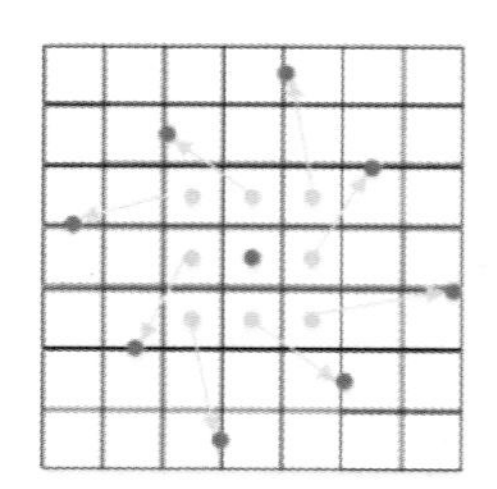

图 10-7 可变性卷积偏移量

图 10-7 展示了卷积核大小为 3×3 的普通卷积和可变卷积的采样方式。绿点为普通卷积的采样点，深蓝点为可变形卷积的采样点，浅蓝色箭头为普通卷积采样点的偏移量。

可变形卷积对于特征信息的提取灵活性大大提高，与普通卷积相比，可变形卷积的感受野能够更精确地覆盖特征位置，如图 10-8 所示。

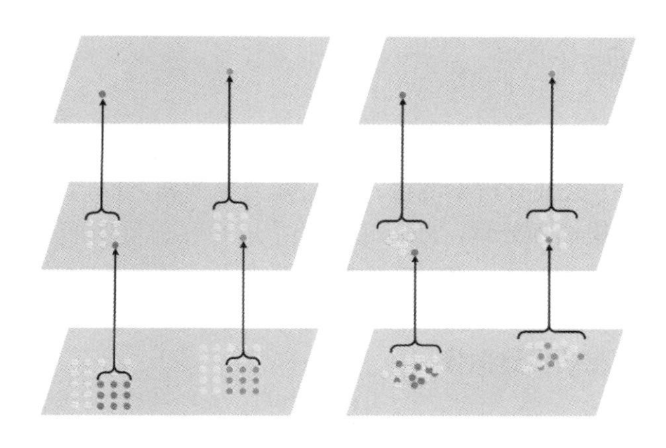

图 10-8　特征信息提取

可变形卷积广泛用于各种任务中，例如视频对象检测、动作识别、语义分割和视频超分辨率。基于可变形卷积，有研究者提出了时间可变形对齐网络，该网络是用于视频超分辨率的网络，其使用可变形卷积在特征级别上对齐输入帧，这样就无须显式地做运动估计或者图像扭曲。受时间可变形对齐网络启发，本节介绍的金字塔级联与可变形卷积模块采用可变形卷积作为特征对齐的基础。

2. 注意力机制

在超分辨率任务中，引入注意力机制来区别对待不同的通道，可以提高网络的表征能力。单张图像超分辨率方法 RCAN 指出，在直接堆叠网络结构中的块对于 PSNR 和 SSIM（结构相似度，Structural Similarity）指标的改善效果十分有限，因此直接堆叠类似 EDSR 中的块没有意义。网络的深度虽然增加了，可以认为该网络对于数据具有更加好的表征能力，但是块的堆叠并没有更好地利用深度网络中的表征能力。在网络的特征图中，不同通道的特征图捕捉的网络特征是不同的，而正是因为这些不同点对于超分辨任务中高频特征的恢复的贡献是不一样的，因此本算法提出了采用通道注意力的机制对特征图中的通道赋予不同的权重，来增加通道之间的差异性，如图 10-9 所示。

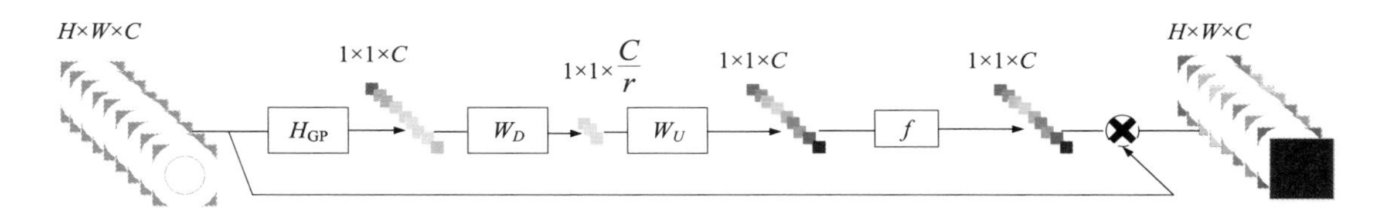

图 10-9　通道注意力机制

对于视频超分辨率任务，我们可以把单张图像的超分辨率任务中对特征图通道的注意力机制拓展到对帧间信息的注意力机制。本节提出的方法在 TSA（时空注意力，Temporal and Spatial Attention）融合模块中使用了时空注意力机制，以允许在不同的时空位置上使用不同的重点。

10.3.4 具体实现

图 10-10 显示的是基于增强的可变形卷积网络的视频超分辨率的网络结构。以超分辨率任务为例，输入 $2N+1$ 张低分辨率图像，中间帧为参考帧，前后 N 帧为输入的相邻帧。首先对输入图像进行去模糊预处理，随后进入金字塔级联与可变形卷积对齐模块对前者输出的特征图进行特征层面的对齐。将对齐的特征图输入后续的 TSA 特征融合模块，该模块会从不同的帧内获取图像信息。融合的图像信息输入重建模块后，经过上采样并与残差相加，最终得到参考帧对应的重建图像。

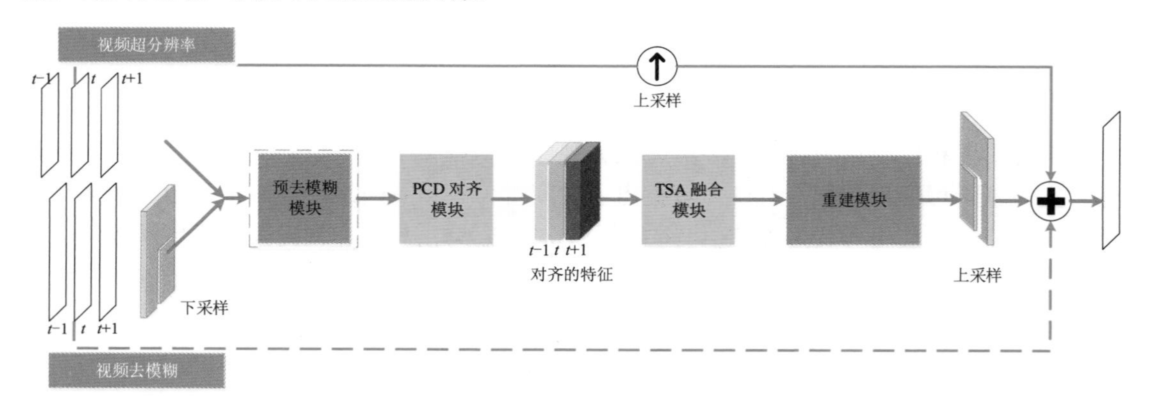

图 10-10 基于增强的可变形卷积网络的视频超分辨率的网络结构

1. 金字塔级联与可变形卷积对齐

PCD（金字塔级联与可变形卷积，Pyramid Cascading and Deformable Convolution）具体结构包含金字塔结构、级联结构与可变性卷积结构。

可变性卷积用于所有输入图像。这和光流法不同，光流法仅使用于与参考帧相邻的前一帧。令 F_t 为参考帧，则其余相邻帧可以表示为 Δm_k 。令 K 为可变形卷积的取样数量，令 ω_k 和 p_k 分别为每个取样点对应的权重以及预偏移位置，则 3×3 的卷积核对应 $K=9$，且 $p_k \in \{(-1,-1),(-1,0),\cdots(1,1)\}$ 。对于每个锚点 p_0，经过可变形卷积对齐后的帧可表示为[23]：

$$F_{t+i}^{a}\left(P_0\right)=\sum_{k=1}^{K} w_k \bullet F_{t+i}\left(P_0+P_k+\Delta P_k\right) \bullet \Delta m_k \tag{10-10}$$

其中， Δp_k 是一个可学习的量，对应每个点的额外偏移量。 Δm_k 为尺度变换量，一般来说该值可以忽略。为了使该对齐模式能够适应大尺度的运动，本小节使用了在光流法中常用的金字塔级联结构，如图 10-11 所示。

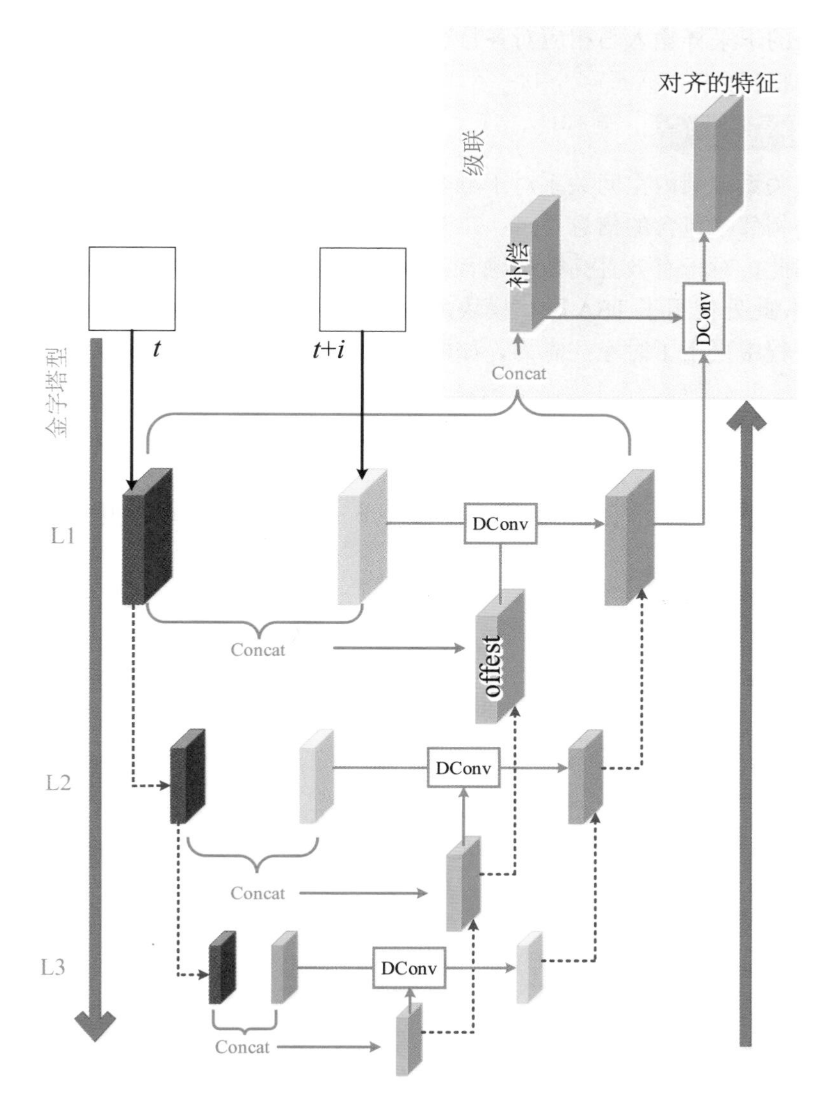

图 10-11 金字塔级联结构

如图 10-11 所示，通过步长为 2 的跨步卷积将输入图像进行二倍下采样，共下采样三次。以 L3 层为例，将每帧得到的对应层特征图串联起来。因为是最后一层，没有上一层的偏移信息的输入，所以直接使用串联后的特征图得到每个采样点对应的偏移量。对于 L2 来说，输入的信息还含有 L3 层的偏移量，如下式[23]所示：

$$\Delta P_{t+i}^{l} = f([F_{t+i}, F_{t}], (\Delta P_{t+i}^{l+1})^{\uparrow 2}) \tag{10-11}$$

使用该偏移量对相邻帧做可变形卷积，非最后层的还需要加上上一层的对齐特征，经过额外的卷积层得到当前层的对齐特征，如下式[23]所示：

$$(P_{t+i}^{a})^{l} = g(\mathrm{DConv}(F_{t+i}^{l}, \Delta P_{t+i}^{l}), ((F_{t+i}^{a})^{l+1})^{\uparrow 2} \tag{10-12}$$

最后将 L1 层的下采样输入与相应对齐特征串联后产生的偏移与相邻帧做可变形卷积，最终得到对齐的特征。

2. 时空注意力融合

帧间时间关系和帧内空间关系对于融合至关重要，一是由于遮挡、模糊区域和视差的问题，不同的相邻帧包含的信息不同；二是前一对齐阶段引起的误对齐和未对准不利于随后的重建。因此，对于有效且高效的融合，以像素级动态聚合相邻帧是必不可少的。为了解决上述问题，此处使用了 TSA 融合模块，以在每个帧上分配像素级聚合权重。具体来说，我们在融合过程中采用了时空注意力，如图 10-12 所示。

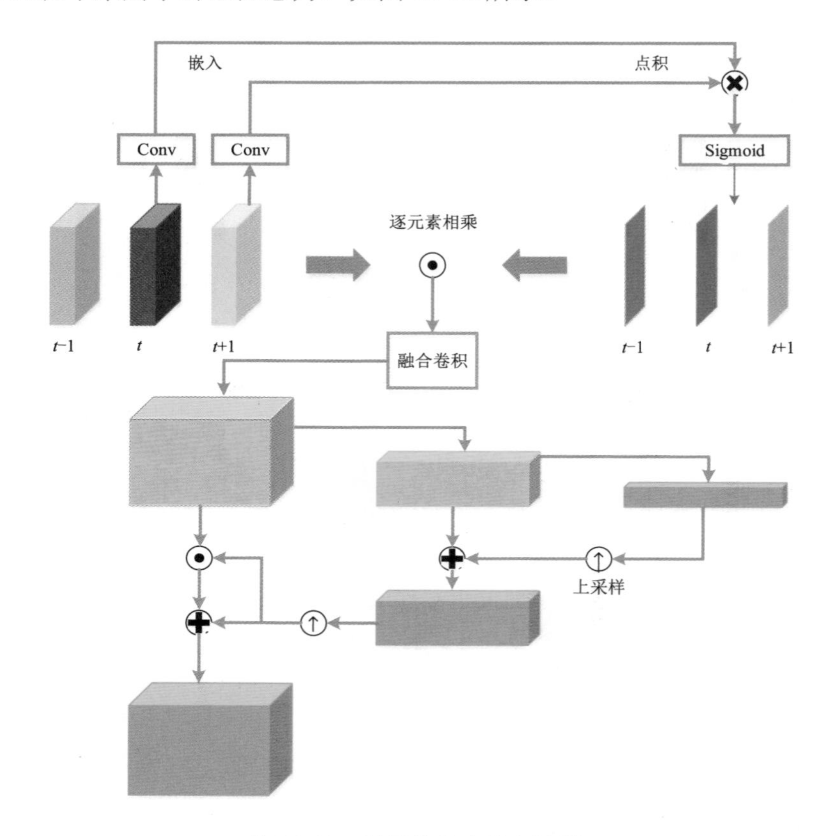

图 10-12　时空注意力融合过程

使用时空注意力机制的目的是计算得到 Embedding 空间的帧间相似度，即应该更加注意与参考帧更相似的相邻帧。对于所有的 $i \in [-N:+N]$，其相似距离度量 h 可以表示为[23]：

$$h(F_{t+i}^{a}, F_{t}^{i}) = \text{sigmoid}(\theta(F_{t+i}^{a})^{T} \phi(F_{t}^{a})) \tag{10-13}$$

其中，$\theta(F_{t+i}^{a})$ 与 $\phi(F_{t}^{a})$ 是对应输入帧的两个 Embedding，可由简单的卷积层获得。Sigmoid 是为了将输出限制在[0,1]之间，以稳定训练。随后，与原对齐后的特征图进行像素级点乘得到经过时间注意力机制处理后的特征 $\tilde{F}_{t+i}^{a}$，然后经过一个卷积层来融合这些特征，如下式[23]所示：

$$\tilde{F}^a_{t+i} = F^a_{t+i} \odot h(F^a_{t+i}, F^a_t),$$
$$F_{fusion} = \text{Conv}([\tilde{F}^a_{t-N}, \cdots, \tilde{F}^a_t, \cdots, \tilde{F}^a_{t+N}]) \quad (10\text{-}14)$$

空间注意力所需要的掩膜由融合后的特征计算得出，使用如图 10-11 所示的金字塔结构来增加注意力的感受野。最后，将融合后的特征与计算得到的空间注意力掩膜在像素级别上点乘与相加，得到最终的输出。

10.3.5　实验对比

1. 消融实验

为了证实本节提出的算法是有效的，本小节对各模块以消融实验的方法进行测试，如表 10-5[23]所示。

表 10-5　各模块消融实验测试结果

模块	模块 1	模块 2	模块 3	模块 4
PCD	×(1 DConv)	×(4 DConv)	✓	✓
TSA	×	×	×	✓
PSNR	29.78	29.98	30.39	30.53
FLOPs	640.2G	932.9g	939.3g	936.5g

（1）PCD 对齐模块

消融实验使用 Model1 作为基准，仅使用一个可变形卷积用于特征对齐。Model2 采用时间可变形对齐网络的设计，使用四个可变形卷积用于对齐，在 PSNR 上得到了 0.2dB 的性能提升。Model3 采用了本节设计的 PCD，与 Model2 相比提升了 0.4dB，同时计算量基本相同，这充分地体现了 PCD 对齐模块的有效性，如图 10-13 所示。

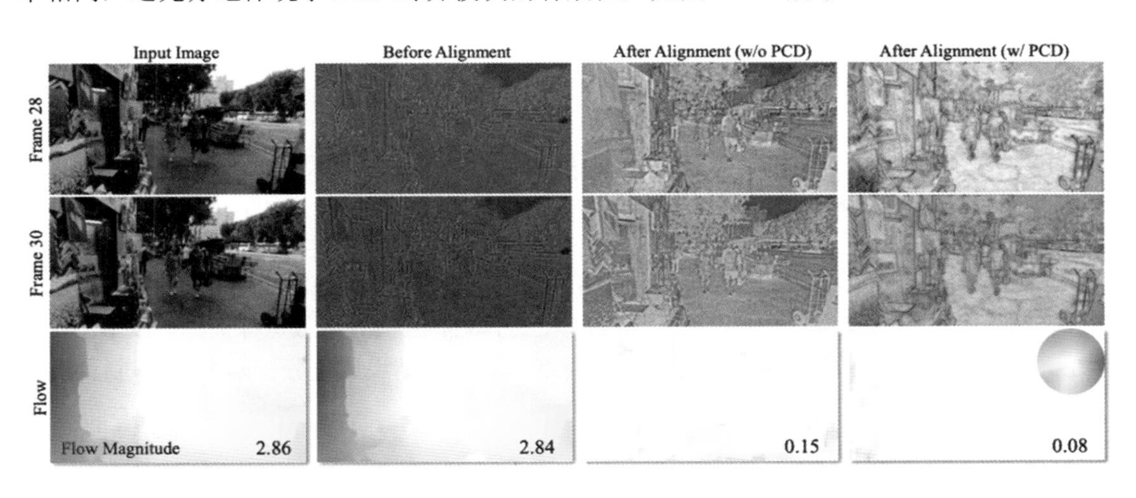

图 10-13　PCD 对齐后的特征图像以及光流

图 10-13 显示了对齐前、未使用 PCD 对齐后、使用 PCD 对齐后的特征图像以及光流。与没有 PCD 对齐的光流相比，PCD 输出的光流要更小、更干净，这表明 PCD 模块可以有效地处理大型和复杂的运动。

（2）TSA 注意力模块

加入 TSA 注意力模块后，在与 Model3 相似的计算量下，得到了 0.13dB 的性能提升。图 10-14 显示了参考帧与相邻帧之间的光流图与时间注意力。

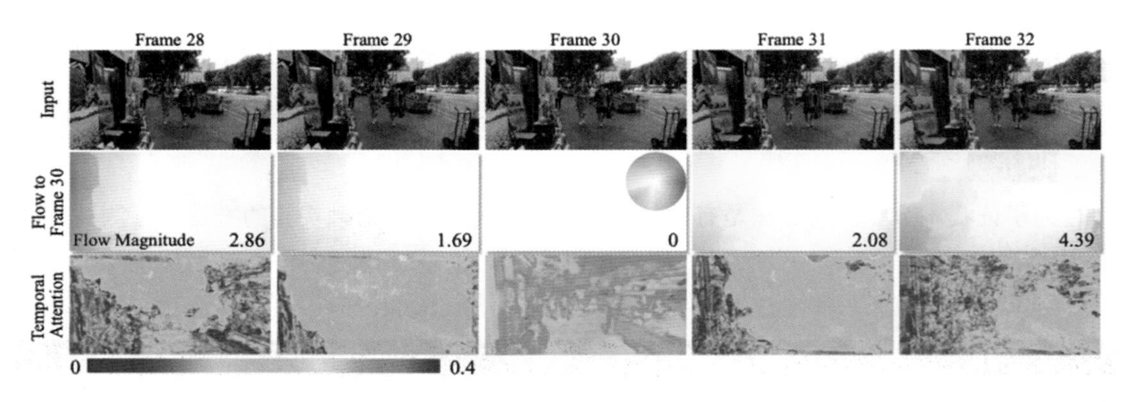

图 10-14　参考帧与相邻帧之间的光流图与时间注意力

从图 10-14 可以看出，光流越小，所得到的时间注意力越多。这表明运动越小的相邻帧能够获取到的信息越多。

2. 优势与特点

本节介绍的方法在 NTIRE2019（2019 图像恢复和增强的新趋势研讨会和挑战赛，2019 New Trends in Image Restoration and Enhancement workshop and challenges）中获得第一名。这是一个具有独特设计的统一框架，可以在各种视频超分辨率任务中实现良好的对齐和融合特征。得益于 PCD 对齐模块和 TSA 融合模块，该框架不仅在 NTIRE2019 中赢得冠军，而且在视频超分辨率和去模糊的多个基准上均表现出优于现有其他方法的性能。

10.4　真实原始传感器数据的超分辨率重建

本节将介绍一种真实原始传感数据的超分辨率重建算法[24]，该算法不再使用 RGB 图像进行训练，而是使用原始传感器图像，同时加入上下文双边损失函数进行训练。以下分别从存在的问题、提出的解决方案、算法具体实现细节和实验结果比较分析四个方面进行阐述。

10.4.1　存在的问题

近期，图像超分辨率的研究大都集中于使用精心设计、更深的网络结构在大规模的数据集上训练学习，这在标准数据集上测试时取得了良好的表现。但是，这些方法运用到实际生活中，效果却不尽人意，主要是以下两个方面导致的。首先，它们都是在合成数据集下进行的超分辨率重建，其中输入图像是由高分辨率图像降采样而得的，这间接地降低了输入中的噪声水平，并不符合真实场景中低分辨率图像的噪声分布。实际上，远处物体在曝光时间内进入光圈的光子较少，因此图片中远处物体的区域往往包含更多的噪声。其次，目前的图像超分辨率算法处理的都是 8 比特的 RGB 图像，这些图像是由相机 ISP（图像信号处理，Image Signal Processing）处理而得的，ISP 处理原始传感器数据时，通常将其中的高频信号用于其他目的（例如降噪）。

我们为什么不在更真实的数据集上信息训练呢？在原始数据上操作，能获得更多的图像细节，而将真实传感器数据作为输入应用于超分辨率重建的基本难点是：如何获取低分辨率原始图像相应的高分辨率图像。

10.4.2　针对问题提出的解决方案

面对真实传感器图像的训练难题，有一种解决思路是建立合成噪声模型，让 8 比特 RGB 图像经过该模型来产生传感器数据。但是对真实传感器的噪声建模是十分困难的，因为传感器的噪声来源多种多样，主要有颜色串扰以及传感器表面的微几何和微光学效应。我们选择使用变焦镜头拍摄的图像来构建数据集——原始超分辨率。

在用原始超分辨率数据集进行超分辨率训练时，产生了新的问题：源图像和目标图像不能完全对齐。这是因为源图像和目标图像是在相机的不同设置下拍摄的。源图像与目标图像的失配有以下三种典型类型，如图 10-15 所示。

图 10-15　源图像与目标图像失配的三种典型类型

图 10-15 的左图表示的是图片中的透视位移，物体间相对距离发生了变化，由于拍摄源图像和目标图像时改变了焦距，即使相机本身未发生移动，但还是不可避免地产生了一些角度偏差；中图是指两图的景深（depth-of-field）差异；右图是图像分辨率的失配，这会导致两图像对齐时，高分辨率图像较为锐利的边缘难以和低分辨率图像的模糊边缘对齐。上述种种图像失配将导致原有的像素级损失函数不再适合作为训练时的目标函数。当图片像素达到 800 万级别时，这种失配将带来两者图像的 40～80 个像素点的偏移，因此，我们采取了一种新的损失函数——上下文双边损失。

10.4.3　具体实现细节

综上所述，基于真实传感器数据的超分辨率重建主要分为两部分内容：原始超分辨率数据集和上下文双边损失函数。

1. 原始超分辨率数据集

我们使用 24～240mm 焦距的变焦镜头来收集不同焦距下的图像对。在每个场景下，分别使用 7 组不同的焦距进行拍摄，总共在 500 个室内外场景下进行了图像采集。图 10-16 展示了一个场景下的拍摄情况。

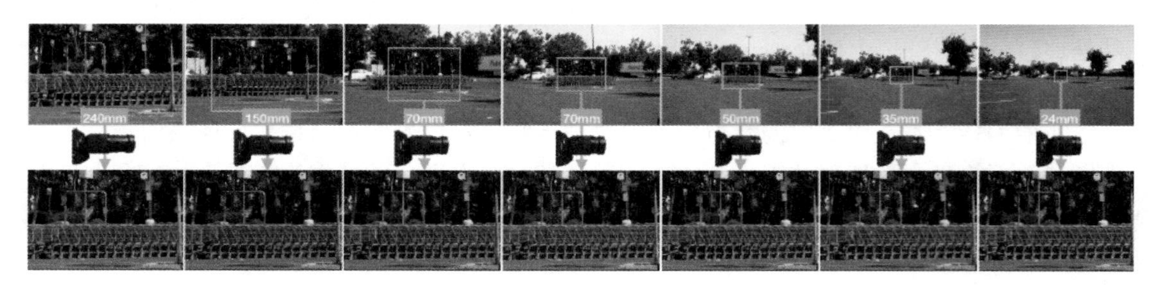

图 10-16 不同焦距下的图像对

拍摄时，为了尽可能减小焦距变化带来的图像失配现象，相机的设置十分重要。第一，是光圈的设置。由于焦距变化带来景深变化，我们难以通过调整光圈大小来保证七个焦距下的景深都一样，因此，我们选择了一个较小的光圈（至少 $f/20$）来尽可能缩小景深的差异，但这仍然无法完全避免景深带来的图像失配。第二，同一个场景的照片使用相同的曝光时间，以尽可能使噪声不受焦距变化的影响，但由于快门和镜头的机械操作，这些动作引起的光线变化是不可避免的。第三，我们的相机镜头是 Sony FE 24～240mm，这需要与拍摄物体保持至少 56.4m 的距离，才能使相距 5m 的物体之间产生小于一个像素单位的透视位移，所以，我们数据集中避免了拍摄近距离物体。

训练时，我们将短焦距设置下拍摄的原始传感器图像作为低分辨率图像，长焦距下的 RGB 图像作为高分辨率图像（原始传感器图像经过 IPS 处理后得到 RGB 图像）。然后截取两者之间相同的视图区域，原始传感器图像的部分作为超分辨率网络的输入，RGB 图像的部分作为网络的真实图像。例如，进行四倍超分辨率训练时，输入是 35mm 焦距的原始传感器图像的部分视图，则真实图像应选取 140mm 焦距的 RGB 图像。这时，可能会出现光学变焦和目标变焦不完全匹配的问题，例如，35mm 焦距下选取的视图和 140mm 焦距下选取的视图未必恰好成 4 倍比例的大小关系，这时需要在网络中添加一个 1.07 的比例偏移量。

2. 上下文双边损失函数

上下文双边损失函数是为了解决训练图像的失配问题而提出的，它是基于上下文损失函数改进而来的。上下文损失函数就是用于不对齐的数据的训练的，它把源图像 P 看作特征点 $p_{i\,i=1}^{\,N}$ 的集合，目标图像 Q 看作特征点 $q_{j\,j=1}^{\,M}$ 的集合。对于每个源图像的特征 p，基于最近邻原则去匹配 q，以满足 $q = \arg\min_q D(p,q_j)_{j=1}^M$ 其中 $D(p,q)$ 表示两者距离。对于给定的输入图像 P 和目标图像 Q，上下文损失函数致力于最小化所有匹配特征的总距离，表达式[24]如下：

$$\mathrm{CX}(P,Q)=\frac{1}{N}\sum_{i}^{N}{}_{j=1,\dots M}\min(D_{p_i,q_j}) \tag{10-15}$$

其中，N，M 代表特征点的数量

然而使用上下文损失函数在原始超分辨率数据集训练会在输出图像上产生严重的伪像，如图 10-17 所示。我们认为这是由于上下文损失函数中特征匹配不准确造成的，其中只有 43.7%的源图像特征能唯一匹配目标图像中的特征。

图 10-17 使用上下文损失函数训练的输出图像

在保留边缘的双边滤波器的启发下，我们提出将空间像素坐标和像素级 RGB 信息融入图像特征中，进而提出了上下文双边损失函数[24]：

$$\mathrm{CoBi}(P,Q)=\frac{1}{N}\sum_{i}^{N}{}_{j=1\dots M}\min(D_{p_i,q_j}+w_s D'_{p_i,q_j}) \tag{10-16}$$

其中 $D'_{p_i,q_j}=\|(x_i,y_i)-(x_j,y_j)\|_2$，$(x_i,y_i),(x_j,y_j)$ 分别为特征 p，q 的空间坐标。利用上下文双边损失函数训练模型得到的一对一特征匹配百分比从 43.7%上涨到 93.9%。

进一步地，我们在不同的特征空间对上下文双边损失函数进行了实验，发现在 RGB 空间，和深度感知特征的结合能产生最好的效果。其中深度感知特征由预训练好的 VGG-19 提取而得，选择了 Conv1_2、Conv2_2、Conv3_2 作为深度特征，并利用余弦距离衡量特征的相似度，总的损失函数定义为[24]：

$$\mathrm{CoBi}_{\mathrm{RGB}}(P,Q,n)+\lambda\mathrm{CoBi}_{\mathrm{VGG}}(P,Q) \tag{10-17}$$

其中 n 表示图像获取过程中所受到的独立加性噪声，对于一般的相机来说，n 通常为独立同分布高斯白噪声。λ 为参数，控制上下文双边损失函数在总的损失函数中的权重。

10.4.4 实验对比

我们在原始超分辨率数据集上训练了 4 倍和 8 倍的超分辨率网络，网络结构采用了 16 层的 ResNet 模型，并加了一个 $\log_2 N+1$ 的上采样层，其中 N 表示放大倍数。我们将数据集中的 500 组图像按 80:10:10 的比例划分训练、验证和测试集，训练时，随机截取原始传感器图片中的 64×64 部分作为训练输入。

我们对比了目前基于 RGB 图像的超分辨率方法，还用我们的方法在不同的数据源上训练，进行了消融实验。所有的实验都是在原始超分辨率上进行的测试。

1. 消融实验

为了印证使用原始传感器数据训练的好处，我们在三种数据源上用该方法进行了训练。首先，采用 IPS 处理后的 RGB 图像来训练，其中输入不是使用一般的超分辨率方法中采取的通过下采样而得的 RGB 图片，而是使用短焦距拍摄的 RGB 图像作为输入，相应地使用长焦距拍摄的 RGB 图像作为真实图像。其次，使用经过合成的原始数据来代替真实传感器数据进行训练。最后，自然是我们采纳的原始传感器图像。我们采用了标准的 SSIM、PSNR 和学习感知图像块相似性指标去进行实验评估。学习感知图像块相似性是新近提出的学习感知度量，它使用预训练好的网络去测量图像的相似性。实验结果如表 10-6[24]所示。

表 10-6 消融实验结果

	4 倍			8 倍		
	SSIM ↑	PSNR ↑	LPIPS ↓	SSIM ↑	PSNR ↑	LPIPS ↓
我们的 png 图片	0.589	22.34	0.305	0.638	21.21	0.584
我们合成的原始数据	0.677	23.98	0.231	0.643	22.02	0.473
我们的方法	0.781	26.88	0.190	0.779	24.73	0.311

由表 10-6 可知，在原始传感器图像上训练的效果明显优于在 RGB 图像及合成图像上训练的效果。其中，虽然合成图像相比于 RGB 图像已有一定的提升，但合成模型始终难以表现出真实传感器的特性，传感器中复杂的噪声模型也很难参数化。

2. 与其他超分辨率方法的对比

我们选取了当前几个具有代表性的分辨率模型进行实验对比，其中有采用生成对抗网络的超分辨率生成对抗网络、超分辨率残差网络、拉普拉斯金字塔网络，这些网络展现了不同的网络结构，另外还有 Johnson 等人提出的基于感知损失的方法，以及在知觉超分辨率挑战大赛取得冠军的感知图像的恢复与处理等方法。

除了 Johnson 的方法，我们都对上述超分辨率方法在 SR-RAW 数据集上进行了微调学习，训练方法是当前主流的步骤：输入的低分辨率图像是由目标图像下采样而得。然而，这种迁移却使得它们的表现出现了少许的下降，因此我们直接采用这些未经迁移的已训练好的模型。对于 Johnson 的方法，由于它没有预训练好的模型，我们就直接在原始超分辨率上进行了训练。实验结果如表 10-7[24]所示。

表 10-7　几种超分辨率方法的实验结果

	4 倍			8 倍		
	SSIM ↑	PSNR ↑	LPIPS ↓	SSIM ↑	PSNR ↑	LPIPS ↓
双三插值算法	0.615	20.15	0.344	0.488	14.71	0.525
SRGAN[19]	0.384	20.31	0.260	0.393	19.23	0.395
SRResnet[19]	0.683	23.13	0.364	0.633	19.48	0.416
LapSRN[18]	0.632	21.01	0.324	0.539	17.55	0.525
Johnson et al.[13]	0.354	18.83	0.270	0.421	18.18	0.394
ESRGAN[30]	0.603	22.12	0.311	0.662	20.68	0.416
我们的方法	0.781	26.88	0.190	0.779	24.73	0.311

我们可以看到，无论是在 4 倍还是在 8 倍超分辨率重建上，我们的方法都在各个评价指标上取得了最好的结果。而现有的超分辨率架构在真实的传感器图像上表现效果不尽如人意，由于它们的输入图像都是下采样，并且都是 8 比特图像，SRGAN 常常产生伪像，导致 SSIM 和 PSNR 评分较低，而双三次上采样和超分辨率残差网络生成的图像较为模糊，使学习感知图像块相似性评分不佳。我们的方法采用的是更高比特（12～14 比特）的原始数据进行训练，可以有效地恢复高保真度的视觉信息。

10.5　超分辨率重建未来趋势

近年来，随着大规模数据集的建立以及深度学习算法的发展，基于深度学习的超分辨率技术在现在普遍使用的 PSNR 和 SSIM 两个评价标准以及人眼感受质量上明显地优于传统的方法，但是现有的研究中仍有一些不足之处等待着人们去进一步探索。

1. 更有效的网络结构

在基于深度学习的超分辨率技术中，我们寻找一种可以将低分辨率图像映射到高分辨率图像的手段，而它常体现为每种超分辨率方法所使用的网络结构。为获得更好的重建质量，需要我们更小心地设计所使用的网络结构，现有的文献中已经提出了很多很有效的网络结构并取得了不错的成果，但仍有一些可进一步改进之处。融合网络中不同尺度、不同层次等各种可利用的信息，利用深度学习强大的学习能力来挖掘这些信息间的联系以用于高分辨率图像的重建；可以自适应地根据图像内容提取有用信息来得到更具体的重建；在已有的研究中，绝大部分只适用单尺度或多个整数尺度的放大，但在现实生活中，我们在缩放图片时往往是比较随意的，因此设计适用于任意缩放比例的超分辨网络也是很重要的研究方向；在现有的研究中，图像的上采样大多采用反卷积（也称转置卷积）或者亚像素卷积，反卷积容易产生棋盘格效应，亚像素卷积与转置卷积相比，最大的优势在于神经元的感受野较大，可以为超分辨率重建提供更多上下文信息，但是这些神经元感受野的分布是不均匀的，像素重组（pixel shuffle）操作中同一个小块状区域的感受野相同，容易在一些边缘区域产生伪影现象，这促使我们设计一种更好的上采样方法。

2. 更合理的评价标准及更合适的损失函数

PSNR 与 SSIM 是超分辨率最常采用的评价标准。但是，PSNR 倾向于导致过度的平滑，并且结果在几乎无法区分的图像之间经常发生巨大的变化。SSIM 在亮度、对比度和结构方面进行评估，但仍无法准确测量图像感知质量。此外，MOS 最接近人类的视觉响应，但是需要大量的人力和精力并且不可复制。因此，迫切需要用于评估重建质量的更准确的度量标准。在实践中，为了达到更好的效果，损失函数通常是加权组合的，而超分辨率的最佳损失函数仍不清楚。因此，最有前途的方向之一是探索这些图像之间的潜在相关性，并寻求更准确的损失函数。

3. 更丰富合理的数据集

在已有的超分辨率方法中，大多数为有监督的方法，这需要我们提供 LR-HR 图像对，而在现有文献中使用的数据集中，低分辨率图像大多数是通过人为设定的下采样方式获得的，无法概括现实世界中复杂多样的退化模式，这也造成已有的超分辨率方法在真实场景下的效果并不理想。提供更为丰富合理的数据集也是超分辨率进一步发展的方向。

超分辨率重建有着广泛的应用场景，有着重大的理论和实践价值。上面提了一些典型的有待研究方向，除此之外，如无监督的超分辨率技术、更好的学习策略和更轻量化的网络等都是值得进一步研究的方向。

本章参考文献

[1] LI X, ORCHARD M T. New edge-directed interpolation[J]. IEEE transactions on image processing, 2001, 10(10): 1521-1527.

[2] ZHANG X, MA S, ZHANG Y, et al. Nonlocal edge-directed interpolation[C].Pacific-Rim Conference on Multimedia. Springer, Berlin, Heidelberg, 2009: 1197-1207.

[3] WEI Z, MA K K. Contrast-guided image interpolation[J]. IEEE Transactions on Image Processing, 2013, 22(11): 4271-4285.

[4] TSAI R Y, HUANG T S. Advances in Computer Vision and Image Processing[J]. Proceeding of Inst. Elect. Eng, 1984, 1: 317-339.

[5] STARK H, OSKOUI P. High-resolution image recovery from image-plane arrays, using convex projections[J]. JOSA A, 1989, 6(11): 1715-1726.

[6] STARK H, OLSEN E T. Projection-based image restoration[J]. JOSA A, 1992, 9(11): 1914-1919.

[7] OGAWA T, HASEYAMA M. Missing intensity interpolation using a kernel PCA-based POCS algorithm and its applications[J]. IEEE Transactions on Image Processing, 2010, 20(2): 417-432.

[8] IRAIN M, PELEG S. Improving resolution by image registration[J]. CVGIP: Graphical models and image processing, 1991, 53(3): 231-239.

[9] RASTI P, DEMIREL H, AANBARJAFARI G. Improved iterative back projection for video super-resolution[C].2014 22nd Signal Processing and Communications Applications Conference (SIU). IEEE, 2014: 552-555.

[10] TOM B C, KATSAGGELOS A K. Reconstruction of a high-resolution image by simultaneous registration, restoration, and interpolation of low-resolution images[C].Proceedings., International Conference on Image Processing. IEEE, 1995, 2: 539-542.

[11] SCHULTZ R R, STEVENSON R L. Extraction of high-resolution frames from video sequences[J]. IEEE transactions on image processing, 1996, 5(6): 996-1011.

[12] CHANTAS G K, GALATSANOS N P, WOODS N A. Super-resolution based on fast registration and maximum a posteriori reconstruction[J]. IEEE Transactions on Image Processing, 2007, 16(7): 1821-1830.

[13] SHEN H, ZHANG L, HUANG B, et al. A map approach for joint motion estimation, segmentation, and super resolution[J]. IEEE Transactions on Image processing, 2007, 16(2): 479-490.

[14] YANG J, WRIGHT J, HUANG T S, et al. Image super-resolution via sparse representation[J]. IEEE transactions on image processing, 2010, 19(11): 2861-2873.

[15] SONG B C, JEONG S C, CHOI Y. Video super-resolution algorithm using bi-directional overlapped block motion compensation and on-the-fly dictionary training[J]. IEEE Transactions on Circuits and Systems for Video Technology, 2010, 21(3): 274-285.

[16] PELEG T, ELAD M. A statistical prediction model based on sparse representations for single image super-resolution[J]. IEEE transactions on image processing, 2014, 23(6): 2569-2582.

[17] SAJJAD M, MEHMOOD I, BAIK S W. Image super-resolution using sparse coding over redundant dictionary based on effective image representations[J]. Journal of Visual Communication and Image Representation, 2015, 26: 50-65.

[18] ZEYDE R, ELAD M, PROTTER M. On single image scale-up using sparse-representations[C].International conference on curves and surfaces. Springer, Berlin, Heidelberg, 2010: 711-730.

[19] DONG C, LOY C C, HE K, et al. Learning a deep convolutional network for image

super-resolution[C].European conference on computer vision. Springer, Cham, 2014: 184-199.

[20] DONG C, LOY C C, TANG X. Accelerating the super-resolution convolutional neural network[C].European conference on computer vision. Springer, Cham, 2016: 391-407.

[21] SHI W, CABALLERO J, HUSZAR F, et al. Real-time single image and video super-resolution using an efficient sub-pixel convolutional neural network[C].Proceedings of the IEEE conference on computer vision and pattern recognition. 2016: 1874-1883.

[22] ZHANG, YULUN, et al. Image super-resolution using very deep residual channel attention networks. In: Proceedings of the European Conference on Computer Vision (ECCV). 2018. p. 286-301.

[23] WANG X, CHAN K, YU K, et al. EDVR: Video Restoration with Enhanced Deformable Convolutional Networks. 2019 IEEE/CVF Conference on Computer Vision and Pattern Recognition Workshops (CVPRW). IEEE, 2019.

[24] ZHANG, XUANER, et al. Zoom to learn, learn to Zoom. In: Proceedings of the IEEE Conference on Computer Vision and Pattern Recognition. 2019. p. 3762-3770.

第 11 章 图像去噪技术

在图像的获取过程中，噪声的干扰不可避免，这些噪声会对图像的质量造成不同程度的降低，影响后续的图像分析应用等一系列视觉任务。因此图像去噪技术极为关键，其目的是在尽可能保持原始信息完整性的同时，去除其中无用的信息。本章首先概述图像去噪技术的基本理论，然后沿着对噪声研究逐渐深入的思路，先是基于高斯噪声模型，然后基于未知噪声模型，最后基于真实噪声，分别介绍去噪算法，并在本章结尾总结发展趋势。

11.1 图像去噪技术概述

本节首先介绍图像去噪技术的基本理论和模型，然后对现存算法简单介绍，最后介绍与图像去噪相关的评价标准。

11.1.1 图像去噪基本理论与模型

图像伴随噪声是图像退化的表现形式之一，噪声图像的模型如式(11-1)所示。

$$y = x + \sigma \tag{11-1}$$

x 是原始干净图像，σ 是引入的噪声，y 是最终呈现出的带噪声图像。图像去噪技术旨在从 y 中恢复出 x，这是一个不适定问题，即没有一个特定目标，存在多种可能的解。

在当前的去噪问题研究中，噪声图像通常是对干净图像人工添加合成噪声得到的，合成噪声多为 AWGN（加性高斯白噪声，Additive White Gaussian Noise），用高斯分布的标准差来表征噪声强度，在此前提下对图像去噪进行研究。

11.1.2 图像去噪算法

对图像去噪的研究持续已久。传统的去噪主要分为空域去噪算法和变换域去噪算法。其中，在变换域的 BM3D（块匹配和三维滤波，Block-Matching and 3D filtering）曾经是公认的最优秀的去噪算法。近些年，随着深度学习的兴起，这一技术也被应用在了图像去噪领域，11.2 节、11.3 节和 11.4 节为基于深度学习的去噪算法的三个具体例子。

1. 空域像素特征去噪算法

基于空域像素特征的方法，是通过分析在一定大小的窗口内，中心像素与其他相邻像素之间在灰度空间的直接联系，来获取新的中心像素值的方法。通常存在一个典型的输入参数，即滤波半径 r。该半径用于在该局部窗口内计算像素的相似性，或用于定义高斯或拉普拉斯算子的计算半径。下面介绍几种代表性的邻域滤波方法。

1）算术均值滤波

算术均值滤波用像素邻域的平均灰度来代替像素值，适用于脉冲噪声，因为脉冲噪声的灰度级一般与周围像素的灰度级不相关，而且亮度高出其他像素许多。均值滤波公式如式(11-2)所示。

$$A'(i,j)=\frac{1}{(2L+1)^2}\sum_{k=-L}^{L}\sum_{l=-L}^{L}A(i+k,j+l) \tag{11-2}$$

均值滤波结果 $A'(i,j)$ 随着 L（滤波半径）取值的增大而变得越来越模糊，图像对比度越来越小。经过均值处理之后，噪声部分被弱化到周围像素点上，所得到的结果是噪声幅度减小，但是噪声点的颗粒面积同时变大，所以污染面积反而增大。为了解决这个问题，可以通过设定阈值，比较噪声和邻域像素灰度，只有当差值超过一定阈值时，才被认为是噪声。不过阈值的设置需要考虑图像的总体特性和噪声特性，进行统计分析。自适应均值滤波算法通过方向差分来寻找噪声像素，从而赋予噪声像素与非噪声像素不同的权重，并自适应地寻找最优窗口大小，这种算法优于一般的均值滤波方法。

2）高斯滤波

高斯滤波矩阵的权值，随着与中心像素点的距离增加，而呈现高斯衰减的变换特性。这样的好处在于，离算子中心很远的像素点的作用很小，从而能在一定程度上保持图像的边缘特征。通过调节高斯平滑参数，可以在图像特征过分模糊和欠平滑之间取得折中。与均值滤波一样，高斯平滑滤波的尺度因子越大，结果越平滑，但由于其权重考虑了与中心像素的距离，因此是更优的对邻域像素进行加权的滤波算法。

3）中值滤波

中值滤波首先确定一个滤波窗口及位置（通常含有奇数个像素），然后将窗口内的像素值按灰度大小进行排序，最后取其中位数代替原窗口中心的像素值，如图 11-1 所示。

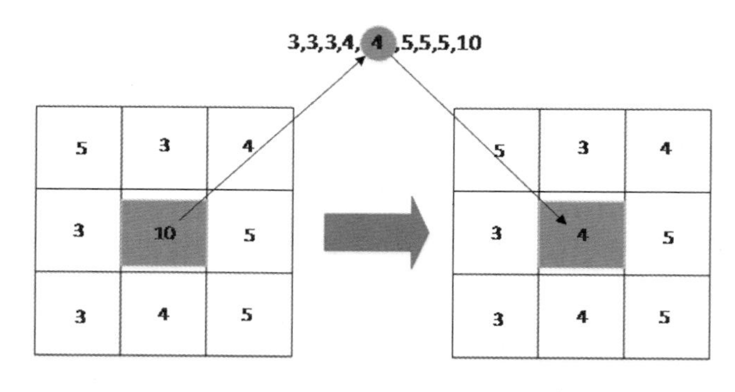

图 11-1　中值滤波的示意图

但当噪声像素个数多于窗口像素总数的一半时，由于灰度排序的中间值仍为噪声像素灰度值，会导致滤波效果不理想。此时如果增加窗口尺寸，会使得原边缘像素更容易被其他区域像素代替，从而导致图像变模糊，并且运算量也会大大增加。

中值滤波和加权滤波受窗口尺寸的影响非常大。自适应中值滤波是对中值滤波的改进，如果窗口内部的中心像素不是一个脉冲，则输出标准中值滤波的结果；否则通过继续增大窗口滤波尺寸来寻找非脉冲的中值。

4）双边滤波

双边滤波是一种非线性的保边滤波方法，同时考虑空域信息和灰度相似性，达到保边去噪的目的，是结合图像的空间邻近度和像素值相似度的一种折中处理。特点是简单、无须迭代和局部处理。双边滤波器是由两个函数构成的，因此可以保边去噪。一个函数是由几何空间距离决定滤波器系数，如式(11-3)所示。另一个函数如式(11-4)所示，由像素差值决定滤波器系数。在双边滤波器中，输出像素的值 $g(i,j)$ 依赖于邻域像素的值的加权组合。

$$g(i,j)=\frac{\sum_{k,l}f(k,l)w(i,j,k,l)}{\sum_{k,l}w(i,j,k,l)} \tag{11-3}$$

$$\boldsymbol{W}(i,j,k,l)=\exp(-\frac{(i-k)^2+(j-l)^2}{2\sigma_d^2}-\frac{\|f(i,j)-f(k,l)\|}{2\sigma_r^2}) \tag{11-4}$$

权重系数 $\boldsymbol{W}(i,j)$ 取决于空域核和值域核的乘积，其中 $f(i,j)$ 表示像素值，σ_d^2 和 σ_r^2 表示方差空域滤波器对空间上邻近的点进行加权平均，加权系数随着距离的增加而减少，值域滤波器则是对像素值相近的点进行加权平均，加权系数随着值差的增大而减少。

5）引导滤波

高斯滤波等线性滤波算法所用的核函数相对于待处理的图像是独立的，这里的独立也就意味着，对任意图像都是采用相同的操作。

引导滤波就是在滤波过程中加入引导图像中的信息，这里的引导图可以是单独的图像也可以是输入图像，当引导图为输入图像时，引导滤波就成了一个可以保持边缘的去噪滤波操作。具体算法原理如式(11-5)和式(11-6)所示。

$$q_i=a_kI_i+b_k,\forall i\in w_k \tag{11-5}$$

$$q_i=p_i-n_i \tag{11-6}$$

其中，q 是输出像素的值，即 p 去除噪声或者纹理之后的图像，n_i 表示噪声，I 是输入图像的值，i 和 k 是像素索引，a 和 b 是当窗口中心位于 k 时该线性函数的系数。当引导图为输入图像时，引导滤波就成为一个保持边缘的滤波操作，即 $I=p$，对上式两边取梯度可得 $q=aI$，即当输入图 I 有梯度时，输出 q 也有类似的梯度，这也就可以解释为什么引导滤波有边缘保持特性了。相关的系数由式(11-7)和式(11-8)求得。

$$a_k=\frac{\sigma_k^2}{\sigma_k^2+\varepsilon} \tag{11-7}$$

$$b_k=(1-a_k)\mu_k \tag{11-8}$$

其中σ_k^2表示I在局部窗口w_k中的均值和方差，ε是规整化参数。如果$\varepsilon=0$，显然$a=1$，$b=0$是$E(a,b)$为最小值的解，从上式可以看出，这时的滤波器没有任何作用，将输入原封不动地输出。

如果$\varepsilon>0$，在像素强度变化小的区域（方差不大），即图像I在窗口w_k中基本保持固定，此时有$\sigma_{2k} \ll \varepsilon$，于是有$a_k \approx 0$和$b_k \approx \mu_k$，即做了一个加权均值滤波；而在高方差区域，即图像$I$在窗口$w_k$中变化比较大，此时有$\sigma_{2k} \gg \varepsilon$，于是有$a_k \approx 1$和$b_k \approx 0$，对图像的滤波效果很弱，有助于保持边缘。

在窗口大小不变的情况下，随着ε的增大，滤波效果会更明显。

在计算每个窗口的线性系数时，一个像素会被多个窗口包含，即每个像素都由多个线性函数所描述。因此，要具体求某一点的输出值q_i时，需将所有包含该点的线性函数值平均即可，如式(11-9)所示。

$$q_i = \frac{1}{|\omega|}\sum(a_k I_i + b_k) = \overline{a}_i I_i + \overline{b}_i \tag{11-9}$$

其中，输出值q又与两个均值有关，分别为a和b在窗口w中的均值，将上一步得到的两个图像a_k和b_k都进行盒式滤波，得到两个新图：a_i'和b_i'。然后用a_i'乘以引导图像I_i，再加上b_i'，即得最终滤波之后的输出图像q。

6）NLM

前面介绍的基于邻域像素的滤波方法大部分只考虑了有限窗口范围内的像素灰度值信息，没有考虑该窗口范围内像素的统计信息和整个图像的像素分布特性以及噪声的先验知识。NLM（非局部均值，Non-Local Means）算法的提出解决了这些缺陷，NLM使用自然图像中普遍存在的冗余信息来实现去噪。不同于利用局部信息的双线性滤波和中值滤波，NLM利用了整幅图像来进行去噪，以图像块为单位在图像中寻找相似区域，再对这些区域求平均，从而实现去噪的目的。NLM就是将一幅图像中所有点的权重都表示出来，对于得到的权重块，计算图像中其他区域跟这个块的相似度，相似度越高，得到的权重越大。最后将这些相似的像素值根据归一化之后的权重加权求和，得到的就是去噪之后的图像了。

为了解决原始NLM计算量大的问题，研究者对该方法进行了几点改进。一是采用一定的搜索窗口代替所有的像素，使用相似度阈值，对于相似度低于某一阈值的像素，不加入权重的计算中（即不考虑其相对影响），这些都可以降低计算复杂度。二是使用块之间的显著特征，如纹理特征等代替灰度值的欧氏距离来计算相似度，在计算上更加有优势，应用上也更加灵活。

2. 变换域去噪算法

变换域去噪算法的基本思想，是首先通过某种变换，将图像从空间域转换到变换域，然后从频率上把噪声分为高中低频噪声，再把不同频率的噪声分离，之后进行反变换将图像从变换域转换到原始空间域，最终达到去除图像噪声的目的。

图像从空间域转换到变换域的方法很多，其中最具代表性的有傅里叶变换、离散余弦变换和小波变换和多尺度几何分析方法。

小波萎缩法是目前研究最多的方法，小波萎缩法又分为两类。第一类是阈值萎缩，其主要思路是：比较大的小波系数，一般都以实际信号为主，而比较小的系数则很大程度是噪声。因此可通过设定合适的阈值，首先将小于阈值的系数置零，而保留大于阈值的小波系数，然后经过阈值函数映射得到估计系数，最后对估计系数进行逆变换，就可以实现去噪和重建。第二类萎缩方法是通过引入各种度量方法（例如概率和隶属度等）来判断系数被噪声污染的程度，进而确定萎缩的比例，所以这种萎缩方法又被称为比例萎缩。

1）BM3D 去噪算法

空域中的 NLM 算法和变换域中的小波萎缩法效果都很好，一个很自然的想法就是是否可以将两者相结合呢？答案是肯定的，BM3D 就是这样一种算法，它先吸取了 NLM 中的计算相似块的方法，然后又融合了小波变换域去噪的方法，从而得到最高的峰值信噪比。其具体算法流程如图 11-2 所示。

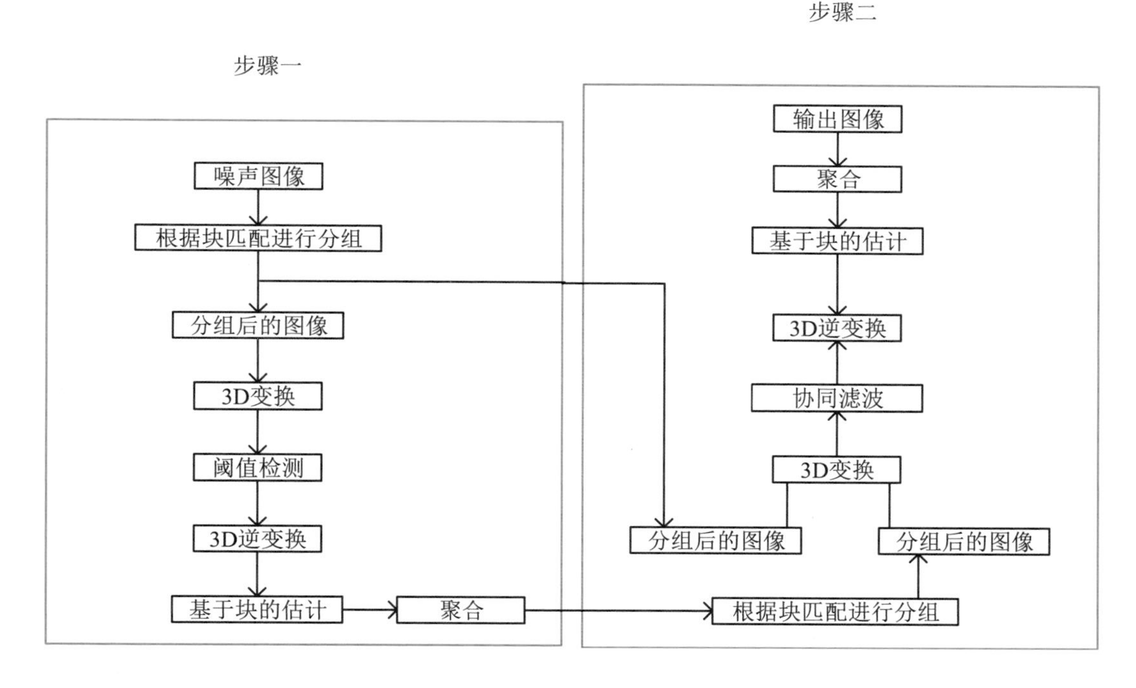

图 11-2　BM3D 算法的步骤

BM3D 算法总共有两大步骤，分别是基础估计和最终估计。在这两大步中，分别又有三小步：相似块分组、协同滤波和聚合。

（1）基础估计

① 相似块分组。首先在噪声图像中划分参照块（考虑到算法复杂度，不用每个像素点都选参照块，通常隔 3 个像素为一个步长进行选取，复杂度降到 1/9），在参照块周围的一定范围内搜索若干个最相似的块，并把这些块整合成一个三维的矩阵，如图 11-3 所示。

原始图像
256×256

LL(1) HL(1)
LH(1) HH(1)

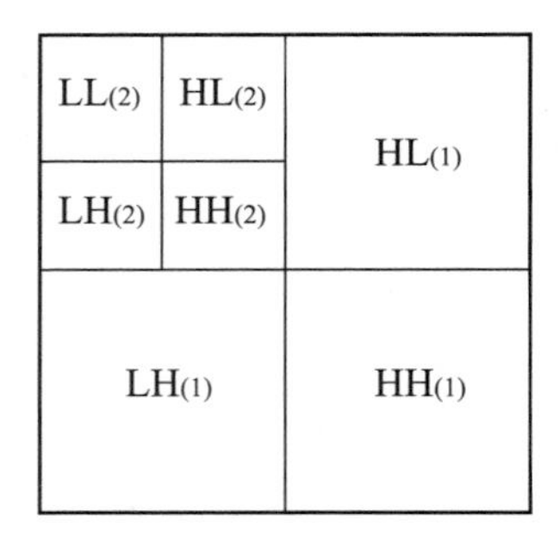

图 11-3　图像分块过程

② 协同滤波。形成若干个三维的矩阵之后，首先将每个三维矩阵中的二维的块（即噪声图中的某个块）进行二维变换，可采用小波变换或 DCT 变换等；二维变换结束后，在矩阵的第三个维度进行一维变换，变换完成后对三维矩阵进行硬阈值处理，将小于阈值的系数置 0，然后通过在第三维的一维反变换和二维反变换得到处理后的图像块。

③ 聚合。协同滤波之后，得到的每个二维块都是一个对去噪图像的估计；接下来分别将这些块融合到原来的位置，每个像素的灰度值通过每个对应位置的块的值加权平均，权重取决于置 0 的个数和噪声强度。

（2）最终估计

具体的步骤从流程图可看出和第一步基本一样，不同的地方有两处。一处是聚合过程将会得到两个三维数组，即噪声图形成的三维矩阵和基础估计结果的三维矩阵。另一处是协同滤波中用维纳滤波（wiener filtering）代替了硬阈值处理。

3. 基于深度学习的去噪算法

基于深度学习的图像去噪算法是一种判别式学习的方法，以数据为驱动，收集大量的成对带噪声图像和与之对应的干净图像，学习出两者之间的映射，因此在测试阶段避免了迭代优化过程，加快了图像重建速度。详见 11.2 节、11.3 节和 11.4 节。

11.1.3　评价标准

PSNR 是一个表示信号最大可能功率和影响它的表示精度的破坏性噪声功率比值的工程术语，是图像去噪领域测量图像重建质量的常用标准之一，它在干净图像 I 和重建后的图像 K 两者间进行测量，定义如式(11-10)所示。

$$\text{PSNR} = 10 \cdot \log_{10}\left(\frac{\text{MAX}^2}{\text{MSE}}\right) \tag{11-10}$$

$$\text{MSE} = \frac{1}{mn}\sum_{i=0}^{m-1}\sum_{j=0}^{n-1}[I(i,j) - K(i,j)]^2 \tag{11-11}$$

其中 MAX 表示图像点颜色的最大数值，如果每个采样点用 8 位表示，那么就是 255，MSE 为均方误差，其定义如式(11-11)所示，其中 m、n 分别为图像的长和宽。

图像去噪领域另一个常用于评估图像重建质量的标准是 SSIM，可以衡量两张图像之间的相似程度，比起上述的 PSNR 指标，后者在图像品质的测量上更符合人眼的主观判断。

$$\mathrm{SSIM}(x,y)=[l(x,y)]^{\alpha}[c(x,y)]^{\beta}[s(x,y)]^{\gamma} \tag{11-12}$$

$$l(x,y)=\frac{2\mu_x\mu_y+C_1}{\mu_x^2+\mu_y^2+C_1} \tag{11-13}$$

$$c(x,y)=\frac{2\sigma_x\sigma_y+C_2}{\sigma_x^2+\sigma_y^2+C_2} \tag{11-14}$$

$$s(x,y)=\frac{\sigma_{xy}+C_3}{\sigma_x\sigma_y+C_3} \tag{11-15}$$

对于干净图像 x 和重建后的图像 y 来说，两者的 SSIM 定义见式(11-12)至式(11-15)，其中 $l(x,y)$ 表示比较两者的亮度，$c(x,y)$ 表示比较两者的对比度以及 $s(x,y)$ 表示比较两者的结构。$\alpha>0$、$\beta>0$ 和 $\gamma>0$ 为调整 $l(x,y)$、$c(x,y)$ 和 $s(x,y)$ 相对重要性的参数，μ_x 及 μ_y、σ_x 和 σ_y 分别为 x 和 y 的平均值和标准差，σ_{xy} 为 x 和 y 的协方差，C_1、C_2 和 C_3 皆为常数，用以维持 $l(x,y)$、$c(x,y)$ 和 $s(x,y)$ 的稳定。

11.2 去噪卷积神经网络

本节将介绍 DnCNN（去噪卷积神经网络，Denoising Convolutional Neural Network）[1] 算法。该算法是基于高斯噪声模型使用卷积神经网络进行去噪的，以下分别从算法特点、存在问题、算法细节和实验结果几个方面进行阐述。

11.2.1 算法特点

DnCNN 主要有以下特点：提出一种用于高斯去噪的端到端可训练的 CNN，与现有的基于深度神经网络的方法不同的是，现有的神经网络方法直接估计输出与噪声图像相对应的无噪图像，而 DnCNN 网络采用残差学习策略，网络预测为噪声残差；DnCNN 应用残差学习和批归一化处理策略，不仅可以加快训练速度，还可以提高去噪性能，对于具有一定噪声水平的高斯去噪，DnCNN 去噪效果比当时最优算法要好；相比其他在特定噪声水平下训练的算法，DnCNN 可以只训练一个模型来进行各个噪声水平的盲高斯图像去噪，并且获得更好的性能；DnCNN 可以很容易地扩展到处理一般的图像去噪任务、图像超分辨率和 JPEG 任务等。

11.2.2 存在问题

传统方法如 BM3D 等在测试阶段涉及复杂的优化步骤，使得去噪过程较为耗时，另外模型通常为非凸的，并且包含多个人工选择的参数，不能达到较好的去噪性能。

现有模型为每个固定的噪声水平训练一个特定模型，当进行未知噪声的图像高斯去噪时，通用方法是预先估计噪声水平，然后使用训练好的相应噪声水平的模型进行去噪，去噪结果往往受到噪声估计影响。

卷积神经网络 CNN 有以下优点：CNN 有非常深的网络结构，可以提高提取图像特征的容量和灵活性；ReLU、批规一化和残差学习这些模型训练策略的使用使得 CNN 的性能得到了极大的提升；CNN 非常适合在现代功能强大的 GPU 上进行并行计算，可以利用它来提高运行时性能。

11.2.3 算法细节

本小节将对算法中涉及的具体细节进行详细介绍。

1. 网络深度

DnCNN 中所有卷积核大小都为 3×3，并且没有池化层，对于具有 d 层的 DnCNN 网络，其感受野大小为 $(2d+1)\times(2d+1)$，深度 d 的取值可以均衡网络效率与网络性能。在本方法中，对于特定水平的高斯噪声的图像去噪网络，d 设置为 17，其他图像去噪网络，d 设置为 20。

2. 网络结构

算法的核心思想是残差学习。输入时噪声图像可以表达成：$y=x+v$，其 x 是无噪声图像，v 是真实噪声残差。DnCNN 模型的网络预测输出是 $R(y)\approx v$，最终通过公式 $x=y-R(y)$ 得到无噪图像方法。该方法中使用均方误差损失函数，如式(11-16)[1]所示。

$$L(\theta)=\frac{1}{2N}\sum_{i=1}^{N}\left\|R(y_i;\theta)-(y_i-x_i)\right\|_F^2 \tag{11-16}$$

其中 $\{(y_i,x_i)\}_{i=1}^{N}$ 是 N 对有噪声−干净图像对，θ 是网络学习到的参数。

网络结构为：第一层由 Conv+ReLU 层组成，有 64 个卷积用来生成 64 个特征图；第二到 D−1 层由 Conv+批归一化+ReLU 组成，每层都有 64 个卷积核；最后一层由一个 Conv 组成，有 c 个卷积核来重建图像。

3. 减少边缘伪影

输出图像和输入图像大小相同，可能会导致边界伪影，该算法中采用边缘填充 0 的方式，既保证输出图像和输入图像大小相同，又可以减少边界伪影。

4. 残差学习和批归一化层

DnCNN 在每个卷积层之后都加入了批归一化层，这里简略解释一下为什么加入批归一化层，因为机器学习领域有个很重要的假设：IID（独立同分布假设，Independently Identically Distribution）就是假设训练数据和测试数据是满足相同分布的。深度学习本质是对输入数据的特征进行提取组合，学习其数据分布形式。但是神经网络在训练过程中，参数不断更新，参数的微小变化会在网络中累积放大，这会导致每层输入数据的分布情况改变，使网络训练变得困难。批归一化就是在深度神经网络训练过程中对数据进行归一化使得每一层神经网络的输入保持相同分布，使得网络训练简单。

当原始映射更接近于恒等映射时，残差学习更容易被优化训练，而去噪任务中包含噪声的图像到干净图像的映射近似于恒等映射，两者差距很小，网络训练较为困难，所以将上述任务转换为学习噪声残差更为容易。

残差学习和批规范化对网络的共同影响如图 11-4[1]所示。

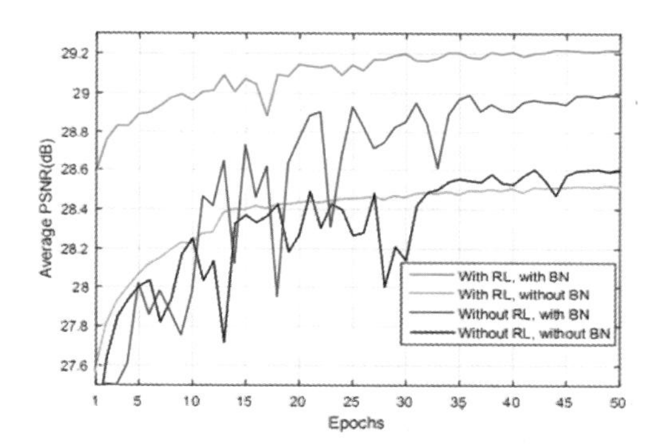

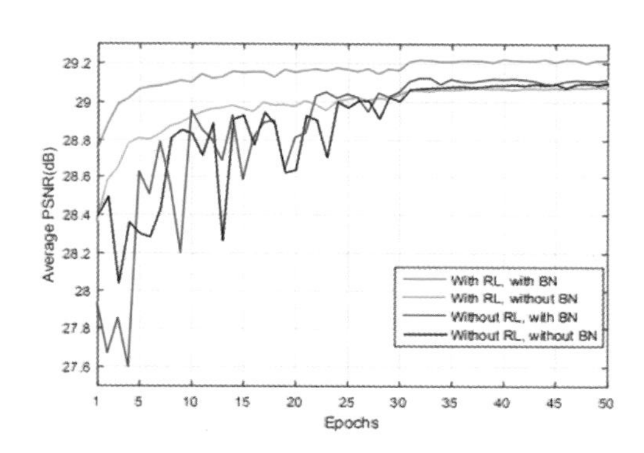

图 11-4　残差学习和批归一化对网络的共同影响

图 11-4 展示了在 SGD 和 Adam 两种优化方法下，对 DnCNN 网络进行批归一化和残差学习的消融实验获得的结果，可以得出的结论是批归一化和残差学习一起使用可以相互受益，使网络性能变得更好。

11.2.4　实验结果

实验使用 400 张 180×180 大小的图像作为训练集，使用 BSD68 作为测试集。在实验中参数设置为：使用权重衰减为 10^{-4} 的 SGD 优化器；动量设置为 0.9；小批量大小设置为 128；周期设置为 50；学习率从 10^{-1} 衰减到 10^{-4}。

实验中共涉及三个模型：

① 特定高斯去噪模型 DnCNN-S：在实验中使用三个噪声水平 $\sigma=15, \sigma=25, \sigma=50$，使用的图像块大小为 40×40，一共裁剪了 128×1600 个图像块训练网络。

② 盲高斯去噪模型 DnCNN-B：噪声范围设置为 $\sigma \in [0,50]$，图像块大小为 50×50，共裁剪了 128×3000 个块大小训练网络。

③ 彩色高斯去噪 CDnCNN-B：和 DnCNN-B 模型设置相同，噪声范围设置为$\sigma \in [0,50]$，图像块大小为 50×50，共裁剪了 128×3000 个块大小训练网络。

对比的方法有：非局部自相似性算法 BM3D 和 WNNM（加权核范数最小化，Weighted Nuclear Norm Minimization）、EPLL（对数似然期望块，Expected Patch Log Likelihood）、MLP、CSF（计算域收缩，Computational Shrinkage Fields）和 TNRD（可训练的非线性反应扩散，Trainable Nonlinear Reaction Diffusion）。

表 11-1[1]是在 BSD68 数据集上各个去噪算法的 PSNR 结果对比，可以看出，在三个噪声水平上，DnCNN-S 和 DnCNN-B 都取得了较好的去噪效果，具有较高的 PSNR，DnCNN-S 比 BM3D 在三个噪声水平上都高了 0. 6dB。DnCNN-B 盲去噪模型比在特定噪声水平训练的其他竞争算法获得的 PSNR 值要高。

表 11-1 不同 σ 值下各算法处理后图像的平均 PSNR 值

算法	BM3D	WNNM	EPLL	MLP	CSF	TNRD	DnCNN-S	DnCNN-B
σ=15	31.07	31.37	31.21	—	31.24	31.42	31.73	31.61
σ=25	28.57	28.83	28.68	28.96	28.74	28.92	29.23	29.16
σ=50	25.62	25.87	25.67	26.03	—	25.97	26.23	26.23

表 11-2[1]是各个去噪方法在图 11-5[1]中 12 张测试数据上的 PSNR 结果，用黑体标粗的是最好的结果。在大多数图像上，DnCNN-S 模型比其他竞争方法高出 0.2～0.6dB 不等，但是在 House 和 Barbara 两张图像上，获得最高 PSRN 的模型是 WNNM，因为非局部自相似性方法更擅长处理具有重复结构的图像，而鉴别训练方法更擅长处理不规则纹理图像。

表 11-2 不同噪声水平下各算法在经典测试集上的 PSNR

图像	女人	马	辣椒	海星	女皇	飞机	鹦鹉	螺	香蕉	船	男人	夫妇	均值
噪声	$\sigma = 15$												
BM3D	31.91	34.93	32.69	31.14	31.85	31.07	31.37	34.26	33.10	32.13	31.92	32.10	32.372
WNNM	32.17	35.13	32.99	31.82	32.71	31.39	31.62	34.27	33.60	32.27	32.11	32.17	32.696
EPLL	31.85	34.17	32.64	31.13	32.10	31.19	31.42	33.92	31.38	31.93	32.00	31.93	32.138
CSF	31.93	34.39	32.85	31.55	32.33	31.33	31.37	34.06	31.92	32.01	32.08	31.98	32.318
TRND	32.19	34.53	33.04	31.75	32.56	31.46	31.63	34.24	32.13	32.14	32.23	32.11	32.502
DnCNN-S	32.61	34.97	33.30	32.20	33.09	31.70	31.83	34.62	32.64	32.42	32.46	32.47	32.859
DnCNN-B	32.10	34.93	33.15	32.02	32.94	31.56	31.63	34.56	32.09	32.35	32.41	32.41	32.680
噪声	$\sigma = 25$												
BM3D	29.45	32.85	30.16	28.56	29.25	28.42	28.93	32.07	30.71	29.90	29.61	29.71	29.969
WNNM	29.64	33.22	30.42	29.03	29.84	28.69	29.15	32.24	31.24	30.03	29.76	29.82	30.257
EPLL	29.26	32.17	30.17	28.51	29.39	28.61	28.95	31.73	28.61	29.74	29.66	29.53	29.692
MLP	29.61	32.56	30.30	28.82	29.61	28.82	29.25	32.25	29.54	29.97	29.88	29.73	30.027
CSF	29.48	32.39	30.32	28.80	29.62	28.72	28.90	31.79	29.03	29.76	29.71	29.53	29.837
TRND	29.72	32.53	30.57	29.02	29.85	28.88	29.18	32.00	29.41	29.91	29.87	29.71	30.055
DnCNN-S	30.18	33.06	30.87	29.41	30.28	29.13	29,43	32.44	30.00	30.21	30.10	30.12	30.436
DnCNN-B	29.94	33.05	30.84	29.34	30.25	29.09	29.35	32.42	29.69	30.20	30.09	30.10	30.362

（续表）

图像	女人	马	辣椒	海星	女皇	飞机	鹦鹉	螺	香蕉	船	男人	夫妇	均值
噪声	$\sigma=50$												
BM3D	26.13	29.69	26.68	25.04	25.82	25.10	25.90	29.05	27.22	26.78	26.81	26.46	26.722
WNNM	26.45	30.33	26.95	25.44	26.32	25.42	26.14	29.25	27.79	26.97	26.94	26.64	27.052
EPLL	26.10	29.12	26.80	25.12	25.94	25.31	25.95	28.68	24.83	26.74	26.79	26.30	26.471
CSF	26.37	29.64	26.68	25.43	26.26	25.56	26.12	29.32	25.24	27.03	27.06	26.67	26.783
TRND	26.62	29.48	27.10	25.42	26.31	25.59	26.16	28.93	25.70	26.94	26.98	26.50	26.812
DnCNN-S	27.03	30.00	27.32	25.70	26.78	25.87	26.48	29.39	26.22	27.20	27.24	26.90	27.178
DnCNN-B	27.03	30.02	27.39	25.72	26.83	25.89	26.48	29.38	26.38	27.23	27.23	26.91	27.206

图 11-5　经典测试集

图 11-6[1]和图 11-7[1]是不同去噪方法下的视觉对比结果，对比其他算法结果，可以看出 DnCNN-S 和 DnCNN-B 不仅恢复了尖锐的边缘更精细的细节，也在平滑区域获得了良好的视觉效果。

图 11-6　不同去噪方法下的视觉对比图（城堡）

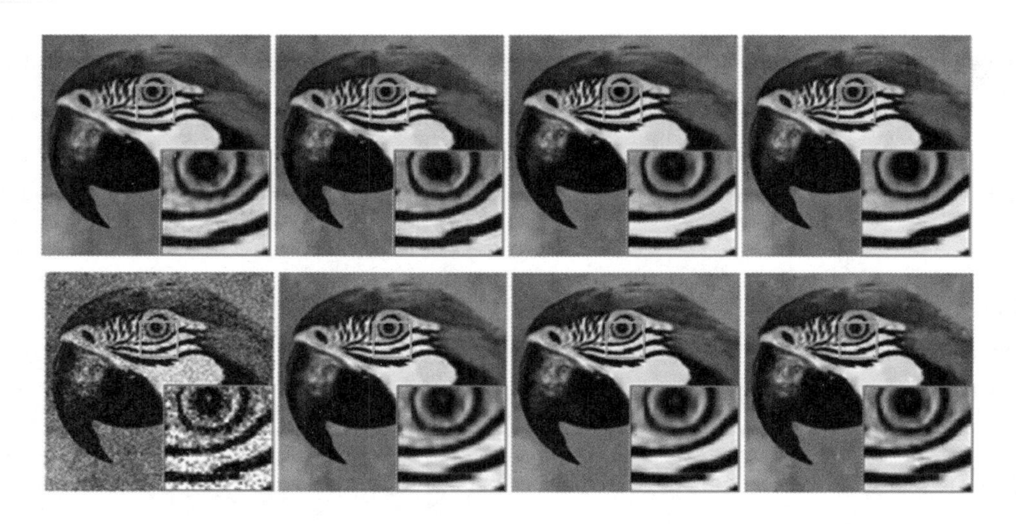

图 11-7　不同去噪方法下的视觉对比图（鹦鹉）

图 11-8[1]和图 11-9[1]是在 DSD68 数据集下，在噪声水平 $\sigma = 35$ 和 $\sigma = 45$ 的情况下 CBM3D 和 CDnCNN-B 去噪结果对比图，可以看出，CBM3D 容易产生伪影，而 CDnCNN-B 可以获得更自然的颜色。

图 11-8　噪声水平 σ =35 情况下 CBM3D 和 CDnCNN-B 去噪结果对比图

图 11-9　噪声水平 σ =45 情况下 CBM3D 和 CDnCNN-B 去噪结果对比图

11.3　盲去噪卷积神经网络

本节将介绍 CBDNet（盲去噪卷积神经网络，Convolutional Blind Denoising Network）[2]算法，该算法不再局限于高斯噪声模型，而是结合了合成噪声和真实噪声，从而达到盲去噪的效果，以下分别从算法特点、存在问题、算法细节和实验结果几个方面进行阐述。

11.3.1　算法特点

该算法主要有以下特点：同时考虑异方差高斯噪声（泊松噪声+高斯白噪声）和 ISP 处理流程；合并合成噪声图像和真实噪声图像可以更好地表征真实噪声图像，提高去噪表现；通过在噪声估计子网络中引入非对称损失，可以提升对真实噪声的泛化性能，允许通过调整噪声水平图交互式去噪。

11.3.2　存在问题

现在的去噪算法大多是基于高斯白噪声的，但是真实噪声由于包括了多种来源和 ISP 处理流程，与 AWGN 不同，这些算法在盲高斯白噪声上退化明显，一些去噪算法会抹平细节。这些情况可以看作对高斯噪声过拟合，对真实噪声泛化能力差。

对于真实 Raw（未加工）噪声，可以建模为泊松＋高斯分布，它是由信号依赖噪声（泊松）和平稳噪声（高斯）组成的异方差噪声。ISP 处理增加了噪声在空间和色彩上的相关性（双线性插值）。

通过平均同一场景下的多张图像的方式获取无噪声图像代价太大，而且容易过平滑。因此，该算法采用合并合成噪声和真实噪声的方法训练 CBDNet。

CBDNet 由两部分组成：噪声估计网络和非盲去噪网络。在噪声估计网络中引入了非对称损失，对低于噪声水平的估计错误施加更多的惩罚，可以增加 CBDNet 对于噪声模型和真实噪声不匹配时的健壮性。同时还允许用户通过微调估计噪声水平图交互式地修正去噪结果。

11.3.3　算法细节

本小节将对算法的具体细节进行详细介绍。

1. 真实噪声模型

1）原始数据噪声

对于照相机感光元件的噪声估计，可以分为两个部分：传感器感知光子产生的噪声可以建模为泊松噪声；其余的平稳干扰可以建模为高斯噪声。泊松-高斯联合噪声可以合理地描述传感器得到的 Raw 图像数据的噪声，可以认为是一个异方差的高斯分布 $n(L) \sim N(0,\sigma^2(L))$，定义如式(11-17)[2]所示。

$$\sigma^2(L) = L \cdot \sigma_s^2 + \sigma_c^2 \tag{11-17}$$

其中，L 表示 Raw 图像像素点的照射强度，$n(L) = n_s(L) + n_c$ 包含两个部分：平稳噪声 n_c，方差为 σ_c^2；信号依赖噪声 $n_s(L)$，空间方差为 $L \cdot \sigma_s^2$。σ_s 和 σ_c 分别从[0, 0.16]和[0, 0.06]均匀采样获得。

2）ISP

真正的照片都是将 Raw 图像经过相机内处理得到的，处理流程增加了噪声在空间上和颜色上的相关性，主要经过去马赛克和伽马校正两个步骤，从而逼近真实噪声模型。定义如式(11-18)[2]所示。

$$y = f(\mathrm{DM}(L + n(L))) \tag{11-18}$$

其中，y 表示合成噪声图像；$f(\cdot)$ 表示相机响应函数；$L = M \cdot f^{-1}(x)$，用干净的图像 x 生成传感器照射图像 L；$M(\cdot)$ 表示将 RGB 图像转换到 Bayer 阵列图像；$\mathrm{DM}(\cdot)$ 表示去马赛克函数。值得注意的是，$\mathrm{DM}(\cdot)$ 中的插值运算会混合不同通道和空间位置的像素点，导致经过公式(11-18)处理后，噪声是通道和空间依赖的。

3）JPEG 压缩：为了让 CBDNet 可以处理压缩图像，将 JPEG 压缩应用到合成噪声图像的过程中。定义如式(11-19)[2]所示。

$$y = \mathrm{JPEG}(f(\mathrm{DM}(L + n(L)))) \tag{11-19}$$

对于 JPEG 压缩中的质量因子，从[60, 100]中采样。这里没有考虑量化噪声，因为它很小并且可以被忽略，对降噪结果没有任何明显的影响。

2. 网络结构

CBDNet 的网络结构如图 11-10[2]所示，包括两个部分：噪声估计子网络和非盲去噪子网络。首先，将噪声图像 y 通过噪声估计子网络得到噪声水平估计图 $\hat{\sigma}(y) = F_E(y;W_E)$，其中 W_E 表示噪声估计子网络的网络参数。将噪声水平估计图 $\hat{\sigma}(y)$ 设置为与输入 y 具有相同的大小，并且可以使用全卷积网络进行估计。然后，将 y 和 $\hat{\sigma}(y)$ 输入到非盲去噪子网络，得到最后的去噪结果 $\hat{x} = F_D(y,\hat{\sigma}(y);W_D)$，其中 W_D 表示非盲去噪子网络的网络参数。此外，引入噪声估计子网络可以在噪声水平估计图 $\hat{\sigma}(y)$ 送入非盲去噪子网络之前对其进行调整。在实验中，设置 $\hat{\rho}(y) = \gamma \cdot \hat{\sigma}(y)$ 作为交互式去噪。

CNN_E 采用 5 层平全卷积网络，没有加入池化和批归一化操作，每个卷积层特征通道数都是 32，卷积核尺寸为 3×3，每个卷积层之后加入 ReLU 激活函数。CNN_D 16 层的 U-Net 结构，输入为 y 和 $\hat{\sigma}(y)$，输出为无噪声的图像 $\hat{x}$。这里引入了残差结构，学习残差映射为 $R(y,\hat{\sigma}(y)$，预测值 $\hat{x} = y + R(y,\hat{\sigma}(y);W_D)$。网络使用对称跳跃连接结构和大步长卷积核转置卷积来增大感受野。所有的卷积核尺寸为 3×3，除了最后一个卷积层，均加入 ReLU 激活函数。此外，因为批归一化在去噪过程中帮助很小，所以移除了批归一化。

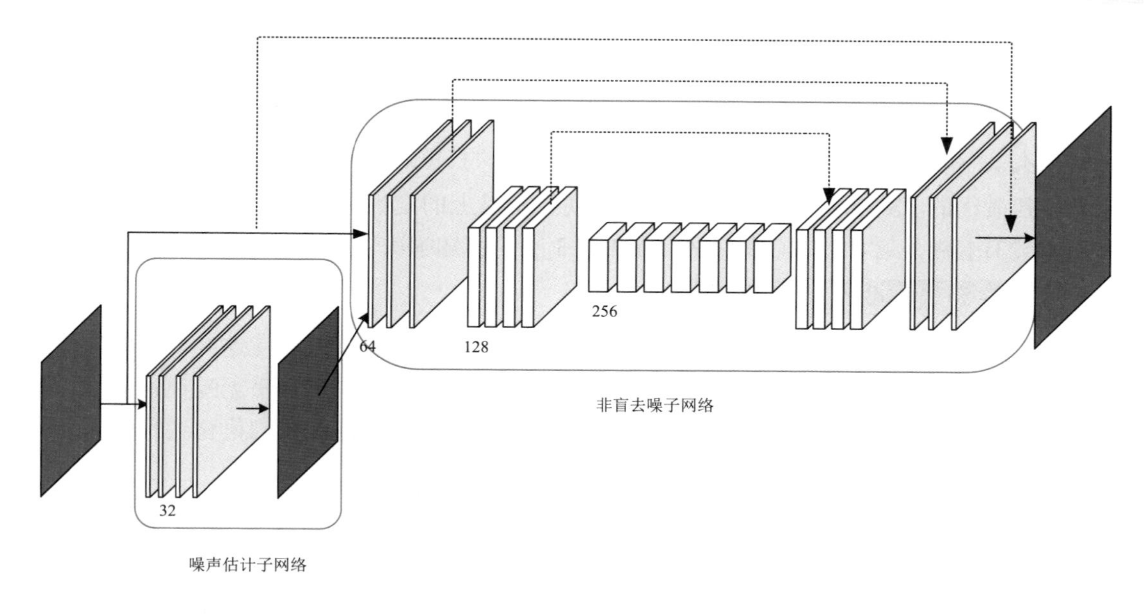

图 11-10　CBDNet 的网络结构

3. 非对称损失及模型目标

之前的研究结果表明，当噪声标准差输入（估计）值和真实值相匹配时有最好的结果；当噪声标准差输入（估计）值比真实值要低时（欠估计错误），结果中仍然包含可以感知到的噪声；当噪声标准差输入（估计）值高于真实值时（过估计错误），网络可以通过逐渐抹去低对比度的结构产生比较满意的结果。因此，非盲去噪网络对于欠估计错误很敏感，对于过估计错误具有很高的健壮性。为此，在噪声估计时使用非对称损失以避免发生欠估计错误。

给定估计噪声 $\hat{\sigma}(y_i)$ 和对应点的真实噪声值 $\sigma(y_i)$，当 $\hat{\sigma}(y_i)<\sigma(y_i)$ 时，给予其均方误差更大的惩罚，定义如式(11-20)[2]所示。

$$L_{\text{asymm}}=\sum_i|\alpha-f(\hat{\sigma}(y_i)<\sigma(y_i))|\cdot\left(\hat{\sigma}(y_i)<\sigma(y_i)\right) \tag{11-20}$$

其中，当 $\hat{\sigma}(y_i)<\sigma(y_i)$ 成立时，$f(\hat{\sigma}(y_i)<\sigma(y_i))=1$，否则为 0，通过设置 $0<\alpha<0.5$，可以对于欠估计错误施加更大的惩罚，使模型对于真实噪声有更强的泛化能力。

此外，通过引入全变差正则化来保持 $\hat{\sigma}(y_i)$ 的平滑性，定义如式(11-21)[2]所示。

$$L_{\text{TV}}=\|\nabla_h\hat{\sigma}(y)\|_2^2+\|\nabla_v\hat{\sigma}(y)\|_2^2 \tag{11-21}$$

其中，$\nabla_h(\nabla_v)$ 表示在水平（垂直）方向的梯度操作。对于非盲去噪结果 $\hat{x}$，计算重建损失，如式(11-22)[2]所示。

$$L_{\text{rec}}=\|\hat{x}-x\|_2^2 \tag{11-22}$$

因此，CBDNet 的总目标如式(11-23)[2]所示。

$$L = L_{\text{rec}} + \lambda_{\text{asymm}} L_{\text{asymm}} + \lambda_{\text{TV}} L_{\text{TV}} \tag{11-23}$$

其中，λ_{asymm} 和 λ_{TV} 表示非对称损失和全变差正则化的权重。在 CBDNet 中，最小化上述目标来得到最优的 PSNR 和 SSIM 结果。对于视觉质量上的定性评估，训练 CBDNet 时又在公式(11-23)上额外增加了 VGG-16 的 ReLU3_3 层的感知损失。

4. 用合成和真实噪声图像训练

11.3.3 节中的真实噪声模型可以用来合成大量的噪声图像，但即使这样也不能完全描述真实噪声的特性。另外，通过对数百张同一场景均值化可以得到几乎无噪声的图像，但场景必须是静态的而且很难获得大量的同一场景噪声图像。此外，在均值化过程中可能导致过平滑。因此，该算法结合了合成噪声图像和真实噪声图像。

在训练中，分别从 BSD500 数据集中提取了 400 张图像，从 Waterloo 数据集中提取了 1600 张图像，从 MIT-Adobe 5K 数据集中提取了 1600 张图像。用 RGB 图像 x 来合成干净的 Raw 图像（反转 ISP 流程）：$L = M \cdot f^{-1}(x)$。再用同样的相机响应函数 f 通过式(11-18)或式(11-19)得到噪声图像。对于真实噪声图像，从 RENOIR 中提取了 120 张图像。在训练时，交替使用合成噪声图像批次和真实噪声图像批次。对于合成噪声批次，通过最小化公式(11-23)来更新 CBDNet；对于真实噪声批次，由于缺少噪声水平估计图真实值，只考虑 λ_{asymm} 和 λ_{TV}。

11.3.4 实验

本小节将对具体的实验设置进行介绍，并分析实验结果。

1. 测试集

该实验使用了三个真实噪声数据集：NC12、DND 和 NAM。

NC12 包括 12 张噪声图像，其真实值不可见，只能提交去噪结果进行定量评估。

DND 包括 50 对真实噪声和几乎无噪声图像对，其无噪声图像是将低感光度照片经过精心的后处理得到的。PSNR 和 SSIM 结果是通过网上提交得到的。

NAM 包含 11 个静态场景，每个场景的几乎无噪声图像都是对 500 张 JPEG 噪声图像取均值得到的，将其裁剪为 512×512 的图像块，随机选择 25 个图像块用于评估。

2. 实现细节

NAM 数据集是 JPEG 压缩过的图像，而 DND 数据集是未压缩的，用式(11-18)训练针对 DND 和 NC12 的 CBDNet，用式(11-19)训练针对 NAM 的 CBDNet(JPEG)。

为了训练 CBDNet，可以采用 $\beta_1 = 0.9$ 的 Adam 算法。批处理的大小为 32，每个图像块的大小为 128×128。所有模型均迭代 40 次，其中前 20 次的学习率为 10^{-3}，后面的学习率为 5×10^{-4} 用于进一步微调模型。在 Nvidia GeForce GTX 1080 Ti GPU 上用 MatConvNet 软件包训练 CBDNet 大约需要三天。

3. 与最先进算法比较

1）对比算法

四种盲去噪方法：NC（噪声消除，Noise Canceling）、NI（噪声孤立，Noise Isolating）、MCWNNM（多通道加权核范数最小化，Multi-Channel Weighted Nuclear Norm Minimization）和 TWSC（三边加权稀疏编码，Trilateral Weighted Sparse Coding）；一种盲高斯去噪方法，CDnCNN-B；三种非盲去噪方法，CBM3D、WNNM 和 FFDNet（快速可变去噪神经网络 Fast and Flexible Denoising Network）。

2）NC12 数据集结果

图 11-11[2]展示了 NC12 的结果，所有相比较的方法在暗的区域去噪性能都有限，相比之下，CBDNet 在消除噪声的同时保持显著的图像结构，表现出色。

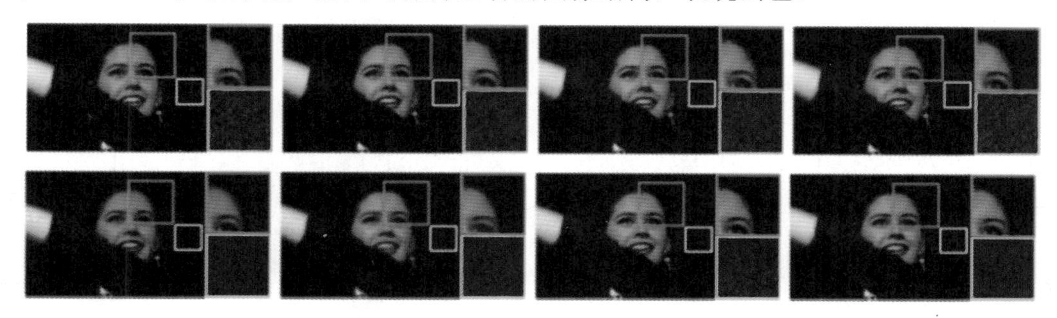

图 11-11　NC12 数据集上各个算法的结果

3）DND 数据集结果

表 11-3[2]列出了 DND 网站上发布的 PSNR 和 SSIM 结果。毫无疑问，CDnCNNB 不能应用于真正嘈杂的照片，效果很差。虽然提供了噪声标准差，但 WNSM、BM3D 和 FoE 等非盲高斯去噪方法只能实现有限的性能，这主要是因为实际噪声与 AWGN 有很大不同。MCWNNM 和 TWSC 专为真实照片的盲去噪而设计，并且也取得了可喜的效果。得益于真实的噪声模型，并结合了真实的噪声图像，CBDNet 获得了最高的 PSNR / SSIM 结果，并且略优于 MCWNNM 和 TWSC。至于运行时间，CBDNet 需要大约 0.4s 的时间来处理每个 512×512 的图像。

图 11-12[2]提供了 DND 图像的去噪结果。BM3D 和 CDnCNN-B 无法消除真实照片中的大部分噪音，NC、NI、MCWNNM 和 TWSC 仍然无法消除所有噪音，NI 也受到过度平滑的影响。相比之下，CBDNet 在平衡噪声消除和结构保存方面表现出色。

表 11-3　各个算法的性能比较

算法	盲去噪/非盲去噪	去噪通道	PSNR	SSIM
CDnCNN-B	盲去噪	sRGB	32.43	0.7900
EPLL	非盲去噪	sRGB	33.51	0.8244
TNRD	非盲去噪	sRGB	33.65	0.8306
NCSR	非盲去噪	sRGB	34.05	0.8351
MLP	非盲去噪	sRGB	34.23	0.8331
FFDNet	非盲去噪	sRGB	34.40	0.8474

（续表）

算法	盲去噪/非盲去噪	去噪通道	PSNR	SSIM
BM3D	非盲去噪	sRGB	34.51	0.8507
FoE	非盲去噪	sRGB	34.62	0.8845
WNNM	非盲去噪	sRGB	34.67	0.8646
GCBD	盲去噪	sRGB	35.58	0.9217
CIMM	非盲去噪	sRGB	36.04	0.9136
KSVD	非盲去噪	sRGB	36.49	0.8978
MCWNNM	盲去噪	sRGB	37.38	0.9294
TWSC	盲去噪	sRGB	37.94	0.9403
CBDNet（Syn）	盲去噪	sRGB	37.57	0.9360
CBDNet（Real）	盲去噪	sRGB	37.72	0.9408
CBDNet（All）	盲去噪	sRGB	38.06	0.9421

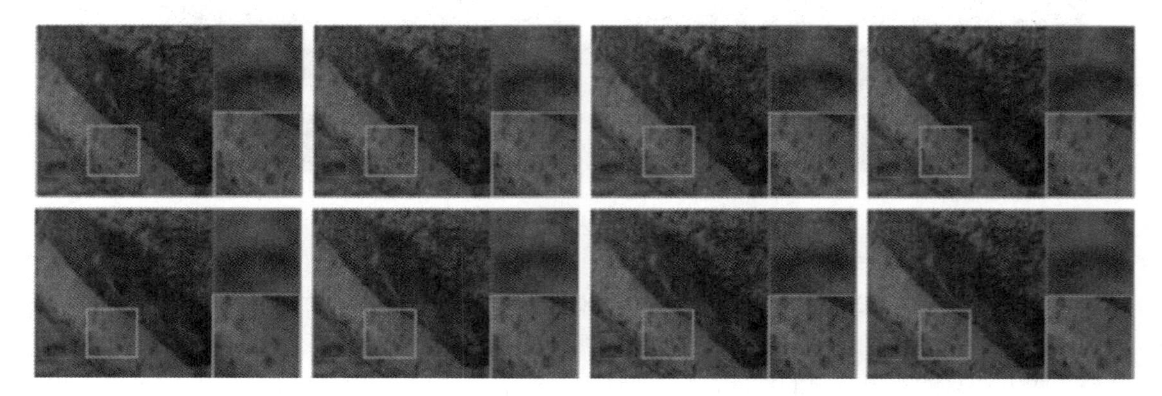

图 11-12　DND 图像的去噪结果

4）NAM 数据集结果

定量和定性的结果在图 11-13[2]和表 11-4[2]中给出。CBDNet（JPEG）的性能比 CBDNet 更好，并且与最新技术相比，具有最佳性能。

图 11-13　NAM 数据集上的视觉效果图

表 11-4 NAM 数据集上的定量结果

算法	盲去噪/非盲去噪	PSNR	SSIM
NI	盲去噪	31.52	0.9466
CDnCNN-B	盲去噪	37.49	0.9272
TWSC	盲去噪	37.52	0.9292
MCWNNM	盲去噪	37.91	0.9322
BM3D	非盲去噪	39.84	0.9657
NC	盲去噪	40.41	0.9731
WNNM	非盲去噪	41.04	0.9768
CBDNet	盲去噪	40.02	0.9687
CBDNet（JPEG）	盲去噪	41.31	0.9784

4. 消融实验

1）噪声模型有效性

（1）对比模型

4 种噪声模型：高斯噪声模型 CBDNet（G）、异方差噪声模型 CBDNet（HG）、高斯噪声+相机内处理模型 CBDNet（G+ISP）和异方差噪声+相机内处理模型 CBDNet（HG+ISP）。

针对 Nam 数据集，与 CBDNet（JPEG）模型进行了对比，结果如表 11-5[2]所示。

表 11-5 两个数据集上各种算法的性能

模型	DND	Nam
CBDNet（G）	32.52/0.79	37.62/0.9290
CBDNet（HG）	33.70/0.9084	38.40/0.9453
CBDNet（G+ISP）	37.41/0.9353	39.03/0.9563
CBDNet（HG+ISP）	37.57/0.9360	39.20/0.9579
CBDNet（JPEG）	—	40.51/0.9745

（2）G 和 HG

在没有 ISP 时，CBDNet（HG）比 CBDNet（G）表现高 0. 8～1dB，引入 ISP 后减小了这种提升。

（3）有/无 ISP

ISP 对于真实噪声建模更加重要。在 DND 数据集上，CBDNet（G+ISP）优于 CBDNet（G）4. 88dB，而 CBDNet（HG+ISP）优于 CBDNet（HG）3. 87dB。对于 Nam 数据集，包含 JPEG 压缩的 ISP 带来 1. 31dB 的增益。

2）合成数据集与真实数据的合并

对比模型

3 种训练模型，只在合成数据集上训练 CBDNet（Syn）、只在真实数据集上训练 CBDNet（Real）和在合成数据集和真实数据集上训练 CBDNet（All）。

对比结果如图 11-14[2]所示，尽管 CBDNet（Syn）在大尺度合成数据集上训练，但它也不能完全去除所有噪声，部分原因是由于合成数据集的噪声模型无法完全表征真实噪声。CBDNet（Real）产生了过平滑现象，部分原因是由于不完美的无噪声图像的影响。相比之下，CBDNet（All）在去除噪声的同时，也保留了锐利的边缘。

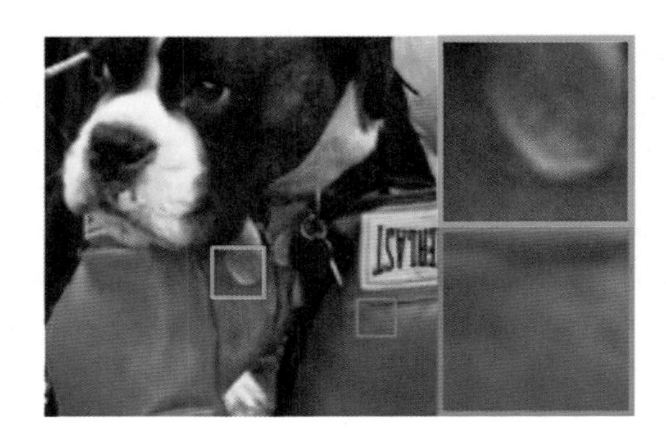

图 11-14 CBDNet（Syn）的结果图

3）非对称损失

图 11-15[2]展示了不同的α值（$\alpha=0.3,0.4,0.5$）对于 CBDNet 去噪性能的影响。当$\alpha=0.5$时，CBDNet 对于欠估计误差和过估计误差施加相同的惩罚；当$\alpha<0.5$时，对欠估计错误施加更大的惩罚。可以看到，越小的α对 CBDNet 的未知噪声的泛化能力的帮助越大。

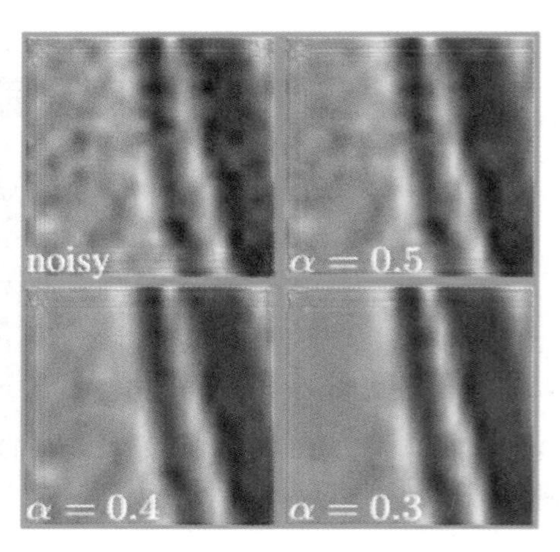

图 11-15 不同的 α 值（$\alpha=0.3,0.4,0.5$）对于 CBDNet 去噪性能的影响

4. 交互图像去噪

给定噪声水平估计图$\hat{\sigma}(y)$，通过引入了一个系数$\gamma>0$，可以交互地将$\hat{\sigma}(y)$修正为$\hat{\sigma}(y)=\gamma\hat{\sigma}(y)$，使用者可以通过调整$\gamma$，得到不同去噪的结果。如图 11-16[2]所示。

图 11-16 展示了 DND 数据集中两张真实噪声图像和使用不同的γ的去噪结果。通过将第一个图像指定为$\gamma=0.7$，将第二个图像指定为$\gamma=1.3$，CBDNet 可以在消除复杂噪点的

同时，保留细节纹理，获得具有更好视觉质量的结果。因此，这种交互式设计可以提供用于实际情况中调整去噪结果的便利手段。

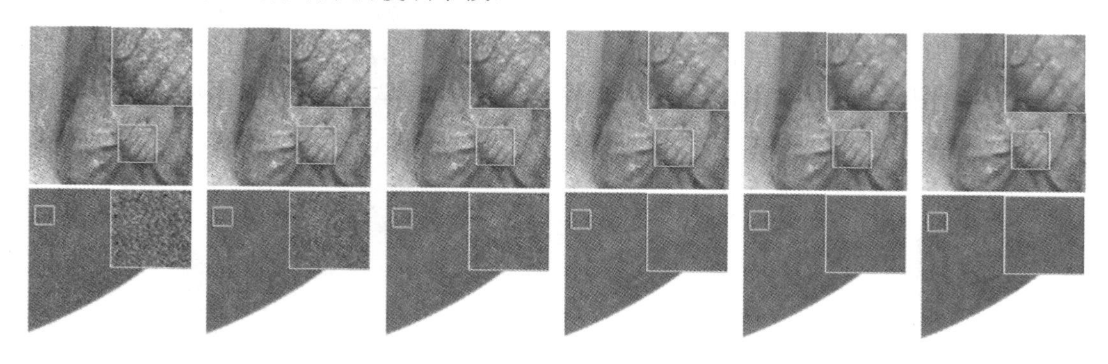

图 11-16　DND 数据集中真实噪声图像使用不同的γ的去噪结果

11.4　真实图像去噪神经网络

本节将介绍 RIDNet（真实图像去噪神经网络，Real Image Denoising Network）[3]算法，该算法不再依赖于合成噪声，而是针对真实世界中的噪声进行处理。以下分别从算法特点、存在问题、算法细节和实验结果几个方面进行阐述。

11.4.1　特点

该算法主要有以下特点：当前基于 CNN 的真实图像去噪算法通常使用两阶段模型，先进行噪声估计再进行非盲去噪，该算法首次实现了一步完成图像去噪，并且可以进行端到端训练；该算法也首次在去噪任务中引入特征注意力机制，并且使用模块化的网络结构。

11.4.2　存在问题

实用的去噪模型应该是高效并且灵活的，可以使用单一模型处理多种水平和类型的噪声，然而现有的去噪算法距离这个目标还有很远的距离，大多数现有模型都仅仅针对单一水平的高斯噪声模型，并且在真实噪声图像上的泛化能力很差。因此该算法提出一种高效并且能够同时处理图像中合成和真实噪声的 CNN 去噪模型。

11.4.3　算法细节

本小节将对算法的具体细节进行详细介绍。

1. 网络架构

RIDNet 模型由 3 个重要部分组成，即特征提取模块、残差学习模块和重建模块，如图 11-17 所示，图中下边一行是每一个 EAM 块的具体结构。假设 x 为输入为噪声图像，$\hat{y}$ 为去噪后的输出图像。特征提取模块使用一个卷积层从含有噪声的输入提取初始特征 f_0，如式(11-24)[3]所示。

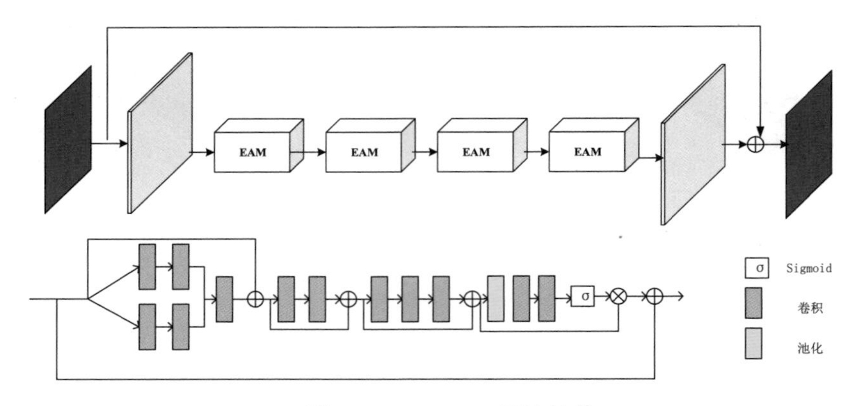

图 11-17　RIDNet 网络结构

$$f_0 = M_e(x) \tag{11-24}$$

其中 $M_e(\cdot)$ 对输入噪声图像进行卷积操作。然后 f_0 传入残差学习模块，用 M_{fl} 表示，如式(11-25)[3]所示。

$$f_r = M_{fl}(f_0) \tag{11-25}$$

其中 f_r 为学习到的特征，$M_{fl}(\cdot)$ 为主要的残差学习模块，由多个 EAM 级联组成。残差学习模块输出后再输入重建模块，重建模块同样也由一个卷积层实现，如式(11-26)[3]所示。

$$\hat{y} = M_r(f_r) \tag{11-26}$$

其中 $M_r(\cdot)$ 表示重建层卷积操作。

RIDNet 使用 L1 损失进行去噪网络训练。对于给定每批 N 个训练图像对 $\{x_i, y_i\}_{i=1}^N$，其中 x 为含噪输入，y 为无噪声目标图像，学习目标为最小化 L1 损失函数，如式(11-27)[3]所示。

$$L(\boldsymbol{W}) = \frac{1}{N}\sum_{i=1}^{N}\left\|\text{RIDNet}(x_i) - y_i\right\|_1 \tag{11-27}$$

其中 $\text{RIDNet}(\cdot)$ 表示网络模型，$\boldsymbol{W}$ 表示网络中的所有参数。

2. 残差中的残差特征学习

如图 11-17 所示，残差特征模块由四个 EAM 模块组成。图 11-17 的第二行为每个 EAM

模块的具体结构。从图中可以看到，EAM 模块结合局部跳跃连接和模块内跳跃连接，实现在残差中进行残差学习，优化深度去噪网络的表达能力，同时降低网络的训练难度。

前层特征输入 EAM 模块后，首先送入两个并联的空洞卷积分支，获得全局感受野，特征融合后送入两级联的残差块，并在第二个残差块的最后进行通道压缩，增加模型的运行速度。最后，使用一个特征注意力模块增加重要特征图的权重。

RIDNet 使用多个残差中的残差学习模块构建深度去噪网络。假设第 m 个 EAM 模块定义，如式(11-28)[3]所示。

$$f_m = \text{EAM}_m\left(\text{EAM}_{m-1}\left(\cdots\left(M_0\left(f_0\right)\right)\cdots\right)\right) \tag{11-28}$$

其中 f_m 为 EAM_m 特征学习模块的输出。由于存在模块内的残差连接，故 $f_m = f_m + f_{m-1}$。除了每个 EAM 模块内的残差连接，RIDNet 还将特征提取模块的输出加到残差学习模块的最终输出上，可以表示成式(11-29)[3]。

$$f_g = f_0 + M_{fl}\left(\boldsymbol{W}_{w,b}\right) \tag{11-29}$$

其中 $\boldsymbol{W}_{w,b}$ 为残差模块学习到的权重和偏差。这种长跳连的使用增强了模块的信息流动。此外，RIDNet 还增加了另一个 LC（长距离连接，Long Connection），从网络的输出中减掉输入图像，最终输出可以表示成式(11-30)[3]。

$$\hat{y} = M_r\left(f_g\right) - x \tag{11-30}$$

这样的长连接使整个网络学习图像噪声，而非去噪后的图像，由于噪声信息表达的稀疏性，这样的技术使得学习过程更快。

3. 特征注意力机制

为了充分考虑去噪网络模型中不同通道特征不同的重要性，利用重要特征的同时抑制非重要特征对去噪效果的影响，RIDNet 首次在去噪网络中引入通道注意力机制，如图 11-18[3]所示。由于卷积层只能提取局部特征而忽略全局内容信息，特征注意力机制首先使用全局池化获得代表整个特征图的信息，全局池化可以表示为式(11-31)[3]。

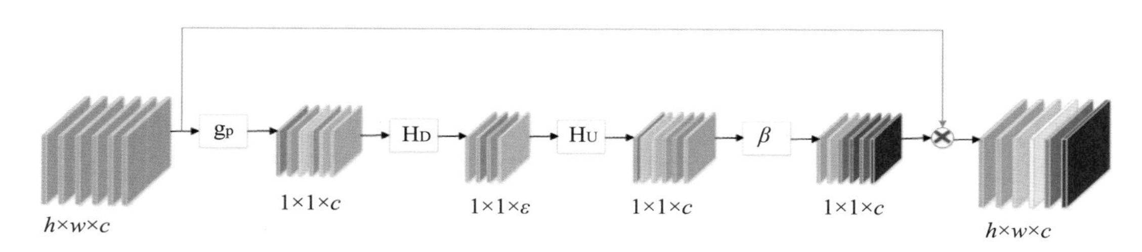

图 11-18　注意力机制示意图

$$g_p = \frac{1}{h \times w}\sum_{i=1}^{h}\sum_{i=1}^{w} f_c(i,j) \tag{11-31}$$

其中 $f_c(i,j)$ 为点 (i,j) 处的特征值，h,w 为特征的空间尺寸。在全局池化之后，该特征注意力机制使用软阈值和 Sigmoid 函数实现自门控机制，以获得特征通道间的相互依赖关系，假设 δ 和 β 分别为软阈值和 Sigmoid 函数，则门控机制可以表示成式(11-32)[3]。

$$r_c = \beta\left(H_U\left(\delta\left(H_D\left(g_p\right)\right)\right)\right) \tag{11-32}$$

其中 H_D 和 H_U 分别为通道压缩和通道上采样操作。全局池化输出 g_p 首先经过一个通道下采样卷积计算，然后使用软阈值函数激活。为了区分不同通道的重要性，接着输入一个上采样卷积并使用 Sigmoid 函数激活。最终 Sigmoid 函数的输出 r_c 作为通道权重对输入特征进行加权，如式(11-33)[3]所示。

$$\hat{f}_c = r_c \times f_c \tag{11-33}$$

4. 网络实现细节

RIDNet 一共包含四个 EAM 模块，每个卷积模块使用的卷积核尺寸为 3×3。为了使输入输出特征图尺寸相同，使用零值填充。每个卷积层的通道数为 64。特征注意力中的通道压缩比率为 16。最后一个卷积层根据网络输入，计算出三个或者一个通道输出。RIDNet 处理每个 512×512 块需要时间 0.2s。

11.4.4 实验

本小节将对具体的实验设置进行介绍，并分析实验结果。

1. 训练设置

为了生成噪声图像，使用 BSD500、DIV2K 和 MIT-Adobe FiveK 三个数据集，一共生成了 4000 张图像；对于真实噪声图像，使用 SSID、Poly 和 RENOIR 三个数据集并裁剪成 512×512 的块。数据扩增手段包括 90 度、180 度和 270 度的旋转，以及水平翻转。每个训练批次使用 80×80 的块。使用 Adam 作为优化函数，超参数使用其默认值。初始学习率为 10^{-4}，在 10^5 次迭代后减半。使用 PSNR 作为验证指标。

2. 消融实验

表 11-6[3]展示的是 RIDNet 在 BSD68 数据集上的平均 PSNR 表现。当所有跳跃连接和特征注意力机制均被使用时获得最高的性能表现，当完全不使用上述技术时模型表现最差。

表 11-6　不同跳跃连接和特征注意力机制对网络性能的影响

长跳连		√		√				√	√
短跳连			√	√			√	√	√
长连接						√	√		√
特征注意力					√	√	√	√	√
PSNR	28.45	28.77	28.81	28.86	28.52	28.85	28.86	28.90	28.96

3. 对比实验

为了测试网络性能，RIDNet 在四个真实世界噪声数据集上进行测试，同时在 12 个经典图像、BSD68 彩色和 BSD68 灰度三个数据集上进行去除合成噪声性能测试。合成噪声使用σ=15、σ=25 和σ=50 的加性高斯噪声。实验证明，RIDNet 在多个数据集上都获得了较好的去噪效果，实验结果见表 11-7～表 11-10[3]。

表 11-7　BSD68 数据集上的灰度图像去噪性能对比

噪声强度	BM3D	WNNM	EPLL	TNRD	DeniseNet	DnCNN	IrCNN	NLNet	FFDNet	RIDNet
σ=15	31.08	31.32	31.19	31.42	31.44	31.73	31.63	31.52	31.63	31.81
σ=25	28.57	28.83	28.68	28.92	29.04	29.23	29.15	29.03	29.23	29.34
σ=50	25.62	25.83	25.67	26.01	26.06	26.23	26.19	26.07	26.29	26.40

表 11-8　BSD68 数据集上的彩色图像去噪性能对比

噪声强度	CBM3D	MLP	TNRD	DnCNN	IrCNN	CNLNet	FFDNet	RIDNet
σ=15	33.50	-	31.37	33.89	33.86	33.69	33.87	34.01
σ=25	30.69	28.92	28.88	31.33	31.16	30.96	31.21	31.37
σ=50	27.37	26.00	25.94	27.97	27.87	27.64	27.96	28.14

表 11-9　DND 数据集上的去噪性能对比

算法	盲去噪/非盲去噪	PSNR	SSIM
CNnCNN-B	盲去噪	32.43	0.7900
EPLL	非盲去噪	33.51	0.8244
TNRD	非盲去噪	33.65	0.8306
MLP	非盲去噪	34.23	0.8331
FFDNet	非盲去噪	34.40	0.8474
BM3D	非盲去噪	34.51	0.8507
WNNM	非盲去噪	34.67	0.8646
NC	盲去噪	35.43	0.8841
NI	盲去噪	35.11	0.8778
KSVD	非盲去噪	36.49	0.8978
MCWNNM	非盲去噪	37.38	0.9294
TWSC	非盲去噪	37.96	0.9416
FFDNet+	非盲去噪	37.61	0.9415
CBDNet	盲去噪	38.06	0.9421
RIDNet	盲去噪	39.23	0.9526

表 11-10　Nam 和 SIDD 数据集上的去噪性能对比

数据集	BM3D	DnCNN	FFDNet	CBDNet	RIDNet
Nam	37.30	35.55	38.7	39.01	39.09
SSID	30.88	26.21	29.20	30.78	38.71

11.4.5 总结

RIDNet 是针对真实图像噪声的单阶段盲去噪网络，通过多种跳跃连接和特征注意力机制增强了模型的整体表达能力，并且直接使用真实噪声数据进行训练，达到较好的真实图像去噪水平。

11.5 图像去噪未来趋势

当前主流的去噪方法都是基于深度学习的，但是这些去噪方法主要是面向合成噪声，因为通过人工合成的方式可以获得大量的噪声-无噪声数据对，从而满足训练的需求。虽然这些方法可以在固定噪声模式的图像去噪问题上取得非常不错的效果，但我们需认识到，加性高斯白噪声在现实的相机里是根本不存在的，只是作为合成的噪声用来测试模型的效果。虽然可以通过加性高斯白噪声的去除问题来研究图像去噪的原理，但实际中亟待解决的是真实噪声的去除这个问题。

对于真实噪声的研究在近两年来才刚刚起步。相比合成噪声，真实噪声与空间分布相关，且与像素强度相关，数据分布更为复杂，没有一个明确的分布可以模拟，因此在实际中很难用一种固定的模型来处理。此外，数据集的匮乏让深度学习的方法很难发挥应有的效果。

现有的图像去噪算法在消除噪声的同时会丢失边缘信息，导致图像过度平滑也是该领域一个普遍存在的问题。

综上所述，如何处理真实世界中的噪声和避免过度平滑，如何保留更多细节将是未来图像去噪领域研究的重点。

本章参考文献

[1] ZhANG K, ZUO W, CHEN Y, et al. Beyond a gaussian denoiser: Residual learning of deep cnn for image denoising[J]. IEEE Transactions on Image Processing, 2017, 26(7): 3142-3155.

[2] GUO S, YAN Z, ZHANG K, et al. Toward convolutional blind denoising of real photographs[C]. Proceedings of the IEEE Conference on Computer Vision and Pattern Recognition,2019,1712-1722.

[3] ANWAR S, BARNES N. Real image denoising with feature attention[C]. Proceedings of the IEEE International Conference on Computer Vision,2019, 3155-3164.

附录 A　术语与缩略词表

缩写	英文	中文
	第 1 章	
CNN	Convolutional Neural Network	卷积神经网络
OCR	optical character recognition	光学字符识别
	第 2 章	
LBP	Local binary pattern	局部二值模式
HOG	Histogram of oriented gradient	方向梯度直方图特征
Haar	Haar-like feature	类哈尔特征
SURF	speed up robust features	加速版的具有健壮性的特征算法
SIFT	scale-invaritant feature transform	尺度不变特征转换
	第 3 章	
ReLU	Rectified Linear Unit	修正线性单元
NAG	Nesterov Accelerated Gradient	涅斯捷罗夫加速梯度
AdaGrad	Adaptive Gradient	自适应梯度
RMSProp	Root Mean Square Propa-gation	均方根传播
Adam	Adaptive moment estimation	自适应矩估计
MLP	Multi-Layer Perceptron	多层感知器
RNN	Recurrent Neural Network	循环神经网络
LSTM	Long Short-Term Memory	长短期记忆网络
BP	Backpropagation	反向传播

（续表）

SGD	Stochastic Gradient Descent	随机梯度下降
BN	Batch Normalization	批归一化
	Batch Size	小批量大小
	Epoch	周期
	Step	迭代
	第 4 章	
LRN	Local Response Nomalization	局部响应归一化
FCN	Fully Convolutional Networks	全卷积网络
	第 5 章	
SVM	Support Vector Machine	支持向量机
LRP	Local Ratio Pattern	局部比率模式
LTP	Local Trinary Pattern	局部三值模式
SILTP	Shift Invariant Local Trinary Pattern	移位不变局部三值模式
TP	True Positive	真正例
FP	False Positive	假正例
TN	True Negative	真反例
FN	False Negative	假反例
FPR	False Positive Rate	假正例率
TPR	True Positive Rate	真正例率
AP	Average Precision	平均精度
mAP	mean Average Precision	平均精度均值
IoU	Intersection over Union	交并比
mIoU	mean Intersection over Union	平均交并比
ROC	Receiver Operating Characteristic	受试者工作特征
AUC	Area Under Curve	曲线下面积

（续表）

	Error Rate	错误率
	Accuracy	准确率
	Precision	精度
	Recall	召回率
	positive	正例
	negative	负例
第6章		
SNIP	Scale Normalization for Image Pyramids	图像金字塔的尺度归一化
YOLO	You Only Look Once	你只看一次
SSD	Single Shot multibox Detector	单次多框检测器
RPN	Region Proposal Network	区域生成网络
第7章		
PCA	Principal Components Analysis	主成分分析
MIL	Multi-Instance Learning	多示例学习
MOSSE	Minimum Output Sum of Squared Error	最小输出平方误差和
MUSTer	MUlti-Store Tracker	多存储跟踪器
ICF	Integrated Correlation Filter	相关滤波器
KCF	Kernelized Correlation Filters	核化相关滤波器
DSST	Discriminative Scale Space Tracker	判别性伸缩空调跟踪器
MDNet	Multi-Domain Convolutional Neural Networks	多域卷积神经网络
CLE	Center Location Error	中心位置误差
VOR	Pascal VOC Overlap Ratio	重叠面积比率
OTB	Object Tracker Benchmark	目标跟踪器基准
OAB	On-line AdaBoost	在线自适应提升算法
LASSO	Least Absolute Shrinkage and Selection Operator	套索算法

（续表）

DP	Distance Precision	距离精度
OP	Overlap Precision	重叠精度
PSR	peak-to-sidelobe ratio	峰—旁瓣比
DeepSRDCF	Deep Spatially Regularized Discriminative Correlation Filters	深度空间规范化判别性相关滤波器
LCT	Long-term Correlation Tracking	长时相关跟踪
TLD	Tracking-Learning-Detection	跟踪—学习—检测
SRDCF	Spatially Regularized Discriminative Correlation Filters	空间规范化判别性相关滤波器
HDT	Hedged Deep Tracker	受保护的为深度跟踪器
MEEM	Multiple Experts using Entropy Minimization	熵最小的多专家方法
STC	Spatio-Temporal Context	空时上下文
	第8章	
SCNCD	Salient Color Names Based Color Descriptor	基于显著颜色名的颜色描述符
LOMO	Local Maximal Occurrence	局部最大发生
XQDA	Cross-view Quadratic Discriminant Analysis	交叉一次判别分析度量
FPNN	Filter Pairing Neural Network	滤波器配对神经网络
KISSME	Keep It Simple and Straight Forward MEtric	保持简单和直接的度量
CMC	Cumulative Match Characteristic Curve	累积匹配曲线
LOMO3D	3-dimensional LOcal Maximal Occurrence	3D 形式的局部最大发生
STN	Spatial Transformer Network	空间变换网络
RAP	Refined Attribute Prediction	改进的属性预测子网络
PBM	Part-Based Model	基于分块的模型
GBM	Global-Based Model	基于全局的模型
	Retinex	视网膜皮层
	第9章	
PSNR	Peak Signal to Noise Ratio	峰值信噪比

（续表）

SSIM	Structural Similarity	结构相似度
MS-SSIM	Multi-Scale-Structural Similarity	多尺度结构相似度
CABAC	Context-based Adaptive Binary Arithmetic Coding	基于上下文的自适应二进制算术编码
GIF	Graphics Interchange Format	图形交换格式
PNG	Portable Network Graphics	便携式网络图形
JPEG	Joint Photographic Experts Group	联合图像专家组
JPEG 2000	Joint Photographic Experts Group 2000	联合图像专家组 2000
BPG	Better Portable Graphics	更好的可移植图形
HEVC	High Efficient Video Coding	高效率视频编码
DCT	Discrete Cosine Transform	离散余弦变换
BPP	Bits Per Pixel	比特每像素
GAN	Generative Adversarial Networks	生成式对抗网络
	第 10 章	
EM	Expectation-Maximization	期望最大化
PCD	Pyramid Cascading and Deformable Convolution	金字塔级联与可变形卷积
TSA	Temporal and Spatial Attention	时空注意力
RDN	Residual Dense Network	残差密集网络
SRCNN	Super-Resolution Convolutional Neural Network	超分辨率卷积神经网络
FSRCNN	Fast Super-Resolution Convolutional Neural Network	快速超分辨率卷积神经网络
EDSR	Enhanced Deep Residual Networks for Single Image Super-Resolution	单图像超分辨率增强深残差网络
MDSR	Multi Scale Deep Super-Resolution	多尺度深度超分辨率
RCAN	Residual Channel Attention Networks	残差信道注意网络
ESPCN	Efficient Sub-Pixel Convolutional neural Network	高效亚像素卷积神经网络
ISP	Image Signal Processing	图像信号处理

（续表）

第 11 章		
AWGN	Additive White Gaussian Noise	加性高斯白噪声
BM3D	Block-Matching and 3D filtering	三维块匹配滤波
NLM	Non-Local means	非局部均值
DnCNN	Denoising convolutional neural network	去噪卷积神经网络
IID	Independently Identical Distribution	独立同分布假设
EPLL	Expected Patch Log Likelihood	对数似然期望块
CSF	Computational Shrinkage Fields	计算域收缩
TNRD	Trainable nonlinear reaction diffusion	可训练的非线性反应扩散
WNNM	Weighted Nuclear Norm Minimization	加权核范数最小化
CBDNet	Convolutional Blind Denoising Network	盲去噪卷积神经网络
NC	Noise Canceling	噪声消除
NI	Noise Isolating	噪声孤立
MCWNNM	Multi-channel Weighted Nuclear Norm Minimization	多通道加权核范数最小化
TWSC	Trilateral Weighted Sparse Coding	三边加权稀疏编码
FFDNet	Fast and Flexible Denoising Network	快速可变去噪神经网络
RIDNet	Real Image Denoising Network	真实图像去噪神经网络